"十三五"职业教育国家规划教材

计算机应用基础

（Windows 10+Office 2016）

主　编　郭长庚　刘树聃

副主编　张俊才　时军艳

　　　　万　明　周　漪

参　编　王　琳　李　邦

　　　　王　闯　张　静

北京邮电大学出版社

www.buptpress.com

内 容 简 介

本书是“十三五”职业教育国家规划教材。本书共分 12 个项目，内容包括认识计算机、使用 Windows 10 操作系统、认识 Office 2016、制作企业宣传册——基础排版、制作企业宣传册——图文美化、制作企业宣传册——表格设计、编排与打印企业宣传册、创建商品销售表、商品销售表的数据计算、商品销售表的数据分析、创建销售业绩图表与打印销售清单统计表、制作“公司简介”演示文稿。

本书适合作为“计算机应用基础”课程的教材，也可作为广大计算机爱好者学习计算机基础知识和基本操作技能的参考用书。

图书在版编目（CIP）数据

计算机应用基础 / 郭长庚，刘树聃主编. -- 北京：北京邮电大学出版社，2019.8（2022.7 重印）

ISBN 978-7-5635-5791-2

Ⅰ.①计… Ⅱ.①郭… ②刘… Ⅲ.①电子计算机—基本知识 Ⅳ.①TP3

中国版本图书馆 CIP 数据核字（2019）第 161438 号

书　　名：计算机应用基础
主　　编：郭长庚　刘树聃
责任编辑：边丽新
出版发行：北京邮电大学出版社
社　　址：北京市海淀区西土城路 10 号（邮编：100876）
E-mail：publish@bupt.edu.cn
经　　销：各地新华书店
印　　刷：三河市骏杰印刷有限公司
开　　本：787 mm×1 092 mm　1/16
印　　张：22
字　　数：535 千字
版　　次：2019 年 8 月第 1 版　2022 年 7 月第 5 次印刷

ISBN 978-7-5635-5791-2　　定　价：58.00 元

· 如有印装质量问题，请与北京邮电大学出版社发行部联系 ·

服务电话：400-615-1233

前言 PREFACE

随着信息技术的不断发展，计算机已经成为人们工作、学习和生活的基本工具，熟练地操作并运用计算机进行信息处理已成为当代大学生必备的能力。为了适应高等职业教育教学改革的新形势，满足技术技能型人才对“计算机应用基础”课程学习的需求，编者将计算机应用技术发展的新动态及长期积累的教学和企业培训经验进行深度融合，采用项目教学的方式对本书内容进行了组织。

本书的编写理念是“以学生能力为本位”，在编写过程中贯彻“立足实用，注重理论与实践相结合”的原则。本书从分析职业岗位技能入手，从办公软件应用出发，以 Windows 10 操作系统和 Office 2016 办公软件为平台，以现代企业办公中涉及的文件资料管理、文字处理、电子表格和演示文稿软件的使用为主线，通过设计具体的工作任务，引导学生进行实战演练，最终达到培养学生实际操作能力，提升学生计算机应用能力和职业化办公能力的目的。

本书具有以下几个特点。

(1)以实际任务为驱动，以工作过程为导向，通过真实的工作内容构建教学情境，老师在“做中教”，学生在“做中学”，实现“教、学、做”的统一。

(2)全书共分 12 个项目，在内容设计上充分体现知识的模块化、层次化和整体化；在内容选择上以计算机应用基础课程标准为依据，按照先易后难、先基础后提高的顺序组织教学内容，以符合学习者的认知规律。

(3)工作任务的设计突出职业场景，在给出任务描述和任务分析后，提供任务实施的具体步骤，最后配以巩固所学知识的实训项目。

本书由多年从事计算机应用基础教学的一线教师编写，编写人员不仅有丰富的教学经验和教材编写经验，还有在企事业单位工作的经历。本书由郭长庚和刘树聃任主编，由张俊才、时军艳、万明和周漪任副主编，王琳、李邦、王闯和张静参与了编写工作。

由于编者水平有限，书中存在的不当之处恳请广大读者批评指正。

编　者

目录 CONTENTS

项目 1

认识计算机

知识目标

了解计算机的发展历程。
了解计算机的特点和应用。
了解计算机系统的基本组成。
掌握计算机的硬件系统。

技能目标

能综合运用计算机硬件的技术指标来选购配件并组装计算机。

在当今高速发展的信息社会中，计算机已经广泛应用于各个领域。用户对计算机的外观并不陌生，但认识和应用计算机的程度有所不同。本项目简单介绍计算机的发展历程、计算机的特点、计算机各部件的名称和功能，消除人们对计算机的陌生感、距离感，产生认识计算机、学习计算机的兴趣。

任务 1.1 计算机的发展历程、特点及应用

任务描述

本任务主要从计算机的发展历程、特点和应用等方面对计算机的基本情况进行描述。

任务分析

随着科学的发展，计算机已经家喻户晓。从科学技术的研究到工农业的生产，从对企业的管理到日常生活中的应用，各行各业都在广泛地使用计算机。没有计算机就没有现代化，计算机知识的掌握已经成为当今社会对人才基本素质的要求。本任务将主要讲述计算机的发展历程及计算机的特点和应用情况。

任务实施

活动 1　了解计算机的发展历程

1. 计算机的定义

计算机(computer)是一种能高速、自动地按照操作人员或预先设定的各种指令完成各种信息处理的电子设备。随着信息技术的高速发展，计算机作为信息技术应用的基本工具，在人们的生活、工作、学习中的应用越来越广泛。

早期的计算机主要用于数值计算，主要解决各种复杂的工程设计计算、财务管理等与数字有关的问题，此时利用的是计算机速度快、计算准确、逻辑性强等基本功能。现代的计算机除用于数值计算外，还发展到用于各种管理、文字处理、声音处理、图片制作、图像编辑、动画制作、电影制作，以及机器、家电等自动控制范畴。总之，计算机的应用已经渗透人们工作、生活的各个方面。作为先进文化的产物，计算机极大地改善了人们的生活。

2. 计算机发展简史

从计算机问世以来短短几十年的发展过程来看，计算机在性能指标、运算速度、存储容量和可靠性等方面都得到了极大的提高。

(1)计算机的发展阶段。根据计算机所采用的主要电子元器件的不同，一般将计算机的发展分为四代。

①第一代电子计算机(从 1946 年第一台计算机研制成功到 20 世纪 50 年代后期)。第一代电子计算机是电子管计算机，其基本特征如下。

a. 采用电子管作为主要元件。

b. 输入/输出方式主要采用穿孔卡片。

c. 运算速度仅为每秒几千次。

d. 用汇编语言或机器语言编写程序。

第一代电子计算机体积大、耗电量大、可靠性差、价格昂贵、维修复杂，主要用于军事和科学研究工作。

②第二代电子计算机(20世纪50年代后期～20世纪60年代中期)。第二代电子计算机是晶体管计算机,其基本特征如下。

a. 采用晶体管作为主要元件。

b. 内存元件使用了磁芯存储器。

c. 运算速度达到每秒几十万次。

d. 出现了FORTRAN、COBOL等编程语言。

与第一代电子计算机相比,晶体管计算机体积小、重量轻、耗电量小、可靠性大大提高,不仅用于数值计算,还用于许多事务处理,主要用在工业领域。

③第三代电子计算机(20世纪60年代中期～20世纪70年代初期)。第三代电子计算机是集成电路计算机,其基本特征如下。

a. 采用集成电路作为主要元件。

b. 运算速度达到每秒几百万次。

c. 出现了半导体存储器。

d. 程序设计语言得到很大发展。

第三代电子计算机体积更小、耗电量更小、可靠性更强,广泛应用于生产和生活的各个领域。

④第四代电子计算机(20世纪70年代初至今)。第四代电子计算机是大规模集成电路计算机,其基本特征如下。

a. 采用大规模集成电路和超大规模集成电路作为主要元件。

b. 运算速度达到每秒几亿次甚至数百亿次。

c. 主存全部采用半导体存储器。

d. 高级语言、数据库、系统软件、网络软件日臻完善。

第四代电子计算机体积小、耗电量极小、可靠性强,其应用领域进一步扩展,特别是微型计算机的出现和网络的应用,使计算机深入社会发展及人们生活的各个方面,成为信息社会的标志性工具。

(2)未来计算机的发展方向。计算机科学是有史以来发展最快的学科,为了迎合人们对计算机不同层次的应用需求,计算机正朝着巨型化、微型化、网络化和智能化的方向发展。

资料
计算机新技术

活动2 了解计算机的特点和应用

1. 计算机的特点

自1946年第一台计算机诞生至今,计算机之所以能随着微电子技术的演变而不断更新换代,性能不断增强,应用越来越广泛,是因为计算机具有如下特点。

(1)处理速度快。计算机最显著的特点是能以很高的速度进行运算。现在的计算机已经可以达到每秒运行百亿次、千亿次,甚至万亿次。这种高速运算功能使得计算机可以在军事、气象、金融、交通、通信等领域为人们提供实时、快速的服务。

(2)运算精度高。计算机具有很高的运算精度,一般可达十几位、几十位,甚至几百位的有效数字精度。计算机的高精度性使其能广泛用于航天航空、核物理等方面的数值计算。

动画
位、字节、字长表示

(3)存储容量大。存储容量代表存储设备可以保存多少信息。随着微电子技术的发展,计算机的存储容量越来越大。

(4)具有逻辑判断能力。计算机在执行指令的过程中会根据上一步的执行结果,运用逻辑判断方法自动确定下一步的执行命令。计算机正因为具有这种逻辑判断能力,所以不但能解决数值计算问题,而且能解决非数值计算问题,如信息检索和图像识别等。

(5)高度自动化。在用户将编写好的程序输入计算机后,计算机能在程序的控制下自动完成全部运算并输出结果。

2. 计算机的应用

计算机的应用非常广泛,已渗透社会的各个领域,从国防、科研、生产到学习、娱乐、家庭生活等,都涉及计算机技术。下面就从科学计算、信息处理、自动控制、辅助系统、人工智能(artificial intelligence,AI)、网络通信和电子商务等方面加以叙述。

(1)科学计算。科学计算是指科学研究和工程技术中所遇到的数学问题的求解,又称数值计算。研制计算机的最初目的就是将人们从大量烦琐而枯燥的计算工作中解放出来,用计算机解决一些复杂或实时过程中靠人工难以解决或不可能解决的计算问题,如人造卫星轨道计算、水坝应力的求解、生物医学中的人工合成蛋白质技术等。科学计算目前仍是计算机的主要应用领域之一。

(2)信息处理。信息处理又称数据处理,是计算机最广泛的应用领域。统计资料显示,世界上80%左右的计算机主要用于信息处理,其目的是对大批数据进行分析、加工、处理,并以更适合人们阅读、理解的形式输出结果。

(3)自动控制。自动控制是生产自动化的重要技术内容和手段,它是指计算机对采集到的数据进行分析处理后,按照某种最佳的生产方法发出控制信号,并输送给指定的设备,以控制生产过程。一般来说,这类控制对计算机的要求并不高,通常使用微处理芯片做成嵌入式的装置来实现。计算机自动控制已经在冶金、机械、航天、汽车等领域得到广泛的应用。

(4)辅助系统。计算机辅助系统就是用计算机辅助人们共同完成某项工作的计算机系统,主要包括计算机辅助设计(computer aided design,CAD)、计算机辅助制造(computer aided manufacturing,CAM)、计算机辅助教学(computer aided instruction,CAI)和计算机辅助测试(computer aided test,CAT)。

(5)人工智能。人工智能是计算机应用的一个前沿领域,是用计算机来模拟人的某些智能活动,使其具有学习、判断、理解、推理、问题求解等功能。人工智能的研究方向主要有模式识别、自然语言理解、知识表达、专家系统、机器人、智能检索等。现在,人工智能的研究已取得不少成果,有些已经走向实用阶段,如能模拟高水平医学专家进行疾病诊疗的专家系统、具有一定"思维"能力的机器人等。

(6)网络通信。计算机技术与现代通信技术的结合构成了计算机网络。计算机网络可使不同地区的计算机之间实现软硬件资源共享,可以大大促进和发展地区间、国家间的通信,以及实现各种数据的传输和处理。现代计算机的应用已离不开计算机网络。

(7)电子商务。电子商务是指利用计算机系统和网络进行的商务活动。它是在 Internet 技术成熟与信息系统资源相结合的背景下产生的,是一种在网上开展的相互关联的动态商务活动。作为一种新型的商务方式,电子商务将企业和消费者带入一个数字化生存的新天地,让人们通过网络以一种简单的方式完成过去较为烦琐的商务活动。由于电子商务具有效率高、成本低、收益高的优势,因此,目前世界上很多公司通过 Internet 来进行商务交易。

任务 1.2　计算机系统及其构成

任务描述

计算机系统是依据美籍匈牙利裔科学家冯・诺依曼结构设计思想设计的,由硬件系统和软件系统两部分组成。硬件是指构成计算机的物理设备,通俗地说,就是构成计算机的看得见、摸得着的部件;软件是指计算机系统中的程序及相关资料。本任务主要从计算机系统的基本组成、工作原理、硬件系统、软件系统等方面进行描述。

任务分析

硬件系统和软件系统相辅相成,缺一不可。本任务将主要介绍微型计算机系统的各个部件的组成和工作原理。

任务实施

活动 1　了解计算机系统的基本组成

一个完整的计算机系统是由硬件系统和软件系统两部分组成的,如图 1-1 所示。硬件系统是组成计算机物理设备的总称,它由各种器件和电子线路组成,是计算机完成计算工作的物理基础。软件系统是在计算机硬件设备上运行的各种程序及相关数据的总称。硬件系统是支撑软件系统运行的物质基础，没有足够的硬件支持，软件就无法正常工作。软件不仅提高了机器的效率，扩展了硬件的功能，而且方便了用户的使用。没有软件的计算机（裸机）是无法工作的。所以说，硬件系统和软件系统在计算机系统中相辅相成，缺一不可。

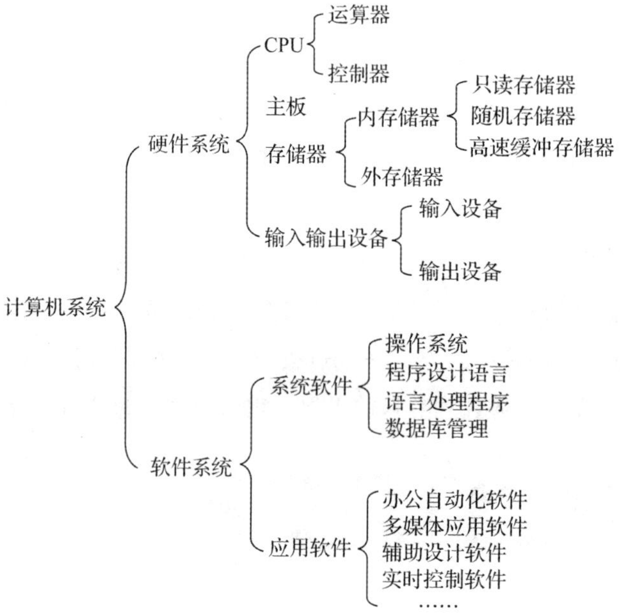

扫码测试

图 1-1

活动 2　理解计算机系统的工作原理

现代计算机的基本工作原理是由冯·诺依曼于 1946 年首先提出来的。冯·诺依曼提出了程序存储式电子数字自动计算机的方案，并确定了计算机硬件体系结构。这一原理在计算机的发展过程中始终发挥着重要作用，它确立了现代计算机的基本组成和工作方式，直到现在，各类计算机的工作原理还是采用冯·诺依曼提出的原理。冯·诺依曼计算机的基本结构如图 1-2 所示。

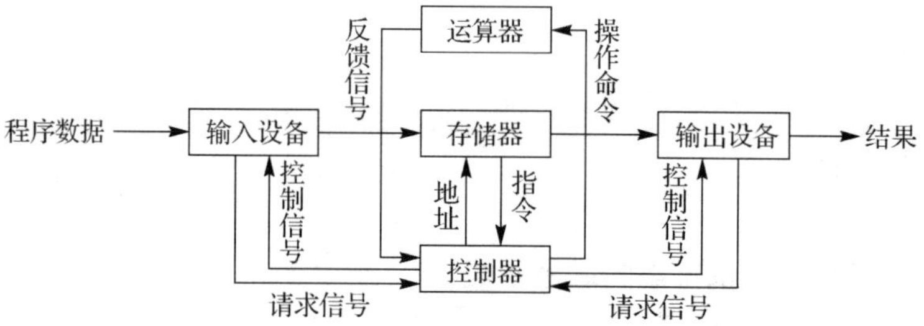

图 1-2

1. 存储程序控制原理

冯·诺依曼计算机的基本思想是：存储程序和程序控制。存储程序是指人们必须事先把程序及运行过程中所需的数据，通过一定的方式输入并存储在计算机的存储器中。程序控制是指计算机运行时能自动地逐一取出程序中的一条条指令，加以分析并执行规定的操作。这样，计算机一经启动，就能按照程序指定的逻辑顺序把指令从存储器中读出来并逐条执行，自动完成程序所描述的处理工作。

存储程序控制原理的基本内容如下。

(1)采用二进制形式表示数据与指令。

(2)将程序(数据和指令)预先存放在主存储器中，使计算机在工作时能够自动高速地从存储器中取出指令，并加以执行；程序中的指令通常是按一定顺序逐条存放的，计算机工作时，根据系统内部给出的程序入口地址，按照程序指定的逻辑顺序从存储器中逐条提取、分析、执行指令并传送结果，最终完成程序所描述的全部工作。

(3)计算机由五个基本部分组成：运算器、控制器、存储器、输入设备和输出设备。计算机以运算器为中心，输入/输出设备与存储器间的数据传送都通过运算器来完成。

2. 计算机指令和指令系统

计算机能够利用各种程序来处理各种信息。程序是指为了实现某一特定目标而向计算机发出的一组有序的基本操作命令的集合。这些基本操作命令就称为指令，每一条指令都代表计算机执行的一种基本操作，计算机的硬件系统提供了对这些指令的识别能力。当要用计算机完成某项任务时，先要把完成该任务的步骤按照一定的顺序用计算机能识别并执行的基本操作命令写出来。每一条基本操作命令都是一条机器指令。

机器指令是用二进制代码表示的，通常由两个字段组成，即操作码字段和地址码字段。操作码字段表示指令的操作特性与功能(如进行加法、减法、取数、存数等)。操作码的位数决定了机器指令的条数，当使用定长操作码格式时，若操作码的位数为 n，则指令条数可有 2 的 n 次方条。地址码字段通常用来指定参与操作的操作数的地址。指令不同，操作数地址的个数也不同，可以有一个，也可以有多个。从地址码得到的仅是数据所在的地址，可以是源操作数的存放地址，也可以是操作结果的存放地址。一条机器指令的结构可以用图 1-3 所示的形式表示出来。

操作码字段	地址码字段

图 1-3

一台计算机所有指令的集合构成了这台计算机的指令系统。通常所称的系列机就是指基本指令系统相同、基本体系结构相同的一系列计算机。不同类型的计算机的指令系统有所不同，但无论哪种类型的计算机，其指令系统都应具有以下功能的指令。

(1)数据传送指令。数据传送指令用于将数据在内存与 CPU 之间进行传送。

(2)数据处理指令。数据处理指令用于对数据进行算术、逻辑或关系运算。

(3)程序控制指令。程序控制指令用于控制程序中执行的指令,如条件转移、无条件转移、调用子程序、返回、停机等。

(4)输入/输出指令。输入/输出指令用来实现外部设备与主机之间的数据传输。

(5)其他指令。其他指令用来对计算机的硬件和软件进行管理等。

3. 指令的执行过程

通常一条指令的执行分为取指令、分析指令获取操作数和执行指令三个阶段。

(1)取指令。取指令阶段完成将现行指令从内存中取出来并送到指令寄存器中的过程,具体操作如下。

①将指令地址计数器中的内容通过地址总线送至内存地址寄存器。

②向内存发出读命令。

③将从内存中取出的指令经数据寄存器、数据总线送至指令寄存器。

④对指令地址计数器的内容进行递增,为取下一条指令做好准备。

(2)分析指令获取操作数。取出指令后,计算机立即进入分析指令获取操作数阶段,指令译码器可识别和区分不同的指令类型及各种获取操作数的方法。由于各条指令功能不同,寻址方式也不同,因此指令分析与取数阶段的操作也是不同的。

(3)执行指令。执行指令阶段完成指令规定的各种操作,产生运算结果,并将结果存储起来。

总之,计算机的基本工作过程可以概括为取指令、分析指令获取操作数、执行指令,然后再读取下一条指令,如此反复直至遇到停机指令或外来事件的干预,其过程如图 1-4 所示。

扫码测试

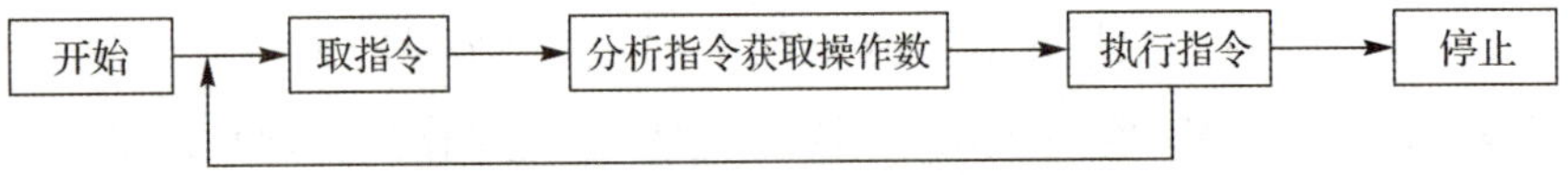

图 1-4

活动 3 认识计算机硬件系统

计算机硬件系统是指计算机系统中由电子元件、机械元件和光电元件等组成的各种物理装置的总称。这些物理装置按系统结构的要求构成一个有机整体,为计算机软件系统的运行提供物质基础。从外观上讲,微型计算机由主机和输入输出设备组成,如图 1-5 所示。

图 1-5

1. 主机

主机是一个相对封闭的空间，其内部安装有主板、CPU、存储器等硬件设备。

（1）主板。主板又称系统主板，用于连接计算机的多个部件，如图 1-6 所示。它是微型计算机最基本、最重要的部件之一。主板主要包括 CPU 插座与插槽、芯片组、BIOS 芯片、插槽和接口等。目前主流的主板还集成了显卡、声卡、网卡等。

图 1-6

图文
了解计算机硬件

①CPU 插座与插槽。主板上的 CPU 插座与插槽用于固定和连接 CPU 芯片。随着集成化程度和制造工艺的不断提高，越来越多的功能被集成到 CPU 上。根据 CPU 的不同，CPU 与主板的接口形式分为 Socket 插座和 Slot 插槽。目前，Socket 插座是一种主流处理器架构，也是未来的发展方向。

②芯片组。芯片组是主板的控制中枢，它是随着集成电路工艺的发展及微机结构的发展而发展起来的。人们将微型计算机中的大部分标准电路全部集成到几块大规模集成电路

上，便产生了芯片组的概念。

芯片组作为主板的核心，起着协调和控制数据在 CPU、内存和各部件之间传输的作用，主板所采用的芯片型号决定了主板的主要性能和级别。根据芯片的功能不同，芯片组分为南桥芯片和北桥芯片。其中，南桥芯片一般位于 PCI 插槽的旁边，主要负责 I/O 接口的控制及硬盘等存储设备的控制，其作用是使所有的数据都能得到有效的传输。南桥芯片决定了主板兼容性的好坏。北桥芯片一般位于 CPU 的旁边，它决定了 CPU 的类型、主频和内存的类型及最大容量等，并负责 CPU 与内存之间的数据传输。北桥芯片起着主导作用，也称主桥。由于北桥芯片的发热量较大，因此在其上装有用于散热的散热片。北桥芯片决定了主板性能的高低。但 Intel 公司在新型芯片组中已不再区分南桥芯片和北桥芯片，而改用接口控制中心（input/output controller hub，ICH）和内存控制中心（memory controller hub，MCH）来代替传统意义上的南桥芯片和北桥芯片。ICH 相当于南桥，MCH 相当于北桥。

③BIOS 芯片。BIOS 芯片为基本的输入/输出系统，它实际上是一组程序，该程序负责主板的一些最基本的输入/输出，其在开机后对系统的各部件进行检测和初始化。现在主板的 BIOS 芯片还具有电源管理、CPU 参数调整、系统监控、病毒防护等功能。

早期的 BIOS 通常采用 RPROM 芯片，用户不能更新版本。目前，主板上的 BIOS 芯片采用闪烁只读存储器。由于闪烁只读存储器可以电擦除，因此可以更新 BIOS 的内容，升级十分方便。但 BIOS 芯片也因此成为主板上唯一可被病毒攻击的芯片，BIOS 中的程序一旦被破坏，主板将不能工作。

④插槽和接口。除了前面提到的部件之外，主板上还有许多插槽和接口。

a. 内存插槽。主板的内存插槽对所支持的内存种类和内存数量有直接影响。目前，台式机系统主要有 SIMM、DIMM 和 RIMM 三种类型的内存插槽。

b. PCI 插槽。主板上的白色插槽大都是外设部件互连（peripheral component interconnect，PCI）插槽。PCI 插槽现在多用来接声卡、网卡、电视卡及硬盘保护卡等 PCI 设备。目前，桌面级主板均采用这种 64 位插槽。

c. AGP 插槽。加速图形接口（accelerate graphical port，AGP）插槽是一种显示卡专用插槽。

除此之外，主板上还有其他外设接口，如 USB 接口、IEEE 1394 接口、并行接口、串行接口等。

图 1-7

(2)CPU。CPU 是计算机的主要设备之一，是整个计算机系统的控制中心，其功能主要是解释计算机指令及处理计算机软件中的数据，其外形如图 1-7 所示。

CPU 由运算器和控制器（control unit，CU）两部分组成。CPU 的内部结构如图 1-8 所示。

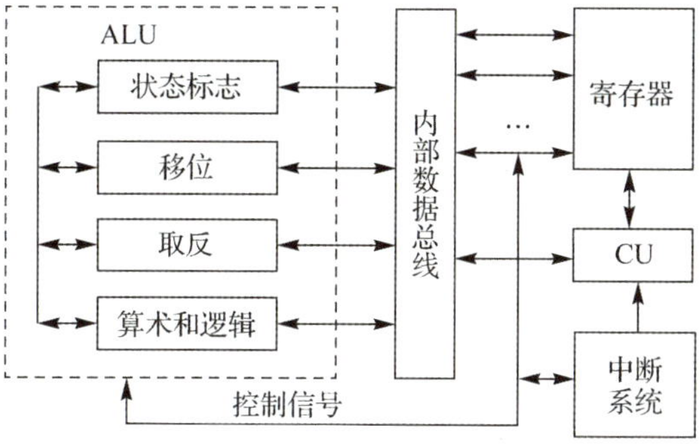

图 1-8

①运算器。运算器是对数据进行加工处理的部件，它在控制器的作用下与内存交换数据，快速地对数据进行基本的算术运算和逻辑运算。运算器主要由算术逻辑单元（arithmetic and logic unit，ALU）和寄存器构成。

ALU 的功能是实施各种算术运算和逻辑运算。在计算机中，算术运算是指加、减、乘、除等基本运算；逻辑运算是指与、或、非、比较、移位等操作。ALU 最主要的构成部分是加法器、进位线路和移位线路。寄存器用于暂存即将参加某种操作的数据，如寄存参与算术运算的数据、运算的中间结果等。

运算器中还设有标志寄存器，它用来存放运算结果的特征，如进位标志（C）、零标志（Z）、符号标志（S）等。

②控制器。控制器是计算机的控制中心，计算机的工作就是在控制器的控制下有条不紊地协调进行的。控制器根据指令的要求向计算机的各个部件发出操作控制信号，控制计算机的各个部件高效、协调地工作。

控制器的基本功能是负责从内存取出指令和执行指令。控制器的工作过程是：首先从内存中取出指令，并对指令进行分析，然后根据指令的功能要求向有关部件发出操作控制命令，控制它们执行这条指令规定的功能。一般当各部件执行完控制器发来的命令后，还会向控制器反馈执行的情况。这样逐一执行一系列指令，就可使计算机能够按照由这一系列指令组成的程序的要求自动完成各项工作。

扫码测试

控制器主要由程序计数器（program counter，PC）、指令寄存器（instruction register，IR）、指令译码器（instruction decoder，ID）、时序电路及操作控制器等组成。

知识链接

CPU 的包装方式及选购技巧

散装 CPU 是指只有一个 CPU，无包装，通常店保一年的产品。散装 CPU 一般是由厂家提供给装机商的，装机商使用不完便会流入市场。

原包 CPU，也称盒装 CPU。原包 CPU 是厂家为零售市场推出的 CPU 产品，带原装风扇和厂家三年质保。其实，散装 CPU 和盒装 CPU 本身是没有质量区别的，主要区别在于渠道不同，从而质保不同；盒装 CPU 所配的风扇是原厂封装的风扇，而散装 CPU 不搭配风扇，或者由经销商自己搭配风扇。

黑盒 CPU 是指由厂家推出的顶级不锁倍频 CPU，如 AMD 的黑盒 5000＋。这类 CPU 不带风扇，是厂家专门为超频用户推出的零售产品。

深包 CPU，也称翻包 CPU，是指经销商将散装 CPU 进行自行包装，搭配风扇。深包 CPU 没有厂家质保，只能店保，通常是店保三年。

工程样品 CPU 是指处理器厂商在处理器推出前提供给各大板卡厂商及 OEM 厂商用来测试的处理器样品。其最大的特点是不锁倍频，具有某些特殊功能。市面上偶尔也能看见有此类 CPU 在销售，这些工程样品会被厂商打上 ES 标志(ES 是 engine sample 的缩写)。需要注意的是，很多此类 CPU 的稳定性很差，功耗很大，发热量也很大。个别整机、笔记本存在使用工程样品 CPU 的现象，选购时需要注意。

对于市面上的 Intel 和 AMD 的 CPU 而言，一般用户买到的都是盒装产品。对盒装产品而言，用户可以参照如下方法进行鉴别：从 CPU 外包装上开的小窗往里看，原装 CPU 的表面会有编号，且编号清晰，而且与外包装盒上贴的编号一致，很多翻包 CPU 会把 CPU 上的编号磨掉。随着科技的发展，造假技术也越来越高，如果不能肯定所买 CPU 是原装产品，可以按照包装上的说明，采用 Intel 或 AMD 厂商提供的方式进行查询，辨别真伪。

(3)存储器。存储器是计算机的记忆和存储部件，用来存放信息。存储器按功能的不同可分为内存储器(简称内存或主存)和外存储器(简称外存或辅存)。内存存取速度快，但容量较小；外存相对存取速度慢，但容量较大。

①内存储器。内存储器主要用于存放当前执行的程序和数据，一般由半导体器件构成。内存可以与 CPU、输入/输出设备直接交换信息，CPU 需要的指令和数据必须从内存中读取，而不能从其他输入/输出设备中获得。因此，内存是 CPU 和外部设备的枢纽。

内存根据基本功能的不同分为随机存取存储器(random access memory，RAM)、只读存储器(read only memory，ROM)和高速缓冲存储器(cache，简称高速缓存)。

a. RAM。RAM 就是通常所说的内存条，如图 1-9 所示。它的特点是其中存放的内容可随时供 CPU 读写，但断电后会完全丢失。目前常用的内存条的单个容量主要有 4 GB、8 GB 和 16 GB 等不同的规格。在主板存储器插槽上插入内存条，可扩展内存。

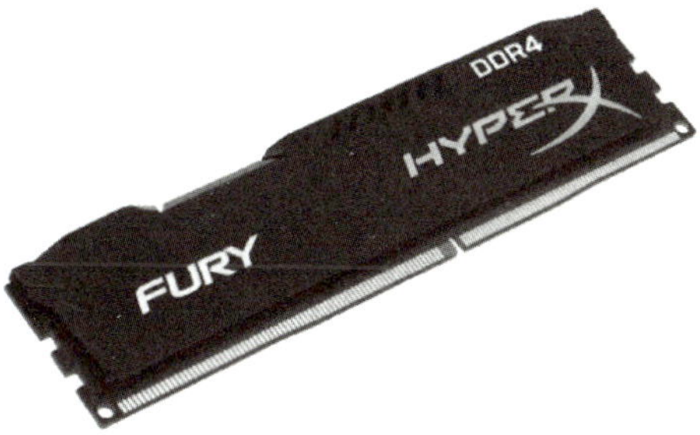

图 1-9

b. ROM。ROM 是一种在计算机运行过程中只能读出、不能写入和修改的存储器。它的最大特点就是信息在断电或关机后不会丢失,因此常用来存放重要的、常用的程序和数据,如检测程序、BIOS 及其他系统程序等。目前,常用的 ROM 是可擦除、可编程的只读存储器(EPROM),可通过编程器将数据或程序写入 EPROM。

c. cache。CPU 的运算速度越来越快,而主存中数据访问的速度相对来说要慢得多,这一现象严重影响了计算机的运行速度。为此,引入 cache,它的存取速度与 CPU 的速度相当。cache 在逻辑上位于 CPU 与内存之间,其作用是加快 CPU 与 RAM 之间的数据交换速率。cache 技术的原理是:将当前急需执行及使用频繁的程序段和数据复制到 cache 中。CPU 在进行读写时,首先会访问 cache,因此 cache 就像内存与 CPU 之间的“转接站”。如果 CPU 能在 cache 中找到大部分要访问的数据,就能大大提高系统的运行速度。

②外存储器。外存储器相对于内存来说,容量大,价格便宜,但存取速度慢,主要用于存放待运行的或需要永久保存的程序和数据。CPU 不能直接访问外存储器,只有在外存储器中的内容被调入内存后,才能对其进行读取。现在常用的外存有硬盘、光盘和 USB 闪存驱动器等。

a. 硬盘。硬盘是计算机的主要外部存储器,如图 1-10 所示。它由若干个同样大小的、表面涂有磁性材料的铝合金盘片环绕一个共同的轴心组成。每个盘片的上下两面各有一个读写磁头,磁头传动装置将磁头快速、准确地移到指定的磁道。硬盘按盘片直径大小可分为 3.5 in①(主要用于台式计算机)、2.5 in(主要用于笔记本计算机)、1.8 in(主要用于小型计算机)等。

图 1-10

硬盘采用“温彻斯特”技术,其特点是密封、固定;并采用高速旋转的镀磁盘片,磁头沿盘片径向移动,磁头悬浮在高速转动的盘片上方,而不与盘片直接接触。这也是硬盘的基本工作原理。

b. 光盘。光盘用于记录数据,光盘驱动器(见图 1-11)用于读

① 1 in=2.54 cm。

取数据。光盘的特点是记录数据密度高，存储容量大，数据可永久保存。

明亮如镜的光盘是用极薄的铝质或金质音膜加上聚氯乙烯塑料保护层制作而成的。与硬盘一样，光盘也能以二进制数据(由“0”和“1”组成的数据模式)的形式存储文件和音乐信息。要在光盘上存储数据，首先必须借助计算机将数据转换成二进制，然后用激光将数据模式灼刻在扁平的、具有反射能力的盘片上。激光在盘片上刻出的小坑代表“1”，空白处代表“0”。当计算机从光盘上读取数据时，定向光束(激光)在光盘的表面迅速移动。从光盘上读取数据的计算机会观察激光经过的每一个点，以确定它是否反射激光。如果它不反射激光(那里有一个小坑)，那么计算机就知道它代表一个“1”；如果激光被反射回来了，计算机就知道这个点代表一个“0”。然后，这些成千上万或数以百万的“1”和“0”就被计算机恢复成文件或程序。

c. USB闪存驱动器。USB闪存驱动器又称U盘，是一种利用闪存技术存储信息的存储介质。它是一种通过USB接口与计算机交换数据的可移动存储设备。U盘具有即插即用的功能，使用者只需将它插入USB接口，计算机就可以自动检测到该设备，其外形如图1-12所示。

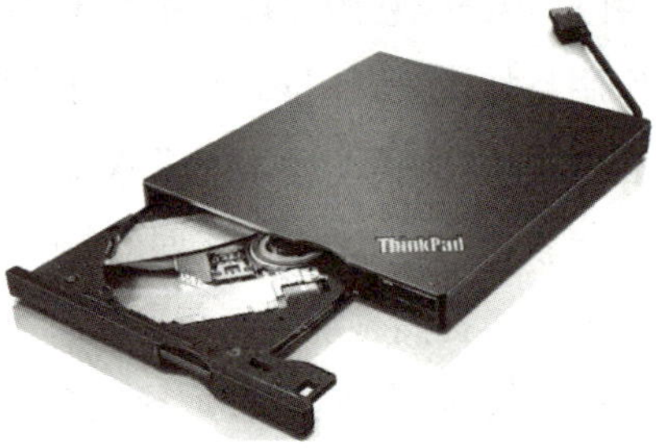

图 1-11

图 1-12

2. 输入输出设备

(1)输入设备。输入设备的功能是将以某种形式表示的程序和原始数据转换为计算机能够识别的形式，并送到计算机的存储器中。输入设备的种类很多，微型计算机上常用的有键盘和鼠标。图1-13为标准的107键盘和鼠标。

图 1-13

①键盘。键盘是计算机的重要输入设备之一，是向计算机输入文本及其他数据的首要方式。如今，个人计算机的标准键盘一般采用107键盘，该键盘在沿用打字机所采用的QWERTY布局的基础上，新增了功能键、方向键等计算机所需的按键；有些种类的键盘还设有一些额外的功能键。键盘的每个键上均标明了其所对应的字母、数字或功能。在用键盘向计算机输入数据时，通常一次只能按一个键，但也可能需要同时按下多个键，即组合键。每个按键所对应的功能也不是固定不变的，许多程序都会对键盘的各个按键的功能重新进行定义，因此在使用时需要根据实际情况来确定按键的功能。

②鼠标。鼠标是另外一种常见的计算机输入设备，广泛用于图形用户界面环境。鼠标通过USB接口或PS/2串口与主机连接。鼠标的工作原理是：当移动鼠标时，鼠标把移动距离及方向的信息转换成脉冲信号送入计算机，计算机再将脉冲信号转变成光标的坐标数据，从而达到指示位置的目的。按照感应位移变化的方式不同，可将鼠标分为机械鼠标、光电鼠标等。

（2）输出设备。输出设备是人与计算机进行交互的一种设备，它能够将计算机内部以二进制代码形式表示的信息转换为用户所需且能识别的形式（如十进制数字、文字、符号、图形、图像、声音），以及其他系统所能识别的信息形式。在微型计算机系统中，输出设备主要有显示器、打印机及绘图仪等。

①显示器。显示器的作用是将电信号表示的二进制代码信息转换为直接可以看到的字符、图形或图像。常用的显示器有阴极射线管显示器、液晶显示器和等离子显示器。显示器有两个重要的技术指标，即分辨率和刷新频率。分辨率指的是显示器在水平方向和垂直方向上最多可以显示的像素个数。常用的分辨率有1 024×768像素、1 152×1 024像素、1 280×1 024像素、1 400×1 050像素和1 600×900像素等。分辨率越高，图像越细腻、逼真。刷新频率是指图像在屏幕上的更新速度，即屏幕上每秒显示全画面的次数，单位是Hz。当刷新频率在75 Hz以上时，屏幕的闪烁感不易被人眼察觉。

扫码测试

②打印机。打印机是将计算机的运算结果或中间结果以人眼所能识别的数字、字母、符号、图形及图像等形式打印在纸上的设备。按印字方式不同，可以将打印机分为击打式打印机和非击打式打印机。击打式打印机利用机械动作将所需打印的内容通过色带打印在纸上。非击打式打印机利用物理或化学方法（如静电感应、电灼、热敏效应、激光扫描和喷墨等）印刷字符。其中，激光打印机（见图1-14）和喷墨打印机是目前使用最多的两种打印机。

图1-14

图文
激光打印机构造

③绘图仪。绘图仪是一种专用输出设备，主要用于工程图纸的输出。绘图仪直接由计算机或数字信号控制，能够自动输出各种图形、图像和字符，是计算机辅助制图和计算机辅助设计中广泛使用的一种绘图设备。传统绘图仪绘图时采用的是绘图笔输出形式，出图较慢；而新型的绘图仪采用喷墨方式绘图，出图速度快、质量高。

活动 4　了解计算机软件系统

计算机软件包括程序和程序运行时所需的数据，以及与这些程序和数据有关的文档资料。软件系统是计算机中可运行程序的总和。计算机软件可以分为系统软件和应用软件。系统软件的数量相对较少，绝大部分软件都是应用软件。计算机软件也可以分为商业软件和免费软件。

1. 软件的概念

软件是用户与硬件的接口，用户是通过软件与计算机进行交互的。软件是计算机系统设计的重要依据。为了方便用户使用，使计算机系统具有较强的功能，在设计计算机系统时，必须全局考虑软件与硬件的匹配性。

2. 系统软件

系统软件是计算机得以运行的保障。其他软件一般都是通过系统软件来发挥作用的。系统软件是管理、监控、维护和协调计算机内部更有效工作的软件。

(1)系统软件的特点。

①通用性。系统软件的功能不局限于特定的用户，无论哪个应用领域的用户都要用到它。

②基础性。其他软件的编写和运行必须有系统软件的支持。

(2)常用的系统软件。常用的系统软件主要包括操作系统(operating system)、程序设计语言和语言处理程序、数据库管理等。

①操作系统。操作系统是最基本、最重要的系统软件，其他软件必须在操作系统的支持下才能运行。它负责管理、监控和维护计算机系统的全部软件资源和硬件资源，保证计算机各部件协调工作。一般而言，引入操作系统有以下两个主要目的。

a. 从用户角度来看，操作系统将裸机改造成一台功能更强，服务质量更高，用户使用起来更加方便灵活、安全可靠的虚拟机，从而提高用户的工作效率。

b. 合理使用系统所包含的各种软硬件资源，提高整个系统的使用效率和经济效益。

操作系统是一个庞大的管理控制程序，它包括五大功能：处理器管理、存储管理、设备管理、文件管理和作业管理。目前，常用的操作系统有 Windows 10、macOS 等，网络操作系统有 Windows Server、Linux、UNIX 等。

②程序设计语言和语言处理程序。

a. 程序设计语言。编写计算机程序所使用的语言即程序设计语言，它是人与计算机之间进行信息交换的工具，一般可分为机器语言、汇编语言、高级语言和第四代语言。

图文
微软 Windows 与苹果 MacOS

• 机器语言。机器语言是计算机发展初期使用的语言，是第一代计算机语言，是一种用二进制代码 0 和 1 形式表示的，能被计算机直接识别和执行的语言。例如，0110 1010 0110 1011 就是典型的机器语言指令。机器语言是面向机器的低级语言，指令系统与硬件有关，即不同型号的计算机的机器语言指令是不同的。用机器语言编写的程序难以记忆、阅读和书写，人们通常不用机器语言直接编写程序。

• 汇编语言。汇编语言是一种面向机器的程序设计语言，它是为特定的计算机或计算机系统设计的。汇编语言采用一种助记符来表示机器中的指令和数据，即用助记符代替二进制形式的机器指令。这种替代使得机器语言符号化，所以汇编语言也是依赖于机器的低级语言。不同型号的计算机系统一般有不同的汇编语言。由于指令功能不强，用汇编语言编写程序很烦琐，但用汇编语言编写的程序运行效率高，因此，汇编语言主要用于一些底层软件和实时控制软件的编写。

• 高级语言。高级语言是一种接近于自然语言和数学描述语言的程序设计语言。高级语言是为了提高程序员的开发效率而产生的。这些语言主要是面向任务、面向过程的，而不是面向机器的，也就是说，高级语言的指令更适用于程序员开发的应用程序。不同类型的应用产生了不同的高级语言，如为商业数据处理设计的 COBOL 语言；为科学和数学计算设计的 FORTRAN 语言；为给学生提供一种易于学习和理解的计算机语言，而出现的 BASIC、C 语言；等等。

• 第四代语言。计算机语言随着计算机技术和用户需求的发展而发展，目前面向对象的程序设计思想主导了程序设计语言的发展。C++、Java 等都是当前流行的面向对象程序设计语言。另外，Visual Basic、Visual C++是面向对象与可视化的程序设计语言，确切地说，它们是一种基于某种面向对象语言的开发环境。这类语言通常提供可视化的开发环境，使很多编程工作可以通过可视化操作得以实现，而对应的代码由系统自动生成。这类语言特别适合开发图形用户界面，能够做到所见即所得，使编程过程简化，编程效率提高。

b. 语言处理程序。用汇编语言和高级语言编写的程序称为源程序，源程序不能被计算机直接执行，必须把它们翻译成机器语言程序，才能被识别及执行，这种翻译也是由程序实现的。不同的语言有不同的翻译程序，这些翻译程序被统称为语言处理程序。

通常，翻译有两种方式：解释方式和编译方式。解释方式是通过相应语言的解释程序将源程序逐条翻译成机器指令，每译完一句，执行一句，直至执行完整个程序。其特点是便于查错，但效率低，如 BASIC 语言。编译方式是通过相应语言的编译程序将源程序翻译成目标程序，再用连接程序将目标程序与函数库等进行连接，最终生成可在机器上运行的可执行程序，如 C 语言等。

扫码测试

③数据库管理。数据库系统是 20 世纪 60 年代后期才产生并发展起来的。它是计算机科学中发展最快的领域之一，主要用来解决数据处理的非数值计算问题，目前主要用于档案管理、财务管理、图书管理及仓库管理等的数据处理。这类数据的特点是数据量比较大，数据处理的主要内容为数据的存储、查询、修改、排序和分类等。

数据库是按一定的方式组织起来的数据的集合，它具有数据冗余度小、可共享等特点。数据库管理系统的作用是管理数据库，有效地进行数据存储、共享和处理。目前，常用的数据库管理系统有 Access、SQL Server、MySQL、Oracle 等。

3. 应用软件

应用软件是为了解决某些具体问题而开发和研究的各种软件，是针对某一应用领域的、面向最终用户的软件。应用软件的使用范围很广，可以说，哪里有计算机应用，哪里就有应用软件。下面简要介绍几类应用软件。

(1)办公自动化软件。应用较为广泛的办公自动化软件有 Microsoft 公司开发的 MS Office 软件，它由几个软件组成，如文字处理软件 Word、电子表格处理软件 Excel、电子演示软件 PowerPoint 等。国内优秀的办公自动化软件有金山 WPS 等。

(2)多媒体应用软件。多媒体是计算机应用的一个主要方向，其应用软件很多，如图像处理软件 Photoshop、动画设计软件 Flash、音频处理软件 Audition、视频处理软件 Premiere 等。

(3)辅助设计软件。计算机辅助设计(CAD)技术是近 20 年来最具成效的工程技术软件之一。由于计算机具有快速的数值计数、较强的数据处理及模拟能力，因此目前在汽车、船舶、超大规模集成电路(very large scale integrated circuits，VLSIC)等设计和制造过程中，CAD 占据着非常重要的地位。常用的辅助设计软件有建筑辅助设计软件 AutoCAD、网络拓扑结构设计软件 Visio、电子电路辅助设计软件 Protel 等。

(4)实时控制软件。如今，计算机已经普遍用于生产过程的自动化控制。用于控制的计算机，其输入信息往往是电压、温度、压力、流量等模拟量，要先将模拟量转换成数字量，然后计算机才能进行处理或计算，处理或计算后，以此为依据根据预先设定的方案对生产过程进行控制。这类软件一般统称为监视控制与数据采集(supervisory control and data acquisition，SCADA)软件。目前，PC 上比较流行的 SCADA 软件有 FIX、Intouch、Lookout 等。

活动 5　掌握计算机中信息的表示方法

1. 进位计数制

按进位的原则进行计数的方法称为进位计数制，简称数制。日常生活中用得最多的是十进制数，而计算机存放的是二进制数，为了方便使用，同时还引入八进制数和十六进制数。在进位计数的数字系统中，如果只用 R 个基本符号（如 0，1，2，…，R）来表示数值，则称其为基 R 数制。R 称为该数制的基数，而数制中每一固定位置对应的单位值称为权。例如，十进制的基数 $R=10$，二进制的基数 $R=2$。

扫码测试

（1）十进制数。十进制数是生活中最常使用的计数制。它有 0，1，2，3，4，5，6，7，8，9 共 10 个数字符号，基数是 10，权是 10^i。例如，十进制数 123.45 按权展开为

$(123.45)_{10}=1\times10^2+2\times10^1+3\times10^0+4\times10^{-1}+5\times10^{-2}$

十进制使用"逢十进一""借一当十"的计数规则。

（2）二进制数。数值、字符、指令等数据在计算机内部的存放和处理都采用二进制数的形式。二进制数有 0 和 1 两个基本符号，采用"逢二进一"的原则进行计数。为了与其他数制区别开来，在二进制数的外面加括号，并且在其右下方加注 2，或者在其后面加"B"，表示前面的数是二进制数。

任何一个二进制数都可表示成各位数字与其对应的权的乘积的总和。其整数部分的权由低向高依次是 2^0，2^1，2^2，2^3，2^4，…；其小数部分的权由高向低依次是 2^{-1}，2^{-2}，…。例如，$(1100.1101)_2=1\times2^3+1\times2^2+0\times2^1+0\times2^0+1\times2^{-1}+1\times2^{-2}+0\times2^{-3}+1\times2^{-4}$。

（3）八进制数。八进制数是由 0，1，2，3，4，5，6，7 任意组合构成的，其特点是"逢八进一"。为了与其他数制区别开来，在八进制数的外面加括号，且在其右下方加注 8，或者在其后面加"O"，表示前面的数是八进制数。

八进制数的基数是 8，任何一个八进制数都可表示成各位数字与其对应的权的乘积的总和。其整数部分的权由低向高依次是 8^0，8^1，8^2，8^3，8^4，…；其小数部分的权由高向低依次是 8^{-1}，8^{-2}，8^{-3}，…。

（4）十六进制数。十六进制数是由 0，1，2，3，4，5，6，7，8，9，A，B，C，D，E，F 任意组合构成的，其特点是"逢十六进一"。为了与其他数制区别开来，在十六进制数的外面加括号，且在其右下方加注 16，或者在其后面加"H"，表示前面的数是十六进制数。

十六进制数的基数是 16，任何一个十六进制数可表示成各位数字与其对应的权的乘积的总和。其整数部分的权由低向高依次是 16^0，16^1，16^2，16^3，16^4，…；其小数部分的权由高向低依次是 16^{-1}，16^{-2}，16^{-3}，…。

常用计数制对照见表 1-1。

表 1-1

十进制	二进制	八进制	十六进制	十进制	二进制	八进制	十六进制
1	1	1	1	9	1001	11	9
2	10	2	2	10	1010	12	A
3	11	3	3	11	1011	13	B

续表

十进制	二进制	八进制	十六进制	十进制	二进制	八进制	十六进制
4	100	4	4	12	1100	14	C
5	101	5	5	13	1101	15	D
6	110	6	6	14	1110	16	E
7	111	7	7	15	1111	17	F
8	1000	10	8	16	10000	20	10

2. 数制间的相互转换

计算机领域中常用的数制有十进制、二进制、八进制和十六进制，它们之间的相互转换分为以下几种情况。

(1)R 进制数转换成十进制数。基数为 R 的数字，只要将各位数字与它的权相乘，然后将其各项相加，其结果就是一个十进制数。

【例 1-1】 分别将$(1101.1)_2$、$(45.6)_8$、$(3AC)_{16}$、$(10F.A)_{16}$转换成十进制数。

$$
\begin{aligned}
(1101.1)_2 &= 1\times2^3+1\times2^2+0\times2^1+1\times2^0+1\times2^{-1}\\
&=8+4+0+1+0.5\\
&=13.5
\end{aligned}
$$

$$
\begin{aligned}
(45.6)_8 &= 4\times8^1+5\times8^0+6\times8^{-1}\\
&=32+5+0.75\\
&=37.75
\end{aligned}
$$

$$
\begin{aligned}
(3AC)_{16} &= 3\times16^2+A\times16^1+C\times16^0\\
&=3\times16^2+10\times16^1+12\times16^0\\
&=940
\end{aligned}
$$

$$
\begin{aligned}
(10F.A)_{16} &= 1\times16^2+0\times16^1+15\times16^0+10\times16^{-1}\\
&=256+15+0.625\\
&=271.625
\end{aligned}
$$

(2)十进制数转换成 R 进制数。将十进制数转换为 R 进制数时，需要先将十进制数分成整数部分和小数部分分别进行转换，然后将其拼接起来。具体规则如下。

①整数部分。整数部分遵循“除 R 取余，逆序排列”的规则。

②小数部分。小数部分遵循“乘 R 取整，顺序排列”的规则。

【例 1-2】 将十进制数 25 转换为二进制数。

动画
十进制数转换为二进制数

2	25	余数
2	12	1
2	6	0
2	3	0
2	1	1
	0	1

因此，$(25)_{10}=(11001)_2$。

【例 1-3】 将十进制数 0.24 转换为二进制数。

0.24		取整数位
× 2		
0.48	→	0
× 2		
0.96	→	0
× 2		
1.92	→	1
0.92		
× 2		
1.84	→	1
0.84		
× 2		
1.68	→	1

因此，$(0.24)_{10}\approx(0.00111)_2$。

(3)二进制数转换成八进制数。由于存在 $2^3=8^1$ 这样的关系，三位二进制数正好可以用一位八进制数表示，所以将二进制数转换成八进制数时，只要将二进制数按照 3 个一组，每组转换成一个八进制数即可。具体方法是：将二进制数以小数点为界，整数部分从右向左数，每三位一组进行转换，不足三位的在左边用 0 补足；小数部分从左向右数，每三位一组进行转换，不足三位的在右边用 0 补足。

动画
二进制数转换为八进制数

【例 1-4】 将二进制数 10110011.01011 转换成相应的八进制数。

$$\begin{array}{ccccccc} \underline{(010} & \underline{110} & \underline{011} & \cdot & \underline{010} & \underline{110)_2} \\ (2 & 6 & 3 & & 2 & 6)_8 \end{array}$$

所以，$(10110011.01011)_2=(263.26)_8$。

(4)八进制数转换成二进制数。八进制数的一位相当于二进制数的三位，因此转换时只要将八进制数中的每个数字用相应的二进制数替换即可。

【例 1-5】 将八进制数 731.3 转换成相应的二进制数。

$$\begin{array}{ccccc} \underline{(7} & \underline{3} & \underline{1} & \cdot & \underline{3)_8} \\ (111 & 011 & 001 & & 011)_2 \end{array}$$

所以，$(731.3)_8=(111011001.011)_2$。

(5)二进制数转换成十六进制数。由于存在着 $2^4=16^1$ 这样的关系，四位二进制数正好可以用一位十六进制数表示，因此将二进制数转换成十六进制数时，只要将二进制数按照四个一组，每组转换成一个十六进制数即可。具体方法是：将二进制数以小数点为界，整数部分从右向左数，每四位一组进行转换，不足四位的在左边用 0 补足；小数部分从左向右数，每四位一组进行转换，不足四位的在右边用 0 补足。

【例 1-6】 将二进制数 1010110.10101 转换成相应的十六进制数。

$$\frac{(0101}{(5}\quad\frac{0110}{6}\cdot\frac{1010}{A}\quad\frac{1000)_2}{8)_{16}}$$

所以，$(1010110.10101)_2=(56.A8)_{16}$。

(6)十六进制数转换成二进制数。八进制数的一位相当于二进制数的四位，只要将十六进制数中的每个数字用相应的二进制数替换即可。

扫码测试

【例 1-7】 将十六进制数 5B2.F 转换成相应的二进制数。

$$\frac{(5}{(0101}\quad\frac{B}{1011}\quad\frac{2}{0010}\cdot\frac{F)_{16}}{1111)_2}$$

所以，$(5B2.F)_{16}=(10110110010.1111)_2$。

实训项目

实训　计算机的选购

实训要求：利用所学计算机系统的组成知识，深入市场，了解计算机各组件的型号、参数和价格，分别以 3 000 元和 5 000 元的标准配置一台计算机。

视频
电脑组装

项目 2

使用 Windows 10 操作系统

知识目标

了解 Windows 10 操作系统的基本操作。

掌握文件与文件夹的管理方法。

掌握 Windows 10 操作系统的个性化设置方法。

掌握软件的添加与管理方法。

掌握用户管理的方法。

掌握中英文的输入方法。

技能目标

熟练操作 Windows 10 操作系统。

会有效地管理文件与文件夹。

会进行个性化设置。

会添加和管理软件。

能进行用户管理。

能熟练输入中英文。

Windows 10 是美国微软公司研发的新一代跨平台及设备应用的操作系统，可实现应用程序在跨设备间的无缝操作，使不同硬件平台拥有相同的操作界面和使用体验。Windows 10 操作系统拥有一系列新功能和特性，如可使用脸部、虹膜或指纹等生物特征认证来解锁设备及服务的 Windows Hello 功能等，可为用户带来更加个性化和更安全的使用体验。

本项目通过对 Windows 10 操作系统、文件与文件夹管理、个性化设置、软件的管理、用户管理、中英文输入等任务的了解和操作，使读者对 Windows 10 操作系统有一个全面、细致的认识。

任务 2.1 Windows 10 操作系统的基本操作

任务描述

本任务主要从 Windows 10 的启动、退出、重启、桌面、窗口和对话框等操作对 Windows 10 的基本操作进行描述。

任务分析

Windows 10 作为目前最新的 Windows 操作系统，其系统画面和操作方式较之以往的 Windows 操作系统发生了极大的变化。本任务将主要介绍 Windows 10 的启动、退出、重启、桌面、窗口和对话框等基本操作。

任务实施

活动 1 启动、退出和重启 Windows 10

使用 Windows 10 操作系统，首先要学会系统的启动、退出与重启等基本操作。Windows 10 启动、退出与重启操作和以往的操作系统相比有一定的变化。

1. 开机启动 Windows 10

要使用 Windows 10 操作系统，首先要启动 Windows 10，在登录系统之后才可以做一系列相关的操作。开机启动 Windows 10 的操作步骤如下。

(1)按下显示器和计算机主机的电源按钮，打开显示器并接通主机电源。

(2)在启动过程中，Windows 10 会进行自检和初始化硬件设备。

(3)如果没有对用户账户进行任何设置，则系统将直接登录 Windows 10 操作系统；如果设置了用户密码，则需在“密码”文本框中输入密码(见图 2-1)，然后按 Enter 键，系统开始验证密码。

(4)登录 Windows 10 系统后进入 Windows 10 桌面，如图 2-2 所示。

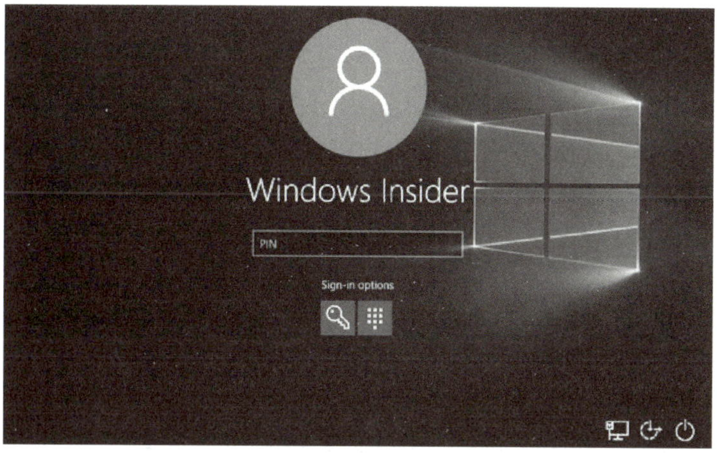

图 2-1

图 2-2

2. 关机退出 Windows 10

使用 Windows 10 完成所有操作后，可关机退出 Windows 10。关机退出 Windows 10 的操作步骤如下。

(1)单击屏幕左下角的“开始”按钮，弹出“开始”菜单，如图 2-3 所示。

(2)在弹出的“开始”菜单中单击“电源”按钮，并在弹出的菜单中选择“关机”选项，如图 2-4 所示。计算机在自动保存文件和设置后退出 Windows 10。

(3)关闭显示器及其他外部设备的电源。

3. 重启

重启是指在使用计算机的过程中遇到某些故障(如出现“死机”、程序停止不运行、计算机没有反应)，而让系统自动修复故障并重新启动计算机的操作。

重启时，被打开的程序将全部关闭并退出 Windows 10，然后计算机立即自动启动 Windows 10。

重启的操作步骤和关机基本相同，不同之处是在“开始”菜单中单击“电源”按钮后，在弹出的菜单中选择“重启”选项。

图 2-3

图 2-4

活动 2　认识 Windows 10 的桌面

Windows 的很多操作都是在桌面上完成的。Windows 10 的桌面主要包括“开始”菜单、桌面图标、桌面背景和任务栏等。下面主要介绍 Windows 10 桌面中各元素的作用及其相应的操作方法。

1. “开始”菜单

“开始”按钮位于计算机屏幕的左下角，单击“开始”按钮，弹出“开始”菜单（见图 2-3）。“开始”菜单由“功能设置”“所有应用程序”和“开始屏幕”三个区域组成。

（1）“功能设置”区域。“功能设置”区域包含“用户管理”、“设置”和“电源”三个控制按钮。

(2)“所有应用程序”区域。“所有应用程序”区域以列表形式显示当前计算机中所安装的全部应用程序,用户可以在“所有应用程序”列表中快速查找到所需要的应用程序。操作步骤为:将鼠标指针移动到程序列表中的任意一条分割线后单击,然后选择应用程序名称的首字符,如图 2-5 所示。

图 2-5

(3)“开始屏幕”区域。“开始屏幕”区域以磁贴的形式容纳快捷方式,用户可以对其中的磁贴进行移动和设置,还可以重设开始屏幕的大小,如图 2-6 所示。

图 2-6

2. 桌面图标

通过桌面图标可以打开相应的操作窗口或应用程序。例如，双击“此电脑”图标打开计算机窗口，如图 2-7 所示。

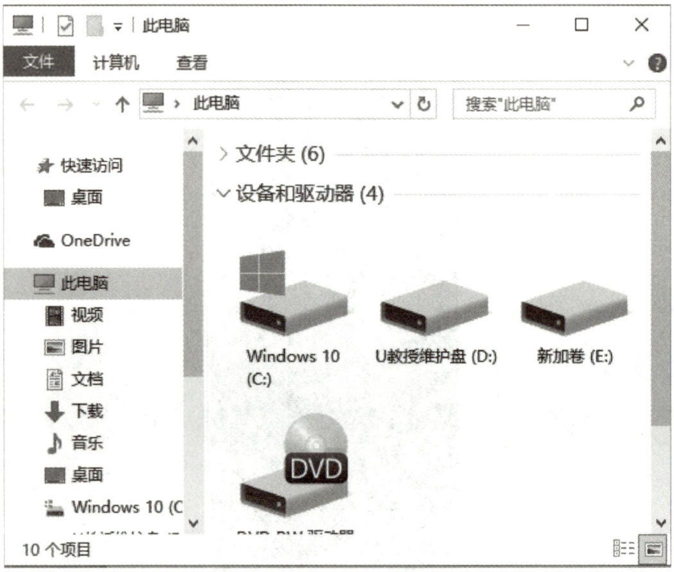

图 2-7

桌面图标主要包括系统图标和快捷方式图标。其中，系统图标是指可进行与系统相关操作的图标，快捷方式图标是指应用程序的快捷启动方式。

在新安装的 Windows 10 系统的桌面中，只有“此电脑”“网络”和“回收站”三个图标，随着用户不断安装应用程序，桌面上的图标个数会逐渐增多。对于一些常用的文件和程序，如果没有桌面图标，用户也可以自己添加快捷方式图标；对于桌面上没用的图标，用户也可以将其删除。

(1)添加快捷方式图标。添加文件或应用程序的快捷方式图标的方法很简单，即在计算机中找到文件或程序并选中，右击，在弹出的快捷菜单中选择“发送到”→“桌面快捷方式”命令，即可将相应的快捷方式图标添加到桌面上。

(2)删除桌面图标。如果桌面上的图标过多，可以根据需要将桌面上的一些图标删除。删除桌面图标的方法是：选中需要删除的桌面图标，右击，在弹出的快捷菜单中选择“删除”命令，如图 2-8(a)所示；或将鼠标指针移到需要删除的桌面图标上，按住鼠标左键不放，将该图标拖动至“回收站”图标上，当出现“移动到回收站”字样[见图 2-8(b)]时，释放鼠标左键，再在打开的提示对话框中单击“确定”按钮，即可将该桌面图标删除。

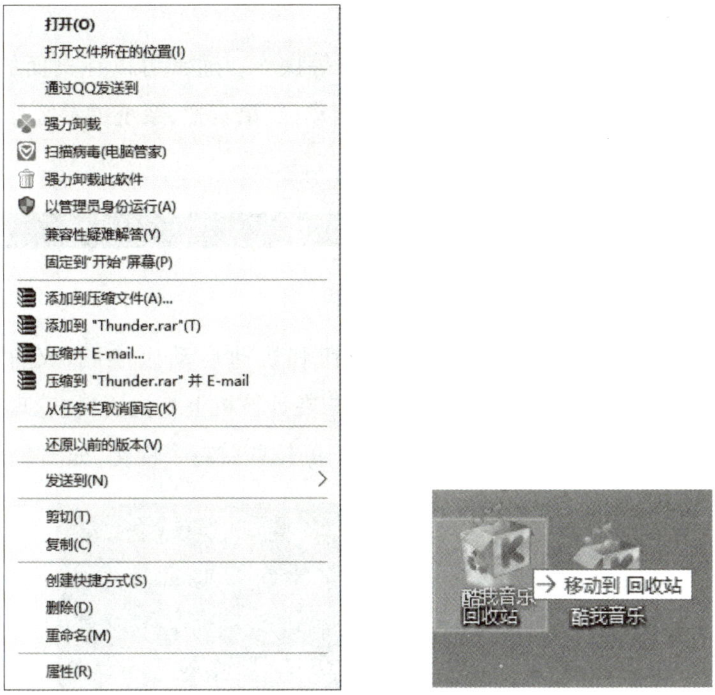

(a) (b)

图 2-8

3. 桌面背景

桌面背景是指应用于桌面的图片或颜色。根据个人的喜好可以将喜欢的图片或颜色设置为桌面背景。Windows 10 提供了很多自带的图片,如图 2-9 所示为设置系统自带的背景图片后的桌面效果。

图 2-9

4. 任务栏

任务栏用来完成打开应用程序和管理窗口等操作。通常可以在桌面的底部找到任务栏。任务栏主要包括“开始”按钮、Cortana、快速启动区、语言栏、系统提示区等部分，如图 2-10 所示。默认状态下，任务栏位于桌面的最下方。

图 2-10

Cortana  位于“开始”按钮和快速启动区之间，又称“小娜”。它是 Windows 10 操作系统新增的功能，可以帮助用户在计算机上查找资料、管理日历、跟踪程序包、查找文件等。使用 Cortana 的次数越多，用户的体验就越个性化，如图 2-11 所示。

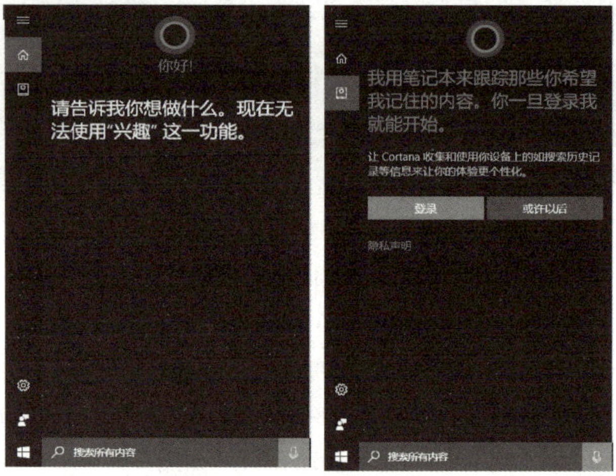

图 2-11

快速启动区包括“任务视图”和 Microsoft Edge 浏览器等图标。单击 Microsoft Edge 图标可以打开 Microsoft Edge 窗口，单击“浏览器”图标可以打开浏览器窗口。

快速启动区的右侧是当前已经打开的程序或文件的图标，单击这些图标可以在程序或文件间进行切换。

图文
Windows 10 操作小技巧

任务栏的右侧是语言栏和系统提示区。语言栏用来选择和设置输入法。系统提示区用于显示系统音量、网络及系统时间等。

活动 3　认识 Windows 10 的窗口与对话框

1. Windows 10 的窗口

计算机中的操作大多数是在各式各样的窗口中完成的。通常，只要是右上方包含“最小化”按钮、“最大化/还原”按钮和“关闭”按钮的人机交互界面都可以称为窗口。

(1)窗口的组成。窗口主要由标题栏、快速访问工具栏、功能区、控制按钮区、地址栏、搜索栏、窗口工作区、状态栏、视图按钮等部分组成,如图 2-12 所示。

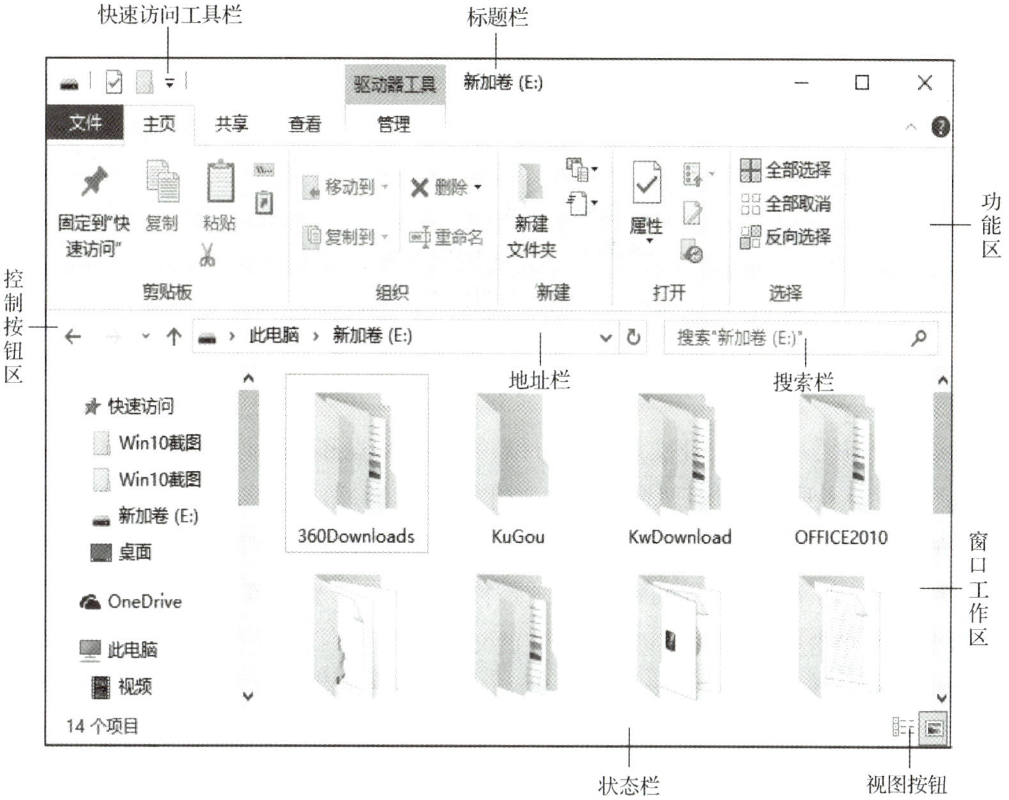

图 2-12

①标题栏。窗口正上方的区域是标题栏,显示了当前目录的位置。标题栏的右侧是"最小化"按钮、"最大化/还原"按钮和"关闭"按钮,单击这些按钮可对窗口执行相应的操作。

②快速访问工具栏。标题栏的左侧是快速访问工具栏,其中默认显示了"属性"图标和"新建文件夹"图标,可以单击右侧的下拉按钮,在弹出的列表中自定义快速访问工具栏,如图 2-13 所示。

③功能区。标题栏的下方是功能区。功能区包含选项卡和项目工具两部分。"主页""共享""查看"和"管理"四个选项卡分别为用户提供不同的功能;打开不同的窗口或在窗口中选择不同的对象,功能区中显示的选项卡是不一样的。

每个选项卡下面都包括一些常用的工具按钮,通过这些按钮可以对当前的窗口和其中的内容进行调整或设置。单击选项卡,可显示其下面的工具,如图 2-12 中显示了"主页"选项卡下面的工具,该选项卡由"剪贴板""组织""新建""打开"和"选择"5 个选项组组成。

图 2-13

④控制按钮区。控制按钮区主要实现目录的前进、后退和返回上级目录操作。

⑤地址栏。地址栏是计算机窗口的重要组成部分，通过它可以清楚地知道当前打开的文件夹的路径。当知道某个文件或程序的保存路径时，可以直接在地址栏中输入路径来打开该文件或程序的文件夹。Windows 10 地址栏中的每一个路径都由不同的按钮组成，如图 2-14 所示。单击这些按钮，就可以在相应的文件夹之间进行切换。单击这些按钮右侧的按钮，将会弹出一个子菜单，其中显示了该按钮对应文件夹的所有子文件夹。

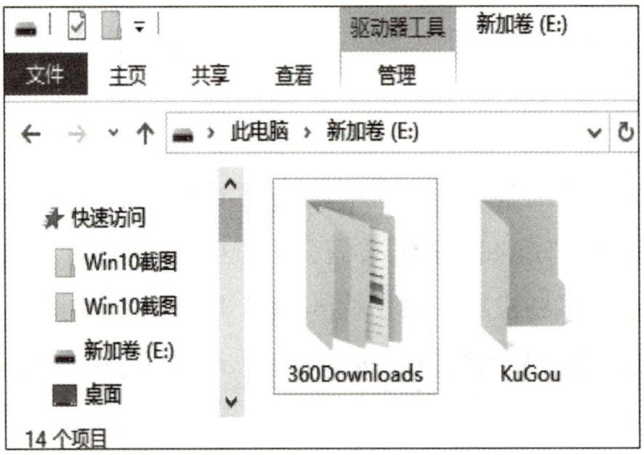

图 2-14

⑥搜索栏。搜索栏具有在计算机中搜索各类文件和程序的功能。在搜索栏中输入关键字，搜索随之开始，在完整地输入关键字后，符合条件的内容也被搜索出来。这种在输入关键字的同时进行搜索的方式称为动态搜索。使用搜索栏时应注意，如果在“此电脑”窗口中打开某个文件夹，那么此时的搜索范围将只限定为该文件夹，而不是整个计算机资源。

⑦窗口工作区。窗口工作区用于显示当前窗口的内容或执行某项操作后显示的内容。如图 2-15 所示为打开“C:\Windows\Web\Wallpaper\Windows”文件夹后的窗口，如果窗口

工作区中的内容较多，将在窗口的右侧或下方出现滚动条，通过拖动滚动条可查看当前窗口中未显示出来的部分。

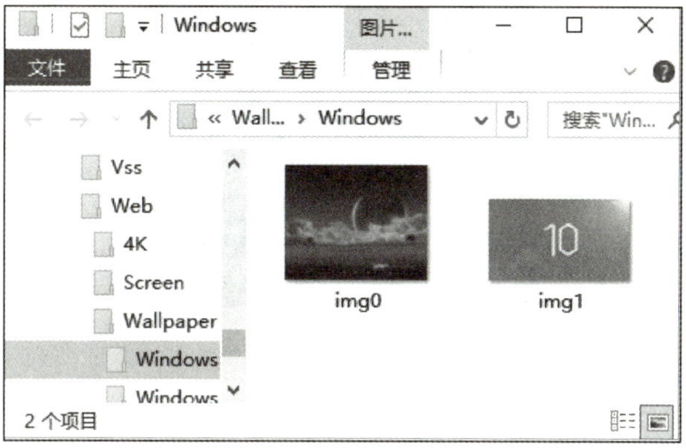

图 2-15

⑧状态栏。状态栏位于窗口最下方，它会根据用户选择的内容，显示容量、数量等信息。

⑨视图按钮。状态栏右侧的两个按钮（“列表”按钮和“大缩略”按钮）称为视图按钮。

（2）打开窗口。打开窗口有很多种方法，下面以打开“此电脑”窗口为例进行介绍。

①双击桌面图标。在“此电脑”图标上双击，即可打开该图标对应的窗口。

②使用快捷菜单中的命令。将鼠标指针移到“此电脑”图标上，右击，在弹出的快捷菜单中选择“打开”命令。

③通过“开始”菜单。单击“开始”按钮，在弹出的“开始”菜单中选择系统控制区中的“此电脑”命令。

（3）关闭窗口。在窗口中执行完操作后，可关闭窗口。关闭窗口的方法有以下几种。

①使用快捷菜单中的命令。将鼠标指针移到标题栏，右击，在弹出的快捷菜单中选择“关闭”命令。

②单击“关闭”按钮。直接单击窗口右上角的“关闭”按钮。

③使用任务栏。右击任务栏中某窗口对应的图标，在弹出的快捷菜单中选择“关闭窗口”命令，将关闭该窗口；如果要同时关闭多个窗口，则选择“关闭所有窗口”命令（见图 2-16）。

（4）移动窗口。在操作计算机时，为了方便操作某些部分，需要调整窗口在桌面上的位置，其方法是将鼠标指针移到窗口的标题栏上，按住鼠标左键不放，就可以拖动窗口到任意位置。

（5）排列窗口。与其他版本一样，Windows 10 也可以对窗口进行不同的排列，从而方便用户对窗口进行操作和查看，尤其当打开的窗口过多时，采用不同的方式排列窗口可以提高工作效率。排列窗口的方法是在任务栏的空白处右击，在弹出的快捷菜单中选择“层叠窗口”“堆叠显示窗口”或“并排显示窗口”命令。

图 2-16

2. Windows 10 的对话框

Windows 10 的很多操作都是在对话框中完成的。Windows 10 的对话框根据操作程序的不同而不同，如图 2-17 和图 2-18 所示分别为“回收站 属性”对话框和“系统属性”对话框。对话框中包含了不同类型的元素，且不同的元素可以实现不同的功能。

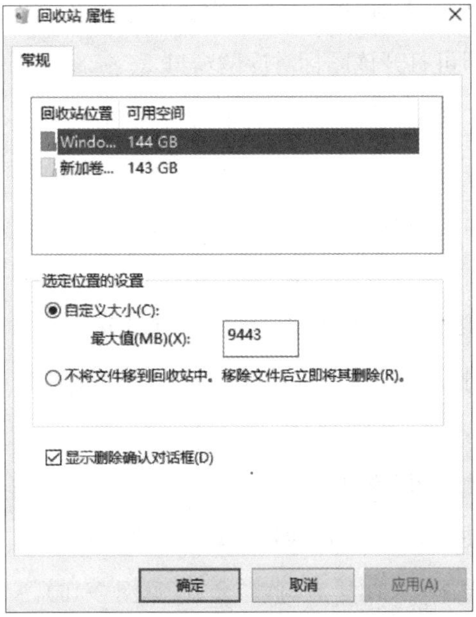

图 2-17

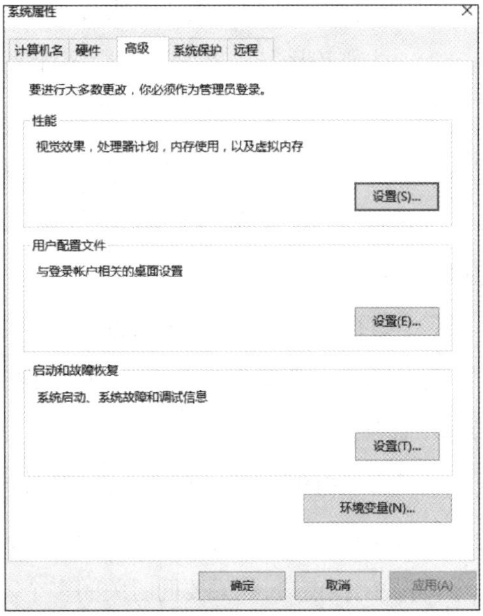

图 2-18

虽然对话框的界面和窗口类似，但是对话框不能调整大小。对话框中各元素的作用及设置方法如下。

(1)选项卡。对话框中一般有多个选项卡，通过选择相应的选项卡可切换到不同的设置页。如图 2-18 所示，“系统属性”对话框中包含“计算机名”“硬件”“高级”“系统保护”“远程”

5 个选项卡。

(2)单选按钮。当某功能下存在多个选项，但这些选项之间有冲突，只能选择其中一项时，可以用单选按钮(见图 2-17)。

(3)文本框。文本框用来直接输入内容。如图 2-19 所示，在“计算机名”文本框中直接输入计算机名。

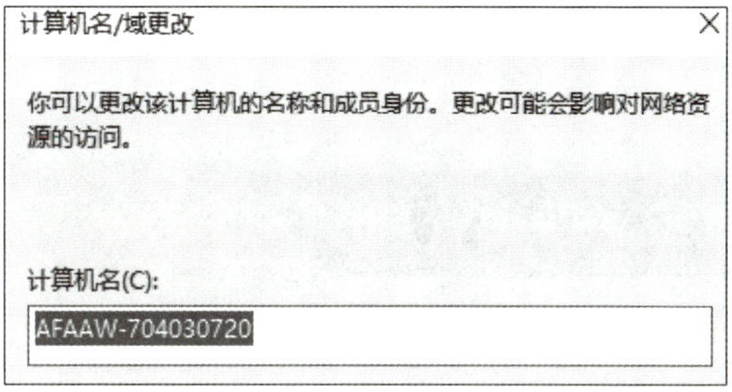

图 2-19

(4)复选框。复选框的作用与单选按钮类似，但选项之间没有冲突，可以同时选择多项，如图 2-20 所示。

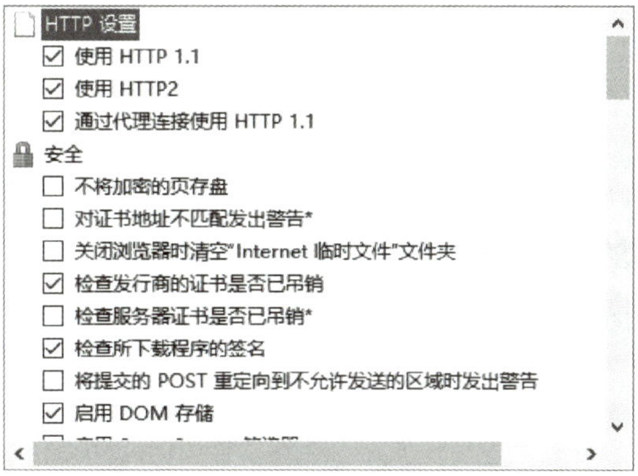

图 2-20

(5)列表框。列表框在对话框中以矩形框的形式显示，其中分别列出了多个选项。

(6)下拉列表框。下拉列表框与列表框类似，只是将选项折叠起来，单击右侧下三角按钮，显示所有的选项，如图 2-21 所示。

(7)按钮。单击对话框中的某些按钮可以打开相应的对话框做进一步的设置，而单击某些按钮则执行对应的功能。如图 2-22 所示，单击“设置”按钮将打开“启动和故障恢复”对话框，在其中完成设置后单击“确定”按钮，设置即可生效。

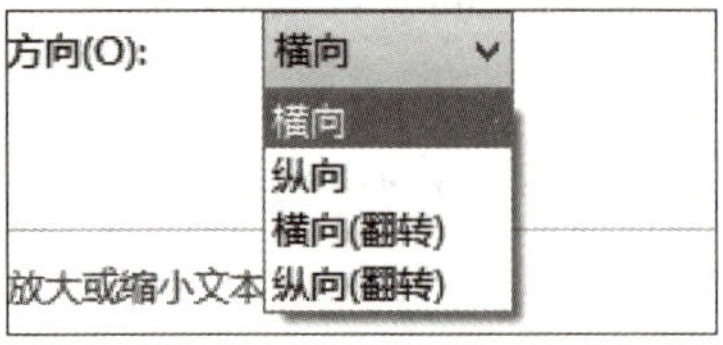

图 2-21

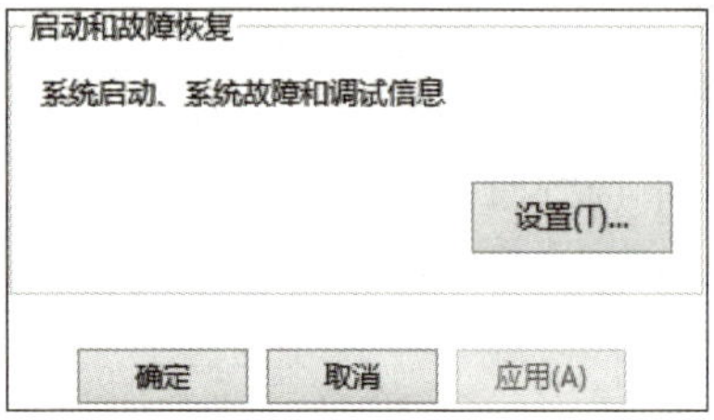

图 2-22

任务 2.2 文件与文件夹管理

任务描述

在管理计算机中的资料时，对文件和文件夹进行分类整理，可以节省查找相关资料的时间，提高工作效率。本任务主要从认识磁盘、文件与文件夹，操作文件与文件夹，设置文件与文件夹属性等方面对文件与文件夹管理进行描述。

任务分析

本任务将详细介绍分类整理文件和文件夹的相关操作，如“新建”“选择”“重命名”“复制”“移动”“删除”和“恢复”等，并对文件和文件夹的属性设置、文件夹图标的设置及隐藏文件和文件夹的方法进行描述。

任务实施

活动 1 认识磁盘、文件与文件夹

计算机中的资源是以文件的形式进行保存的，而文件通常存储在文件夹中，文件和文件夹又都存储在磁盘中。它们之间是包含与被包含的关系。

1. 磁盘

磁盘通常是指在硬盘上划分出来的分区，用于存放计算机中的各种资源。磁盘的盘符通常由磁盘图标、磁盘名称和磁盘使用的信息组成，如图 2-23 所示。磁盘的盘符用一个大写的英文字母加一个冒号来表示，如“D:”可以简称为 D 盘。用户可以根据需要在不同的磁盘中存放相应的内容，如 C 盘用来存储安装程序，D 盘用来存储学习类资源，E 盘用来存储娱乐类资源。

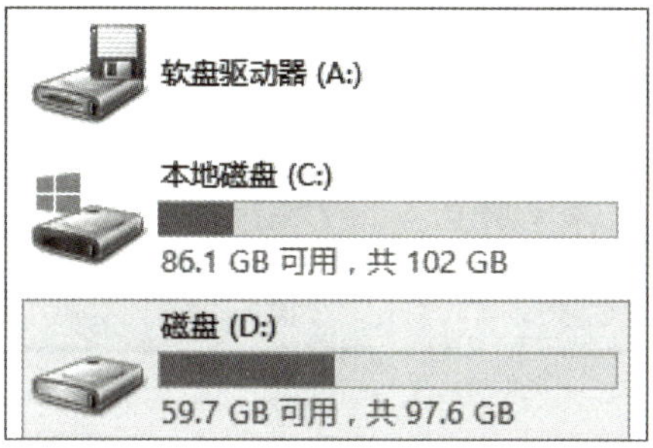

图 2-23

2. 文件与文件夹

文件通常不直接存放在磁盘中，而是存放在文件夹中。

(1)文件。保存在计算机中的各种信息和数据，统称为文件，如一张图片、一份办公文档、一个应用程序、一首歌曲或一部电影等。

①文件的组成。在 Windows 10 的平铺显示方式下，文件主要由文件名、文件扩展名、分隔点、文件图标及文件描述信息等部分组成，如图 2-24 所示。

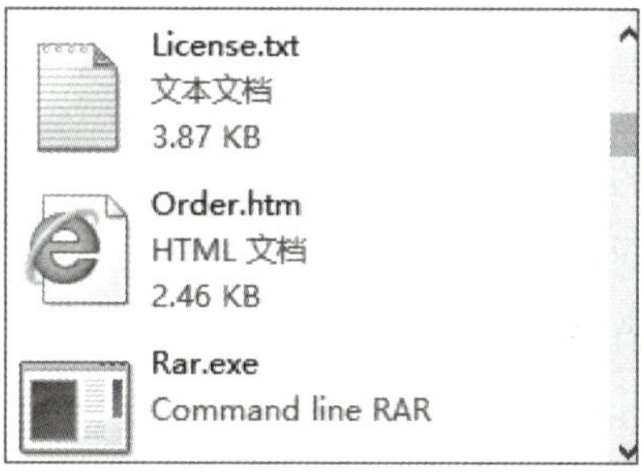

图 2-24

文件中各组成部分的作用如下。

a. 文件名。文件名用于表示当前文件的名称，如图 2-24 中的 License，Order，Rar。用户可以自定义文件的名称，以便对文件进行管理。

b. 文件扩展名。文件扩展名是操作系统中用来标识文件格式的一种机制。例如，名称为 Order. htm 的文件，其中 htm 是扩展名，表示这个文件是一个网页文件。系统默认的文件扩展名不显示，如果想让其显示出来，则可通过打开“查看”选项卡，选中“文件扩展名”复选框(见图 2-25)来显示扩展名。不同的扩展名有不同的含义，要用不同的应用程序打开对应的文件。表 2-1 中列出了几种常见的文件扩展名。文件扩展名不能随意改动。

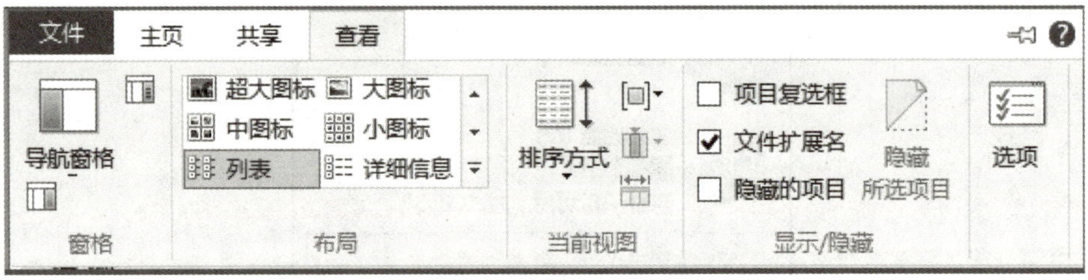

图 2-25

表 2-1　常见的文件扩展名

扩展名	文件类型	扩展名	文件类型
iso	镜像文件	tmp	临时文件
rar	WinRAR 压缩包文件	docx	Word 文档
html	网页文件	xlsx	Excel 工作表
exe	可执行文件	jpg(bmp,gif)	图像文件
pdf	PDF 文档	pptx	演示文稿文件
mp4	视频文件	txt	记事本文件

c. 分隔点。分隔点用于分隔文件名和文件扩展名。

d. 文件图标。文件图标的功能与文件扩展名的功能类似，用于表示当前文件的类别，它是应用程序自动建立的。不同类型的文件，其文件图标和扩展名不同。

e. 文件描述信息。文件描述信息用于显示当前文件的大小和类型等信息。

②文件的命名规则。Windows 10 文件的命名规则如下。

a. 文件或文件夹的名称不得超过 255 个字符。

b. 文件名除了开头以外的任何地方都可以使用空格。

c. 文件名中不能出现的字符是：“?”“、”“\”“:”“*”“"”“<”“>”“|”。

d. 文件名不区分大小写，但在显示时可以保留大小写格式。

e. 系统中的特殊名称不能作为文件名，如 AUX、COM1 等。

f. 同一文件夹下的文件名不能相同。

(2) 文件夹。文件夹用于存放和管理计算机中的文件，它是为了更好地管理文件而设计的。通过将不同的文件分类存放到相应的文件夹中，可以快速找到所需的文件。文件夹的外观由文件夹图标和文件夹名称组成，文件夹图标是一个黄色书夹形状。在计算机中，文件夹以目录树的形式存在。

3. 磁盘、文件与文件夹之间的关系

如果把计算机比作图书馆，那么磁盘就是各个图书室，而文件夹就是图书室中的各排书架，文件则是书架上的图书。磁盘、文件与文件夹之间的关系大概如此，不同的是文件夹中

除了可以有文件外，还可以有许多子文件夹。

在管理计算机资源的过程中需要随时查看某些文件和文件夹，对于 Windows 10 来说，一般在“此电脑”窗口中查看计算机中的资源。

活动 2　操作文件与文件夹

企业只有在有效的管理机制下才能良好的运作，同样，计算机中的资源也只有得到妥善的管理才会变得井井有条。要想管理好计算机中的资源，就必须掌握文件和文件夹的基本操作，包括设置显示方式、新建、选择、重命名、移动、复制、删除和搜索等。

1. 设置文件与文件夹的显示方式

Windows 10 提供了图标、列表、详细信息、平铺和内容等显示文件和文件夹的方式。只需单击窗口中的“查看”选项卡，单击“布局”选项组中的按钮中即可选择相应的显示方式（见图 2-25）。

（1）图标显示方式。将文件夹所包含的图像显示在文件夹图标上，可以快速识别该文件夹的内容。图标显示方式包括超大图标、大图标、中图标和小图标 4 种图标显示方式。

（2）列表显示方式。将文件与文件夹名称通过列表方式显示。若文件夹中包含很多文件，则采用列表显示方式便于快速查找某个文件。在列表显示方式下，可以对文件和文件夹进行分类，但是无法按组排列文件。

（3）详细信息显示方式。详细信息显示方式用来显示相关文件或文件夹的详细信息，包括名称、类型、大小和日期等。

（4）平铺显示方式。平铺显示方式采用图标加文件信息的方式显示文件或文件夹，是查看文件或文件夹的常用方式。

（5）内容显示方式。采用内容显示方式可将文件的创建日期、修改日期和大小等内容显示出来，方便查看和选择。

2. 新建文件或文件夹

在计算机中写入资料或存储文件时，需要新建文件或文件夹。在 Windows 10 的相关窗口中，通过快捷菜单命令可以快速完成新建文件或文件夹。下面将新建一个名为“资料”的文件夹，其操作步骤如下。

（1）在需要新建文件夹的窗口中右击，在弹出的快捷菜单中选择“新建”→“文件夹”命令[见图 2-26(a)]，或者在窗口的“主页”选项卡中单击“新建文件夹”按钮，选择“新建项目”下面的“文件夹”命令[见图 2-26(b)]。

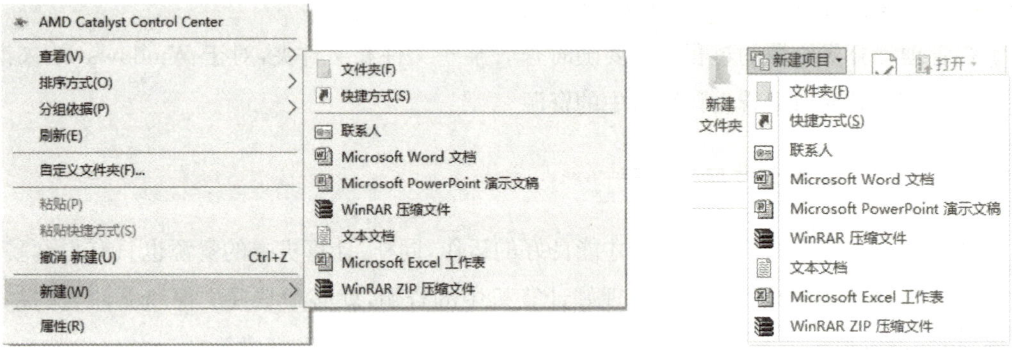

(a) (b)

图 2-26

(2)此时窗口新增内容新建文件夹,窗口中新建文件夹的“名称”文本框处于可编辑状态,在其中输入“资料”,按 Enter 键完成新建。

新建文件的操作与新建文件夹的操作相同,在需要新建文件的窗口中的空白处右击,在弹出的快捷菜单中选择“新建”命令,然后在弹出的子菜单中选择新建文件类型对应的命令即可。

3. 选择文件或文件夹

在对文件或文件夹进行复制、移动、重命名等操作之前,需要对文件或文件夹进行选择,可以选择不同数量、不同位置的文件或文件夹。

(1)选择单个文件或文件夹。单击文件或文件夹图标即可对其进行选择,被选择的文件或文件夹呈蓝底形式显示。

(2)选择多个文件或文件夹。选择多个相邻的、多个连续的、多个不连续的文件或文件夹,以及所有文件或文件夹的方法如下。

①选择多个相邻的文件或文件夹。在需要选择的文件或文件夹的起始位置处按住鼠标左键进行拖动,用窗口中出现的蓝色矩形框框住需要选择的文件或文件夹,然后释放鼠标左键,即可完成选择。

②选择多个连续的文件或文件夹。单击某个文件或文件夹图标后,按住 Shift 键不放,然后单击另一个文件或文件夹图标,即可选择这两个文件或文件夹之间的所有连续的文件或文件夹。

③选择多个不连续的文件或文件夹。按住 Ctrl 键不放,依次单击需要选择的文件或文件夹,即可选择多个不连续的文件或文件夹。

④选择所有文件或文件夹。在打开的窗口的“主页”选项卡中单击“全部选择”按钮,或者在窗口中按 Ctrl+A 组合键,即可选择该窗口中的所有文件或文件夹。

4. 重命名文件或文件夹

对文件或文件夹进行重命名的方法有以下两种。

(1)使用快捷菜单重命名。在需要重命名的文件或文件夹上右击，在弹出的快捷菜单中选择“重命名”命令，此时文件或文件夹的名称处于编辑状态，输入新名称即可。

视频
用快捷菜单对文件重命名

(2)使用工具按钮重命名。选择需要重命名的文件或文件夹，在打开的窗口的“主页”选项卡中单击“重命名”按钮(见图 2-27)，此时文件或文件夹的名称处于编辑状态，输入新名称即可。

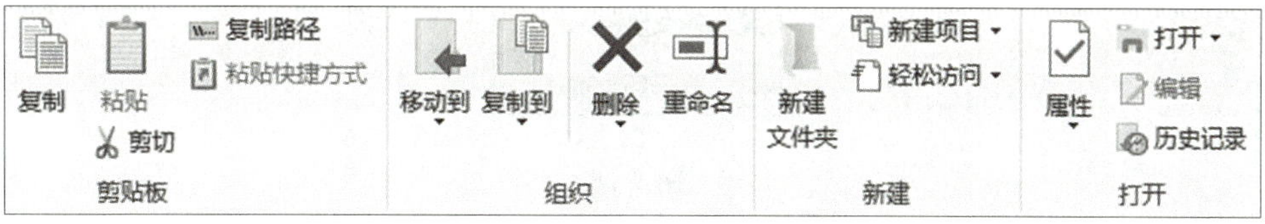

图 2-27

5. 移动和复制文件或文件夹

(1)移动文件或文件夹。移动文件或文件夹后，在原来的位置上将不存在该文件或文件夹。移动文件或文件夹的方法有以下四种。

①选择需要移动的文件或文件夹，单击“主页”选项卡中的“剪切”按钮(见图 2-27)，然后打开目标文件夹，单击“主页”选项卡中“粘贴”按钮。

②选择需要移动的文件或文件夹，按 Ctrl＋X 组合键；打开目标文件夹，按 Ctrl＋V 组合键。

③选择需要移动的文件夹或文件，右击，在弹出的快捷菜单中选择“剪切”命令，然后打开目标文件夹，右击，在弹出的快捷菜单中选择“粘贴”命令。

④选择需要移动的文件或文件夹，单击“主页”选项卡中的“移动到”按钮(见图 2-27)，然后在弹出的菜单中选择目标位置。

(2)复制文件或文件夹。复制文件或文件夹是指对原来的文件或文件夹不做任何改变，重新生成一个完全相同的文件或文件夹。复制文件或文件夹的方法有以下四种。

①选择需要复制的文件或文件夹，单击“主页”选项卡中的“复制”按钮(见图 2-27)。然后打开目标文件夹，单击“主页”选项卡中的“粘贴”按钮。

②选择需要复制的文件或文件夹，按 Ctrl＋C 组合键；打开目标文件夹，按 Ctrl＋V 组合键。

③选择需要复制的文件夹或文件，右击，在弹出的快捷菜单中选择“复制”命令。然后打开目标文件夹，右击，在弹出的快捷菜单中选择“粘贴”命令。

④选择需要复制的文件或文件夹，单击“主页”选项卡中的“复制到”按钮（见图 2-27），然后在弹出的菜单中选择目标位置。

6. 删除文件或文件夹

当磁盘中存在的重复的或不需要的文件或文件夹影响了对计算机的各种操作时，可删除文件或文件夹。删除文件或文件夹的方法有以下四种。

（1）选择需要删除的文件或文件夹，单击“主页”选项卡中的“删除”按钮，在弹出的菜单（见图 2-28）中选择“回收”或“永久删除”命令。

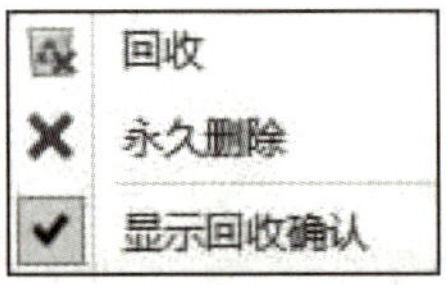

图 2-28

“回收”和“永久删除”的区别是：“回收”只是把被删除文件放到回收站，没有真正删除，文件还占据硬盘空间。被放到回收站的文件是可以还原回来的。只有清空回收站，才能真正地把文件从硬盘中删除。“永久删除”是直接将文件从硬盘中删除，不能还原。

（2）选择需要删除的文件或文件夹，按 Delete 键。

（3）选择需要删除的文件或文件夹，右击，在弹出的快捷菜单中选择“删除”命令。

（4）选择需要删除的文件或文件夹，按住鼠标左键将其拖动到桌面上的“回收站”图标上，再释放鼠标左键。

后三种方法都是把删除文件暂时存放到回收站中。

在执行以上删除文件或文件夹的操作后，都会出现提示对话框（见图 2-29），询问是否将该文件或文件夹放入回收站，单击“是（Y）”按钮，删除该文件或文件夹；如果不想删除，单击“否（N）”按钮。

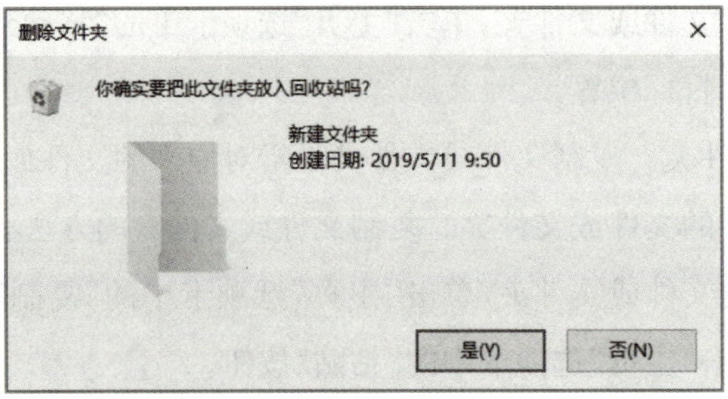

图 2-29

7. 搜索文件或文件夹

当忘记了文件或文件夹的保存位置或记不清楚文件或文件夹的全名时，使用 Windows 10

的搜索功能可以快速查找到所需的文件或文件夹，操作非常简单和方便，只需在搜索栏中输入需要查找的文件或文件夹的名称或该名称的部分内容，系统就会根据输入的内容自动进行搜索，搜索完成后将在打开的窗口中显示搜索到的全部内容。例如，在“此电脑”窗口中搜索与“花瓶”相关的文件或文件夹，其操作步骤如下。

（1）双击“此电脑”图标，打开“此电脑”窗口。

（2）在搜索栏中输入“花瓶”，系统自动进行搜索，搜索完成后，该窗口中将显示所有与“花瓶”有关的文件或文件夹。

视频
搜索文件

活动 3　设置文件与文件夹属性

文件和文件夹除了有名称、大小、创建时间等属性外，还有只读、隐藏、共享、安全等属性。

在文件或文件夹上右击，在弹出的快捷菜单中选择“属性”命令（见图 2-30），弹出“属性”对话框。如图 2-31 所示为文件夹 360 的“360 属性”对话框，其中有“常规”“共享”“安全”“以前的版本”和“自定义”5 个选项卡，通过它们可以设置文件或文件夹属性。

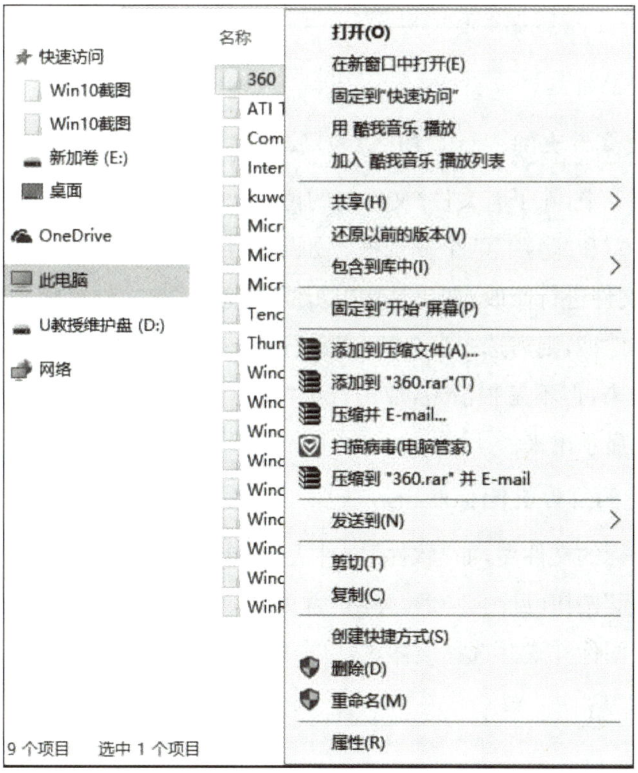

图 2-30

图 2-31

1. 修改文件或文件夹的“只读”和“隐藏”属性

在“常规”选项卡中，除了有文件/文件夹的位置、大小等基本属性外，还有“只读(仅应用于文件夹中的文件)”和“隐藏”两个复选框。如果选中“只读”复选框，则只能浏览文件夹中的文件，而不能对文件进行修改；如果选中“隐藏”复选框，则文件夹将被隐藏。如果要显示被隐藏的文件或文件夹，则需选中窗口的“查看”选项卡中的“隐藏的项目”复选框，此时被隐藏的内容将显示出来，但不是很清楚，取消选中“属性”对话框中的“隐藏”复选框，则文件或文件夹将被清楚地显示出来。

2. 设置个性化的文件夹图标

右击要修改图标的文件夹，如“软件”文件夹，弹出“360 属性”对话框，单击“自定义”选项卡中的“更改图标”按钮(见图 2-32)，弹出“为文件夹 360 更改图标”对话框(见图 2-33)，拖动水平滚动条寻找图标样式并选择该样式，单击“确定”按钮完成设置。

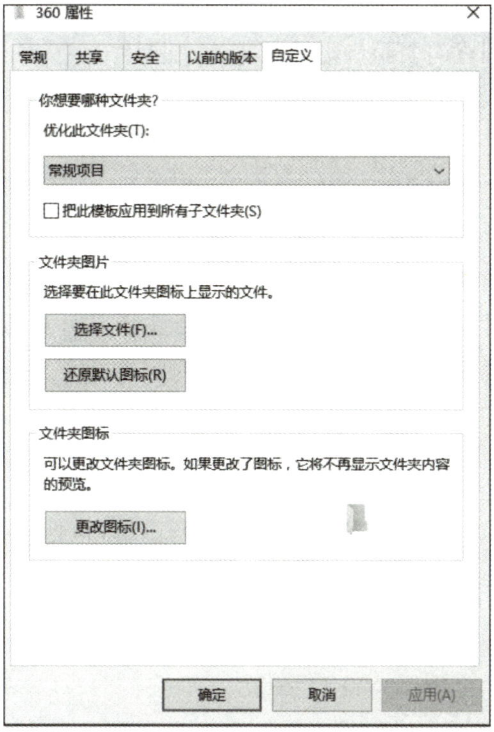
360 属性
常规
共享
安全
以前的版本
自定义
你想要哪种文件夹?
优化此文件夹(T):
常规项目
把此模板应用到所有子文件夹(S)
文件夹图片
选择要在此文件夹图标上显示的文件。
选择文件(F)...
还原默认图标(R)
文件夹图标
可以更改文件夹图标。如果更改了图标，它将不再显示文件夹内容的预览。
更改图标(I)...
确定
取消
应用(A)

图 2-32

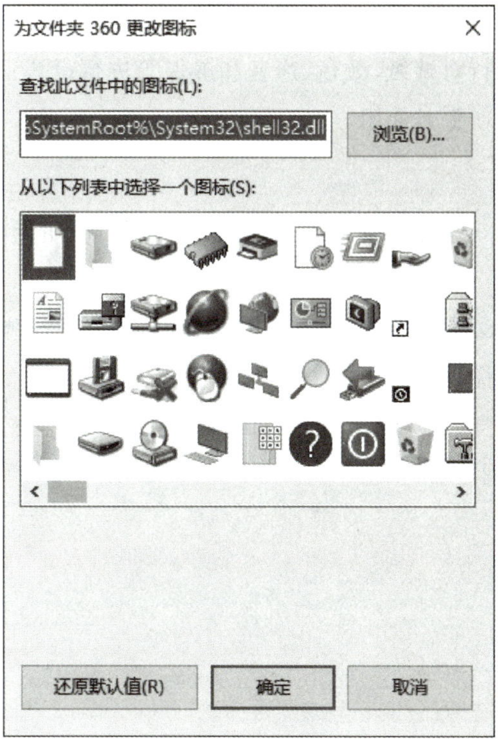
为文件夹 360 更改图标
查找此文件中的图标(L):
%SystemRoot%\System32\shell32.dll
浏览(B)...
从以下列表中选择一个图标(S):
还原默认值(R)
确定
取消

图 2-33

任务 2.3　Windows 10 的个性化设置

任务描述

无论是家庭用户还是办公用户，在使用计算机的过程中都可以对其进行个性化的设置，以方便各项操作及美化计算机的使用环境。本任务主要从计算机个性化设置的各个方面(包括设置桌面、主题、鼠标、键盘、计算机的日期与时间等)进行描述。

任务分析

本任务将对计算机个性化设置的几个方面进行讲解，包括设置桌面与主题、鼠标和键盘、日期与时间等。

任务实施

活动 1　桌面与主题的设置

好看的桌面能给人带来好的心情，Windows 10 的桌面个性化设置可以直接使用系统自带的主题方案，也可以自行对壁纸、颜色、声音和屏保等进行设置；Windows 10 还支持将自定义的主题保存起来，以便随时使用。

1. 设置桌面背景

(1)单击“开始”按钮，在弹出的“开始”菜单中选择“设置”命令，打开“Windows 设置”窗口，如图 2-34 所示。

(2)单击“Windows 设置”窗口中的“个性化”图标，打开“背景”窗口，如图 2-35 所示。

(3)选择满意的背景图片。

(4)用户也可以单击“浏览”按钮，在打开的窗口中选择本地磁盘中存储的其他图片，如从网上下载的桌面背景图片。

图 2-34

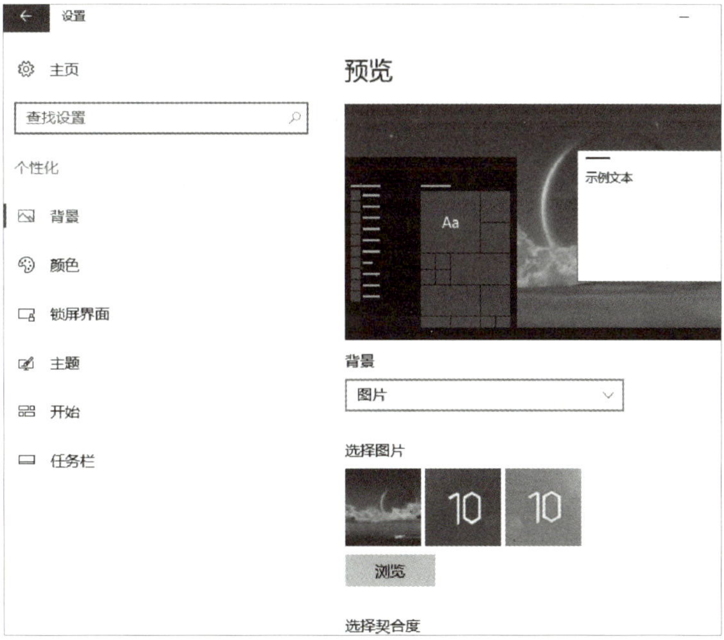

图 2-35

2. 调整窗口颜色

(1)单击"设置"窗口中的"颜色"选项,切换到"颜色"窗口,如图 2-36 所示。

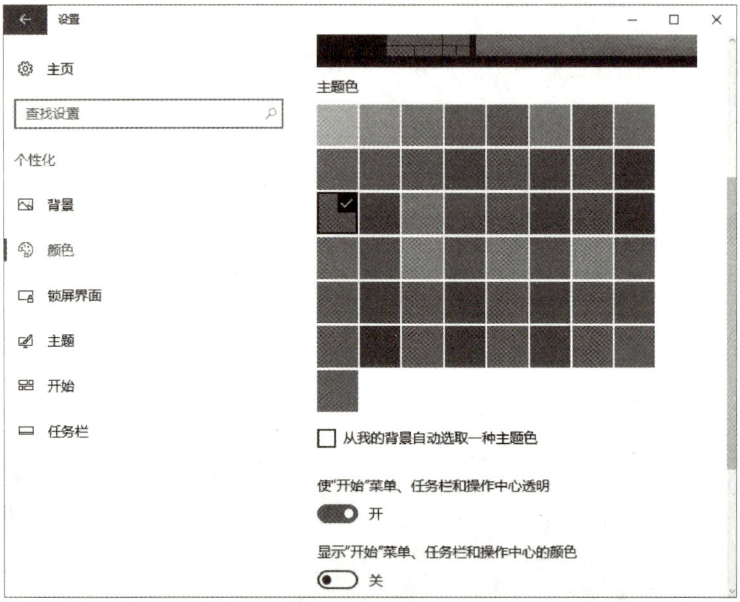

图 2-36

(2)选择喜欢的颜色,并通过"开"按钮和"关"按钮进行特别设置。

3. 设置屏幕保护程序

(1)单击"设置"窗口中的"锁屏界面"选项,切换到"锁屏界面"窗口,如图 2-37 所示。

图 2-37

(2)单击“屏幕保护程序设置”按钮,弹出“屏幕保护程序设置”对话框,如图 2-38 所示。

图 2-38

(3)单击“屏幕保护程序”右侧的下拉箭头,在打开的下拉列表框中选择保护程序,如“变幻线”。

(4)修改“等待”微调框中的数字,可以设定当屏幕多长时间不发生变化时呈现保护程序。

(5)单击“确定”按钮。

4. 更改主题

单击“设置”窗口中的“主题”选项,在“应用主题”中单击某个主题选项,可一次性同时更改桌面背景、颜色、声音,如图 2-39 所示。

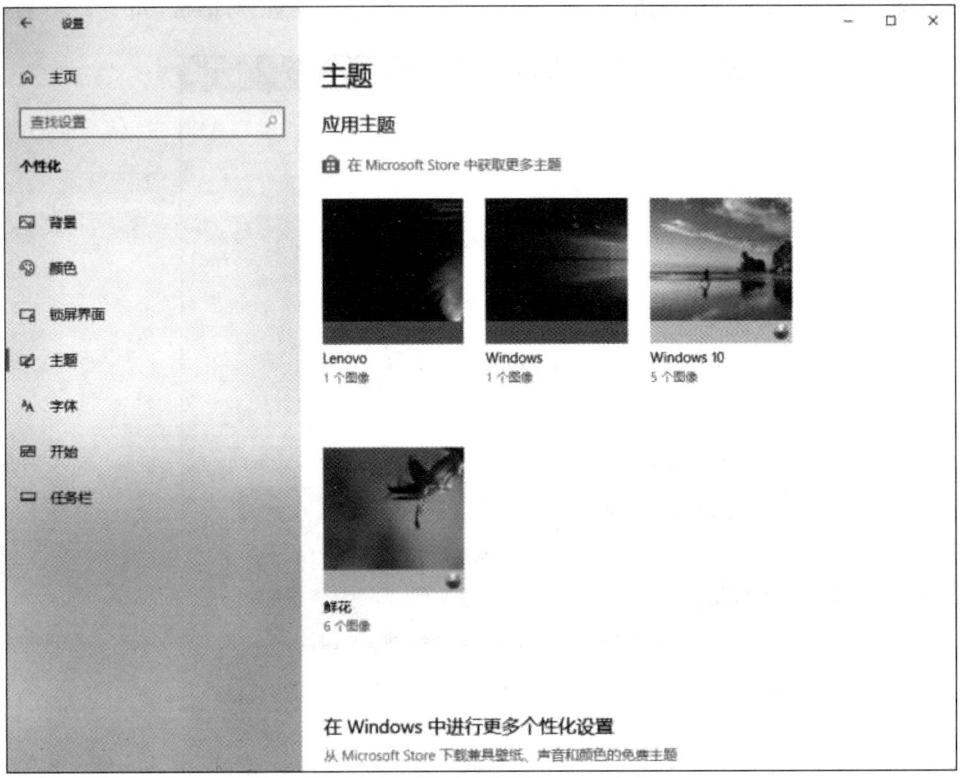

图 2-39

活动 2　鼠标与键盘的设置

当鼠标或键盘的默认设置不能满足要求时，用户可对鼠标和键盘速度等参数进行设置，以使操作过程变得顺畅。

1. 设置鼠标

设置鼠标主要包括调整双击鼠标的速度、更换指针样式及设置鼠标指针选项等。其操作如下。

（1）单击“开始”按钮，在弹出的“开始”菜单中选择“设置”命令，打开“Windows 设置”窗口，单击“设备”图标，弹出“设备”设置窗口。

（2）单击“鼠标和触摸板”选项，切换到“鼠标和触摸板设置”窗口，用户可在此窗口中对鼠标及触摸板进行简单的设置，如图 2-40 所示。

（3）如需对鼠标进行高级设置，单击“其他鼠标选项”按钮，弹出“鼠标 属性”对话框（见图 2-41），选择“指针”选项卡，在“方案”下拉列表框中选择鼠标样式方案，如选择“Windows 黑色（系统方案）”选项，单击“应用”按钮，此时鼠标指针的样式变为设置后的样式。

图 2-40

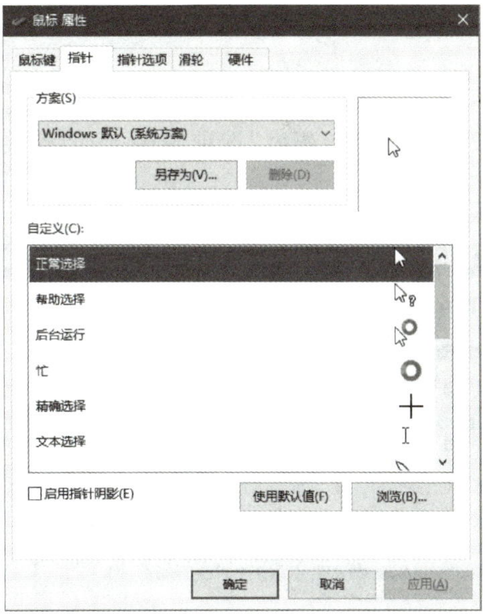

图 2-41

(4)在“自定义”列表框(见图 2-41)中选择需单独更改样式的鼠标指针状态选项,如选择“后台运行”选项,然后单击“浏览”按钮。

(5)打开“浏览”对话框,系统自动定位到可选择指针样式的文件夹,在列表框中选择一种样式,如选择 aero_busy_ani 选项(见图 2-42),单击“打开”按钮。

(6)返回“鼠标 属性”对话框,可看到“自定义”列表框中的“后台运行”鼠标指针变为了 aero_busy_ani 样式。

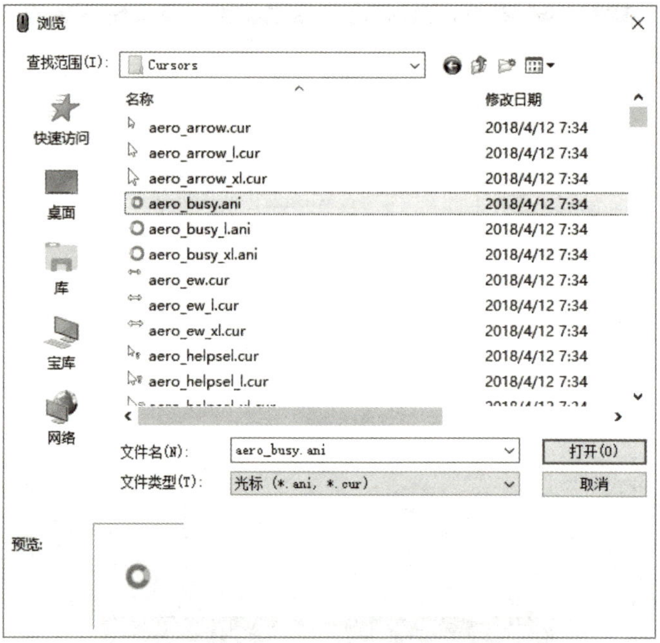

图 2-42

(7)选择“鼠标键”选项卡,在“双击速度”选项组中拖动“速度”滑块,调节双击速度(见图 2-43),单击“应用”按钮。

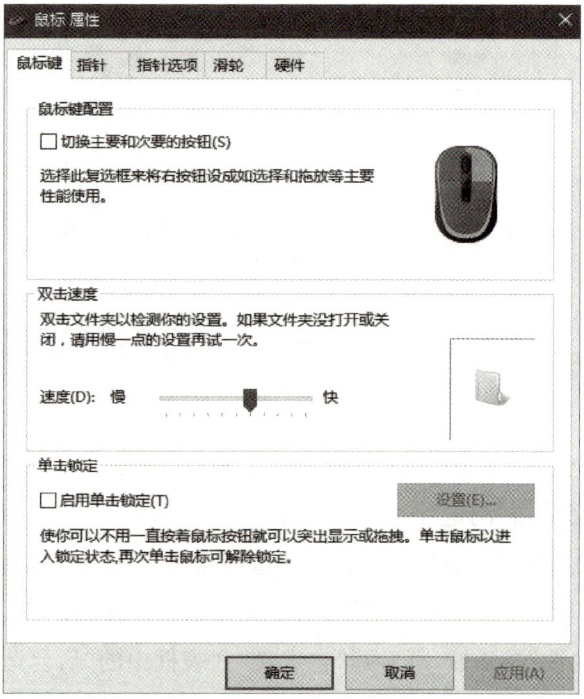

图 2-43

(8)如图 2-44 所示,选择“指针选项”选项卡,在“移动”选项组中拖动滑块以调整鼠标指针的移动速度;如果选中“可见性”选项组中的“显示指针轨迹”复选框,那么移动鼠标指针时会产生移动轨迹效果。确认设置后,单击“确定”按钮,完成对鼠标的设置。

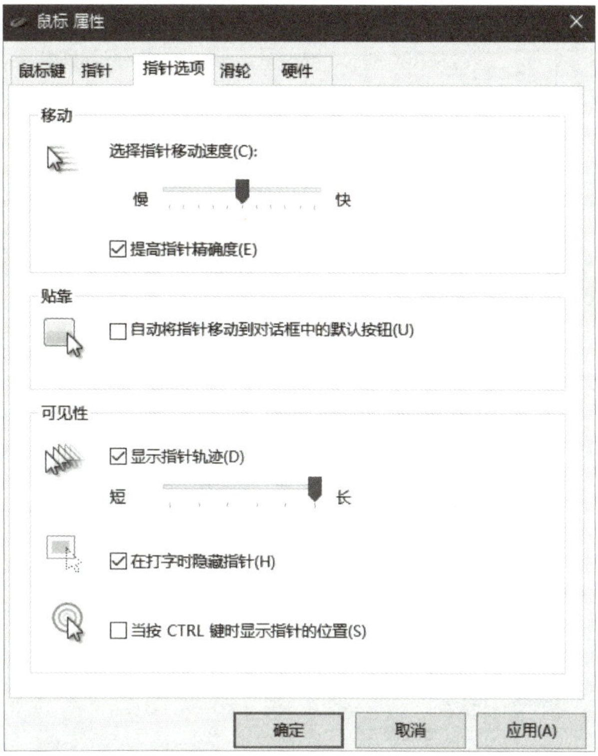

图 2-44

2. 设置键盘

在 Windows 10 中,设置键盘主要包括调整键盘的响应速度和光标的闪烁速度。其操作如下。

(1)单击“开始”按钮,在弹出的“开始”菜单中选择“Windows 系统”→“控制面板”命令,打开“控制面板”窗口。

(2)单击该窗口右上角“查看方式”下拉列表框中的“小图标”选项,将该窗口切换至“所有控制面板项”窗口(见图 2-45),单击“键盘”选项,打开“键盘 属性”对话框。

(3)选择“速度”选项卡(见图 2-46),通过拖动“字符重复”选项组中的“重复延迟”滑块,改变键盘重复输入一个字符的延迟时间,如果向左拖动该滑块,则可使重复输入速度降低。

图 2-45

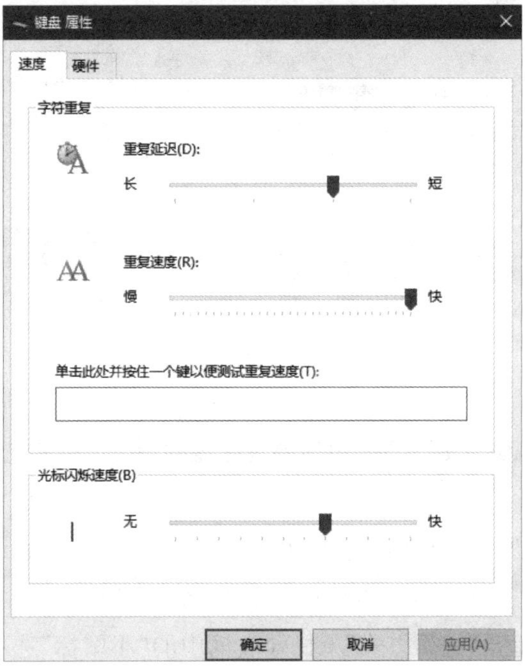

图 2-46

(4)拖动“光标闪烁速度”选项组中的滑块,以改变文本编辑软件(如“记事本”)中的文本插入点在编辑位置的闪烁速度,设定好后,单击“确定”按钮。

活动 3 日期与时间的设置

Windows 10 在任务栏的通知区域里显示了系统日期和时间,为了使系统日期和时间与工作和生活中的日期和时间一致，有时需要对系统日期和时间进行调整。系统日期和时间的设置步骤如下。

（1）将鼠标指针移到任务栏的“日期和时间”按钮上，右击，在弹出的快捷菜单中选择“调整日期/时间”命令。

（2）打开“日期和时间”窗口（见图 2-47），单击“其他日期、时间和区域设置”选项，打开“时钟、语言和区域”窗口，如图 2-48 所示。

图 2-47

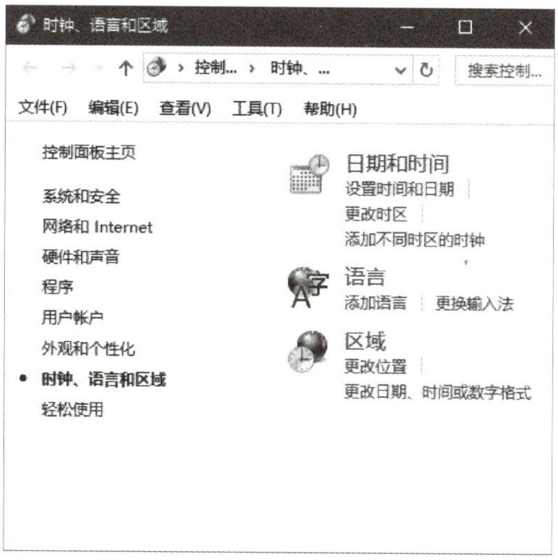

图 2-48

(3)单击“设置时间和日期”选项，弹出“日期和时间”对话框，如图 2-49 所示。

图 2-49

(4)单击“更改日期和时间”按钮，弹出“日期和时间设置”对话框，如图 2-50 所示。

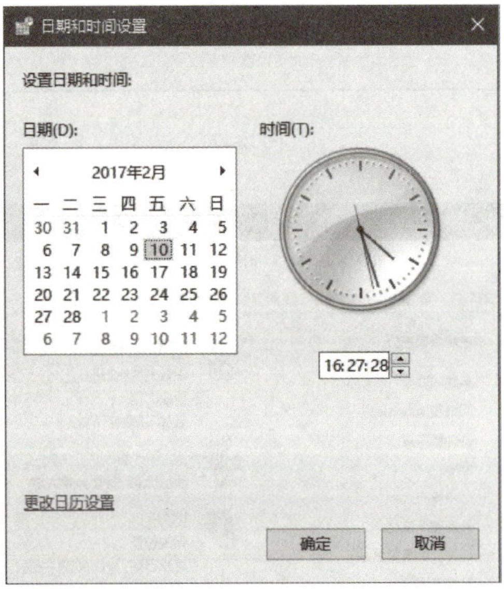

图 2-50

(5)在“时间”微调框中调整时间，然后在“日期”列表框中选择日期，单击“确定”按钮。

(6)返回到“日期和时间”对话框，选择“Internet 时间”选项卡，单击“更改设置”按钮，打开“Internet 时间设置”对话框，单击“立即更新”按钮，将当前时间与 Internet 时间同步，单击“确定”按钮。

(7)返回到“日期和时间”对话框，单击“确定”按钮完成设置。

任务 2.4 Windows 10 软件的管理

任务描述

软件是计算机重要的组成部分。本任务主要从安装软件、启动软件、卸载软件、添加和设置 Windows 10 自带输入法等方面进行描述。

任务分析

本任务将主要讲解软件的安装、启动和卸载方法，Windows 10 自带输入法的设置方法等。

任务实施

活动 1 软件的安装、启动与卸载

1. 安装软件前的准备

(1)检查配置。在安装软件前，应通过 Windows 10 的“系统”窗口来检查计算机的配置是否符合安装要求。其操作步骤如下。

①右击桌面上的“此电脑”图标，在弹出的快捷菜单中选择“属性”命令。

②在打开的“系统”窗口中查看有关计算机的基本信息，如图 2-51 所示。

由图 2-51 可以看到，当前使用的是 Windows 10 的操作系统，操作系统类型是 64 位，处理器速度是 2.67 GHz，内存大小为 4.00 GB。

(2)获得软件的安装程序。安装软件前，要先获得软件的安装程序。通常可以通过以下方法获得所需的软件安装程序。

①从网上下载安装程序。许多软件开发商都会在网上公布一些共享文件和免费软件的安装程序，用户只需上网查找并下载这些安装程序即可。

②购买安装光盘。购买正规的软件安装光盘，不但质量有保证，还能享受一些升级和技术支持。常用软件的安装光盘在当地的软件销售商处都能够买到。

图 2-51

(3)获得软件的安装序列号。安装序列号也称注册码，许多软件为了防止盗版都有安装序列号。在安装此类软件的过程中，需要输入该软件的安装序列号，只有输入正确的安装序列号，才能继续进行安装；有的软件则是需要在安装完成后输入正确的激活码才能运行。获取软件的安装序列号一般有以下三种方法。

①查阅印刷在安装光盘、包装盒封面或附带说明书上的相关文字，获得该软件的安装序列号。

②对于从网上下载的免费软件或试用软件，可以通过阅读软件的说明文档获取软件的安装序列号。

③一些共享软件的安装序列号可以通过网站或手机注册的方式获取。

(4)检查兼容性。由于 Windows 10 是 Microsoft 公司最新一代的操作系统，因此，原有的一些针对 Windows XP 或其他操作系统开发的软件不一定能够与之兼容，不兼容的软件在使用时会显得很不稳定，甚至有些不兼容的软件根本就不能安装到 Windows 10 中，所以在选用软件时还需要选择使用兼容的软件。大多数的软件都会注明安装环境。

(5)检查要安装的软件。目前，许多软件都捆绑一些与程序本身完全没有关系的其他软件，特别是从网上下载的一些共享软件。这些软件有些具有一定功能，不会对计算机的操作系统造成负面影响；但有些捆绑的软件会强制性安装，且无法彻底卸载；甚至有的软件会被发布者恶意捆绑一些病毒或窃取用户信息的恶意软件。因此，在安装软件之前，应该对要安装的软件有一个基本的了解。如果从网上下载软件,下载之前需要了解其他用户对这个软件的评价,再根据得到的信息决定是否安装该软件。

同时,在安装软件的过程中要清楚每一个步骤的选项,有的软件在安装过程中会让用户选择是否安装捆绑的程序,用户可以根据需要选择是否安装。如果确定某个软件捆绑了其他程序,且安装过程中不提供是否安装的提示,那么建议用户不要再继续安装此软件,而是寻找具有类似功能的其他软件,或者通过其他途径获取该软件。

2. 安装应用程序软件

经过准备之后,如果该软件符合用户的要求,接下来就可以安装软件了。软件的安装方法是:在计算机中找到该软件的安装程序,双击其中的安装文件,通常是 setup. exe 或 install. exe,然后根据打开的安装向导窗口中的提示进行操作。下面以安装 QQ 为例,讲解安装软件的步骤。

(1)打开 QQ 安装程序所在的文件夹,双击安装文件 QQ_8. 9. 20026. 0_setup. exe。

(2)打开"腾讯 QQ2017 安装向导"界面,如图 2-52 所示。图中显示了安装位置,默认位置是 C:\Program Files(x86)\Tencent\QQ,如果想要改变安装位置,则单击"浏览"按钮打开"浏览文件夹"对话框,在对话框中选择安装位置即可。图 2-52 中还列有"生成快捷方式""添加到快速启动栏""开机自动启动"复选框,不需要时可取消选中。

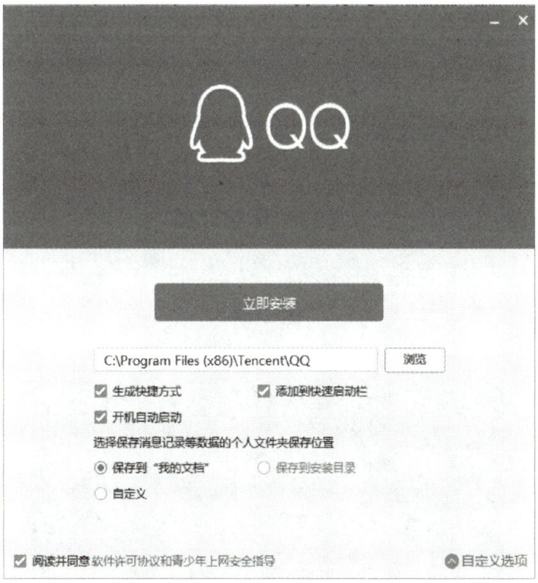

图 2-52

(3)单击"立即安装"按钮开始安装,如图 2-53 所示。

图 2-53

(4)安装之后弹出如图 2-54 所示的界面，此时一定要谨慎，取消对不需要软件的选择。例如，不需要安装音乐播放器，则取消选中“安装 QQ 音乐播放器”复选框。单击“完成安装”按钮，系统将自动启动 QQ 应用程序，其登录界面如图 2-55 所示。

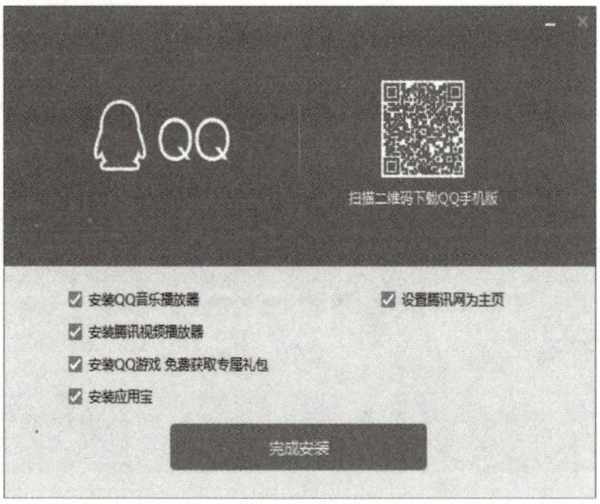

图 2-54

图 2-55

3. 启动应用程序

应用程序安装完成后，可采用以下几种方式启动。

(1)使用桌面快捷方式。在桌面上找到应用程序的快捷方式(见图 2-56)并双击，可启动应用程序。

(2)使用开始屏幕。在开始屏幕中找到软件图标，如腾讯 QQ 程序图标(见图 2-57)，单击打开。

图 2-56

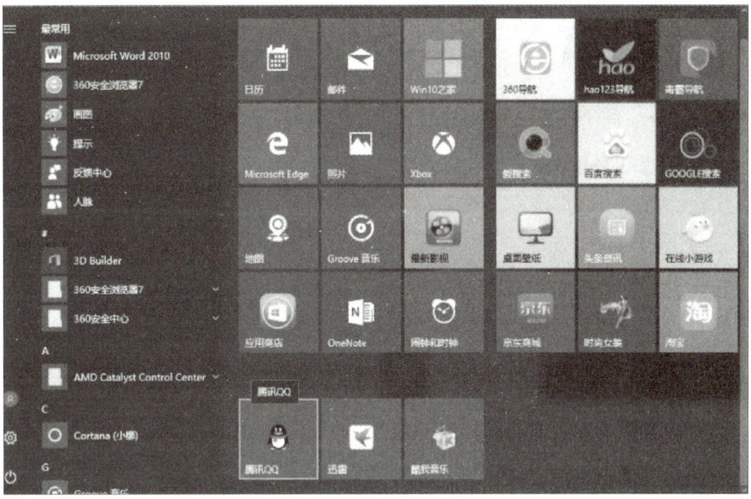

图 2-57

(3)使用查找工具。右击“开始”按钮，在弹出的快捷菜单中选择“搜索”命令，在弹出的对话框中选择“应用”，然后在查找框中输入关键字 QQ，找到 QQ 对应程序，双击该程序。

4. 卸载应用程序

如果在使用某个应用程序时经常发生问题，或者某个程序以后不再使用，可以卸载该程序，其操作步骤如下。

(1)单击“开始”按钮，在弹出的“开始”菜单中选择“设置”命令，打开“Windows 设置”窗口，单击“应用”图标，然后单击“应用和功能”选项，切换到“应用和功能”设置窗口，如图 2-58 所示。

(2)在右侧的程序列表中单击需要卸载的程序，在弹出的界面中单击“卸载”按钮，如图 2-59 所示。

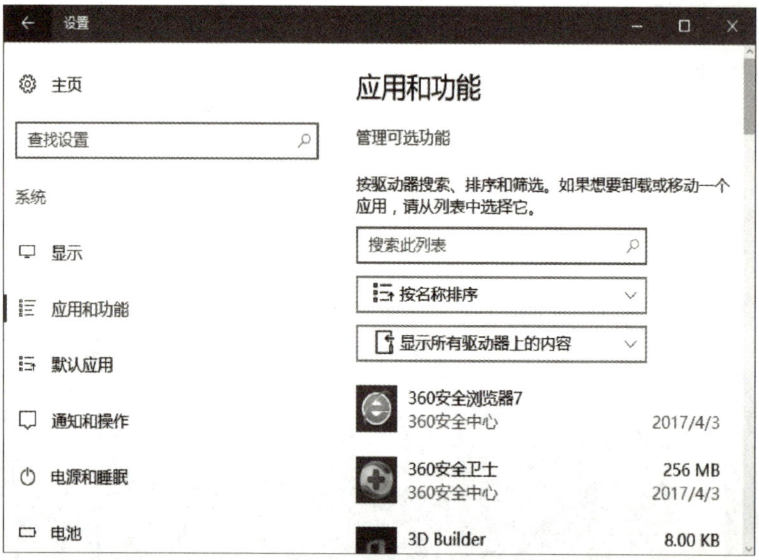

图 2-58

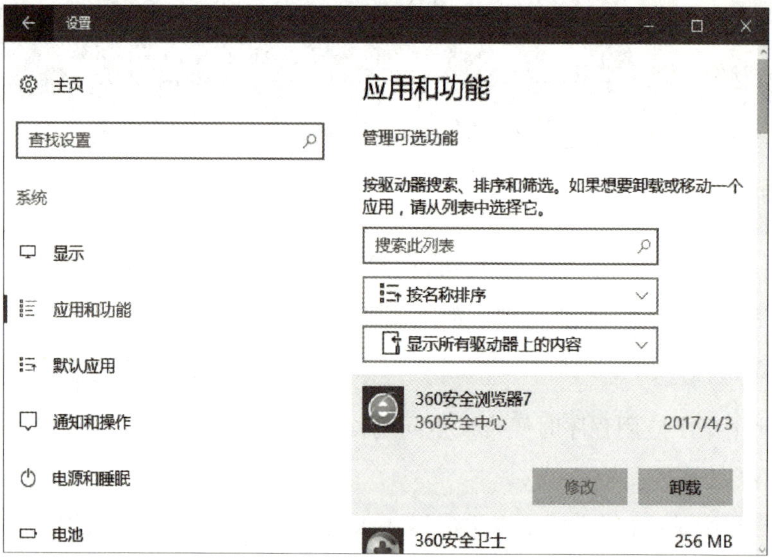

图 2-59

活动 2　添加和设置输入法

在操作计算机的过程中，经常需要输入文字内容，而文字内容的输入是借助输入法来完成的。为了方便文字内容的输入，有时需要对输入法进行设置。

1. 添加和删除输入法

如果输入法列表中的输入法不能满足用户的输入需要，或是输入法列表中有很多不需要的输入法，则可以对输入法进行添加或删除。

(1)添加输入法。向输入法列表中添加系统自带的输入法的操作步骤如下。

①单击“开始”按钮，在弹出的“开始”菜单中选择“Windows 系统”→“控制面板”命令，打开“控制面板”窗口，然后切换到“所有控制面板项”窗口。

②单击“语言”选项，弹出“语言”窗口，单击“选项”命令，切换到“语言选项”窗口，如图 2-60 所示。

图 2-60

③单击“添加输入法”选项，弹出“输入法”窗口，选择“微软五笔”输入法(见图 2-61)，单击“添加”按钮，返回到“语言选项”窗口。

④单击“保存”按钮，输入法添加完毕。

此时，单击任务栏中的“输入法”图标，会发现多了“微软五笔”输入法。

(2)删除输入法。为了快速地切换输入法，可将不常使用的输入法删除，具体操作步骤如下。

①打开“语言选项”窗口。

②单击某输入法右侧的“删除”按钮，可删除该输入法，如图 2-62 所示。

图 2-61

图 2-62

2. 设置默认输入法

通过设置默认输入法，可将经常使用的输入法设置为默认输入法，在输入内容时无须进行切换。设置默认输入法的操作步骤如下。

(1)单击“开始”按钮，在弹出的“开始”菜单中选择“Windows 系统”→“控制面板”命令，打开“控制面板”窗口。

(2)单击“语言”选项，弹出“语言”窗口，单击左侧窗格中的“高级设置”选项，打开“高级设置”窗口。

(3)在“替代默认输入法”选项组的下拉列表框中选择设置为默认输入法的选项(见图 2-63)，单击“保存”按钮，完成默认输入法的设置。

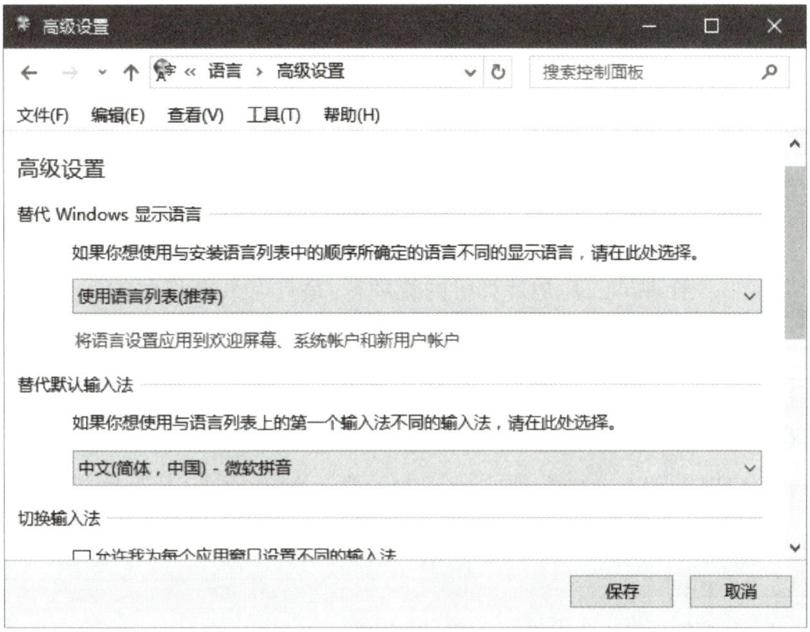

图 2-63

任务 2.5 Windows 10 用户管理

任务描述

用户管理是使用操作系统时必须进行的操作。本任务主要从账户的创建与管理等方面对用户管理进行描述。

任务分析

本任务将主要讲解 Windows 10 用户管理，包括创建新用户账户，更改账户类型，创建、更改或删除密码，设置账户名称和头像，启用账户，删除用户账户。

任务实施

活动　账户的创建与管理

当多个用户使用同一台计算机时，为了保证各自保存在计算机中的文件的安全，可以在计算机中设置多个账户，让每一个用户在各自的账户界面下工作。

1. 创建新用户账户

在使用计算机的过程中，可以根据需要创建一个或多个用户账户，不同的用户可以通过各自的用户账户登录系统，在各自的账户界面下进行各项操作。

（1）Windows 10 账户类型。

①本地账户。本地账户是用本地计算机登录的账户，包括管理员账户、标准用户账户和来宾账户。

a. 管理员账户。管理员账户是计算机的管理者，是具有最高权限的账户，可以对计算机做任何设置。

b. 标准用户账户。标准用户账户是指执行普通操作的用户，其权限由管理员指定。

c. 来宾账户。来宾账户用于网上用户远程登录，权限较低，默认不启用。

②Microsoft 账户。Microsoft 账户就是我们常说的微软账户，是微软随着 Windows 8 一起发布的。Microsoft 账户属于网络账户，可以保存账户设置，如人脉、照片、办公软件里的文件都可以同步到网络。

（2）创建本地用户。创建本地用户的操作步骤如下。

①右击桌面上的"此电脑"图标，弹出快捷菜单，如图 2-64 所示。

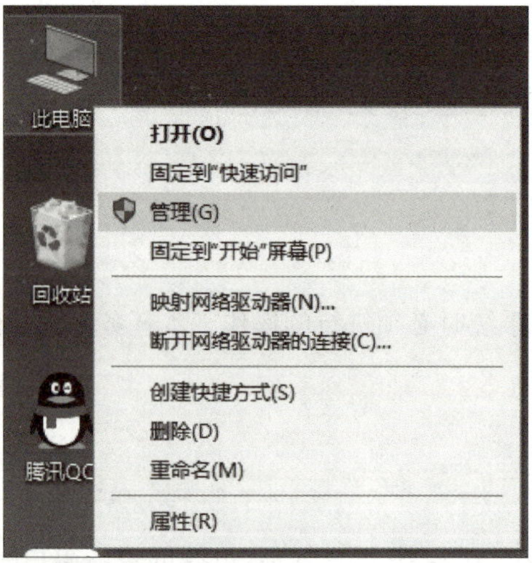

图 2-64

②选择快捷菜单中的“管理”命令，弹出“计算机管理”窗口。在左侧窗格中单击“本地用户和组”，在中间窗格中右击“用户”，弹出快捷菜单，如图 2-65 所示。

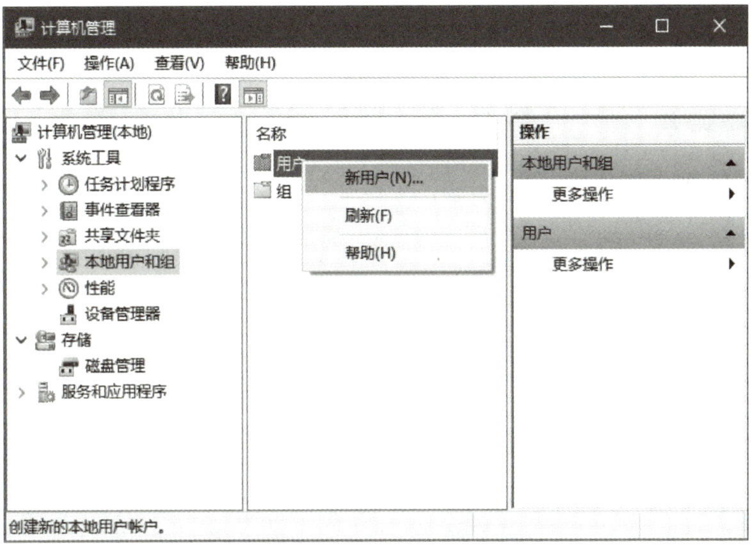

图 2-65

③选择快捷菜单中的“新用户”命令，弹出“新用户”对话框。

④在“新用户”对话框中输入用户名、密码等信息(见图 2-66)，单击“创建”按钮。

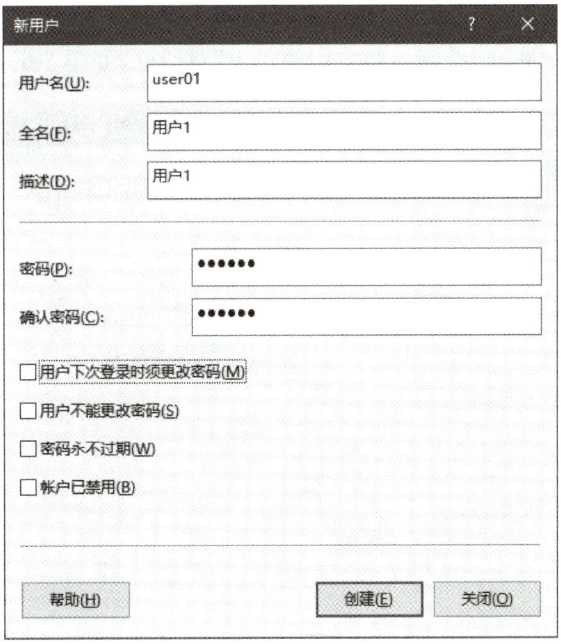

图 2-66

⑤返回到“计算机管理”窗口，单击左侧窗格中的“用户”选项，会发现在中间窗格中新增

加了用户 user01，如图 2-67 所示。

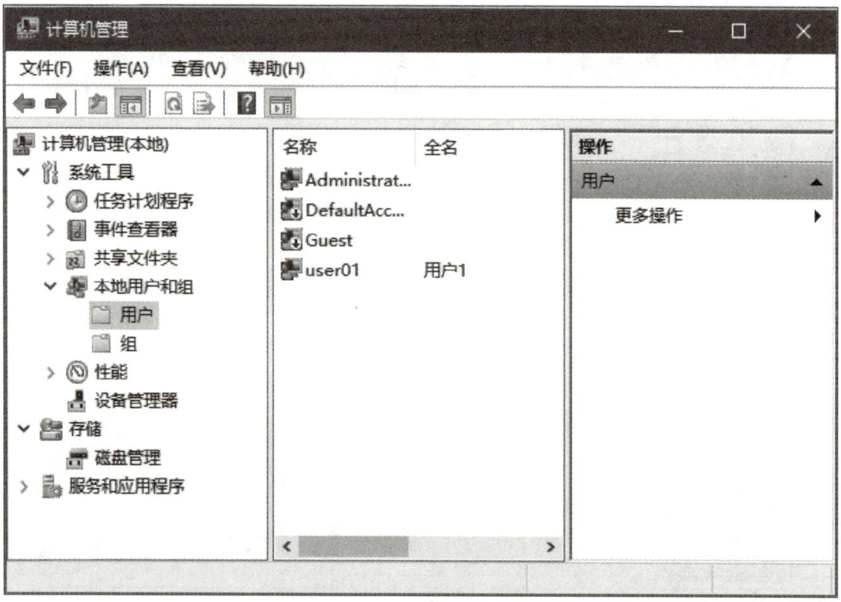

图 2-67

(3)创建 Microsoft 用户。其操作步骤如下。

①单击“开始”按钮，在弹出的“开始”菜单中选择“设置”命令，打开“Windows 设置”窗口，单击“账户”选项，再单击“电子邮件和应用账户”选项，打开“电子邮件和应用账户”窗口(见图 2-68)，单击“添加账户”按钮，弹出“添加账户”对话框，如图 2-69 所示。

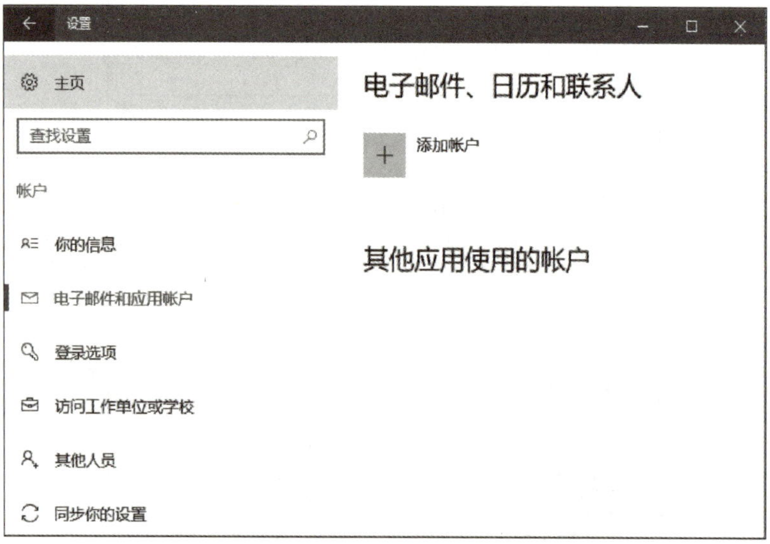

图 2-68

图 2-69

②选择任意一种账户类型，进入“添加你的 Microsoft 账户”界面，如图 2-70 所示。

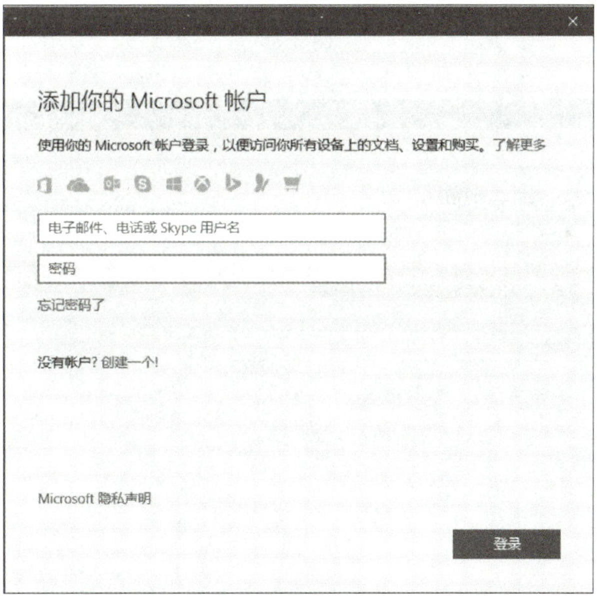

图 2-70

③单击“没有账户？创建一个!”按钮，进入“让我们来创建你的账户”界面，如图 2-71 所示。

④按照提示在对应的文本框中输入相应的信息，单击“下一步”按钮。

⑤信息输入完成后，会进入“验证电子邮件”界面，如图 2-72 所示。在文本框中输入安全代码。

⑥单击“下一步”按钮，完成 Microsoft 账户的创建过程，新创建的账户如图 2-73 所示。

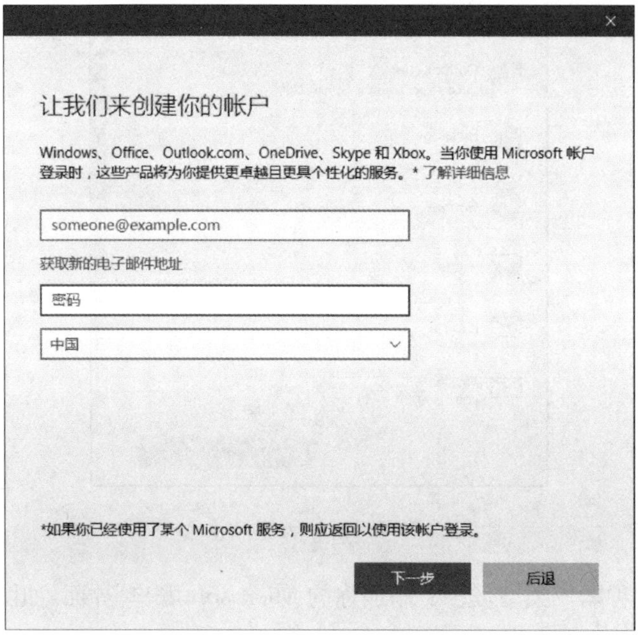

图 2-71

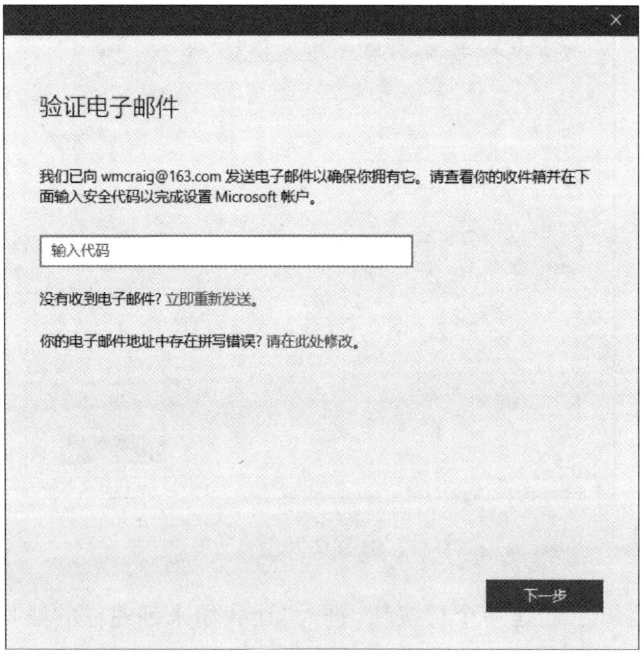

图 2-72

图 2-73

2. 更改账户类型

在创建完新账户后，可以根据实际的使用和操作要求更改账户的类型和操作权限。例如，将新创建的“用户 1”标准账户更改为管理员账户类型，其操作步骤如下。

(1)单击“开始”按钮，在弹出的“开始”菜单中选择“设置”命令，打开“Windows 设置”窗口，单击“账户”选项，再单击“其他人员”选项，在打开的“其他人员”设置窗口中单击“用户 1”(见图 2-74)，单击“更改账户类型”按钮，弹出“更改账户类型”对话框，如图 2-75 所示。

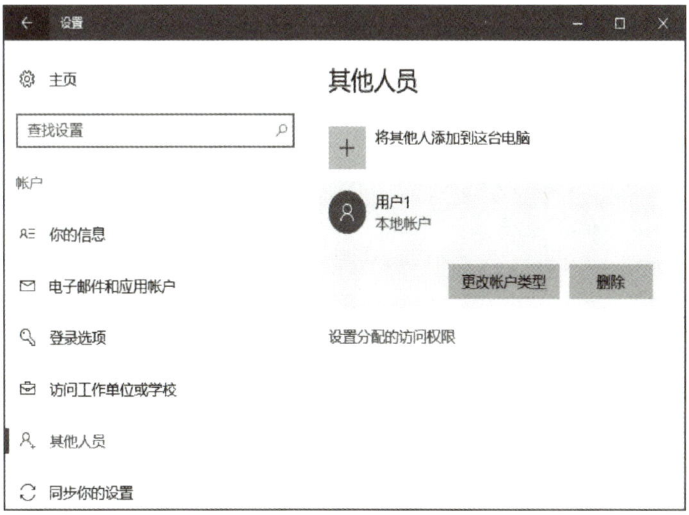

图 2-74

图 2-75

(2)在“账户类型”列表中选择“管理员”选项,单击“确定”按钮。

3. 创建、更改或删除密码

为了保护用户账户的文件不被其他用户查看或破坏,可为该账户创建密码,还可以根据需要更改或删除密码。

(1)创建账户密码。为新建的“用户 1”账户创建密码的操作步骤如下。

①打开“控制面板”窗口,并切换为“所有控制面板项”窗口,单击“用户账户”选项,弹出“用户账户”窗口。

②单击“管理其他账户”选项。

③单击“用户 1”,弹出“更改账户”窗口,如图 2-76 所示。

图 2-76

④单击“创建密码”选项,在打开的“创建密码”窗口(见图 2-77)中输入新密码和密码提示,单击“创建密码”按钮。

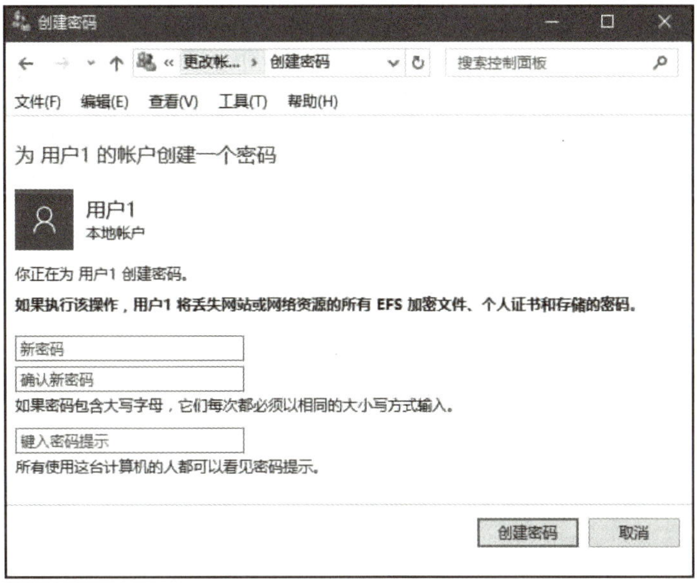

图 2-77

(2)更改账户密码。当认为账户密码设置得过于简单时，为了加强对账户的保护，可以更改账户的密码。例如，更改“用户 1”账户密码的操作步骤如下。

①打开“控制面板”窗口，并切换为“所有控制面板项”窗口，单击“用户账户”选项，弹出“用户账户”窗口。

②单击“管理其他账户”选项。

③单击“用户 1”，弹出“更改账户”窗口。

④单击“更改密码”选项，在打开的“更改密码”窗口中输入新密码和密码提示，单击“更改密码”按钮。

(3)删除当前密码。删除密码的步骤和更改密码一样，只是不输入新密码，即新密码为空。

4. 设置账户名称和头像

与个性化的桌面外观设置一样，创建用户账户后，可以为账户设置个性化的名称和头像。

(1)更改账户名称。可以将账户名称设置为自己喜欢的地点、人物、某句诗词或某些流行的词语；或是将显示名称设置为自己的名字，在多用户使用计算机的情况下，方便记忆。例如，将“用户 1”的账户名称改为“曲径通幽”，其操作步骤如下。

①打开“控制面板”窗口，并切换为“所有控制面板项”窗口，单击“用户账户”选项，弹出“用户账户”窗口。

②单击“管理其他账户”选项。

③单击“用户 1”，弹出“更改账户”窗口。

④单击“更改账户名称”选项，弹出“重命名账户”窗口，如图 2-78 所示。

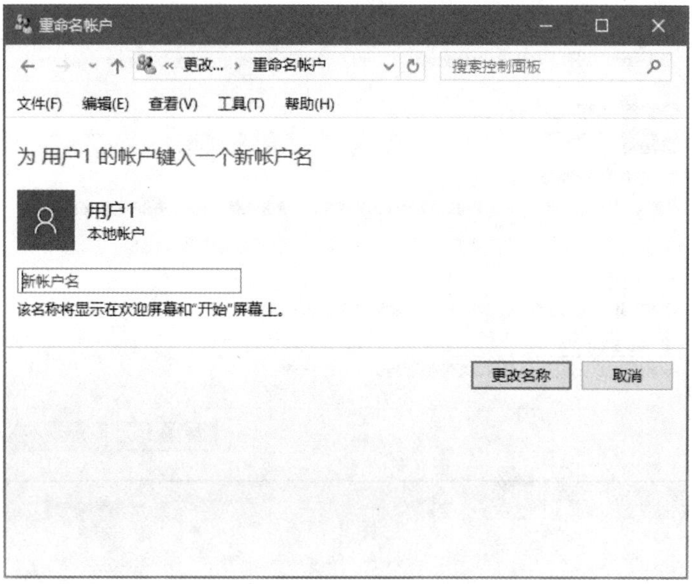

图 2-78

⑤在文本框中输入“曲径通幽”，单击“更改名称”按钮。

⑥返回“更改账户”窗口，可以看到“用户 1”的账户名称已被改为“曲径通幽”，如图 2-79 所示。

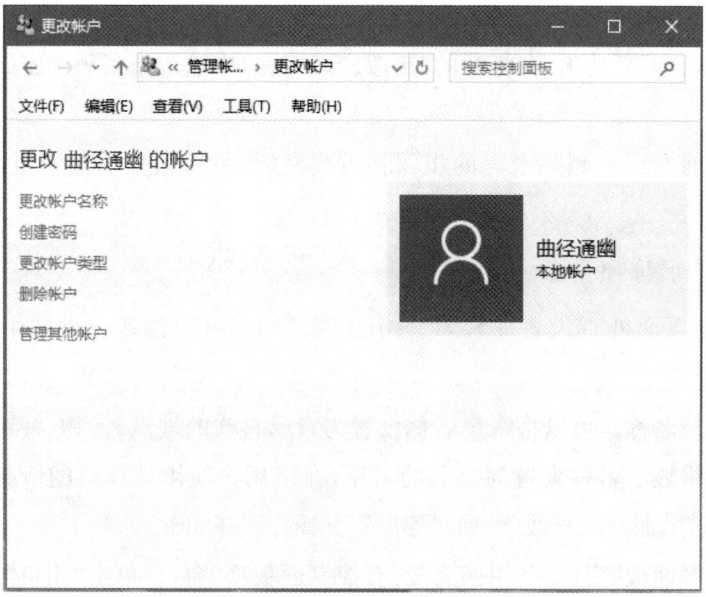

图 2-79

(2)更改账户头像。除了可以更改账户名称外,还可以更改账户头像,其操作步骤如下。

①打开“控制面板”窗口,并切换为“所有控制面板项”窗口,单击“用户账户”选项,弹出“用户账户”窗口。

②单击“通过浏览方式查找一个”选项,在“打开”对话框中选择一张图片作为账户头像,设置效果如图 2-80 所示。如果计算机中没有保存合适的图片,也可以从网上下载图片或单击“摄像头”选项进行拍摄。

图 2-80

5. 启用账户

在管理员账户权限下可以进行启用其他账户的操作,若想在其他标准用户账户下进行启用账户的操作,则需要获得管理员账户的许可。

启动计算机进入系统后,来宾账户是未被启用的,此时可以启用来宾账户,其操作步骤如下。

(1)打开“控制面板”窗口,并切换为“所有控制面板项”窗口,单击“用户账户”选项,弹出“用户账户”窗口。

(2)在“用户账户”窗口中单击“管理其他账户”选项,弹出“管理账户”窗口,如图 2-81 所示。

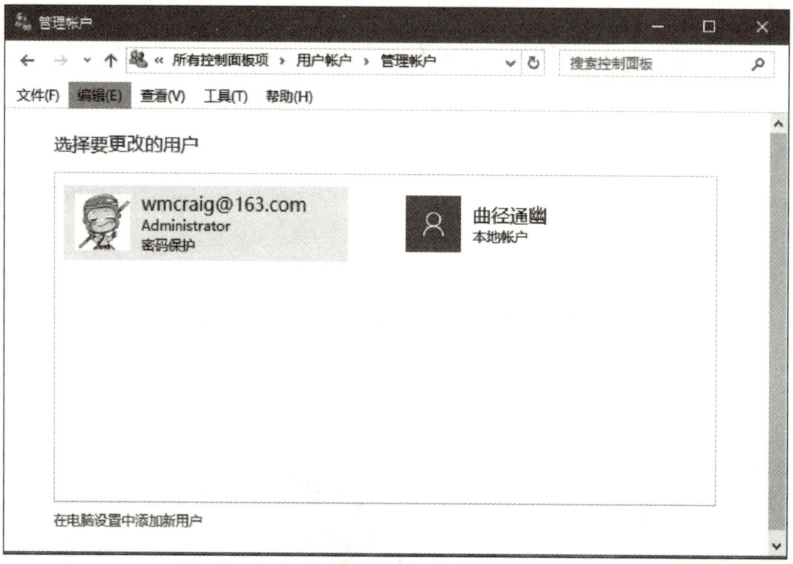

图 2-81

(3)单击“在电脑设置中添加新用户”选项，切换到“其他人员”窗口，单击“将其他人添加到这台电脑”选项，弹出“本地用户和组(本地)”窗口，如图 2-82 所示。

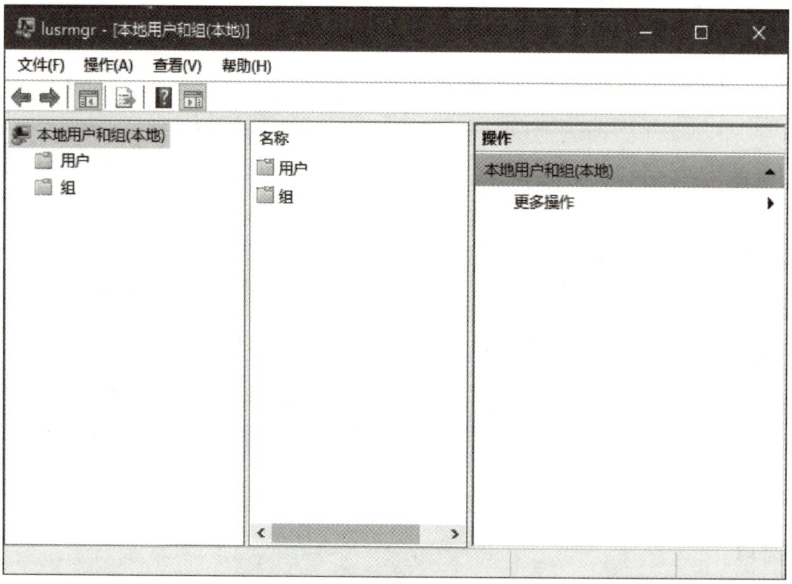

图 2-82

(4)右击“用户”选项，在弹出的快捷菜单中选择“新用户”命令，弹出“新用户”对话框，在其中输入相关信息，单击“创建”按钮，返回到“本地用户和组(本地)”窗口，在中间窗格中找到新创建的用户 user2，右击用户名，在弹出的快捷菜单中选择“属性”命令，如图 2-83 所示。

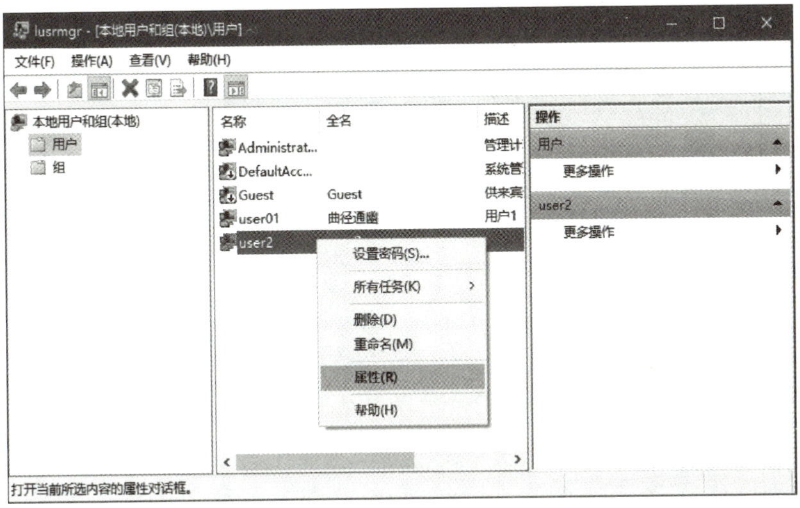

图 2-83

(5)在弹出的“user2 属性”对话框中选择“隶属于”选项卡,单击“添加”按钮,弹出“选择组”对话框,在“输入对象名称来选择”文本框中输入 Guests(见图 2-84),单击“确定”按钮完成操作。

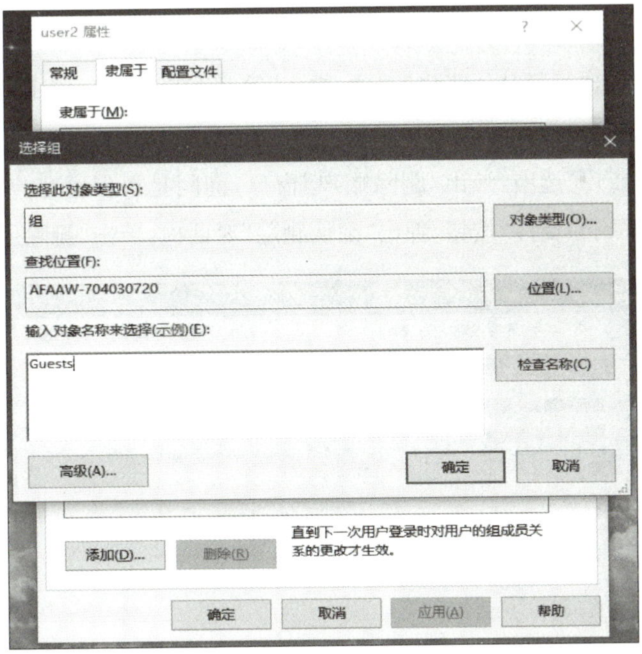

图 2-84

(6)返回到“管理账户”窗口,可在账户列表中看到新创建的来宾账户,如图 2-85 所示。

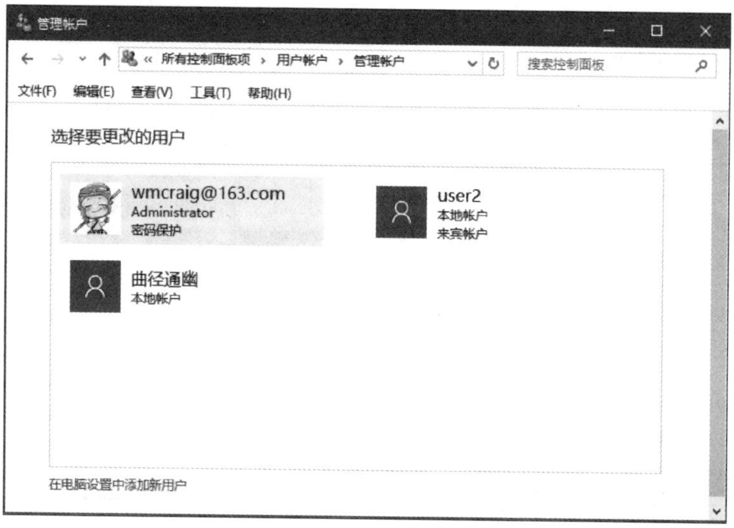

图 2-85

6. 删除用户账户

当不再需要某个已创建的用户账户时，可以将其删除。例如，删除“曲径通幽”账户的操作步骤如下。

(1)打开“控制面板”窗口，并切换为“所有控制面板项”窗口，单击“用户账户”选项，弹出“用户账户”窗口，单击“管理其他账户”选项，进入“管理账户”窗口，单击“曲径通幽”用户，弹出“更改账户”窗口。

(2)单击“删除账户”选项，弹出“删除账户”窗口，询问是否保留账户文件，如图 2-86 所示。根据需要单击“删除文件”按钮，弹出“确认删除”对话框，单击“删除用户”按钮。

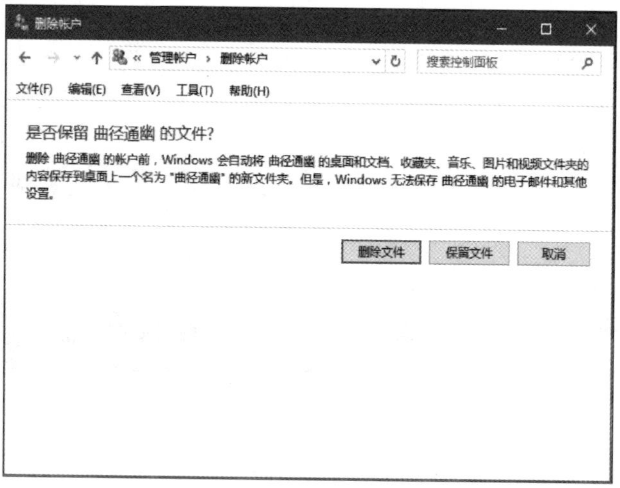

图 2-86

任务 2.6　中英文输入

任务描述

要想快速地录入中英文，就要掌握正确的指法并且合理地使用输入方法。本任务主要对中英文输入中涉及的键盘、指法进行全面、细致的描述。

任务分析

本任务将主要对键盘进行介绍，并对中英文输入指法进行讲解。

任务实施

活动 1　认识键盘

计算机键盘(见图 2-87)中的全部键按基本功能可分成四组，即键盘的四个分区：主键盘区、功能键区、编辑键区和数字键盘区。

图 2-87

1. 主键盘区

主键盘也称标准打字键盘。主键盘区除包含 26 个英文字母、10 个数字符号、各种标点符号、数学符号、特殊符号等 47 个字符键外，还有若干基本的功能控制键。

(1)字母键。所有字母键在键面上均刻印有大写的英文字母，表示上档符号为大写，下档符号为小写(通常情况下，单按此键时输入下档小写符号)。其键位排列形式与标准英文打字机相同。

(2)数字键“0”～“9”。主键盘区第一行的一部分是数字键，键面上刻印有数字。单按时输入下档键键面上的数字。

(3)换档键。换档键在键面上的标记符号为 Shift 或“↑”，主键盘区的第四排左右两边各有一个换档键，其功能相同，用于大小写转换及上档符号的输入。操作时，先按住换档键，再按其他键，即可输入该键的上档符号；若不按换档键，直接按该键，则输入键面下方的符号。若先按住换档键，再按字母键，则可转换字母的大小写（原为大写，转为小写，或原为小写，转为大写）。

（4）大写字母锁定键。大写字母锁定键在键面上的标记符号为 Caps Lock，位于 104 主键盘区左边的中间位置，用于大小写输入状态的转换，此键为反复键。通常（开机状态下）系统默认输入小写，按一下此键，键盘右上方中间的 Caps Lock 指示灯亮，表示此时默认状态为大写，输入的字母为大写字母；再击一次此键，Caps Lock 指示灯灭，表示此时状态为小写，输入的字母为小写字母。

（5）空格键。空格键又称 Space 键，整个键盘上最长的一个键。按一下此键，将输入一个空白字符，光标向右移动一格。

（6）回车键。回车键在键面上的标记符号为 Enter 或 Return，位于主键盘区右边中间，大部分键盘的这个键较大（因用得多，故制作大点便于按）。在中英文文字编辑软件中，此键具有换段功能：输完一段内容后，按回车键，会在当前光标处插入一个回车符，光标带着该字符及后面的部分一起移到下一行之首；在 DOS 命令状态下或许多计算机程序设计语言中，按回车键表示确认命令或该行程序输入结束，命令开始执行。

（7）强行退出键。强行退出键在键面上的标记符号为 Esc，位于键盘顶行最左边。在 DOS 命令状态下按此键，则当前输入的命令作废（在按回车键之前），光标处显示“\”，光标移到下行的行首，回到系统提示符“＞”状态下，此时可重新输入正确的命令和字符串；在编辑文字时按此键，表示中止当前操作状态。

（8）跳格键。跳格键在键面上的标记符号为 Tab，位于主键盘区的左边，用于快速移动光标。在制作表格时，按一下该键，光标移到下一个制表位置（跳格位置），两个跳格位置的间隔一般为 8 个字符，除非另作改变。如果按 Shift＋Tab 组合键，将使光标左移到前一个跳格位置。

（9）控制键。控制键在键面上的标记符号为 Ctrl，在主键盘区的下方左右各一个。此键不能单独使用，必须与其他键配合使用才能实现特定的功能。为了便于书写，往往把 Ctrl 写为“^”。例如，Ctrl＋P 组合键可写为“^P”，其功能为接通或断开打印机（在接通打印机后，计算机屏幕上出现的字符将由打印机打印出来）。

（10）转换键。转换键，又叫变换键 Alt，在主键盘区下方靠近空格键处，左右各一个，该键也不能单独使用，也必须与其他键配合使用，才能实现一些特定功能。例如在 Super-CCDOS 中，Alt＋F4 组合键的功能是选择五笔字型输入法，Alt＋F9 组合键的功能是选择图形或符号，等等。有时为了书写方便，也把 Alt＋F4 组合键写成“～F4”。在 Windows 操作中，Alt＋F4 组合键的功能是关闭当前程序窗口。

(11)退格键。退格键在键面上的标记符号为 Backspace 或"←"。按一下此键，将删除光标左侧的一个字符，光标位置向前移动一格。

(12)Windows 键。Windows 键在主键盘区中左右各一个，通常和其他键配合使用，单独使用时的功能是打开"开始"菜单。

2. 功能键区

功能键区也称专用键区，包含 F1～F12 共 12 个功能键，主要用于扩展键盘的输入控制功能。各个功能键的作用在不同的软件中通常有不同的定义。

3. 编辑键区

编辑键区也称光标控制键区，主要用于控制或移动光标。

(1)插入键 Insert。在编辑状态下，插入键用作插入/改写状态的切换键。在插入状态下，输入的字符插入光标处，同时光标右边的字符依次后移一个字符位置，在此状态下按 Insert 键后变为改写状态，这时在光标处输入的字符将覆盖原来的字符。系统默认为插入状态。

(2)删除键 Delete。删除键的功能是删除当前光标所在位置的字符，同时光标后面的字符依次前移一个字符位置。

(3)光标归首键 Home。光标归首键的功能是快速移动光标至当前编辑行的行首。

(4)光标归尾键 End。光标归尾键的功能是快速移动光标至当前编辑行的行尾。

(5)上翻页键 Page Up 和下翻页键 Page Down。上翻页键的功能是实现光标快速上移一页，所在列不变。下翻页键的功能是实现光标快速下移一页，所在列不变。这两个键统称为翻页键。

(6)光标左移键"←"。按一下光标左移键，光标左移一个字符位置。

(7)光标右移键"→"。按一下光标右移键，光标右移一个字符位置。

(8)光标上移键"↑"。按一下光标上移键，光标上移一行，所在列不变。

(9)光标下移键"↓"。按一下光标下移键，光标下移一行，所在列不变。

上述"←""↑""↓"和"→"这四个键，统称为方向键或光标移动键。

(10)屏幕硬拷贝键 Print Screen。屏幕硬拷贝键和 Shift 键配合使用可把屏幕当前的显示信息输出到打印机。在 Windows 系统中，如果没有连接打印机，按屏幕硬拷贝键则可将当前屏幕内容复制到剪贴板上，再粘贴到程序(如画图程序)中，即可把当前屏幕内容抓成图片。如果按 Alt+Print Screen 组合键，则是截取当前窗口的图像而不是整个屏幕。

(11)屏幕锁定键 Scroll Lock。其功能是使屏幕暂停(锁定)/继续显示信息。当锁定有效时，键盘中的 Scroll Lock 指示灯亮，否则此指示灯灭。

(12)暂停键 Pause/中断键 Break。该键单独使用时是暂停键 Pause，其功能是暂停系统操作或屏幕显示输出。按一下此键，系统将暂停正在执行的操作。当它与 Ctrl 键配合使用时是中断键 Break，其功能是强制中止当前程序的运行。

4. 数字键盘区

数字键盘也称小键盘、副键盘或数字/光标移动键盘，主要用于数字符号的快速输入。

(1)数字锁定键 Num Lock。此键用来控制数字键盘区的数字/光标控制键的状态。这是一个反复键，按下该键，键盘上的 Num Lock 指示灯亮，此时按小键盘上的数字键，将输入数字；再按一次该键，Num Lock 指示灯灭，此时的数字键作为光标移动键使用。故数字锁定键又称“数字/光标移动”转换键。

(2)插入键 Ins。Ins 即 Insert 键。

(3)删除键 Del。Del 即 Delete 键。

5. 常用组合键

组合键由控制键 Ctrl 或 Alt 与其他键组合而成，其功能是对计算机产生特定的作用。

(1)Ctrl+Break 或 Ctrl+C。Ctrl+Break 或 Ctrl+C 组合键用于中止计算机当前正在进行的操作(常用于中止计算机对命令或程序的执行)。

(2)Ctrl+Num Lock 或 Ctrl+S。Ctrl+Num Lock 或 Ctrl+S 组合键用于暂停当前的操作(常用于暂停屏幕的连续显示，以便于用户对屏幕进行观察)，按任意键，操作继续执行。

(3)Ctrl+Alt+Del。Ctrl+Alt+Del 组合键用于重新启动系统(常称为热启动)。

(4)Ctrl+Print Screen 或 Ctrl+P。Ctrl+Print Screen 或 Ctrl+P 组合键用于设定打印机联机开关，使打印机处于接收/不接收计算机送来的信息状态。

(5)Shift+Print Screen。Shift+Print Screen 组合键用于打印屏幕显示的全部内容。

(6)Ctrl+Print Screen。Ctrl+Print Screen 组合键用于显示并打印屏幕的内容。

活动 2　掌握打字指法

要想提高打字速度必须掌握正确的键盘操作指法，如图 2-88 所示。

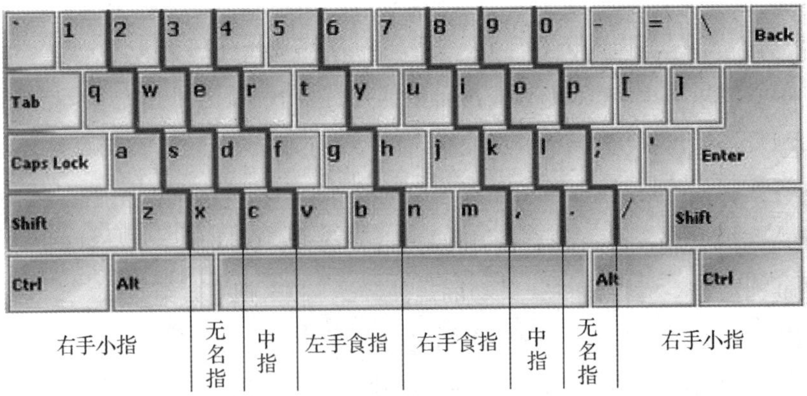

图 2-88

1. 标准键区字母的指法

（1）基准键。基准键共有 7 个，即 A、S、D、F、J、K、L。两手食指分别放在 F、J 键上，其余手指自然放好，拇指放在空格键上。保持正确的操作姿势，按指法要求将手准确地放在基准键盘上，眼睛离开键盘，然后开始按键，这就是盲打。按键动作要轻快，按一下就缩回来。

注意

在按键过程中两眼不能偷看键盘，手指各司其职，不要错位。

（2）上排键。上排键也就是基准键上面一排的字母键。按 R、E、W、Q、U、I、O、P 这八个键时，手指都是从基准键位"出发"，向左上方移动一个键位，按键，按完后手指应立即回到基准键上。

T 键和 R 键都是左手食指按键，同样的，Y 键和 U 键都是右手食指按键，在键入时要注意感觉一下这几个键与基本键的位置和距离。

（3）G 键和 H 键。这两个键在基准键位行上，属于左右手食指的按键范围。按 G 键时，左手食指向右伸出一个键位的距离，按完后，手指迅速回到基准键位上。

（4）下排键。下排键就是基准键下面一行的字母键，包括 Z、X、C、V、B、N、M 七个键。按键时，手指提起向下弯曲，按键要有力，按完后，手指迅速回到基准键位上。

（5）连续按键。在实际录入过程中，经常有连续的字母或符号由同一个手指完成按键，这时就不必再回到基准键位上，而应连续打完两个或两个以上的字母或符号后，再回到基准键位上，这称为连击。

2. 非字母键指法

（1）标点符号的输入。从图 2-88 中可以看出，逗号由右手中指负责，句号由右手无名指负责，其他一些常用的标点符号，如分号、引号、括号和加（减）号等，都由右手小指来负责。

（2）大写字母的输入。按住 Shift 键的同时按字母键，输入的是大写字母；如果要连续输入大写字母，就按一下 Caps Lock 键。

（3）数字的输入。主键盘区中的 0～9 这 10 个数字的输入也是由不同的手指来完成的，数字键盲打比较困难，所以要专门练习一下。"4""5""6""7"分别由左右手的食指负责，"3"和"8"分别由左右手的中指负责，"2"和"9"分别由左右手的无名指负责，"1"和"0"分别由左右手的小指负责。上排的数字键主要用于字母或汉字与数字混合输入。如果要输入大量的数字，可以用数字小键盘。

使用数字小键盘时，只要用右手操作就可以了。数字键的基准键是"4""5""6"三个键，对应右手的食指、中指和无名指。"5"键上一般有个小凸点，手放在上面时会感觉得到。其中，右手食指负责"7""4""1"和 Num Lock 四个键，右手中指负责"8""5""2"和"/"四个键，右手无名指负责“9”“6”“3”“＊”和“.”五个键，右手小指负责“－”“＋”和 Enter 三个键，还有一个键是“0”，由右手拇指负责。

3. 手形和按键常出现的错误

(1)按键时一直压到底，没有弹性，迟迟不起来。

(2)腕部呆滞，不能与手指跳动配合，既影响手形，也不可能做到按键迅速，声音清脆。

(3)按键时，手指形态变形，翘起或向里勾，手形掌握不好是初学时常见的现象。

(4)左手按键时，右手离开基本键，搁在键盘边框上。

(5)按键时，将手腕搁在桌子上。打字时必须悬腕，和书法练习有相近之处。

(6)小指、无名指缺乏力量，控制不住。

(7)眼看键盘，打字动作没有节奏感。

4. 指法训练的要点

(1)“包产到户”。各手指要分工明确，“各守岗位”。

(2)不看键盘，练习盲打。如果希望通过训练具备较好的打字技能，那从一开始就要严格要求，否则错误的打法一旦养成，就很难被纠正。练习盲打时，很可能一开始有些手指(如无名指)按键时不够灵活，有点别扭，但只要坚持练习，一定可以学好。

(3)手指回原点。每一个手指到上下两排“执行任务”之后，只要时间允许，一定要习惯性地回到各自的基准位置(中排的基准键位)。

(4)手指和手腕灵活运动。不要靠整个手臂的运动来找到键位，应学会只靠手指运动来控制。

(5)按键轻重适度。按键不要过重，过重不但声音太响，而且手指容易疲劳。另外，如果手指跳动幅度较大，那么按键与恢复都需要较长的时间，势必会影响输入速度。

(6)操作姿势要正确。操作者应端坐在机器前，不要弯腰低头或趴在操作台上，也不要把手腕、手臂依托在键盘上。另外，座位的高低要合适，以手臂与键盘盘面水平为宜，座位过低容易疲劳，座位过高则不便操作。

(7)步进式练习。一开始，要一个手指一个手指地练习。如左手食指负责 G、F、T、R、B、V 这六个键，可以通过一些练习反复按这六个键，以便使手指快速、准确地控制键位。然后，再做食指、中指的混合按键练习及双手对称手指混合按键练习。以后，再逐渐发展到其他手指的按键练习。

(8)集中反复练习。练习输入一篇 200 字左右的短文，先在字里行间用彩笔做出高频字、简码、词汇的标志，然后集中时间反复练习 20～30 遍，一天最多打两篇短文，切忌打一两遍就换文稿。

实训项目

实训 1 Windows 10 的安装

实训要求：用户的计算机需要具有符合要求的 Windows 10 操作系统，用户需尽量使用正版的 Windows 10 操作系统，按照提示进行安装，并能正确激活。

操作提示如下。

(1)满足安装 Windows 10 系统的环境需求。

(2)将安装光盘放入驱动器，系统将自动由光盘启动，单击“下一步”按钮。

(3)在“请阅读许可条款”对话框中选中“我接受许可条款”复选框。

(4)选择安装方式：“升级”或“自定义”。

(5)选择安装位置，一般为 C 分区。

(6)复制 Windows 文件。

(7)安装功能和更新。

(8)个性化、网络及用户的设置。

(9)出现开始屏幕，安装完毕。

(10)激活 Windows 10 操作系统。

实训 2 文件或文件夹的管理与属性设置

实训要求：文件或文件夹管理的相关操作，包括新建、重命名、复制、移动、删除和恢复等；对文件或文件夹的属性进行设置。

操作提示如下。

(1)任意新建一个文件。

(2)重命名文件。

(3)复制、移动文件。

(4)删除和恢复文件。

(5)设置文件或文件夹的属性。

(6)显示隐藏的文件或文件夹。

(7)设置个性化的文件夹图标。

实训 3 标准账户的设置与创建

实训要求：当多个用户使用同一台计算机时，可以在计算机中设置多个账户，让每一个用户在各自的账户界面下工作;能够自己创建账户,并对账户进行设置。

操作提示如下。

(1)创建新用户账户。

(2)更改账户类型。

(3)创建、更改或删除账户密码。

(4)设置账户名称和头像。

(5)启用或禁用账户。

(6)删除用户账户。

项目 3

认识 Office 2016

知识目标

了解 Office 2016 的功能。

熟练掌握启动和退出 Office 2016 的方法。

掌握获取帮助的方法。

了解 Office 2016 的工作界面。

技能目标

能启动和退出 Office 2016。

会获取帮助信息。

Office 2016 是 Microsoft 公司推出的计算机办公自动化软件，其界面友好、操作简便、功能强大，无论是编辑文档，处理数据报表，还是制作演示文稿，都能轻松、高效地完成。

本项目通过完成"认识 Office 2016""启动和退出 Office 2016""认识 Office 2016 组件的工作界面"几项任务来了解 Office 2016 中 Word 2016、Excel 2016 和 PowerPoint 2016 三个组件的功能，认识工作界面，掌握最基本的操作。

任务 3.1 初识 Office 2016

任务描述

Office 2016 是 Office 2013 的升级版本。它全新的功能和人性化设计为工作带来了便利。本任务主要就 Office 2016 的主要特点，主要组件（Word 2016、Excel 2016、PowerPoint 2016）的总体特征、运行环境及功能进行描述。

任务分析

本任务主要通过四步来完成：一是了解 Office 2016 的特点；二是初识 Word 2016，通过举例了解其功能；三是初识 Excel 2016，了解其功能；四是初识 PowerPoint 2016，通过举例了解其功能。

任务实施

活动 1 了解 Office 2016

1. 计算机办公与 Office 2016

计算机办公已渗透工作的各个领域，无论是管理人员、专业技术人员，还是文秘人员在日常工作中，都需要使用办公软件。随着用户对办公软件的需求的不断提高，Office 系列办公软件的版本也不断升级。Office 2016 功能强大，操作方便，是众多办公自动化软件中的佼佼者，深受广大办公用户的青睐，Office 2016 的众多改进和新功能使它成为办公族的首选办公软件。

2. Office 2016 的新感觉

视频
Office 2016 新功能

（1）Metro 风格界面。Office 2016 采用全新的界面设计风格，让人耳目一新。微软为 Office 2016 设计了 Metro 风格的 Office 启动界面，该界面颜色鲜艳。Office 2016 Preview 除继续使用 Office 2013 的 Ribbon 菜单栏外，还融入 Metro 风格。Office 2016 除界面新外，各个组件的图标也有了新的外观；风格也极简化，整体界面趋于平面化，显得清新、简洁；流畅的动画和平滑的过渡，给用户带来不同以往的体验；简洁的界面和触摸模式也更加适合平板，浏览文档非常方便。

Office 2016 只提供白色、浅灰色和深灰色三种主题颜色，主题颜色不能像 Windows 7、Windows 8 系统一样自定义。

(2)平易近人的设计。Office 2016 的设计目标是更便于使用,让使用者能更轻松、快捷地完成办公任务。例如,Word 2016 的改进是自由缩放、平滑滚动、视频嵌入,还可以通过浏览器在线分享文档,如图 3-1 所示。Excel 2016 在此基础上还可获得新的格式控制及图表动画。与此同时,在 PowerPoint 2016 中嵌入 Excel 图表更加容易,不会再受到格式的限制;能支持更多的视频格式等嵌入式媒体,并支持跨越多个幻灯片(甚至整个演示文稿)的音乐播放功能;动感图像和放映网格的加入,使幻灯片的播放演示更完美,如图 3-2 所示。

图 3-1

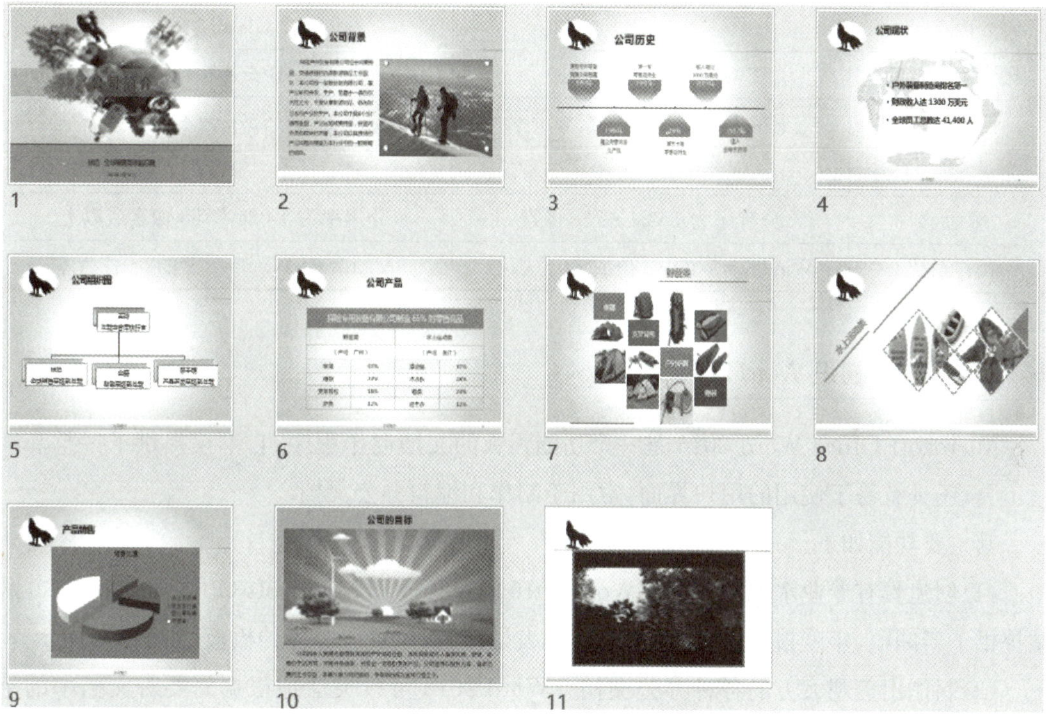

图 3-2

(3)贴心小功能。Office 2016 提供的大量的新模板、新增的社交功能和时尚的阅读模式、更方便的图文混排,都为办公提供了便利。同时,只要一键即可为整个演示文档更换各种内置主题,非常方便。PowerPoint 2016 提供的调整视频细节、有趣的功能截图和多种保存类型都让 Office 2016 的操作变得更加灵活、多样。

(4)不同组件。在 Office 2016 的各个组件中都特别设计了一些新功能,使各个组件都能够高效地为用户服务:第一是性能的改进,使得启动速度比 Office 2013 快得多;第二是云服务整合，所有文件都默认新建和保存在 SkyDrive 上；第三是功能的优化，如 PowerPoint 2016 比之前的版本在很多方面都先进很多，其先进点也被用到了其他组件。

3. Office 2016 的运行环境

在对操作系统的要求上，Office 2016 建议运行在 Windows 7、Windows 8、Windows 10、Windows Server 2008 R2 及 Windows Server 2012 上，而 Windows RT 则会预置 Office 2016。测试表明，Office 2016 可以在 Windows 7 及以上系统中良好地运行。

Office 2016 与其他旧版本相比更加智能化，因此对计算机配置的要求也相对较高。以 Office 2016 专业版为例，Microsoft 公司推荐的基本配置和建议配置方案如表 3-1 所示。

表 3-1

组　件	基本配置方案	建议配置方案
CPU	主频在 1 GHz 以上	主频在 2 GHz 以上
内存	1 GB	2 GB 或 4 GB
硬盘可用空间	2 GB(安装五大组件)	4 GB 安装所有组件
显卡	支持 1 024×576 像素分辨率	支持 1 024×576 像素以上分辨率
光驱	DVD	DVD
显示器	分辨率为 1 024×768 像素	分辨率为 1 024×768 像素或以上
操作系统	Windows 7 的 32 位或 64 位版本	Microsoft Windows 7 的 64 位版本

活动 2　初识 Word 2016

Microsoft Office Word 2016 是一个功能强大的文档创作程序，它不仅提供了一整套编写工具，还具有易于使用的用户界面，常用于制作和编辑办公文档。

其主要功能如下。

(1)创建具有专业水准的文档。Word 2016 的模板库和 Microsoft Office Online 官方网站提供了新闻稿、年度报告、简历、求职信、报表设计、新年贺卡等各种模板，如图 3-3 所示。

(2)制作出美观大方的各种办公文档。Word 2016 可以灵活地根据需要对文档中的字符、段落或页面格式进行单独设置，还可以在文档中插入图片、文本框和艺术字等对象，制作出图文并茂的各类文档。如图 3-4 所示为运用 Word 2016 完成的杂志页面的排版和广告页面的设计。

图 3-3

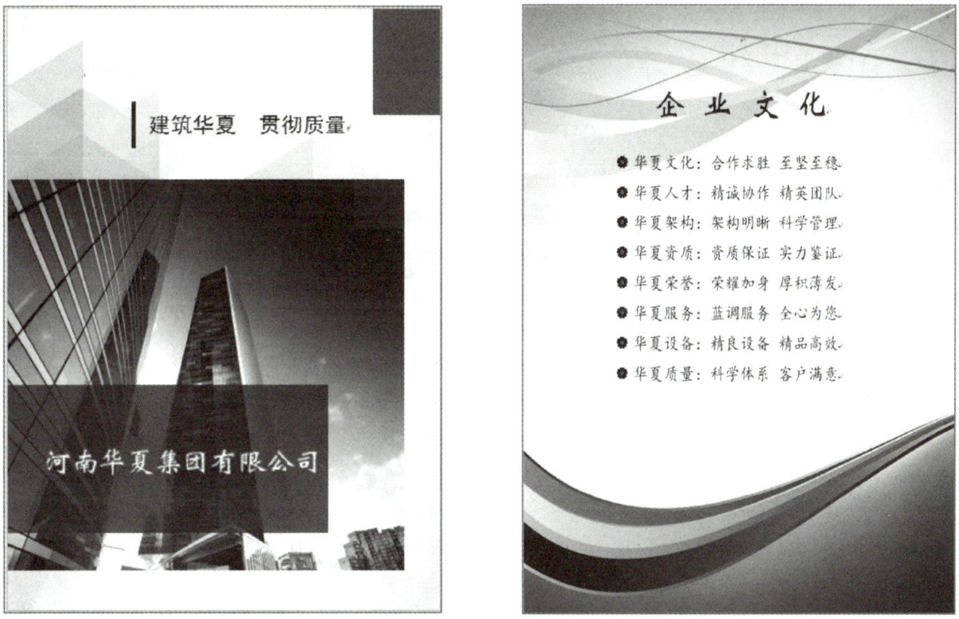

(a) (b)

图 3-4

(3)文档管理功能。Word 2016 丰富的审阅、批注和比较功能有助于快速收集和管理来自其他人的反馈信息。高级的数据集成可确保文档与重要的业务信息源保持连接。

(4)网页制作功能。使用 Word 2016 可直接链接到博客网站，创建包括图像、表格和高级文本格式设置功能的博客。

(5)邮件合并功能。邮件合并是指将两个或两个以上的文档记录合并在一起，从而制作或打印出多篇不同的文档。使用 Word 2016 的“邮件合并”功能可以创建大量的套用信函，也可以完成其他类型的文档合并。

活动 3　初识 Excel 2016

Microsoft Office Excel 2016 是一个集电子表格和信息管理于一身的信息分析程序，可用来创建电子表格并为电子表格设置格式，还可用来轻松地分析、共享和管理数据。

Excel 2016 的主要功能如下。

（1）数据的记录与整理。Excel 2016 可以实现对烦琐无序的数据记录的分类整理，便于进行数据的分析和计算。

（2）数据计算。利用不同的函数组合，用户几乎可以完成绝大多数领域的常规计算任务：包括结算账户余额、准备发票、计划预算、跟踪订单或者对账户簿的日常维护等。

（3）数据分析。数据分析常用的方法有排序、筛选和分类汇总等，利用它们能够合理地对表格中的数据做进一步的归类与组织，方便用户进行数据的统计和分析等操作。

（4）商业图表制作。利用 Excel 2016 的图表图形功能可以迅速地创建各种各样的商业图表，形象、直观地传达信息。

活动 4　初识 PowerPoint 2016

PowerPoint 2016 是演示文稿制作程序，使用它可快速创建极具感染力的动态演示文稿。PowerPoint 的主要功能如下。

（1）使用 PowerPoint 2016 提供的模板可以方便地制作各种专业的演示文稿。

（2）创建多媒体演示文稿，其中可包含一系列幻灯片。演示文稿中可包含文字、图形、动画、声音和视频等多媒体信息。多媒体信息可通过 35 mm 幻灯片、悬挂式投影仪幻灯片、演讲人备注、讲义或现场幻灯片（用计算机或计算机投影仪播放）的形式展现出来。

（3）快速创建漂亮的电子相册，如图 3-5 所示。

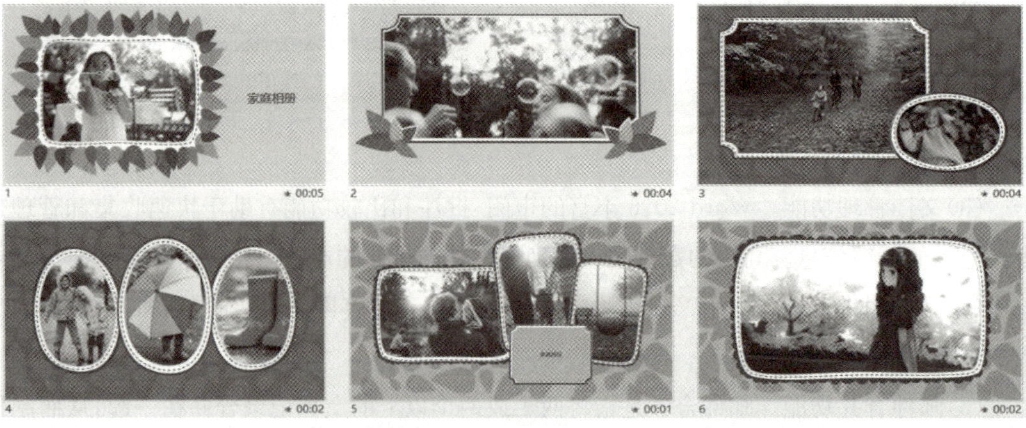

图 3-5

在 PowerPoint 2016 中，只需单击几次鼠标，即可创建并添加设计师水准的 SmartArt 图形，并且可以快速编辑音频和视频，制作出精美的演示文稿，如图 3-6 所示。

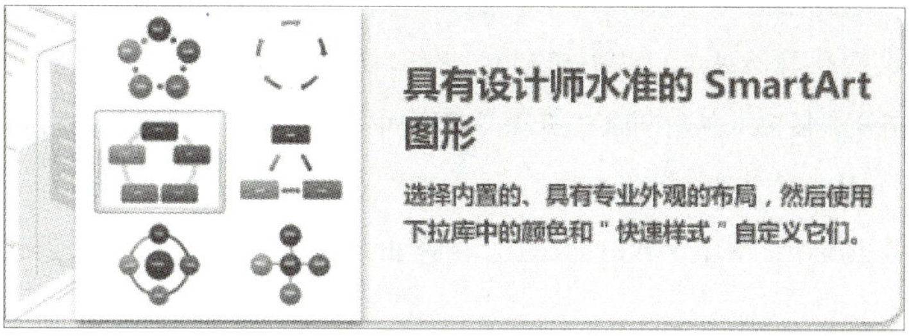

图 3-6

任务 3.2 启动和退出 Office 2016

任务描述

在使用 Office 2016 制作文档之前，需要掌握其最基本的操作。本任务主要对 Office 2016 的启动和退出操作进行描述。

任务分析

本任务主要通过两步来完成：一是启动 Office 2016 组件，二是退出 Office 2016 组件。

任务实施

活动 1 启动 Office 2016 组件

启动 Office 2016 比较简单，以往的经验仍然适用。Office 2016 的几大组件的启动操作方法基本上是相同的，下面以 Word 2016 为例进行介绍。Word 2016 的启动方法有以下三种。

1. 利用"开始"菜单

单击"开始"按钮，在打开的"开始"菜单中选择 Microsoft Office Word 2016 命令，即可打开 Word 2016 中文版。

2. 利用桌面快捷方式

利用桌面快捷方式是启动 Word 2016 最简单的一种方法，只要双击桌面上创建的

Word 2016 的快捷方式，即可启动程序。

技巧

如果没有桌面快捷方式，可以手动创建一个，操作方法如下。

（1）单击“开始”按钮，在打开的“开始”菜单中选择“所有程序”→Microsoft Office→Microsoft Office Word 2016 命令。

（2）右击 Microsoft Office Word 2016，在弹出的快捷菜单中选择“发送到”→“桌面快捷方式”命令。

3. 利用已有的 Word 文档

打开 Windows 资源管理器或“此电脑”，找到要打开的 Word 文档，双击文件即可启动 Word 2016 中文版。在 Word 2016 启动的同时，文件也被打开。

活动 2　退出 Office 2016 组件

退出 Word 2016 中文版有以下三种方法。

（1）在 Word 窗口中选择“文件”→“关闭”命令。

（2）单击 Word 窗口右上角的“关闭”按钮 ×。

（3）在 Word 窗口中按 Alt+F4 组合键。

任务 3.3　认识 Office 2016 组件的工作界面

任务描述

Office 2016 所包含的 Word 2016、Excel 2016 和 PowerPoint 2016 等重点组件虽然功能各异，但工作界面都是相似的。本任务以 Word 2016 为例对 Office 2016 组件的工作界面进行描述。

任务分析

本任务主要通过五步来完成：一是认识“文件”选项，二是认识快速访问工具栏，三是认识标题栏，四是认识功能区，五是认识状态栏和视图栏。

任务实施

打开 Word 2016、Excel 2016 和 PowerPoint 2016，即可看到工作界面。一旦学会如何在一个程序中使用功能区，就会发现其他程序中的功能区同样易于使用。下面以 Word 2016 为例认识 Office 2016 的工作界面。

图 3-7 为 Word 2016 的工作界面，它主要包括快速访问工具栏、标题栏、功能选项卡、功能区、文档编辑区、状态栏和视图栏等几部分。

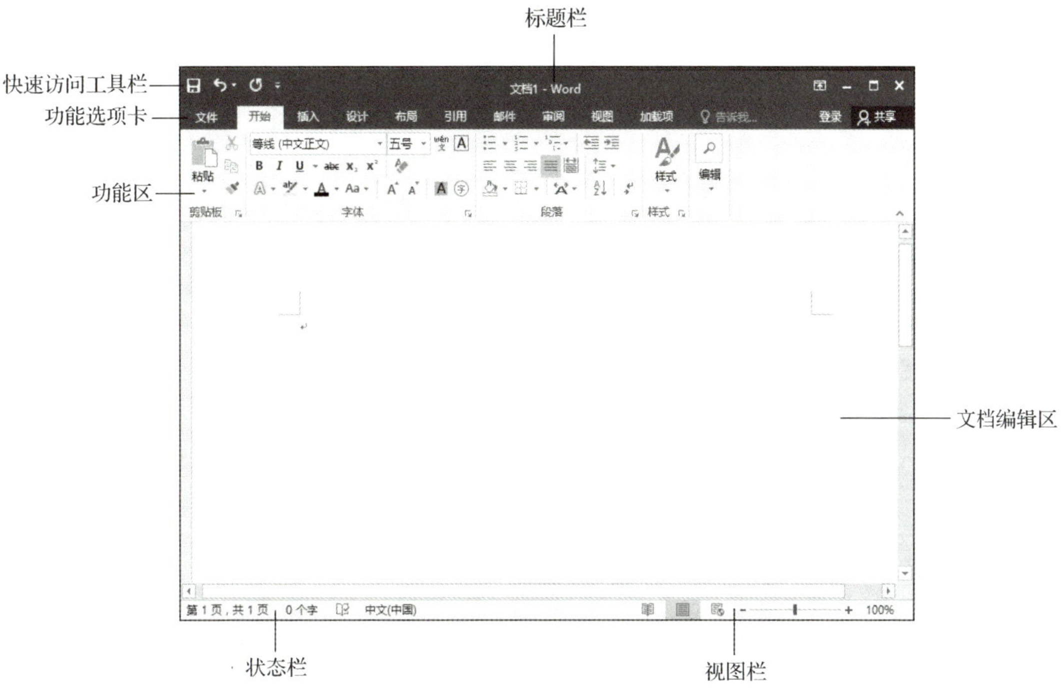

图 3-7

活动 1 认识“文件”选项

“文件”选项包括“打开”“保存”“打印”和“共享”等命令，如图 3-8 所示。

图 3-8

技巧

选择"文件"→"选项"命令，可在打开的"Word 选项"对话框中对 Word 2016 进行高级设置，如图 3-9 所示。

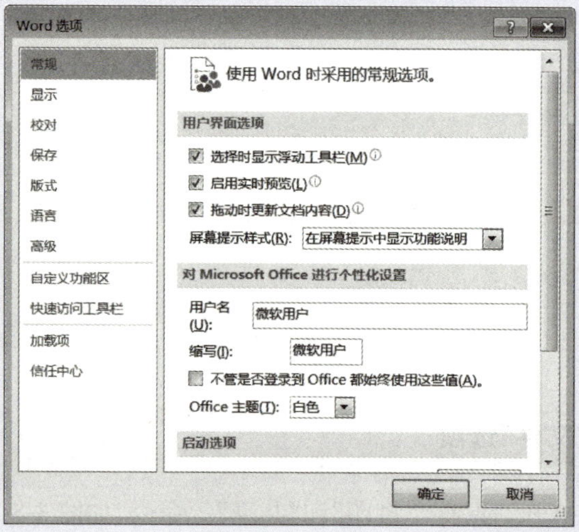

图 3-9

活动 2　认识快速访问工具栏

快速访问工具栏为我们提供了日常工作中经常用到的工具按钮。在默认状态下，快速工具栏包含三个快捷按钮，分别是"保存"按钮、"撤销"按钮和"重复"按钮。

互动练习

在 Word 2016 中，将“打印预览”按钮和“新建”按钮添加到快速访问工具栏中的操作提示如下：单击快速访问工具栏右侧的▾按钮，在弹出的下拉菜单中选择“打印预览和打印”和“新建”命令即可，如图 3-10 所示。添加后的快速访问工具栏如图 3-11 所示。

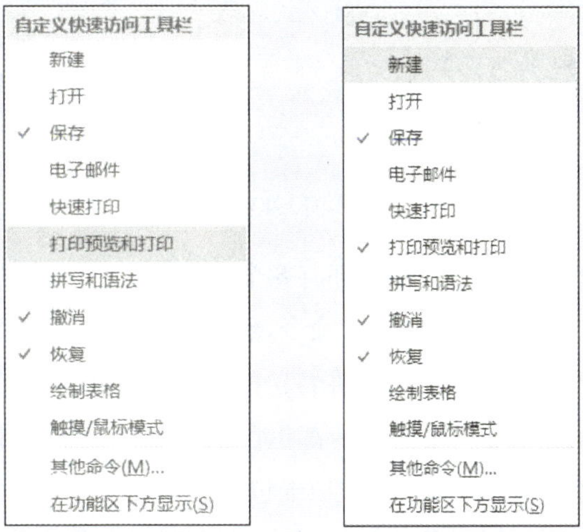

(a)　　(b)

图 3-10

图 3-11

活动 3　认识标题栏

标题栏用于显示正在操作的文档的名称、程序的名称和“窗口控制”按钮组，如图 3-12 所示。

图 3-12

单击“最小化”按钮，可将窗口最小化为任务栏中的一个图标按钮，此时单击该按钮，可将窗口恢复到最小化之前的状态。

单击“最大化”按钮，可将窗口布满整个屏幕，并且该按钮变为“还原”按钮🗗。

单击“还原”按钮，可使窗口恢复到自定义的大小。

活动 4　认识功能区

功能区有 3 个基本组成部分，如图 3-13 所示。

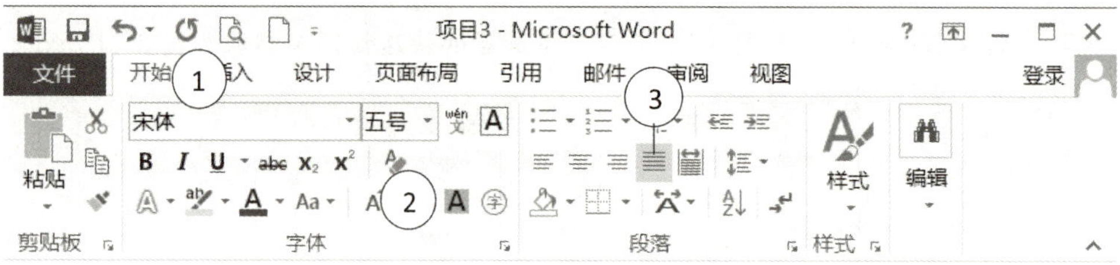

图 3-13

图 3-13 中①所示的是选项卡。在顶部有 8 个基本选项卡(如需增加，在功能区中右击，在弹出的快捷菜单中选择“自定义功能区”命令，然后在打开的“Word 选项”对话框中进行设置)，每个选项卡是一个活动区域，代表着在特定的程序中执行的一组核心任务。

图 3-13 中②所示的是组。每个选项卡都包含若干个组，这些组将相关功能按钮显示在一起，是相关命令的集合。例如，“开始”选项卡包含“字体”“段落”“样式”等组。

图 3-13 中③所示的是命令(功能按钮)。命令可以是按钮、菜单或供用户输入信息的框。

互动练习

打开 Word 2016，选择“开始”选项卡，在“字体”组中单击对话框启动器，打开“字体”对话框，如图 3-14 所示。

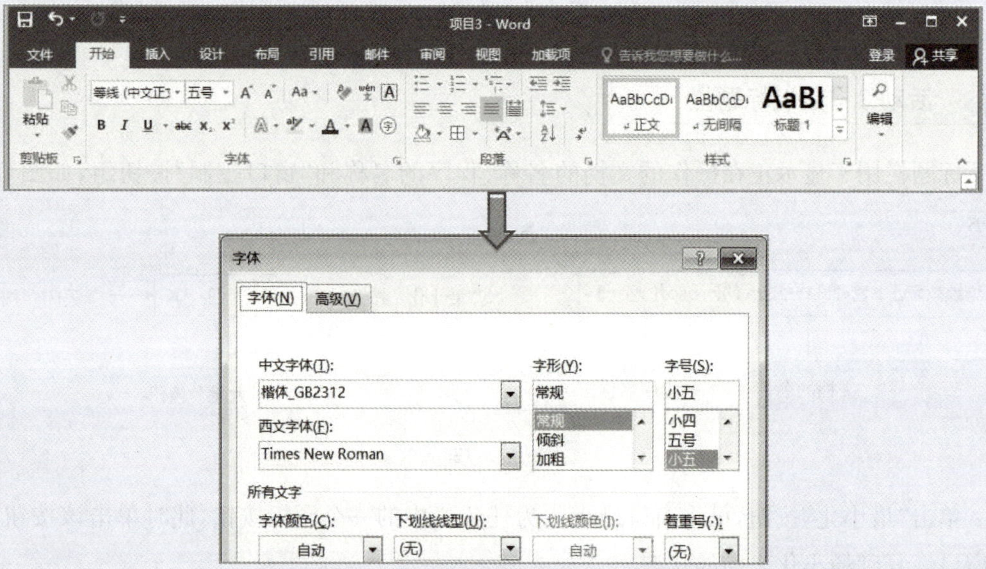

图 3-14

技巧

当打开 Word 2016 没有看到功能区中的“组”和“命令”时，怎么办？只需单击选项区中的折叠按钮即可展开“组”和“命令”。

活动 5 认识状态栏和视图栏

状态栏位于窗口的最底端，用于显示当前文档的信息，如图 3-15 所示。

视频
状态栏和视图栏

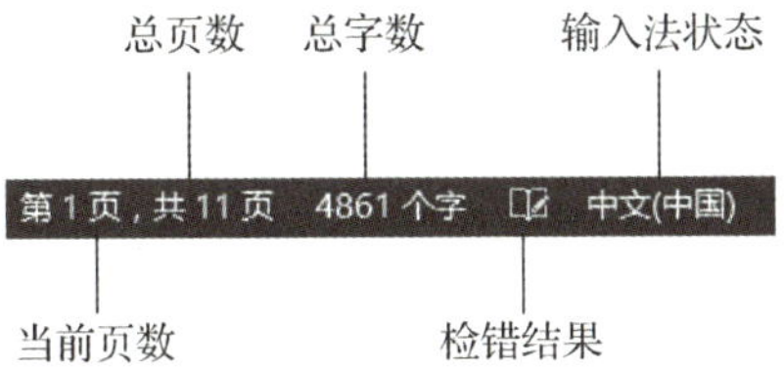

图 3-15

状态栏的右侧是视图栏，它包括视图按钮组、调节页面显示比例的控制杆和当前显示比例，如图 3-16 所示。单击不同的视图按钮可实现在不同的模式下查看文档内容。

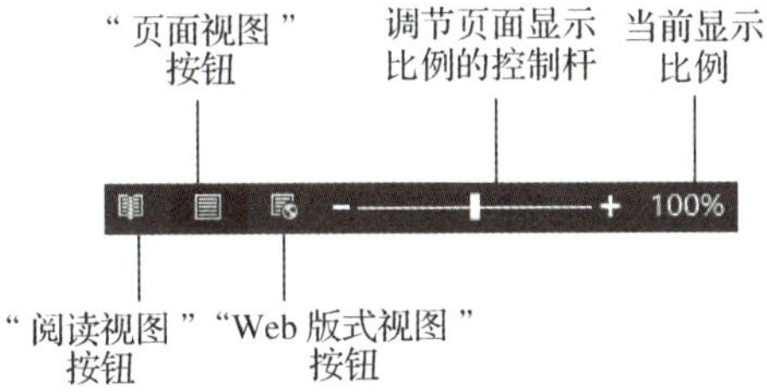

图 3-16

视图按钮组包括“页面视图”按钮、“阅读视图”按钮和“Web 版式视图”按钮。

页面视图方式适用于浏览文章的总体效果。在页面视图下，可以显示页面的大小和布局、编辑页眉和页脚、调整页边距、处理分栏及图形对象等。一般的文字编辑工作都是在页面视图下进行的。

阅读视图方式适合于阅读长篇文章。在该视图方式下，文章编辑区缩小，而文字大小保持不变；如果字数多，会自动分成多屏。在阅读视图方式下同样可以进行文字的编辑工作，而且视觉效果好，眼睛不容易感到疲劳。阅读视图会隐藏除“阅读版式”和“审阅”工具栏以外的所有工具栏，这样就扩大了显示区，方便用户进行审阅编辑。

在 Web 版式视图方式下，文档的显示效果与在 Internet 浏览器中看到的效果保持一致，可以快速预览当前文本在浏览器中的显示效果，以便于调整。

实训项目

实训　查阅一篇文章

实训要求：打开项目3源文件中的文档，观察 Word 2016 的工作界面，自定义快速访问工具栏。

操作提示如下。

(1)双击文件图标，打开文件。

(2)认真观察 Word 2016 的工作界面。

(3)自定义快速访问工具栏参考任务3.3中的活动2。

项目4

制作企业宣传册——基础排版

知识目标

掌握创建新文档的方法。

掌握编辑文档的方法。

掌握文档内容格式编辑的方法。

熟练掌握文档的基本操作技巧。

掌握对文档进行美化的技巧。

技能目标

会制作简单的文档。

能对文档进行编辑。

能完成文档的基本操作。

会对文档进行美化。

企业宣传册是企业的名片，主要向公众展现企业文化、推广企业产品、传播企业形象。制作企业宣传册要做好前期的客户沟通工作，对企业文化及产品进行特点分析，从而确定设计风格及内容安排。制作出的企业宣传册既要体现客户的消费需求，又要实现宣传企业的主要目的。企业宣传册的客户“河南华夏集团有限公司”是一家建筑公司，他们要求宣传册的设计美观大方、精简、重点突出，能够体现企业的文化、实力与特色，展现企业的风采。

本项目将制作企业宣传册中的公司简介页面和企业文化页面。在制作过程中，学会文档的创建、保存等基础操作，文字和段落的格式化编辑，对已经输入的文档内容进行基础排版，使文档符合规范。通过完成三个任务，用户可以充分体验 Word 2016 的页面美化功能，掌握美化设置的方法和技巧。

任务 4.1　制作公司简介页面

任务描述

该任务是制作企业宣传册内页中的公司简介页面，这个页面主要用来展示公司的基本情况，用简练的语言较为全面地介绍公司的历史、建设规模、设备条件等主要信息。

当打开 Word 2016 时，会看到一个空白文档。它看起来像一张纸，并且占据了屏幕的大部分空间。在页面上的哪个地方开始键入内容？如果想将段落的第一行缩进，应该如何做？如果觉得页边距不合适，如何更改它们？此外，如何保存键入的内容，以便在关闭 Word 时不会丢失所做的工作？

下面通过制作公司简介页面（见图 4-1）来说明解决这些问题的方法。

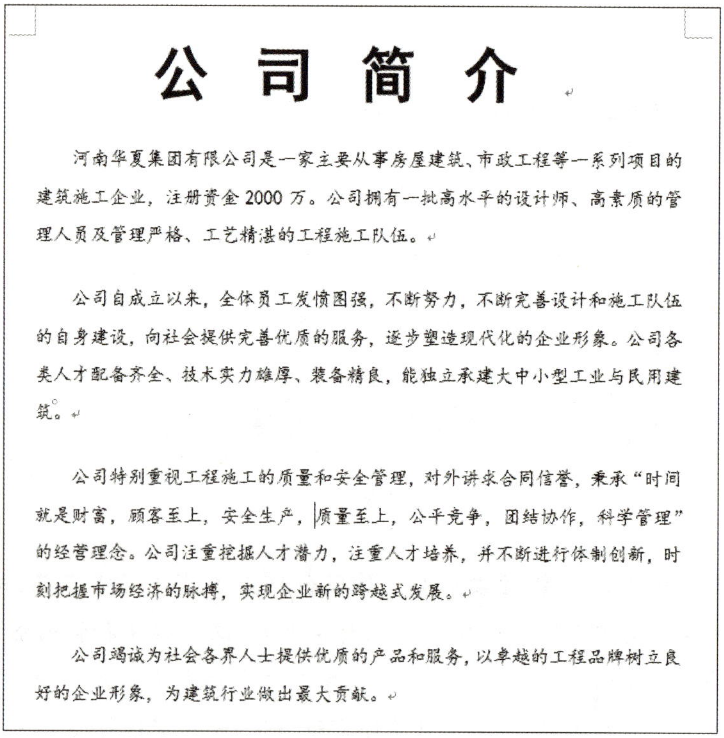

公　司　简　介

河南华夏集团有限公司是一家主要从事房屋建筑、市政工程等一系列项目的建筑施工企业，注册资金 2000 万。公司拥有一批高水平的设计师、高素质的管理人员及管理严格、工艺精湛的工程施工队伍。

公司自成立以来，全体员工发愤图强，不断努力，不断完善设计和施工队伍的自身建设，向社会提供完善优质的服务，逐步塑造现代化的企业形象。公司各类人才配备齐全、技术实力雄厚、装备精良，能独立承建大中小型工业与民用建筑。

公司特别重视工程施工的质量和安全管理，对外讲求合同信誉，秉承“时间就是财富，顾客至上，安全生产，质量至上，公平竞争，团结协作，科学管理”的经营理念。公司注重挖掘人才潜力，注重人才培养，并不断进行体制创新，时刻把握市场经济的脉搏，实现企业新的跨越式发展。

公司竭诚为社会各界人士提供优质的产品和服务，以卓越的工程品牌树立良好的企业形象，为建筑行业做出最大贡献。

图 4-1

任务分析

完成本任务的操作思路如下：创建新文档，输入文档内容，选中文字，对选中的文字设置字体、字形、字号、颜色等，对选中的段落设置对齐方式、行间距、段间距、特殊格式等，修改文档，保存文档。

任务实施

活动 1　创建新文档

Word 文档是文本、图片等对象的载体，要在文档中进行操作，必须先创建文档。新建一篇空白文档主要有以下两种方法。

(1)启动 Word 2016，按 Ctrl＋N 组合键。

(2)在打开的 Word 2016 窗口中选择“文件”→“新建”命令，打开“新建”窗口，在快捷命令图标列表中单击“空白文档”图标(见图 4-2)。

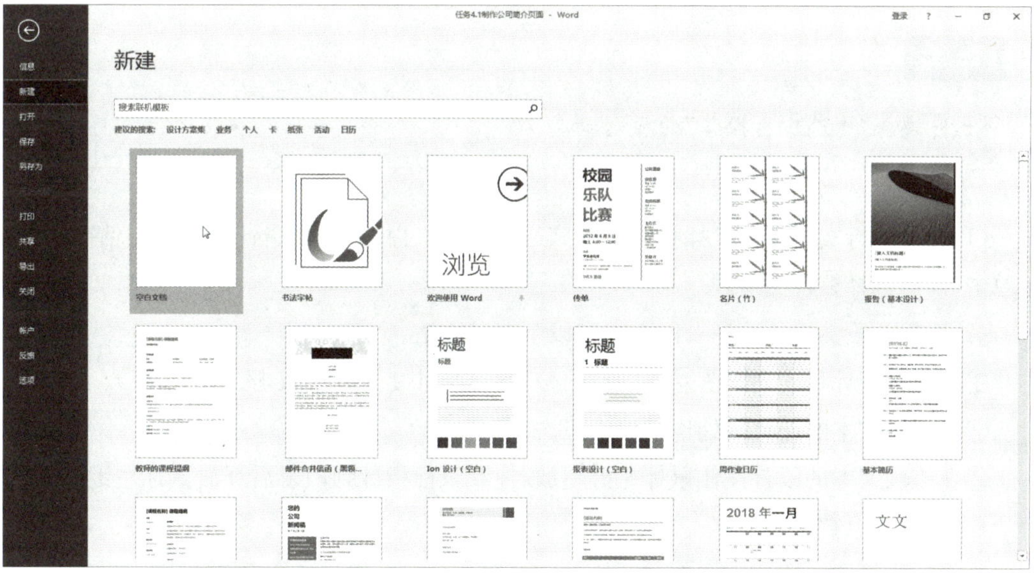

图 4-2

活动 2　输入与选定文档的内容

输入文本是 Word 中的一项基本操作。在对所输入的文本进行编辑之前，必须先选中文本。

1. 输入文本

输入文本的步骤如下。

(1)新建一个文档,单击快速访问工具栏中的“保存”按钮,将文件保存为“公司简介”。

(2)在文档的开始位置有一个闪烁的光标——插入点,在 Word 中输入的任何文本都会在插入点处出现。

(3)定位了插入点的位置后,选择一种输入法,即可输入内容。

提示

在输入文字的过程中,只有当一个段落结束时才需要按 Enter 键,而不必在每行操作结束时都按 Enter 键,因为 Word 有自动换行功能。按 Enter 键后,将在文档中产生段落符号“↵”。

2. 选定文本

在对文本进行编辑处理时,无论是复制、删除、替换还是移动文本,都必须先选定该文本。按选定文本的多少可分为选择一行文本、选择一段文本、选择任意数量的文本和选择整篇文本。在 Word 2016 中选定文本的方法与老版本并没有什么不同,可以通过鼠标和键盘相结合的方式选定文本。

注意

始终遵循“先选中再操作”的原则。

(1)选择一行文本。将鼠标指针移到该行左侧的空白位置,当指针变成镂空箭头 ↗ 形状时单击,即可选择整行文本。

(2)选择一段文本。选择一段文本有以下三种方法。

①将鼠标指针移动到段落左边的空白位置,当指针变成 ↗ 时双击。

②在该段文本的任意一处连续单击三次。

③在该段文本的段首按住鼠标左键不放,拖动鼠标指针到段末后释放鼠标左键。

(3)选择任意数量的文本。

①将插入符置于要选定文本的开始处。

②按住鼠标左键并拖至要选定文本的末端,然后释放鼠标左键即可。

技巧

在被选择文本以外的任意位置单击,即可取消选择操作。

(4)选择整篇文本。选择整篇文本有以下三种方法。

①将鼠标指针移到文档左边的空白位置,当指针变成↗时,连续单击三次。

②按 Ctrl+A 组合键。

③将鼠标指针定位到文本的起始位置,然后按住 Shift 键不放,单击文本末尾位置。

提示

先选择需要选择的第一部分文本,然后按住 Ctrl 键不放,继续选择其他部分的文本,即可选择不连续的文本。

活动 3　修改、增补、删除、移动与复制文档内容

在编辑文档时,对于输入错误的文本需要进行修改,修改文本可以通过"插入""删除"等操作来完成,同时还可以通过移动操作来调整文本的位置。

1. 文档内容的修改

修改文档内容的步骤如下。

(1)选中要修改的内容。

(2)直接在选中的内容上输入新的内容,则原来的内容将自动被输入的新内容替换。

2. 文档内容的增补

对建好的文档增补一些内容的操作步骤如下。

(1)将插入符置于需要增补内容的位置。

(2)在插入点闪烁的位置输入新的内容。

3. 文档内容的删除

删除文档中不再需要的内容的操作步骤如下。

(1)选中需要删除的内容。

(2)按 Delete 键或 Backspace 键即可将选中的内容删除。

4. 文档内容的移动与复制

对放置位置不当的文本,可快速将其移动到满意的位置。如果需要输入与前面某部分内容相同的文本,可使用复制文本的功能。

(1)移动文本。移动文本有以下两种方法。

①使用鼠标。选择需要移动的文本后,将鼠标指针移到选中的内容上,按住鼠标左键(此时鼠标指针变为↖形状)将所选内容拖放到新的位置上,释放鼠标左键,则所选内容从原位置移到新位置,如图 4-3 所示。

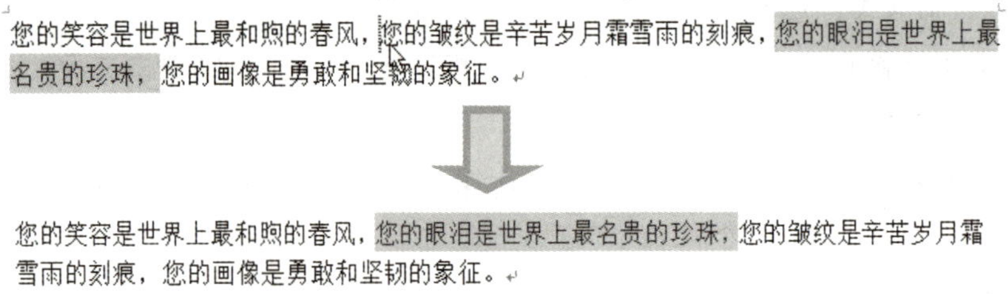

图 4-3

②使用剪贴板。选择需要移动的文本后，单击“开始”选项卡的“剪贴板”组中的“剪切”按钮，将选择的文本剪切到剪贴板中，然后将鼠标指针定位到目标位置，再单击“剪贴板”组中的“粘贴”按钮。

互动练习

打开源文件夹“项目 4”的“任务 4.1”文件夹中的文件“宽容”，将第 2 段移动到第 1 段之前。

提示

在同一个文档中短距离移动内容，用方法①非常方便。如果需要将选中的内容移动到该篇文档的其他页面或另一篇文档中，则常用方法②。

(2)复制文本。复制文本通常有以下两种方法。

①选择需要复制的文本后，按住 Ctrl 键和鼠标左键将文本拖动到目标位置，如图 4-4 所示。

图 4-4

②选择需要复制的文本后，单击“开始”选项卡的“剪贴板”组中的“复制”按钮，将选择的文本复制到剪贴板中，然后将鼠标指针定位到目标位置，再单击“剪贴板”组中的“粘贴”按钮。

图文
文本复制与粘贴

技巧

Word 2016 中的许多操作都可以使用快捷键来完成，将鼠标指针移动到按钮上即可在提示栏中看到该按钮的快捷键，如按 Ctrl+C 组合键可将选择的文本复制到剪贴板中，将插入点定位到目标位置，按 Ctrl+V 组合键可完成复制。

活动4 设置文本格式

在 Word 文档中输入的文本的字体默认为“宋体”，字号为“五号”。如果不对文本的格式进行设置，既不能突出重点，也无法体现美感。因此在输入文本后，应对字体、字形、字号和字体颜色进行设置，设置方法有以下三种。

1. 使用浮出工具栏

使用浮出工具栏设置文本格式的操作步骤如下。

（1）选中需要设置字体和字号的文字，如图 4-5 所示。

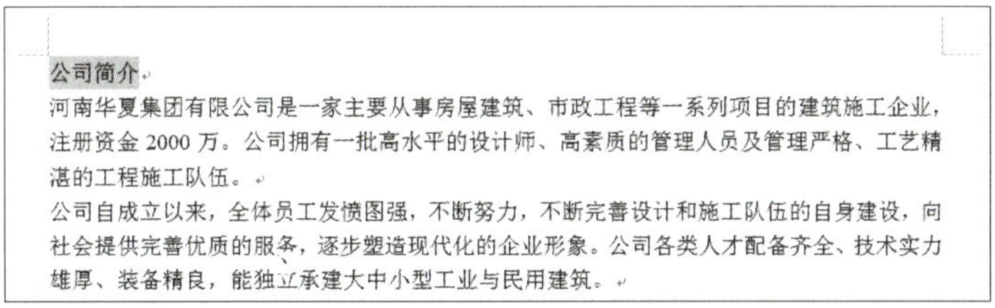

图 4-5

（2）启动浮出工具栏，如图 4-6 所示。

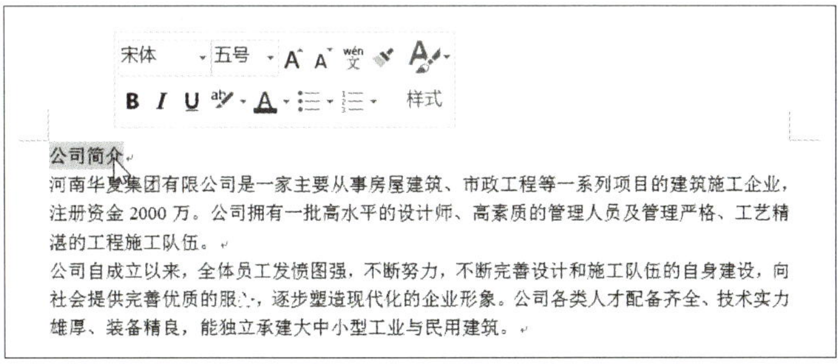

图 4-6

（3）设置字体格式。单击 宋体 按钮旁的 按钮，在弹出的下拉列表框中选择“黑体”选项。单击“加粗”按钮 **B**，如图 4-7 所示。单击文档的任意空白处，取消文本的选中状态，即可看到效果。

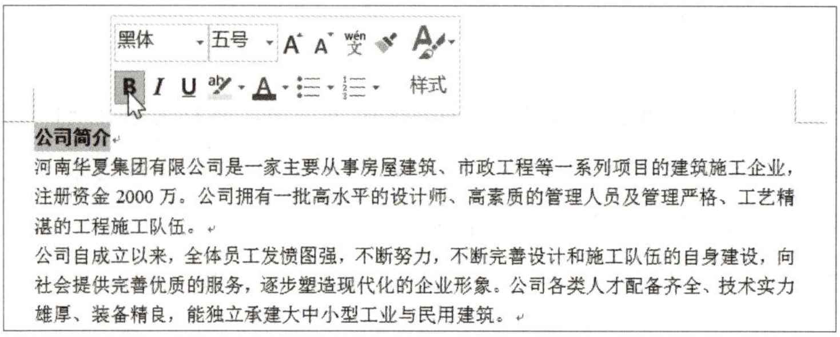

图 4-7

2. 使用“字体”组

“字体”组(见图 4-8)的使用方法与浮出工具栏相同,也是选择文本后单击其中相应的按钮,或在相应的下拉列表框中选择所需的选项进行字体设置。不同的是“字体”组中可设置的字体样式更多,功能更加全面。

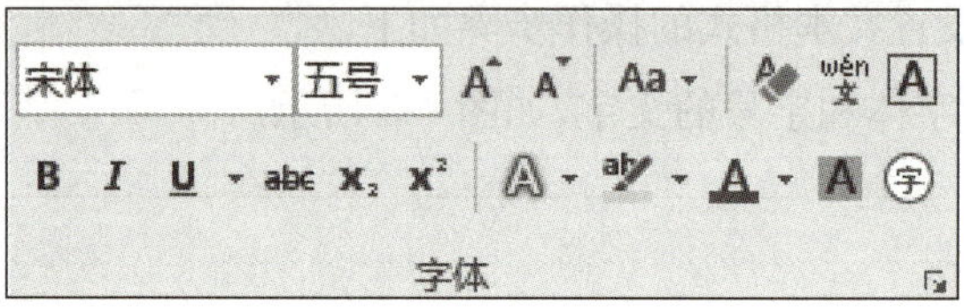

图 4-8

“字体”组中的大多数按钮的作用与浮出工具栏中的按钮相同,但少数按钮具有特别的作用。

(1)“下标”按钮 x_2 和“上标”按钮 x^2。单击按钮 x_2 或 x^2,可将选择的文字设置为下标或上标。

(2)“删除线”按钮 abc。单击该按钮可为文字添加删除线效果。

(3)“下划线”按钮 U。单击该按钮可为文字添加下划线。单击右侧的下拉按钮,可在弹出的列表框设置不同的下划线样式。

(4)“更改大小写”按钮 Aa。单击该按钮,可在弹出的列表框中选择相应的选项定义文本全部大写或全部小写。

互动练习

为“公司简介”文档中的其他文字设置字体和字号,要求正文各段文本的字体为“楷体”、字号为“小四”,效果如图 4-9 所示。

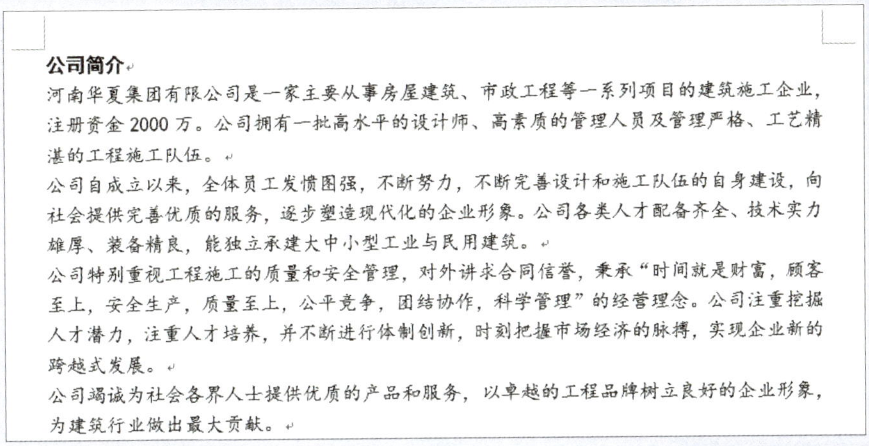

公司简介

河南华夏集团有限公司是一家主要从事房屋建筑、市政工程等一系列项目的建筑施工企业，注册资金 2000 万。公司拥有一批高水平的设计师、高素质的管理人员及管理严格、工艺精湛的工程施工队伍。

公司自成立以来，全体员工发愤图强，不断努力，不断完善设计和施工队伍的自身建设，向社会提供完善优质的服务，逐步塑造现代化的企业形象。公司各类人才配备齐全、技术实力雄厚、装备精良，能独立承建大中小型工业与民用建筑。

公司特别重视工程施工的质量和安全管理，对外讲求合同信誉，秉承“时间就是财富，顾客至上，安全生产，质量至上，公平竞争，团结协作，科学管理”的经营理念。公司注重挖掘人才潜力，注重人才培养，并不断进行体制创新，时刻把握市场经济的脉搏，实现企业新的跨越式发展。

公司竭诚为社会各界人士提供优质的产品和服务，以卓越的工程品牌树立良好的企业形象，为建筑行业做出最大贡献。

图 4-9

3. 使用“字体”对话框

如果还需要为文字设置更加特殊的格式，如空心、阴文、双删除线或改变字符之间的距离等，可使用“字体”对话框进行设置。使用“字体”对话框设置文本格式的方法如下。

（1）选择文本，单击“字体”组中的 按钮。

（2）在打开的“字体”对话框中主要有“字体”“高级”两个选项卡，如图 4-10 和图 4-11 所示。

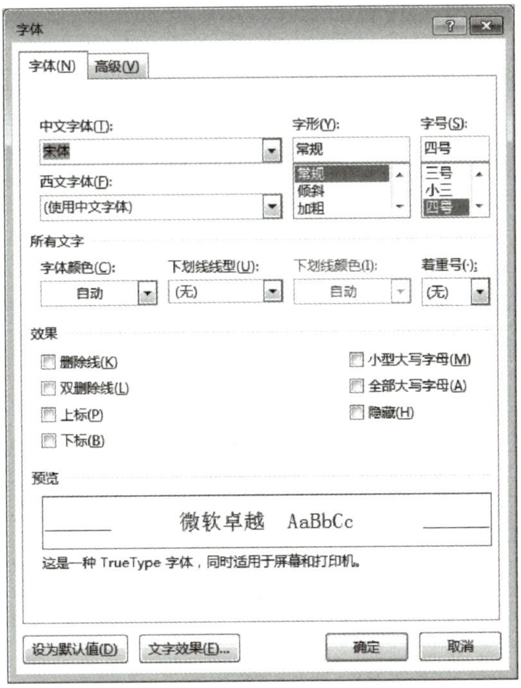

图 4-10

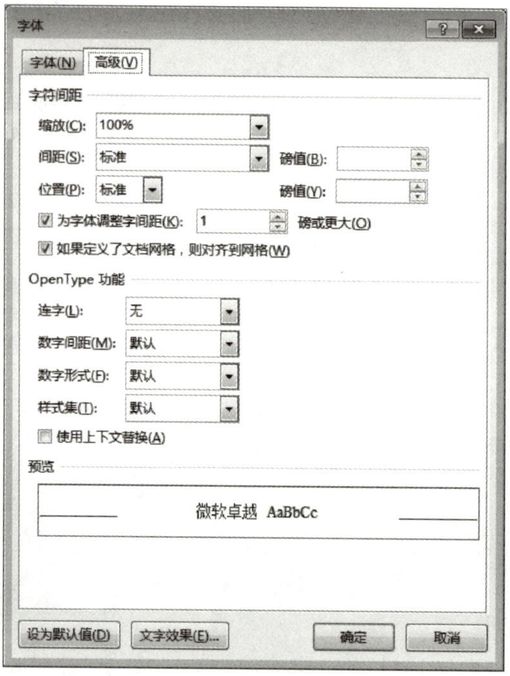

图 4-11

(3)在“字体”选项卡中设置字体、字形、字号及特殊效果。

(4)在“高级”选项卡中调整各文字之间的间隔距离。

(5)单击“确定”按钮，即可将设置的样式应用到文本。

互动练习

设置文档中的“公司简介”的字体为“黑体”，字号为“36”，字形为“加粗”，字符间距加大。

操作提示如下。

(1)设置文本格式。选择“公司简介”文本，单击“字体”组中的按钮，打开“字体”对话框，在“字形”下拉列表框中选择“加粗”选项，在“字号”下拉列表框中选择“36”选项。如图 4-12 所示。

(2)设置字间距。单击“高级”选项卡，在“间距”下拉列表框中选择“加宽”选项，在其后的“磅值”微调框中输入“15 磅”，如图 4-13 所示。设置完成后，单击“确定”按钮。效果如图 4-14 所示。

图 4-12

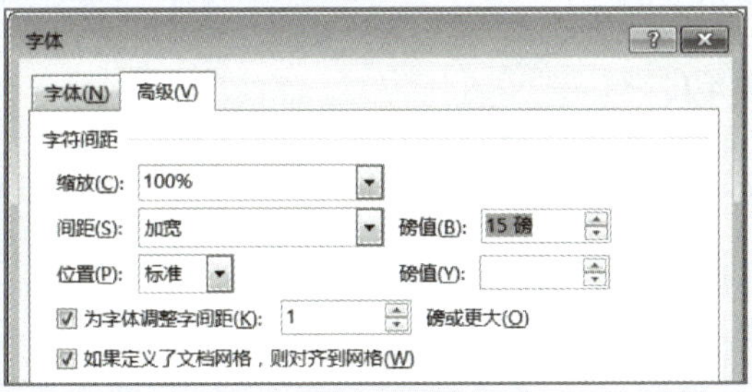

图 4-13

图 4-14

提示

在“高级”选项卡中，“位置”下拉列表框中的选项用来调整文字的垂直位置；选择“缩放”下拉列表框中的比例，可按当前文字的百分比横向扩展或压缩文字。

活动 5　设置段落格式

设置段落格式的目的在于使文档的层次分明、版面清晰。在 Word 中，段落是独立的信息单位，具有自身的格式特征。每个段落的结尾处都有段落标记，段落标记包括本段落的全部格式。按 Enter 键，表示要开始一个新的段落，同时 Word 将复制前一段落的段落标记及其中包含的格式信息，因此新段落会自动默认前一段落的特征。如果删除、复制或移动一个段落标记，则相应删除、复制或移动了段落的格式信息。在创建文档的过程中，常需要为段落设置对齐方式、缩进、段间距、行间距等。

1. 设置段落的对齐方式

在文档中，标题是居中的，正文首行缩进两格，这些格式需要在 Word 2016 中通过段落设置来完成。

操作步骤如下。

(1)将插入符置于需要居中的标题段落中或选中要居中的标题，单击“开始”选项卡的“段落”组中的“居中”按钮≡，即可获得图 4-15 所示的效果。

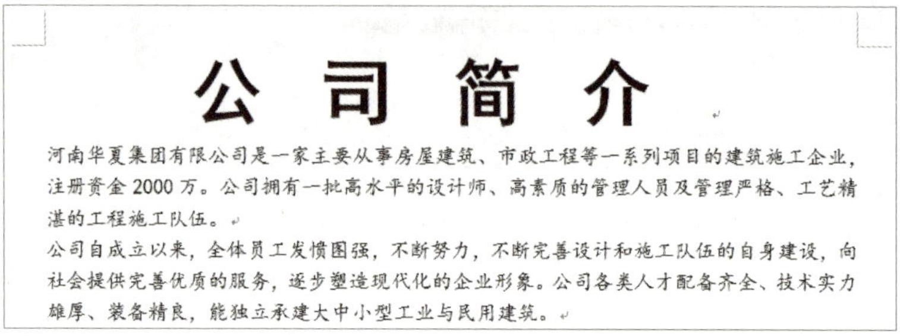

公 司 简 介

河南华夏集团有限公司是一家主要从事房屋建筑、市政工程等一系列项目的建筑施工企业，注册资金 2000 万。公司拥有一批高水平的设计师、高素质的管理人员及管理严格、工艺精湛的工程施工队伍。

公司自成立以来，全体员工发愤图强，不断努力，不断完善设计和施工队伍的自身建设，向社会提供完善优质的服务，逐步塑造现代化的企业形象。公司各类人才配备齐全、技术实力雄厚、装备精良，能独立承建大中小型工业与民用建筑。

图 4-15

(2)选中正文，单击“开始”选项卡的“段落”组中的“两端对齐”按钮≡。各段落设置两端对齐方式后的效果如图 4-16 所示。

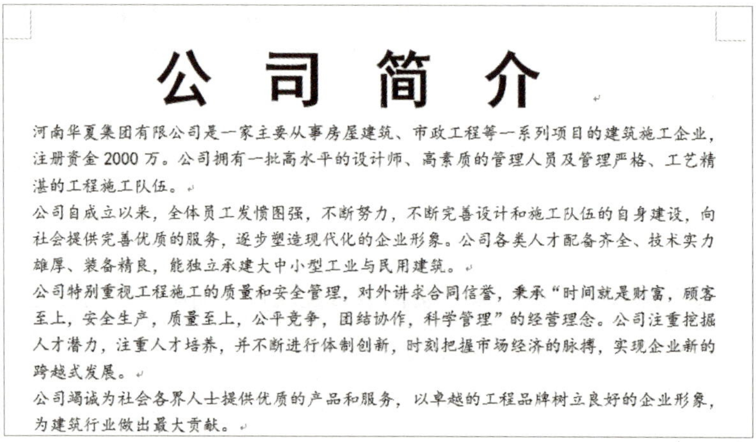

公 司 简 介

河南华夏集团有限公司是一家主要从事房屋建筑、市政工程等一系列项目的建筑施工企业，注册资金 2000 万。公司拥有一批高水平的设计师、高素质的管理人员及管理严格、工艺精湛的工程施工队伍。

公司自成立以来，全体员工发愤图强，不断努力，不断完善设计和施工队伍的自身建设，向社会提供完善优质的服务，逐步塑造现代化的企业形象。公司各类人才配备齐全、技术实力雄厚、装备精良，能独立承建大中小型工业与民用建筑。

公司特别重视工程施工的质量和安全管理，对外讲求合同信誉，秉承“时间就是财富，顾客至上，安全生产，质量至上，公平竞争，团结协作，科学管理”的经营理念。公司注重挖掘人才潜力，注重人才培养，并不断进行体制创新，时刻把握市场经济的脉搏，实现企业新的跨越式发展。

公司竭诚为社会各界人士提供优质的产品和服务，以卓越的工程品牌树立良好的企业形象，为建筑行业做出最大贡献。

图 4-16

提示

(1)两端对齐。默认设置,文本左右两端均对齐,但是段落最后不满一行的文字右边不对齐。

(2)左对齐。文本左边对齐,右边参差不齐。

(3)右对齐。文本右边对齐,左边参差不齐。

(4)居中对齐。文本居中排列。

(5)分散对齐。文本左右两边均对齐,当一个段落的最后一行不满一行时,将拉大字符间距使该行文字均匀分布。

2. 设置段落的首行缩进和悬挂缩进

精确设置段落的首行缩进和悬挂缩进,可以使用“段落”对话框,具体方法如下。

(1)选择需要设置段落格式的段落,单击“段落”组中的按钮。

(2)打开的“段落”对话框中主要有“缩进和间距”“换行和分页”“中文版式”三个选项卡,如图 4-17 所示。在“缩进和间距”选项卡中可对段落的对齐方式、左(右)边距缩进量、与其他段落的间距进行设置。在“换行和分页”选项卡中可对分页、行号和断字进行设置。在“中文版式”选项卡中可对中文文稿的特殊版式进行设置。设置完成后单击“确定”按钮,即可应用设置。

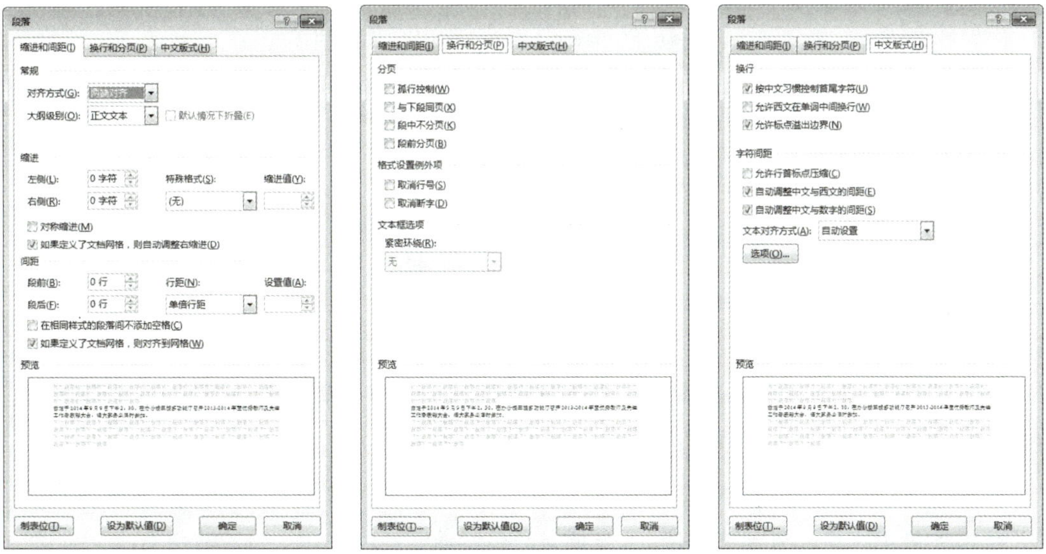

(a)　(b)　(c)

图 4-17

互动练习

将“公司简介”文档中的正文段落设置为“首行缩进”2 字符。

操作提示如下。

(1)选中正文，单击“段落”组中的按钮，打开“段落”对话框。

(2)在“缩进和间距”选项卡的“缩进”选项组的“特殊格式”下拉列表框中选择“首行缩进”，设置“缩进值”为“2 字符”，如图 4-18 所示。

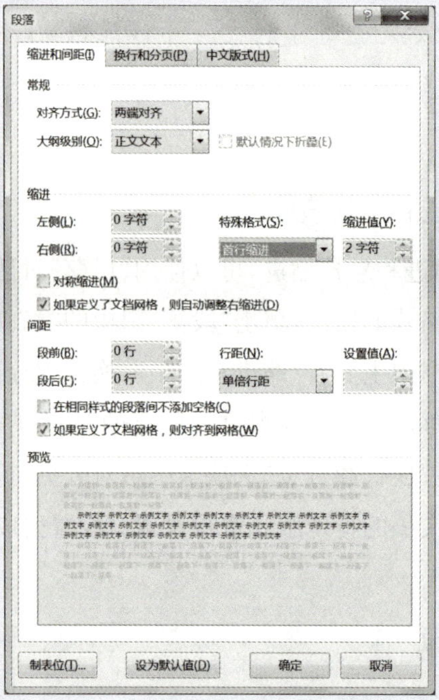

图 4-18

(3)单击“确定”按钮关闭对话框。

提示

(1)首行缩进。首行缩进指段落中第一行第一个字的起始位置与页面左边界的缩进量。中文段落普遍采用首行缩进方式，一般缩进 2 字符。

(2)悬挂缩进。悬挂缩进指设置段落中除首行以外的其他行与页面左边界的缩进量。悬挂缩进用于一些较为特殊的情况，如报刊的编辑等。

(3)左缩进。左缩进指整个段落与页面左边界的缩进量。

(4)右缩进。右缩进指整个段落与页面右边界的缩进量。

3. 设置段间距和行间距

(1)设置段间距。段间距决定段落前后空白间距的大小。调整段间距可以使段落之间区分得更加明显,操作步骤如下。

①选中标题,单击“段落”组中的按钮,打开“段落”设置对话框。

②在“间距”选项组中设定“段前”为“2 行” “段后”为“1 行”,如图 4-19 所示。

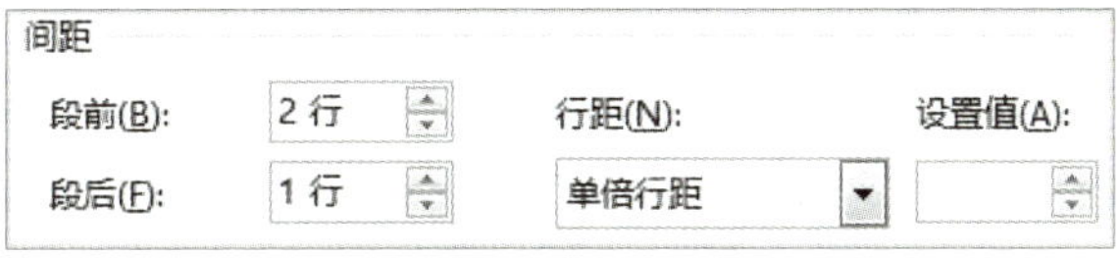

图 4-19

③单击“确定”按钮关闭对话框。

重复以上步骤,设置正文各个段落的段前间距和段后间距。

(2)设置行间距。行间距决定段落中各行文本之间的垂直距离,Word 2016 中默认的行间距值是单倍行距,用户可以根据需要改变行间距的大小。设置行间距的方法如下。

①选中文本,单击“段落”组中的“行和段落间距”按钮,在弹出的下拉列表框中进行设置,如图 4-20 所示。

②选中文本,使用“段落”对话框的“间距”选项组中的“行距”下拉列表框进行设置,如图 4-21 所示。

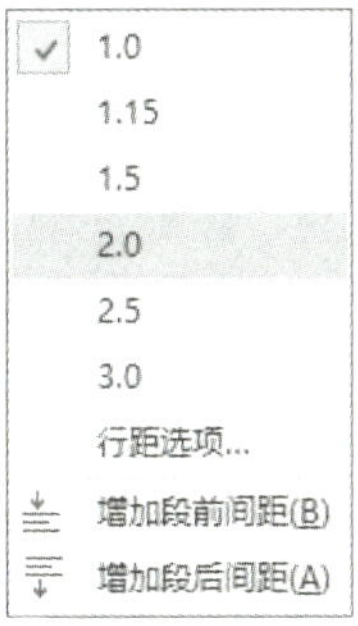

图 4-20

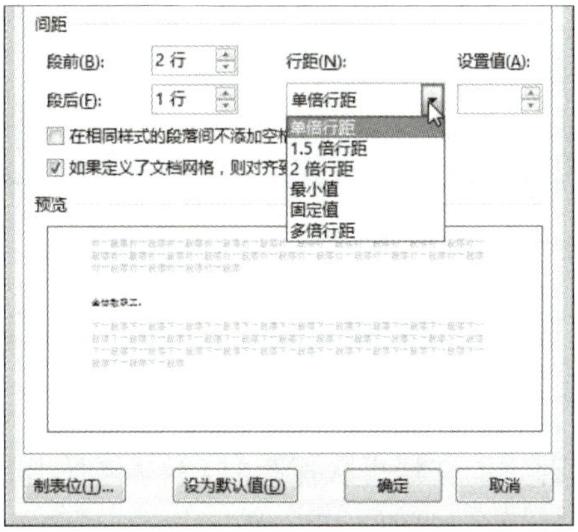

图 4-21

互动练习

设置“公司简介”文档中的正文段落的“段前”为“1 行”,“段后”为“1 行”,“行距”为“1.5 倍行距”,效果如图 4-1 所示。

活动 6　保存和关闭文档

编辑好文档后，需要将文档保存起来，以便以后使用。保存文档分为几种情况：一是保存新建文档，二是保存原有文档，三是另存为其他文档。

1. 保存新建文档

保存新建文档，需执行如下步骤。

（1）直接单击快速访问工具栏中的“保存”按钮，或选择“文件”→“保存”命令。

（2）打开“另存为”对话框，在“保存位置”框中选择文件的保存位置，在“文件名”文本框中输入文档的名称，如图 4-22 所示。

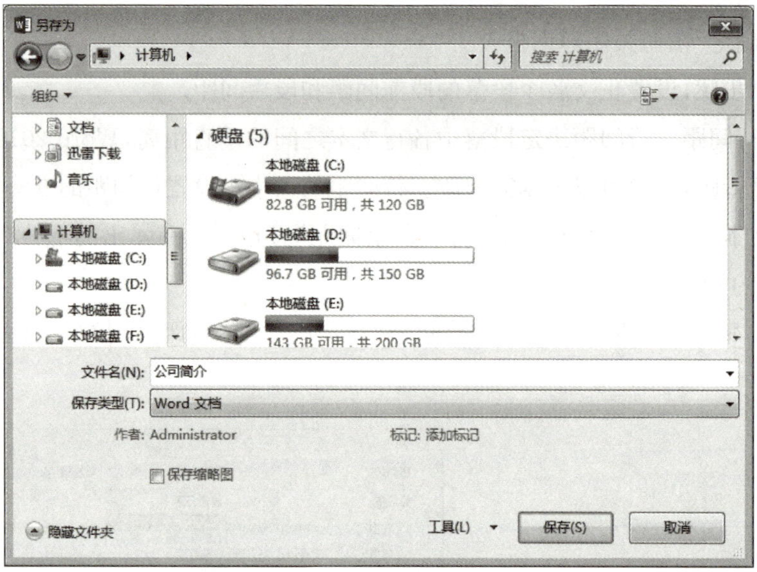

图 4-22

（3）单击“保存”按钮保存文档。

2. 保存原有文档

对已经保存过的文档再次保存时，不会再弹出“另存为”对话框，而是直接覆盖前次保存的文档。如果需要将文档保存为另一个文件，可以选择“文件”→“另存为”命令，打开“另存为”对话框，以相同的文件名将文件保存到其他位置，或者换名保存在同一位置。

3. 另存为其他文档

（1）保存为新格式。在 Word 2016 中编辑的文档的保存类型默认为. docx。新的 DOCX 格式使文件更安全，更易于网上传输。如果默认设置在 Word 选项中被修改，则可从“保存类型”下拉列表框中选择“Word 文档(＊. docx)”，如图 4-23 所示。

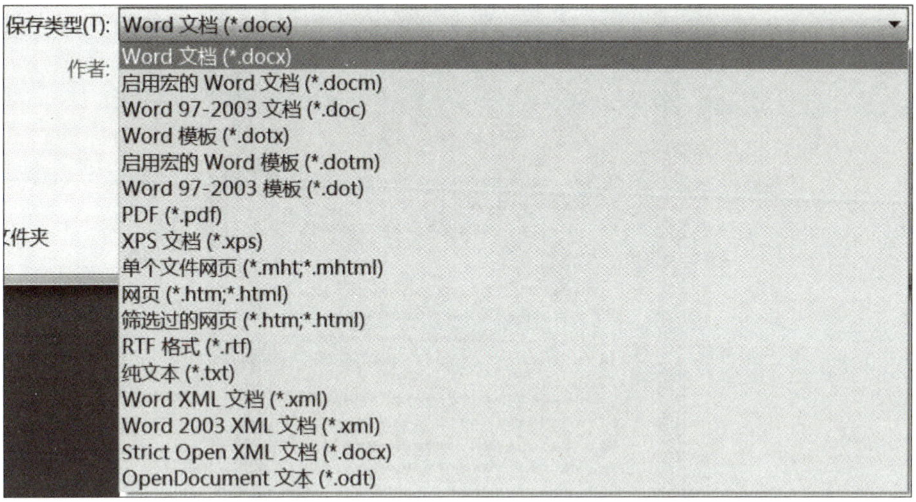

图 4-23

(2)保存为兼容模式。Word 2016 的新格式与其以前版本不兼容。为了兼容版本，Word 2016 在保存类型中提供了一种兼容模式“Word 97-2003 文档(*. doc)”，只要将文档保存为这种格式，就可以用以前版本的 Word 打开。保存为兼容模式的文档在标题栏中会显示“[兼容模式]”。

提示

如果要保持另存为的文档与源文档同名，则必须选择与源文档不同的保存路径；如果要与源文件保存在同一个文件夹中，则必须重命名。

任务 4.2　公司简介页面美化

任务描述

对任务 4.1 中已经制作好的公司简介做进一步的美化处理，效果如图 4-24 所示。

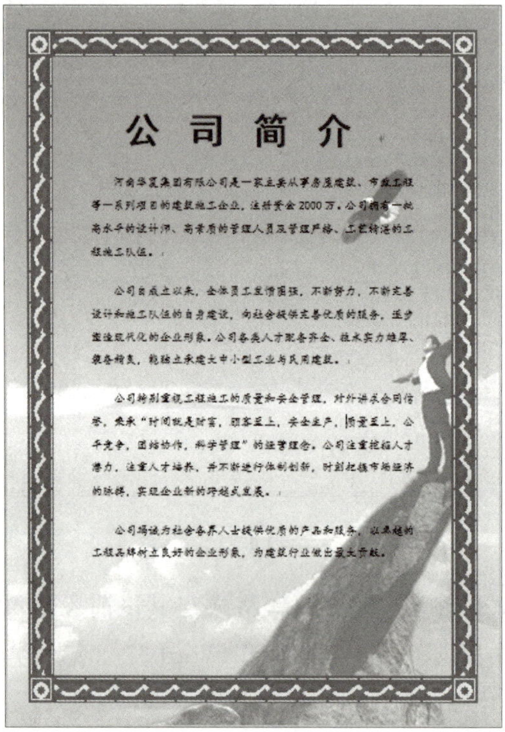

公司简介

河南华夏集团有限公司是一家主要从事房屋建筑、市政工程等一系列项目的建筑施工企业，注册资金2000万。公司拥有一批高水平的设计师、高素质的管理人员及管理严格、工艺精湛的工程施工队伍。

公司自成立以来，全体员工坚持团结，不断努力，不断完善设计和施工队伍的自身建设，向社会提供完善优质的服务，逐步塑造现代化的企业形象。公司各类人才配备齐全、技术实力雄厚、装备精良，能独立承建大中小型工业与民用建筑。

公司特别重视工程施工的质量和安全管理，对外讲求合同信誉，秉承“时间就是财富，顾客至上，安全生产，质量至上，公平竞争，团结协作，科学管理”的经营理念。公司注重挖掘人才潜力，注重人才培养，并不断进行体制创新，时刻把握市场经济的脉搏，实现企业新的跨越式发展。

公司竭诚为社会各界人士提供优质的产品和服务，以卓越的工程品牌树立良好的企业形象，为建筑行业做出最大贡献。

图 4-24

任务分析

完成本任务的操作思路如下：打开文档，设置纸张的页边距、方向和大小，为文字或段落添加边框和底纹，为页面添加边框，为页面添加背景，保存文档。

任务实施

活动 1 设置纸张的页边距、方向和大小

为了使文档的页面更加美观，增强其可读性，可合理地进行页面设置。

1. 设置页边距

Word 会在纸张的四周留出一定的空隙，这样打印和排版时会使文档显得更美观，这些空隙就是页边距。根据需要设置不同的页边距，可使文档呈现出不同的排版与打印效果。

设置页边距的方法是：选择“布局”选项卡，在“页面设置”组中单击“页边距”按钮，如图 4-25 所示。在弹出的下拉列表框中选择“普通”类型，如图 4-26 所示；如果想要自定义页边距，可以单击“自定义边距”选项，打开“页面设置”对话框，如图 4-27 所示。

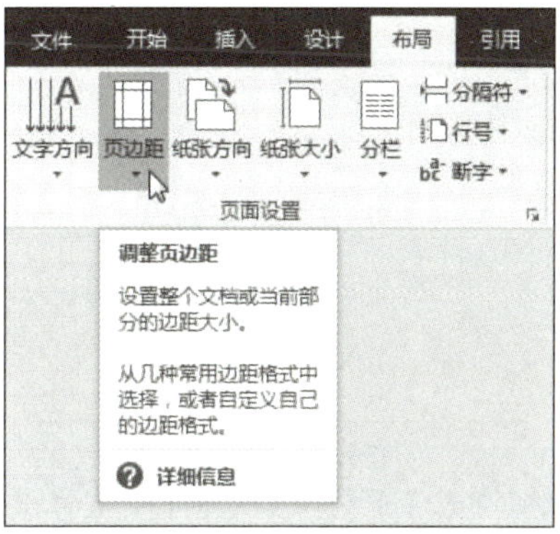

图 4-25

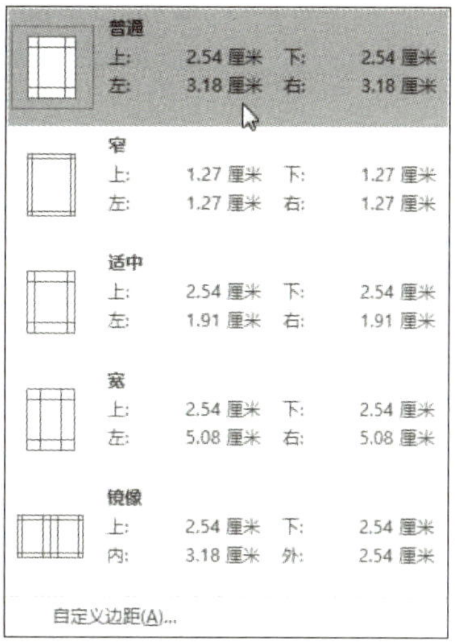

图 4-26

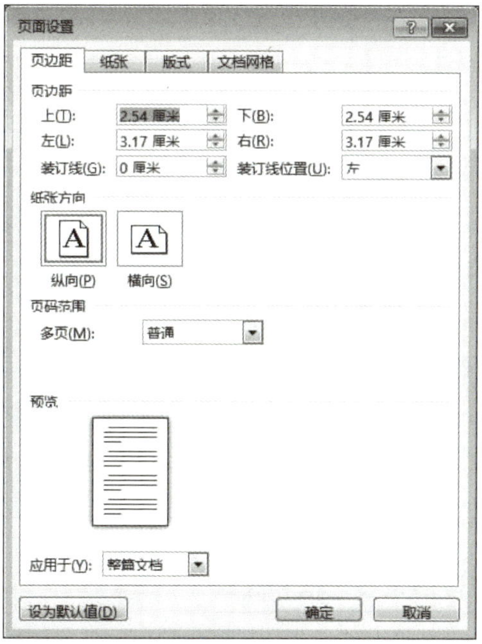

图 4-27

2. 设置页面方向

要使文档纵向或横向布局，就需要对页面方向进行设置。设置页面方向的方法是：在"布局"选项卡中单击"页面设置"组中的"纸张方向"按钮，然后在展开的列表中选择需要设置的纸张方向，在本任务中，选择"纵向"，如图 4-28 所示。

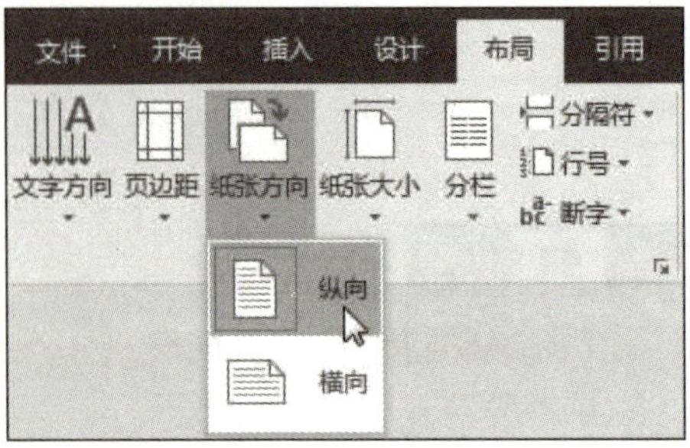

图 4-28

提示

页面方向也可以在“页面设置”对话框中设置。单击“布局”选项卡的“页面设置”组中的按钮，打开“页面设置”对话框，切换到“页边距”选项卡，在“页边距”和“纸张方向”选项组中设置需要的数值与类型，最后单击“确定”按钮。

3. 设置纸张大小

设置不同的纸张大小可以得到不同的打印效果，也可在不同纸张大小的情况下保持文档的完整性。下面介绍两种设置纸张大小的方法。

(1)在功能区中设置。操作步骤是：在“布局”选项卡的“页面设置”组中单击“纸张大小”按钮，然后在展开的下拉列表框中选择 B5 纸张大小。

(2)通过“页面设置”对话框设置。操作步骤如下。

①单击“布局”选项卡的“页面设置”组中的按钮，打开“页面设置”对话框。

②切换到“纸张”选项卡，然后在“纸张大小”下拉列表框中选择 B5 纸张大小，最后单击“确定”按钮；也可以根据需要自定义纸张大小，分别在“宽度”微调框和“高度”微调框中输入精确的数值。

活动 2　为文字或段落设置边框和底纹

对某个段落设置边框或底纹，不但能突出该段落的内容，还能起到美化文档的作用。

1. 设置边框

设置边框的步骤如下。

(1)将光标定位于“公司简介”文档中。

(2)选定要设置边框的段落，然后切换到“开始”选项卡，单击“段落”组中的“边框”下拉按钮，弹出如图 4-29 所示的列表框。

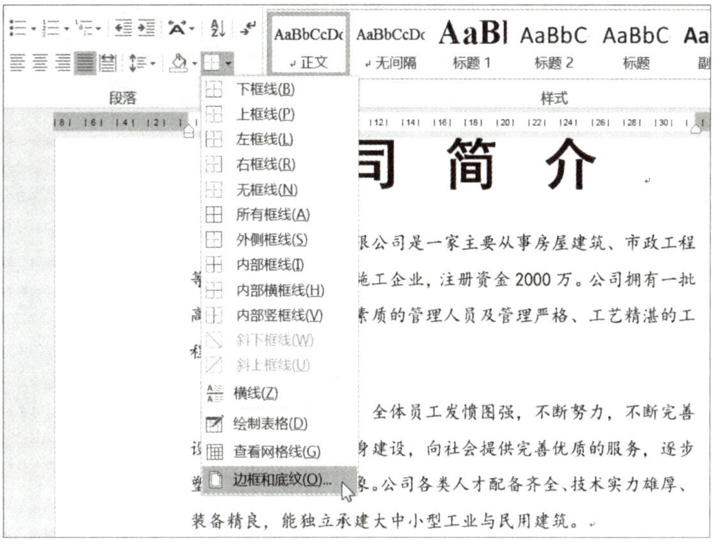

图 4-29

（3）单击“边框和底纹”选项，弹出“边框和底纹”对话框，如图 4-30 所示。在此对话框的“边框”选项卡中设置边框类型、边框线样式、颜色及宽度等，设置完成后单击“确定”按钮，即可在选定的段落上添加指定的边框线。

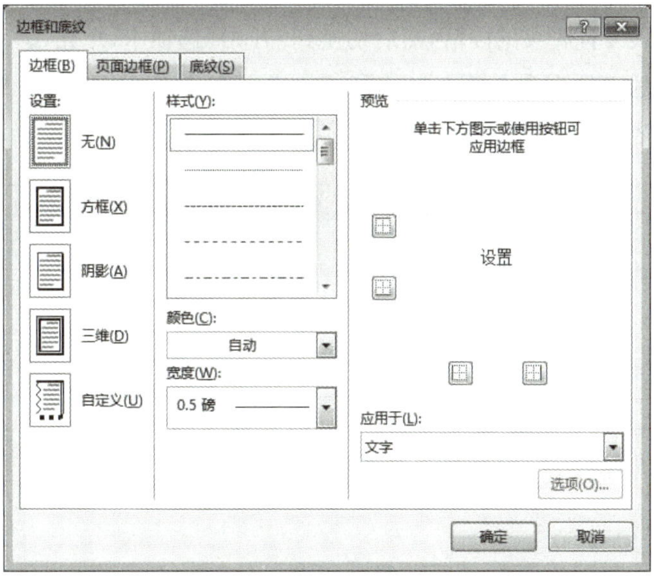

图 4-30

（4）如果想设置边框线和段落文字之间的距离，则单击“边框”选项卡中的“选项”按钮，在弹出的“边框和底纹选项”对话框中进行设置，如图 4-31 所示。

（5）设置完成后单击“确定”按钮，返回到“边框和底纹”对话框，然后在“应用于”下拉列表框中选择"段落"选项。设置完成后单击"确定"按钮，添加边框后的效果如图 4-32 所示。

图 4-31

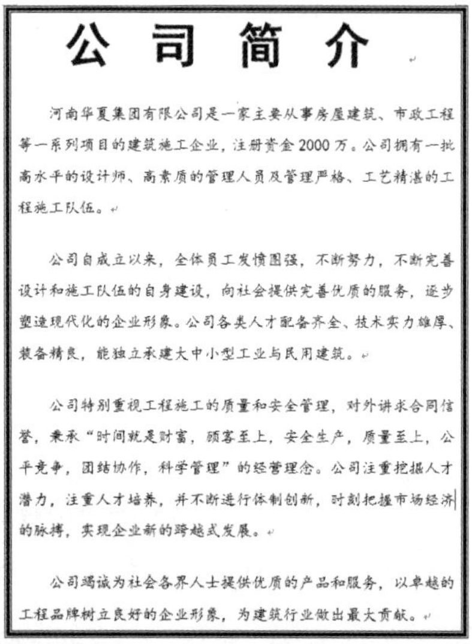

公 司 简 介

河南华夏集团有限公司是一家主要从事房屋建筑、市政工程等一系列项目的建筑施工企业，注册资金 2000 万。公司拥有一批高水平的设计师、高素质的管理人员及管理严格、工艺精湛的工程施工队伍。

公司自成立以来，全体员工发愤图强，不断努力，不断完善设计和施工队伍的自身建设，向社会提供完善优质的服务，逐步塑造现代化的企业形象。公司各类人才配备齐全、技术实力雄厚、装备精良，能独立承建大中小型工业与民用建筑。

公司特别重视工程施工的质量和安全管理，对外讲求合同信誉，秉承"时间就是财富，顾客至上，安全生产，质量至上，公平竞争，团结协作，科学管理"的经营理念。公司注重挖掘人才潜力，注重人才培养，并不断进行体制创新，时刻把握市场经济的脉搏，实现企业新的跨越式发展。

公司竭诚为社会各界人士提供优质的产品和服务，以卓越的工程品牌树立良好的企业形象，为建筑行业做出最大贡献。

图 4-32

2. 设置底纹

对整个段落设置底纹的操作步骤如下。

(1)首先选定预设置底纹的段落，然后切换到"开始"选项卡，单击"段落"组中的"边框"下拉按钮，从弹出的下拉列表中单击"边框和底纹"选项，打开"边框和底纹"对话框，切换到"底纹"选项卡，如图 4-33 所示。

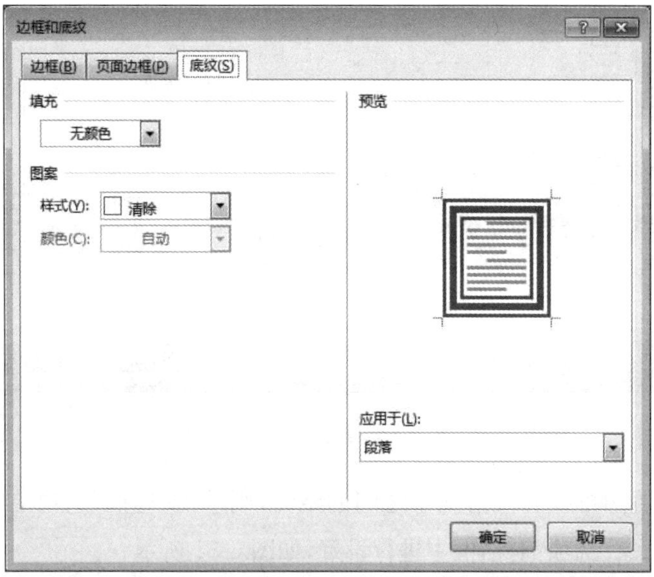

图 4-33

(2)在“填充”下拉列表框中选择段落的底纹颜色，本任务选择“蓝色，个性色 1，淡色 80%”，然后在“应用于”下拉列表框中选择“段落”选项，单击“确定”按钮，效果如图 4-34 所示。

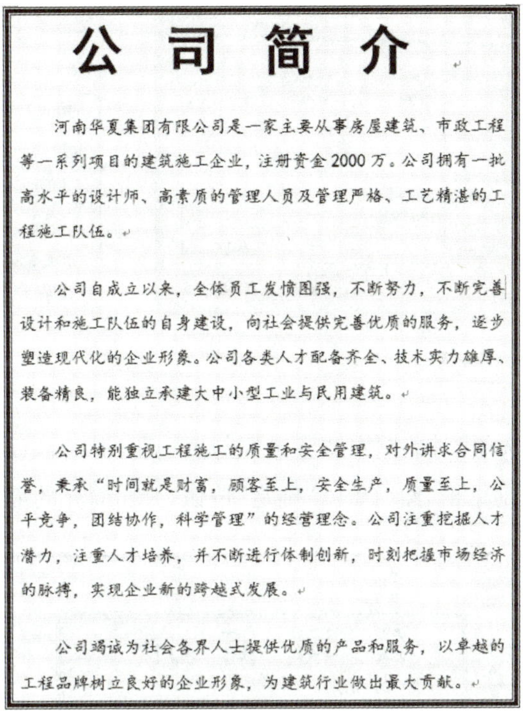

公司简介

河南华夏集团有限公司是一家主要从事房屋建筑、市政工程等一系列项目的建筑施工企业，注册资金2000万。公司拥有一批高水平的设计师、高素质的管理人员及管理严格、工艺精湛的工程施工队伍。

公司自成立以来，全体员工发愤图强，不断努力，不断完善设计和施工队伍的自身建设，向社会提供完善优质的服务，逐步塑造现代化的企业形象。公司各类人才配备齐全、技术实力雄厚、装备精良，能独立承建大中小型工业与民用建筑。

公司特别重视工程施工的质量和安全管理，对外讲求合同信誉，秉承“时间就是财富，顾客至上，安全生产，质量至上，公平竞争，团结协作，科学管理”的经营理念。公司注重挖掘人才潜力，注重人才培养，并不断进行体制创新，时刻把握市场经济的脉搏，实现企业新的跨越式发展。

公司竭诚为社会各界人士提供优质的产品和服务，以卓越的工程品牌树立良好的企业形象，为建筑行业做出最大贡献。

图 4-34

活动 3　为页面添加边框

与字符或段落边框不同的是，页面边框会出现在每个页面中。在 Word 2016 中，页面边框包括线条页面边框和艺术页面边框两种。

1. 添加线条页面边框

添加线条页面边框的步骤如下。

(1)切换到“开始”选项卡，单击“段落”组中的“边框”下拉按钮，从弹出的下拉列表中单击“边框和底纹”选项，打开“边框和底纹”对话框，切换到“页面边框”选项卡，如图 4-35 所示。在“页面边框”选项卡中可对边框线的类型、样式、颜色、宽度等进行设置。

(2)若单击“选项”按钮，则弹出“边框和底纹选项”对话框，如图 4-36 所示。

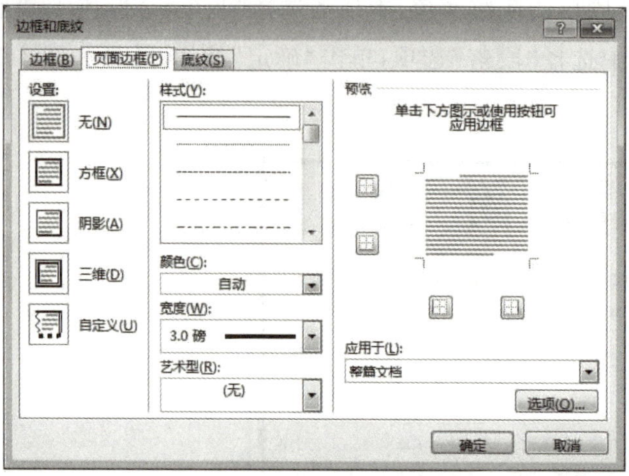

图 4-35

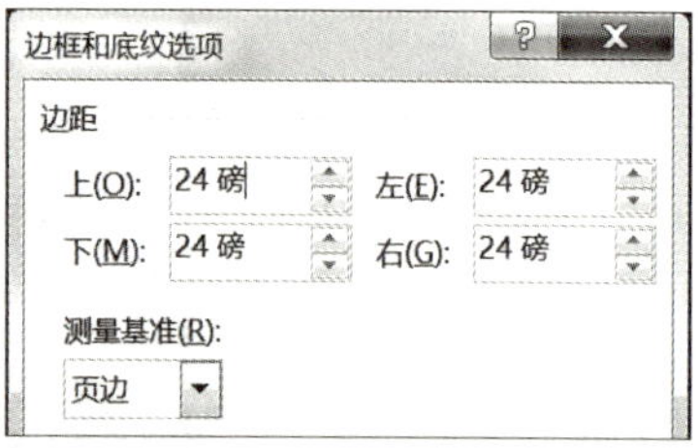

图 4-36

(3)在“边框和底纹选项”对话框中调整边框与页边距的距离，设置完成后单击“确定”按钮，返回到“边框和底纹”对话框，然后单击“确定”按钮，公司简介的最终效果如图 4-37 所示。

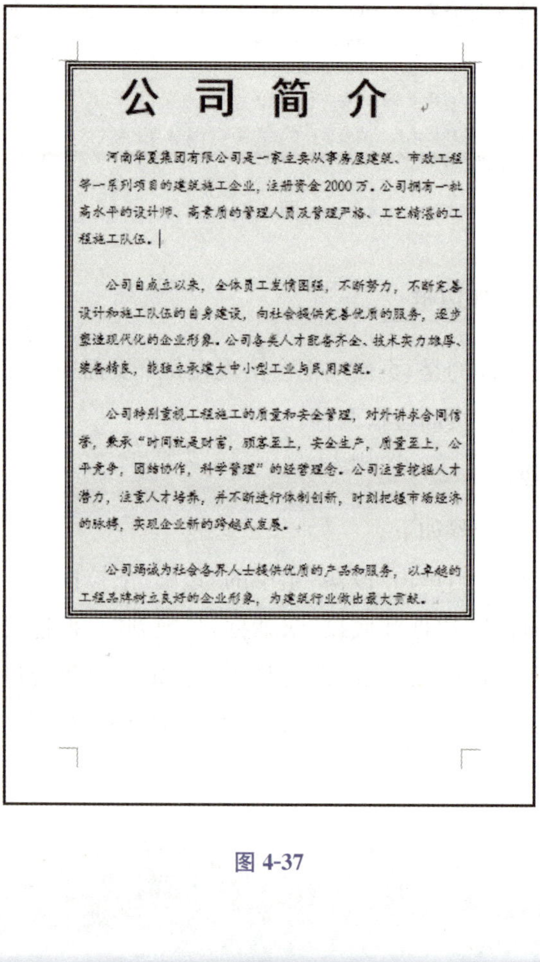

图 4-37

互动练习

将上面文档中的段落边框和底纹去掉。

2. 添加艺术页面边框

添加艺术页面边框的步骤如下。

(1)按上面所讲的方法打开“边框和底纹”对话框，在“艺术型”下拉列表框中选择边框图案，在“宽度”微调框中调整图案的大小，如图 4-38 所示。

(2)设置完成后单击“确定”按钮，最终效果如图 4-39 所示。

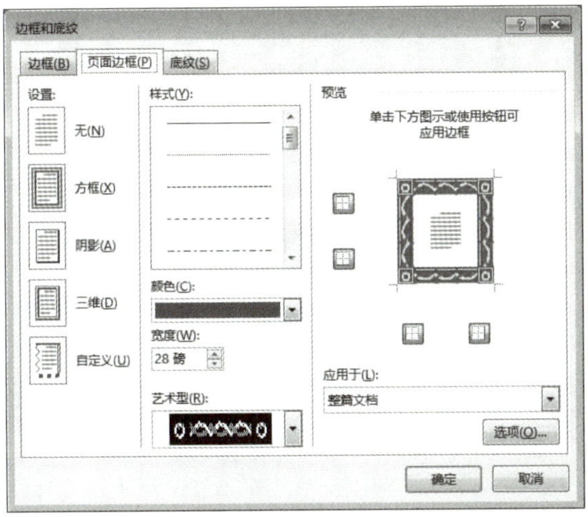

图 4-38

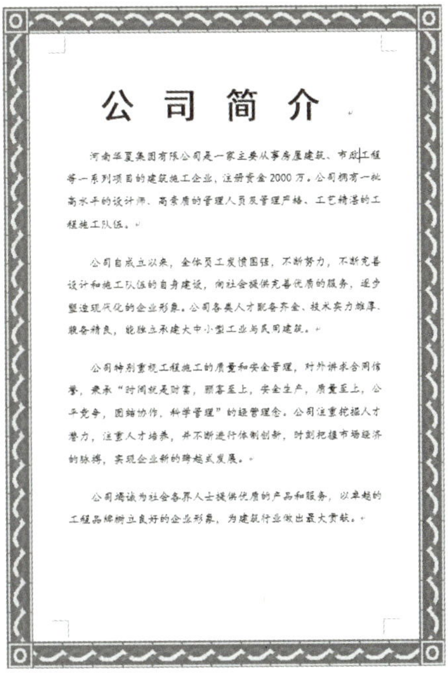

图 4-39

活动 4　为页面添加背景

通过设置页面背景，可以对整个文档的外观进行修饰和美化。页面背景包括水印、页面颜色和页面边框。页面边框的添加在前面已经讲过，这里主要讲解水印和页面颜色的设置方法。

1. 设置水印

水印是出现在文档或文本后面的文本或图片。水印通常用于增加趣味或标识文档状态。其设置步骤如下。

视频
设置水印

(1)首先切换到“设计”选项卡，然后单击“页面背景”组中的“水印”按钮，弹出“机密”下拉列表框，如图 4-40 所示。

(2)在弹出的“机密”下拉列表框中选择一种系统内置的水印效果，图 4-41 为选择了“机密 1”后的效果。

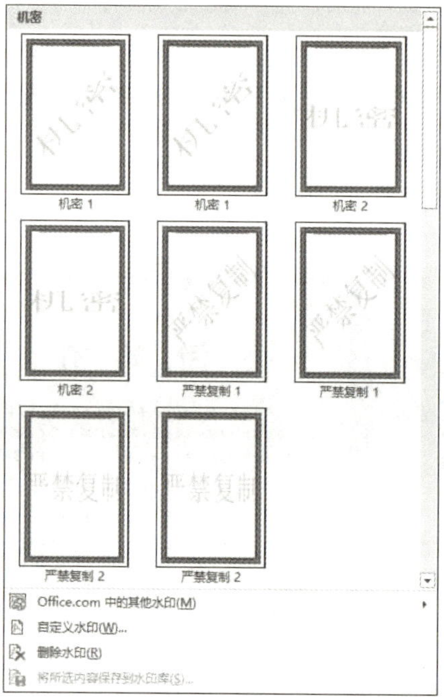

图 4-40

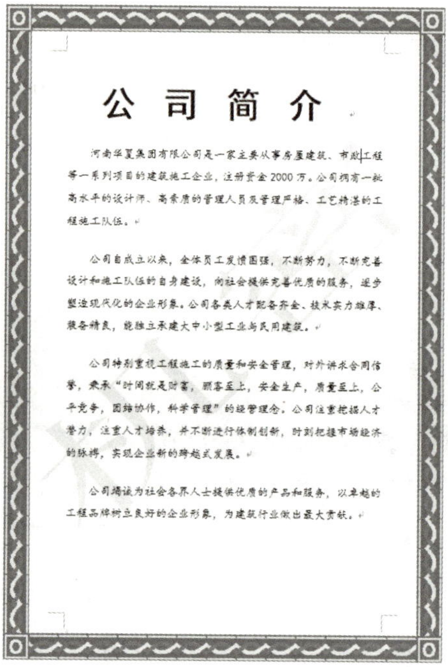

图 4-41

(3)如果对当前的水印效果不满意，可以单击“机密”下拉列表框中的“自定义水印”选项，弹出“水印”对话框，如图 4-42 所示。

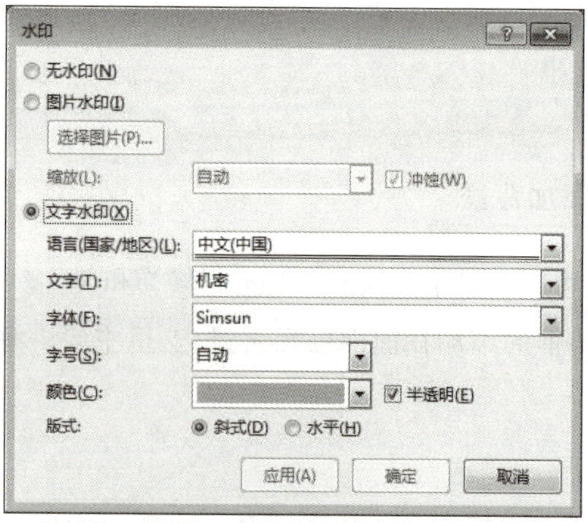

图 4-42

(4)如果选中“文字水印”单选按钮，则可以设置语言、文字、字体等内容，设置结束后单击“确定”按钮，即可看到操作结果。

(5)如果选中“图片水印”单选按钮(见图 4-43)，单击“选择图片”按钮，打开“插入图片”对话框。

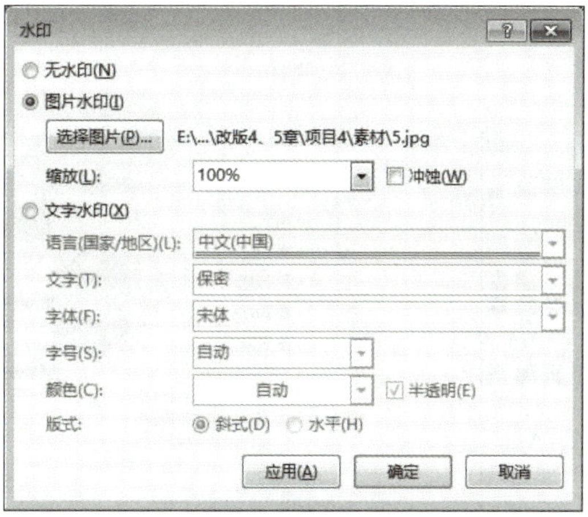

图 4-43

(6)选择一幅图片后单击“插入”按钮，返回到“水印”对话框。

(7)单击“确定”按钮，即可在当前文档中插入图片水印。

提示

若要删除水印，则单击“页面背景”组中的“水印”按钮，在弹出的下拉列表框中选择“删除水印”选项即可。

2. 设置页面颜色

除了设置水印背景之外，还可以对页面背景设置填充效果，从而丰富文档的视觉美感。具体操作步骤如下。

(1)切换到“设计”选项卡，然后单击“页面背景”组中的“页面颜色”按钮，弹出如图 4-44 所示的列表框。

(2)单击“填充效果”选项，弹出“填充效果”对话框。如图 4-45 所示，切换到“渐变”选项卡，在“颜色”选项组中选择颜色方案，如选中“双色”单选按钮，“颜色 1”选择“白色”，“颜色 2”选择“蓝色”；在“底纹样式”选项组中选择变形方案“水平”。

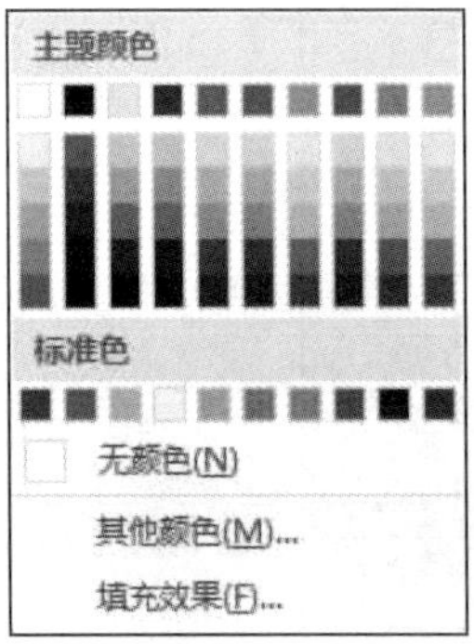

图 4-44

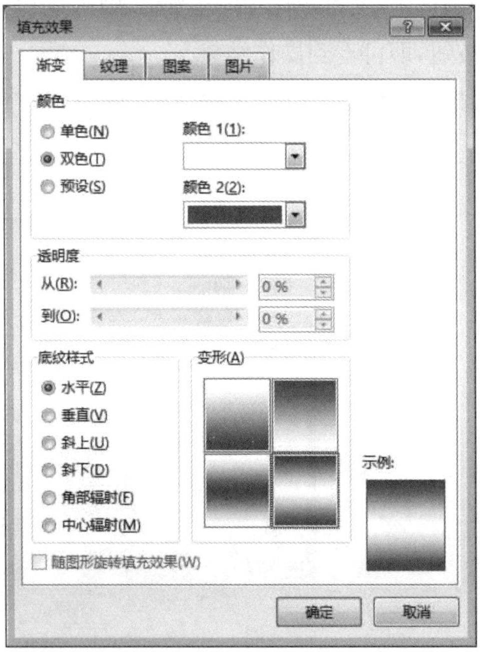

图 4-45

(3)设置完成后单击“确定”按钮，所得效果如图 4-46 所示。

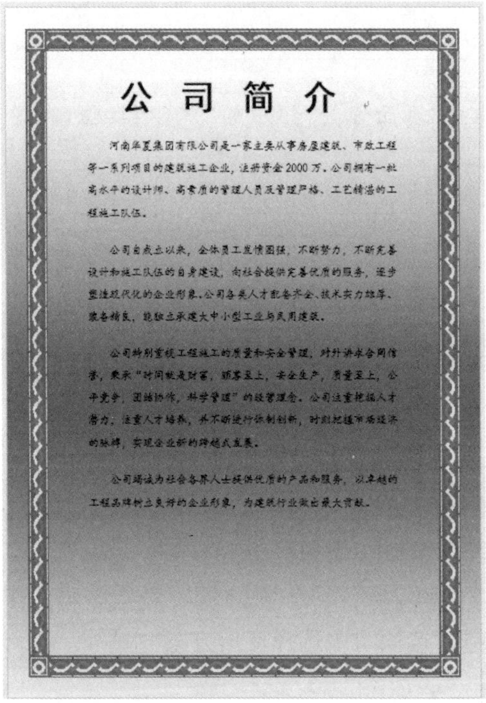
公司简介

河南华夏集团有限公司是一家主要从事房屋建筑、市政工程等一系列项目的建筑施工企业，注册资金 2000 万。公司拥有一批高水平的设计师、高素质的管理人员及管理严格、工艺精湛的工程施工队伍。

公司自成立以来，全体员工发愤图强，不断努力，不断完善设计和施工队伍的自身建设，向社会提供完善优质的服务，逐步塑造现代化的企业形象。公司各类人才配备齐全、技术实力雄厚、装备精良，能独立承建大中小型工业与民用建筑。

公司特别重视工程施工的质量和安全管理，对外讲求合同信誉，秉承"时间就是财富，顾客至上，安全生产，质量至上，公平竞争，团结协作，科学管理"的经营理念。公司注重挖掘人才潜力、注重人才培养，并不断进行体制创新，时刻把握市场经济的脉搏，实现企业新的跨越式发展。

公司竭诚为社会各界人士提供优质的产品和服务，以卓越的工程品牌树立良好的企业形象，为建筑行业做出最大贡献。

图 4-46

互动练习

(1)将文档页面背景设置为“图案”填充。操作提示如下:在“填充效果”对话框中,切换到“图案”选项卡。先设置前景色和背景色,再选择一种颜色图案,如图 4-47 所示。设置结束后单击“确定”按钮,设置后的效果如图 4-48 所示。

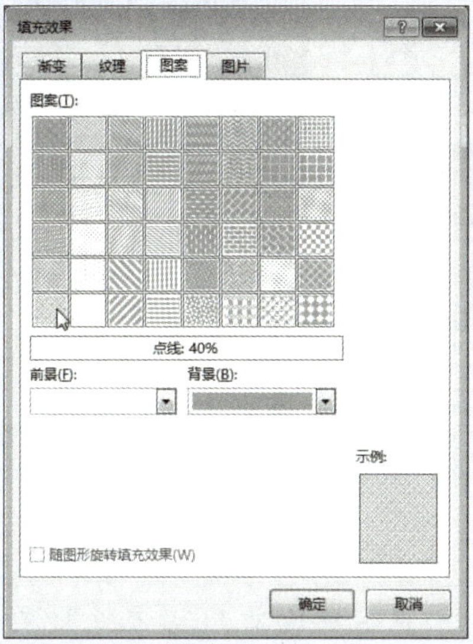

图 4-47

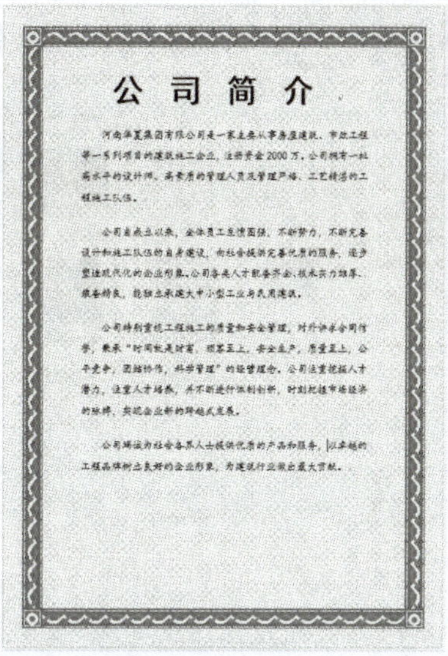

图 4-48

(2)将文档页面背景设置为“图片”填充。操作提示如下:在“填充效果”对话框中,切换到“图片”选项卡,如图 4-49 所示。

图 4-49

单击“选择图片”按钮，在打开的“选择图片”对话框中选择所需的背景图片，如图 4-50 所示。单击“插入”按钮，返回“填充效果”对话框，单击“确定”按钮，最终效果如图 4-51 所示。

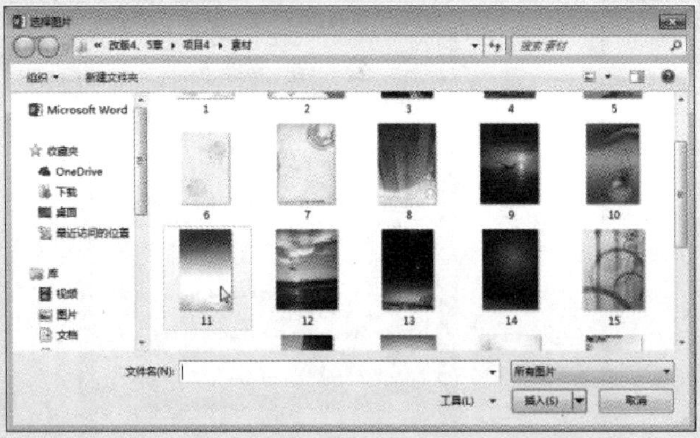

图 4-50

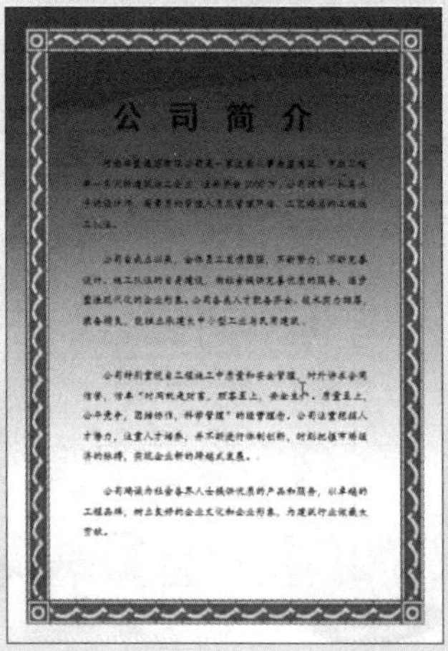

图 4-51

(3)将文档页面背景设置为“纹理”填充。操作提示如下：打开“填充效果”对话框，切换到“纹理”选项卡。如图 4-52 所示，选择一种纹理样式后单击“确定”按钮，效果如图 4-53 所示。

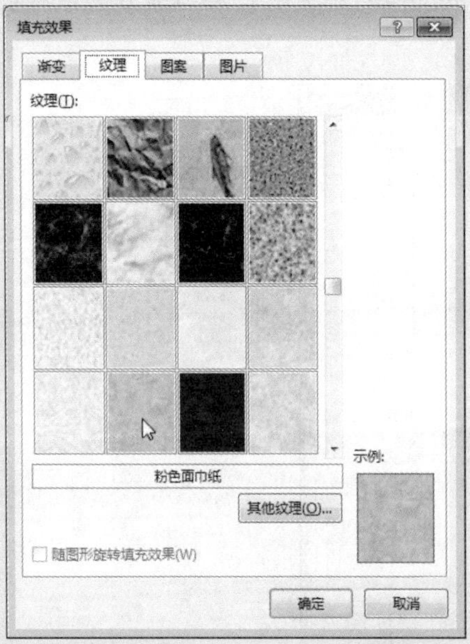

图 4-52

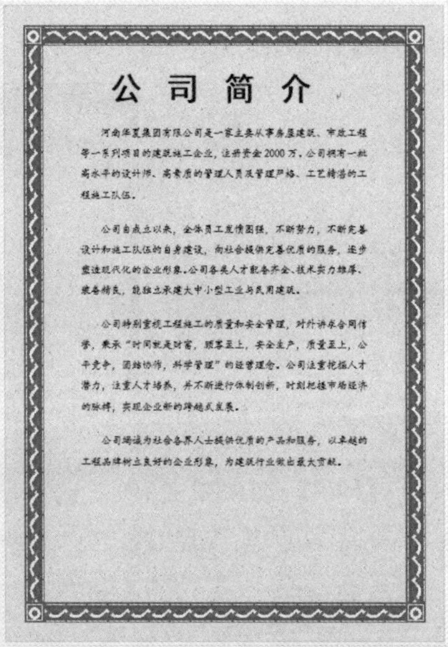

图 4-53

任务 4.3　制作企业文化页面

任务描述

本任务是制作企业宣传册内页中的企业文化页面，这个页面主要展示企业的文化、宗旨和理念，要求语言简洁、有条理，页面设计大气，能够体现企业精神。根据需求利用 Word 2016 制作企业文化页面，效果如图 4-54 所示。

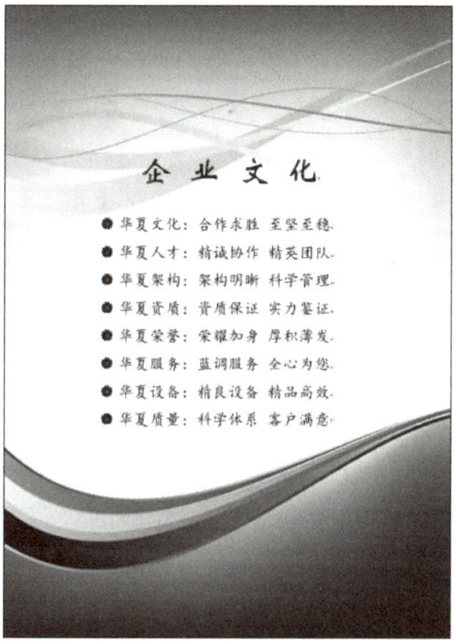

图 4-54

任务分析

完成本任务的操作思路如下：创建新文档，输入文档内容，对文档中的文字和段落格式进行编辑，加入项目符号或编号，自定义项目符号或编号，保存文档。

任务实施

活动 1　添加项目符号或编号

项目符号是指添加在段落前的符号，用于明确表达内容间的并列关系，使文档条理清晰、重点突出。首先利用前面所讲的知识创建一个新文档，输入企业文化内容并进行文字、段落、页面等基础排版，然后进行项目符号或编号的添加。

1. 添加项目符号

在 Word 2016 中添加项目符号有以下两种情况。

(1)在输入文本时自动添加项目符号。首先将光标定位在待插入项目符号的位置,然后切换到“开始”选项卡,单击“段落”组中的“项目符号”按钮☷右侧的下拉按钮,弹出如图 4-55 所示的下拉列表框。在弹出的下拉列表框中选择所需要的项目符号样式,即可将所选样式插入当前光标所在位置。然后在项目符号的后面输入文字。文字输入完成后按 Enter 键,即可在下一行自动产生所插入的项目符号,如图 4-56 所示。

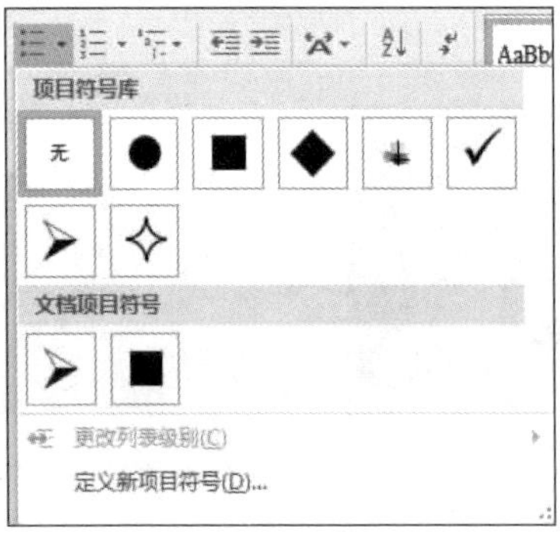

图 4-55

图 4-56

(2)对已经输入的段落添加项目符号。选定已经输入好的段落,然后单击“项目符号”按钮右侧的下拉按钮。从弹出的下拉列表框中选择合适的项目符号(见图 4-57),即可将其应用到所选段落。图 4-58 为对“企业文化”添加项目符号后的效果。

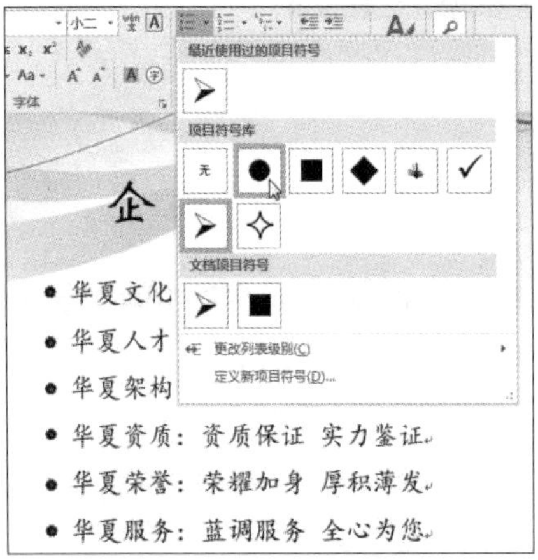

图 4-57

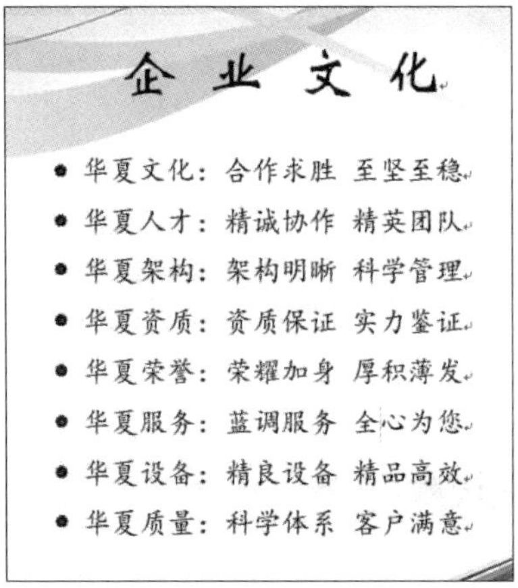

图 4-58

2. 添加编号

对段落进行优化设置时,除了使用项目符号外,还可以应用编号列表,从而使文档的层次结构更加清晰。与项目符号不同的是，编号列表不仅可以用于并列关系的段落，还可以用于顺序关系的段落。添加编号一般有以下两种情况。

(1)输入文本时自动编号。首先将光标定位在待插入编号的位置，输入一个编号，如“1”“一”等。然后在编号后输入内容，输入完成后按 Enter 键，将在下一行自动产生连续的编号，如图 4-59 所示。在新产生的编号后面输入相关内容，再按 Enter 键。重复这样的操作，即可完成自动编号的输入。

(2)对已经输入的段落添加编号。选定已经完成输入的段落，然后切换到“开始”选项卡，单击“段落”组中的“编号”按钮右侧的下拉按钮，弹出如图 4-60 所示的下拉列表框，从中选择需要的样式，便可将其应用到当前所选段落。

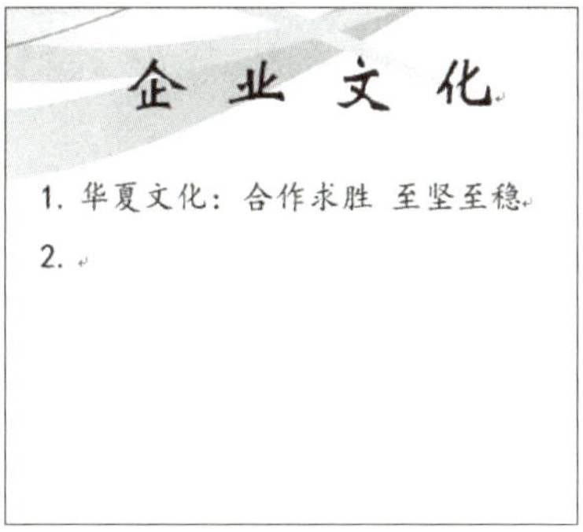

图 4-59

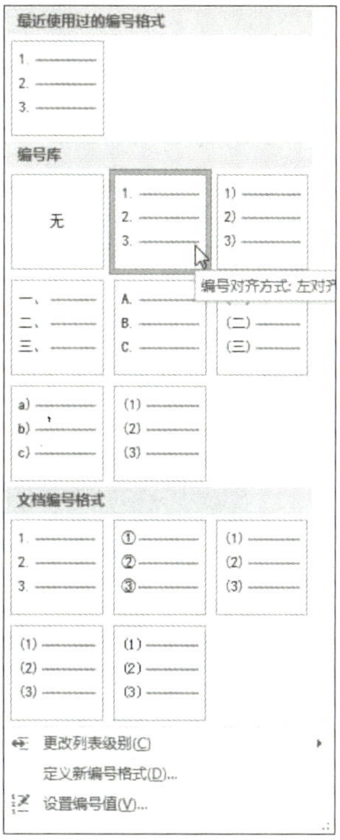

图 4-60

活动 2　自定义项目符号或编号

1. 自定义项目符号

在 Word 2016 中，除了可以使用默认的项目符号之外，还可以对段落添加自定义项目符号。自定义项目符号有以下两种情况。

(1)定义符号为项目符号。

①首先选择需要添加项目符号的段落，然后切换到“开始”选项卡，单击“段落”组中的

“项目符号”按钮右侧的下拉按钮，单击下拉列表框中的“定义新项目符号”选项，弹出“定义新项目符号”对话框，如图 4-61 所示。

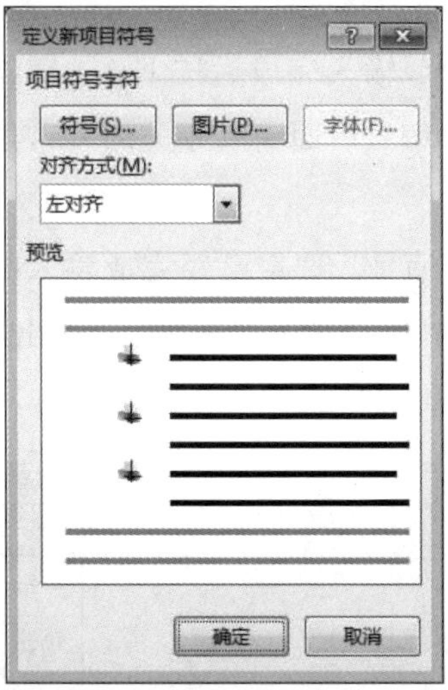

图 4-61

②单击“符号”按钮，在弹出的“符号”对话框中选择需要的符号(见图 4-62)，然后单击“确定”按钮，返回到“定义新项目符号”对话框，在“预览”框中即可以看到所设置的效果，然后单击“确定”按钮。

图文
公式等特殊文本的录入

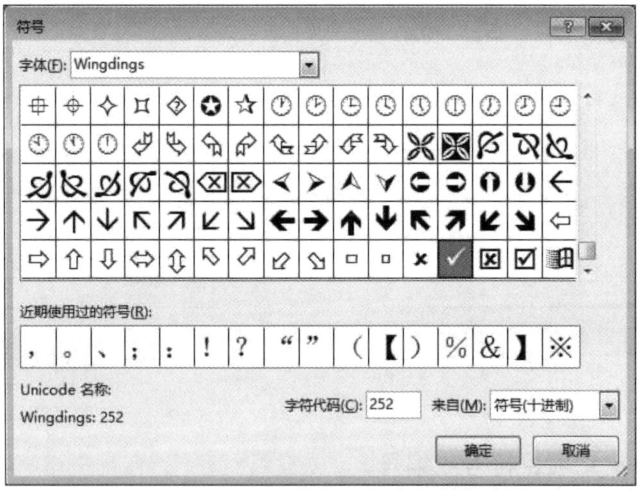

图 4-62

③返回到文档，即可看到所选段落已经应用了该样式。再次单击“项目符号”按钮右侧的下拉按钮，在弹出的下拉列表框中就可看到之前设置的样式。

(2)定义图片为项目符号。

①在“定义新项目符号”对话框中单击“图片”按钮，打开“插入图片”界面，如图 4-63 所示。

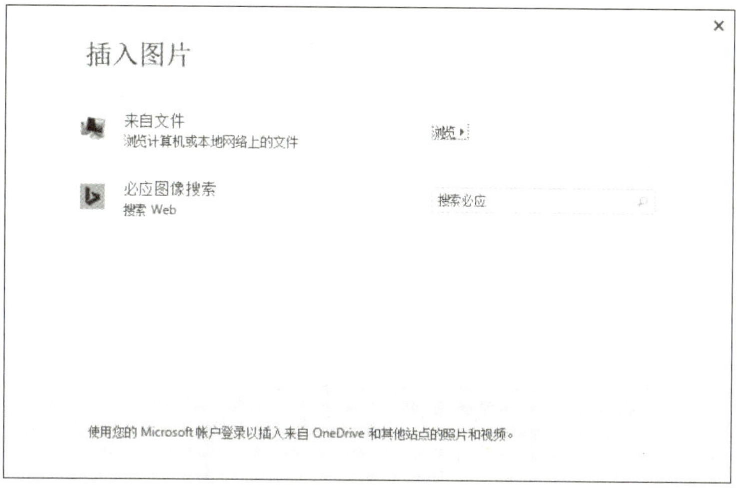

图 4-63

②单击“来自文件”后面的“浏览”按钮，弹出“插入图片”对话框(见图 4-64)，从中选择适合作为项目符号的图片，单击“打开”按钮，返回到“定义新项目符号”对话框，即可预览所设置的效果，然后单击“确定”按钮。

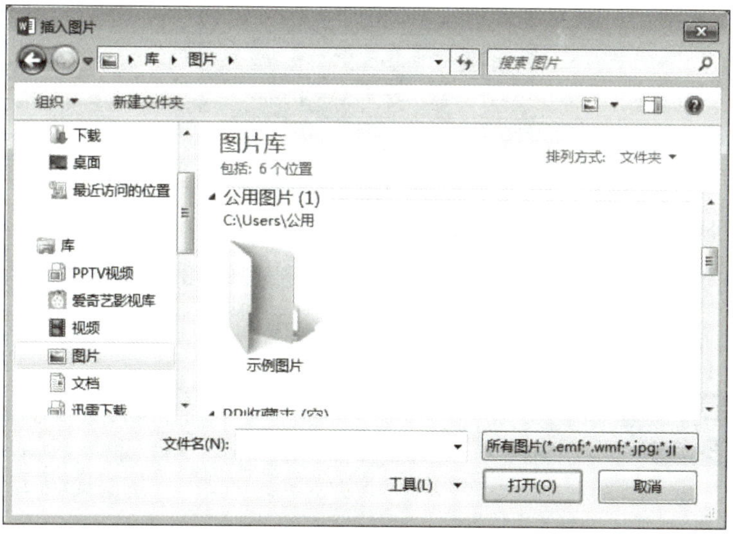

图 4-64

③返回到文档，即可看到所选段落已经应用该样式。再次单击“项目符号”按钮右侧的下拉按钮，在弹出的下拉列表框中就可以看到之前设置的样式。

互动练习

将文档中的项目符号换成任务描述中所用的项目符号。

2. 自定义编号

除了使用内置的编号样式外，用户还可以自定义编号列表，具体步骤如下。

(1)首先选择需要添加编号的段落，然后切换到“开始”选项卡，单击“段落”组中的“编号”按钮右侧的下拉按钮，在打开的下拉列表框中单击“定义新编号格式”选项，弹出“定义新编号格式”对话框，如图 4-65 所示。

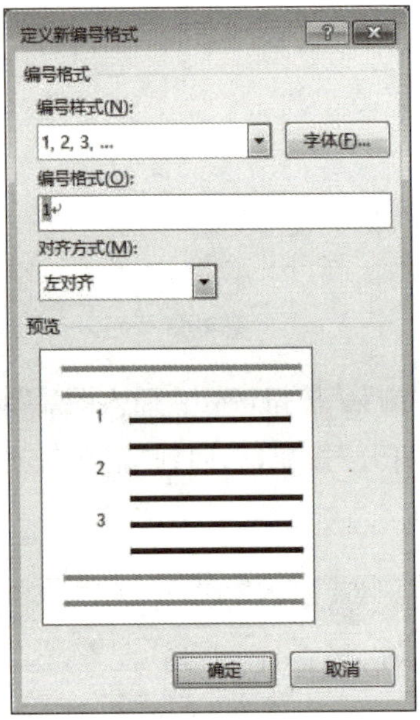

图 4-65

(2)在“编号样式”下拉列表框中选择编号样式，然后设置编号格式和对齐方式，设置结果可在“预览”框中显示出来。设置结束后单击“确定”按钮，即可将新定义的编号应用到所选段落。

实训项目

实训 1　制作公司招聘启事

实训要求：制作公司招聘启事(见图 4-66)，并保存在“项目 4\实训 1”文件夹中。

扫码测试

文化发展有限公司招聘启事

本公司隶属于集团，由于业务发展需要，现需要招聘如下人员：

一、 招聘内容

- ✧ 招聘岗位：市场营销
- ✧ 招聘人数：50 人
- ✧ 工作地点：全国各地
- ✧ 工作性质：全职

二、 岗位职责

1. 负责当地区域范围内市场工作的拓展规划；
2. 负责对当地员工的各项业务、工作的指导、检查、监督与考核；
3. 负责对区域内相关单位的整体公关；
4. 协助总部完成当地的工作。

三、 任职要求

1. 20~35 岁，大专以上学历，最好是具有营销工作经验；
2. 具备良好的沟通能力， 能独立开展工作并承受较大工作压力，责任心强，心态积极，具有开拓创新精神；
3. 具备解决突发事件能力、时间管理能力，有管理经验，可独立主持和处理事务。

四、 待遇：底薪+补助+提成+奖金（年收入丰厚）

五、 工作地点：根据公司安排

六、 联系方式

- ➢ 应聘邮箱：15478[illegible]@qq.com
- ➢ 咨询电话：1861524[illegible]
- ➢ 联系人：王经理

图 4-66

操作提示如下。

(1)新建文档。

(2)输入文字。

(3)编辑文字和段落格式。

(4)保存文档。

实训 2 制作演讲稿

实训要求：打开"项目 4\实训 2"文件夹中的素材，对文档"为梦想而奋斗"进行编辑，制作效果如图 4-67 所示。将编辑后的文档保存在"项目 4\实训 2"文件夹中。

操作提示如下。

(1)打开文档"为梦想而奋斗"。

(2)编辑文字和段落格式。

(3)保存文档。

为梦想而奋斗

尊敬的老师、同学们：

大家，晚上好！

海阔凭鱼跃，天高任鸟飞。每个人都会怀揣着一份属于自己的梦想。没有梦想的人就如折翼的鸟儿，没有梦想的人生，就如船只失去灯塔，飞机失去航标。纪伯伦也说过—我宁可做人类中有梦想和有完成梦想的愿望的，最渺小的人，而不愿意做一个最伟大，无梦想，无愿望的人。

如果你还没有梦想，赶快去寻梦，如果你有了梦想，为之坚持，为之奋斗。

"别为失去太阳而哭泣"当曾经流过的泪，洒下的汗，都化作一缕轻烟，不留一丝痕迹时，我们也许会黯然神伤。但是当我们抬起头，天空依然蔚蓝，太阳依然灿烂，别人的笑容依然绽放，世界并没有因我们的悲伤而有丝毫改变。泰戈尔说过："如果你因为错过太阳而哭泣，那么你也将错过星星了。"为梦想奋斗的过程中，不免的要在选择中失去一些什么，不要担心，人生总要有所舍弃，才会有所得。

"风雨之后见彩虹"有首歌写得好，不经历风雨，怎么见彩虹，没有人能随随便便成功。一颗璀璨无比的珍珠，必然经受过蚌的肉体无数次蠕动以及无数风浪的打磨，才能熠熠生辉；同样，一个真正有成就的人，也肯定是在无数次的跌倒后重新站起来的，贝多芬失去听觉，却牢牢扼住了命运的咽喉。

"把握时间，为梦想奋斗"。正如朱自清《匆匆》中写到的，洗手的时候，日子从水盆里过去，吃饭的时候，日子从饭碗里过去，默默时，便从凝然的双眼过去，只有时间的消逝才让我们注意到了时间的存在。我们经历了严酷的高考进入了自己理想的大学。在突然间多出了许多自由时间的大学，我们茫然了，在没有作业，没有大小考的大学，我们放纵了，我们肆无忌惮的挥霍着青春而不知惋惜，我们安于现状，对现在所拥有的而知足，再也找不到那份青春该有的奋斗精神。这是我们应该拥有的状态吗？

不，这不是!!! 我们的青春必将是充满奋斗的痕迹！对于"致我们终将逝去的青春"这部电影，相信大家一定很熟悉，在我们青春还没有逝去之前，好好的为青春，为梦想奋斗吧！

图 4-67

实训 3 制作产品宣传单

实训要求：利用"项目 4\实训 3"文件夹中所给的文本资料"产品宣传单(源)"制作产品宣传

单,制作后的效果如图 4-68 所示。

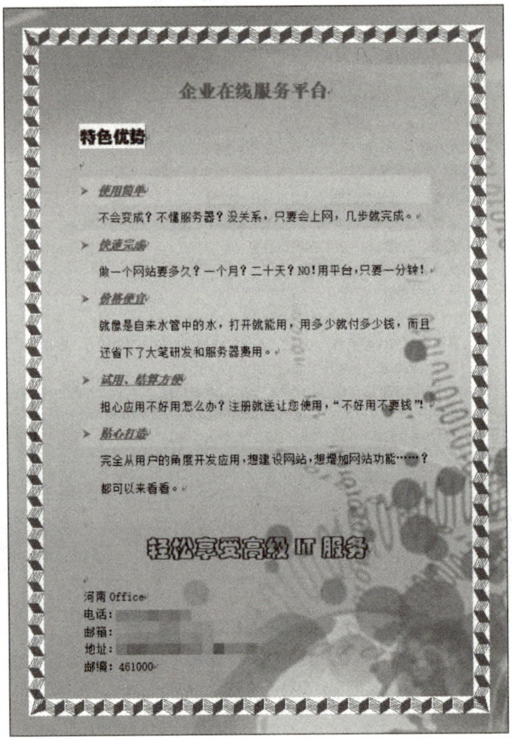
企业在线服务平台

特色优势

➢ 使用简单

不会变成？不懂服务器？没关系，只要会上网，几步就完成。

➢ 快速完成

做一个网站要多久？一个月？二十天？NO!用平台,只要一分钟!

➢ 价格便宜

就像是自来水管中的水，打开就能用，用多少就付多少钱，而且还省下了大笔研发和服务器费用。

➢ 试用、结算方便

担心应用不好用怎么办？注册就送让您使用，“不好用不要钱”!

➢ 贴心打造

完全从用户的角度开发应用,想建设网站,想增加网站功能……？都可以来看看。

轻松享受高级 IT 服务

河南 Office
电话：[redacted]
邮箱：[redacted]
地址：[redacted]
邮编：461000

图 4-68

操作提示如下。

(1)设置字体、字号、字体颜色。

(2)加入文字底纹。

(3)加入项目符号。

(4)设置页面颜色和页面边框。

(5)保存文档。

项目 5

制作企业宣传册——图文美化

知识目标

掌握插入图片和剪贴画的方法。
掌握插入和编辑艺术字的方法。
掌握插入和绘制形状的方法。
掌握插入 SmartArt 图形的方法。
掌握插入和编辑文本框的方法。

技能目标

会在文档中插入图片和剪贴画。
会在文档中绘制图形并进行编辑。
会使用 SmartArt 图形。
能灵活使用文本框。
能制作和编辑艺术字。
能综合运用图文混排的技巧和方法进行文档排版。

在文档排版过程中，适当地插入一些图形、图片和艺术字，不仅会使文章显得生动有趣，还能帮助读者更好地理解文档内容。

本项目将制作企业宣传册的封面、扉页和企业组织架构页面。通过这几项工作任务的完成，学会艺术字、图片、形状的插入和编辑，学会使用 SmartArt 图形和文本框，进而具有制作图文混排文档的能力。

任务 5.1　制作企业宣传册的封面

任务描述

本任务是制作企业宣传册的封面。封面是整篇文档的第一页，其独特的设计可以快速吸引读者的注意力，对于文档的宣传有着重要的作用。因此，封面的设计要美观大方，注重对企业形象的高度提炼，能够体现公司特色，配合通俗易懂、易于传播的宣传语，激发浏览者的兴趣进而阅读文档内容。

企业宣传册封面的设计效果如图 5-1 所示。

图 5-1

任务分析

企业宣传册的封面对美感的要求非常高，Word 2016 可以非常方便地在文档中插入图片、剪贴画、艺术字、文本框、形状和 SmartArt 图形，并且对插入的对象进行编辑和修饰。封面文档中的元素有文本、图像和艺术字，其设计思路如下：将文档中的标题设计成艺术字效果，在文档中插入图片并调整图片的位置、大小、样式，在文档中插入形状并进行编辑、添加文字等。

任务实施

活动 1　设计艺术字

在报刊、广告中常常会看到各种各样的艺术字，这些艺术字给文章增添了强烈的视觉效果。利用 Word 2016 可以创建各种文字的艺术效果，将艺术字插入文档后对其进行编辑，可以把文本扭曲成各种各样的形状，也可以设置为三维轮廓的效果。在本任务中，需要将公司名称字体设置为艺术字体。

1. 插入艺术字

插入艺术字的方法如下。

(1)将文本插入点定位到文档中要插入艺术字的位置。

(2)单击“插入”选项卡，在“文本”组中单击“艺术字”按钮，打开艺术字库样式列表框，在其中选择需要的艺术字样式，如图 5-2 所示。

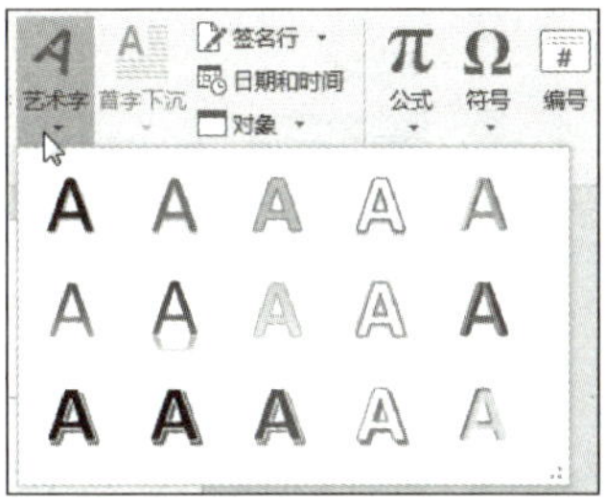

图 5-2

(3)在“文本”框中输入需要创建的艺术字文本“河南华夏集团有限公司”，如图 5-3 所示。

图 5-3

技巧

如果文档中的内容已经存在，则直接选中准备设置成艺术字的文字，然后单击“艺术字”按钮，在弹出的艺术字库样式列表框中选择需要的艺术字样式即可。

2. 编辑艺术字

创建好艺术字后，如果对艺术字的样式不满意，可以对其进行编辑修改。选择艺术字，即会出现“格式”选项卡（见图 5-4），利用该选项卡可以对艺术字进行各种设置。

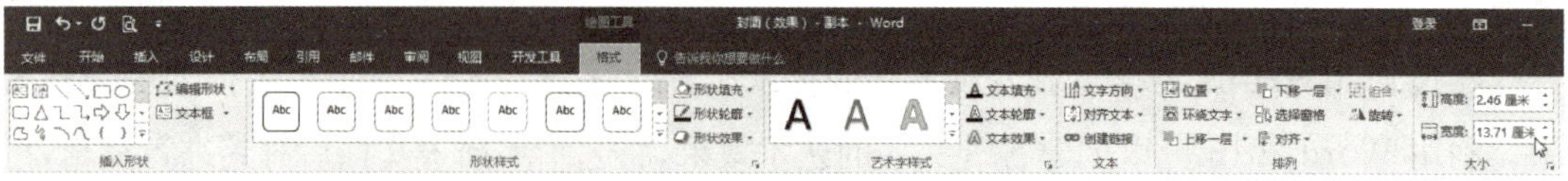

图 5-4

编辑艺术字的步骤如下。

（1）设置文字环绕方式。选中艺术字“河南华夏集团有限公司”，激活“格式”选项卡；单击“排列”组中的“环绕文字”按钮（见图 5-5），在弹出的下拉列表中选择“其他布局选项”命令。在打开的对话框中根据需要设置文字的环绕方式。

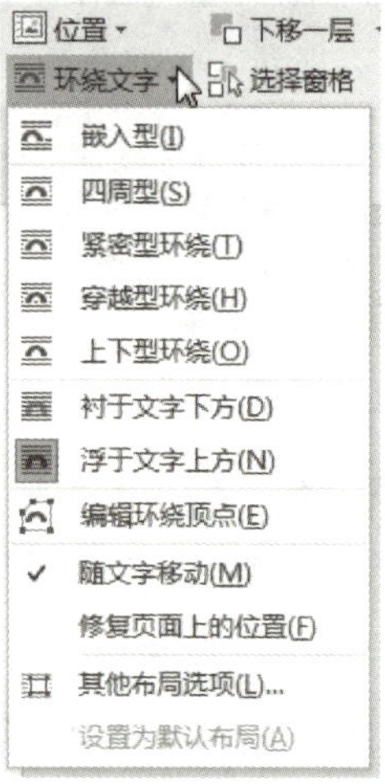

图 5-5

（2）编辑艺术字的大小。将鼠标指针移至艺术字右下角的控制点，按住左键向左上方拖动，即可缩小艺术字，如图 5-6 所示。

图 5-6

（3）编辑艺术字的位置。选择艺术字，当鼠标指针变为✥时，按住鼠标左键不放，拖动到适当位置，即可改变艺术字的位置，如图 5-7 所示。

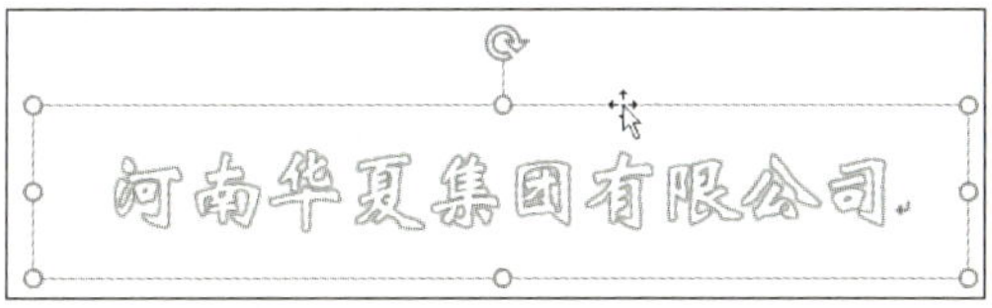

图 5-7

(4)改变艺术字的形状。选择艺术字，然后在“艺术字样式”库中选择某种样式(在兼容情况下会出现样式对话框)，如图 5-8 所示；也可单击“文本效果”按钮，在弹出的列表框中选择某种样式，如图 5-9 所示。

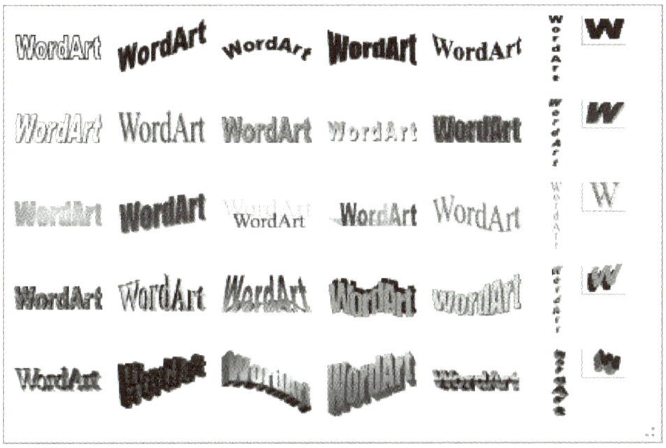

图 5-8

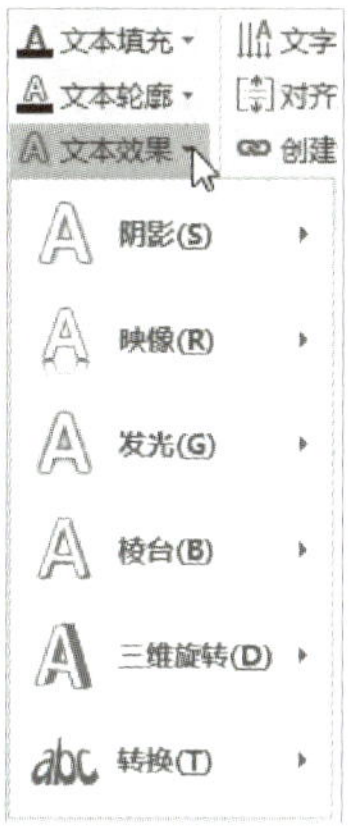

图 5-9

(5)设置艺术字的颜色。选择艺术字，单击“艺术字样式”栏中的“形状填充”按钮 形状填充，在弹出的列表中选择颜色选项，即可设置艺术字的填充色彩；单击“形状轮廓”按钮 形状轮廓，可设置艺术字的边框颜色。

活动 2　插入及编辑图片

1. 插入图片

在封面中插入相关图片，既能增加美感，又能体现企业特色。在 Word 2016 中，可以从磁盘的其他位置上选择要插入的图片文件。这些图片文件可以是 Windows 的标准 BMP 位图，也可以是其他应用程序所创建的图片，如 CorelDRAW 的 CDR 格式矢量图片、JPEG 压缩格式的图片、TIFF 格式的图片等。

在前面已经添加好艺术字的文档中，继续添加图片素材进行美化。插入图片的步骤如下。

(1)在文档中单击，确定要插入图片的大致位置。

(2)切换到“插入”选项卡，单击“插图”组中的“图片”按钮，打开“插入图片”对话框，如

图 5-10 所示。

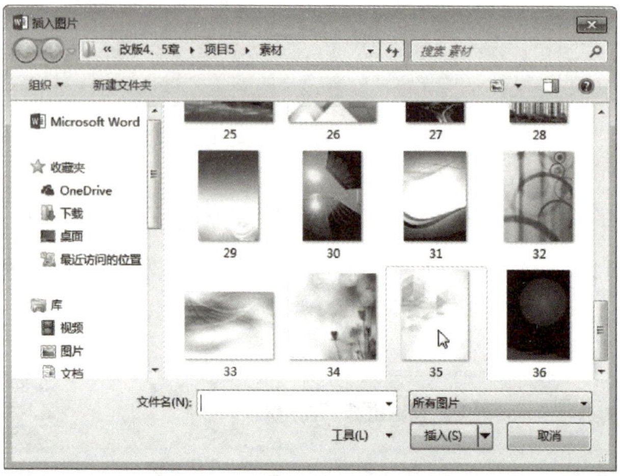

图 5-10

(3)通过左侧列表窗口快速定位图片文件所在的位置，选定图片文件后单击“插入”按钮，即可将图片插入文档。

2. 插入剪贴画

Word 2016 中有许多设计精美、构思巧妙，并且能够表达不同主题的剪贴画，它们能够满足制作文档的各种需要。

在文档中插入剪贴画的步骤如下。

(1)将插入点定位于需要插入剪贴画的地方。

(2)单击“插入”选项卡，在“插图”栏中单击“联机图片”按钮。

(3)打开“插入图片”对话框，在“搜索”文本框中输入剪贴画的相关主题或文件名称，单击“搜索”按钮，即可查找计算机和网络上的剪贴画文件，如图 5-11 所示。

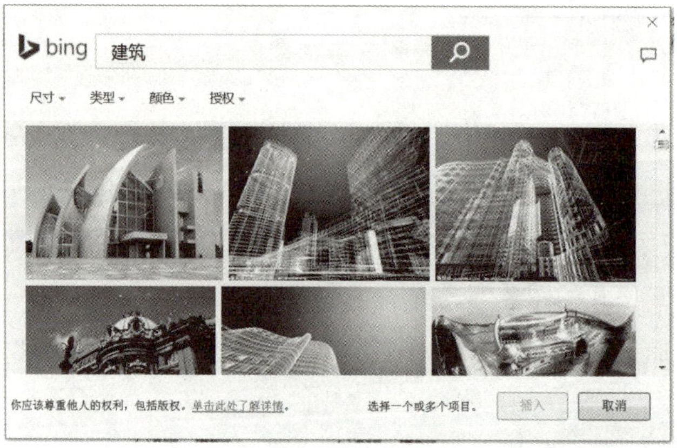

图 5-11

(4)单击需要的剪贴画，既可将其插入文档，如图 5-12 所示。

图 5-12

3. 调整图片效果

插入图片或剪贴画后，“格式”选项卡被激活，如图 5-13 所示。

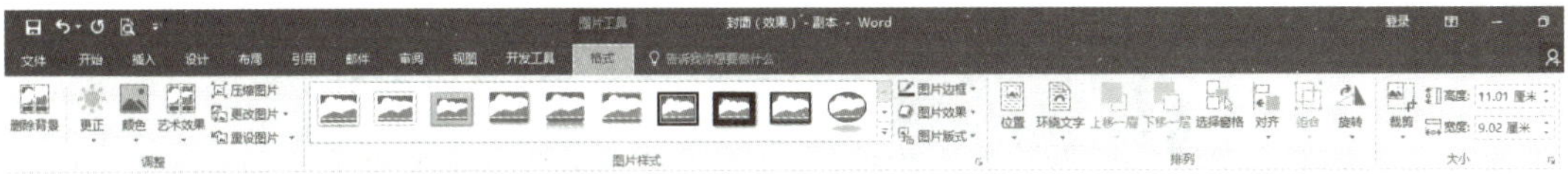

图 5-13

选中要编辑的图片，利用“格式”选项卡就可以对图片进行编辑，如调整图片效果、设置图片样式和排列方式、设置图片大小等。调整图片效果包括调整亮度、对比度，重新着色，压缩图片，重新设置；设置图片样式包括设置图片形状、图片边框、图片效果；设置图片排列方式包括设置文字环绕、对齐、旋转；设置图片大小包括剪裁，设置高度和宽度。

利用“调整”组中的按钮可以对图片或剪贴画的效果进行调整，这些按钮的功能如下。

(1)“更正”按钮。单击该按钮，在弹出的下拉列表框（见图 5-14）中选择相应的选项，可以改善图片亮度、对比度或清晰度。示例如图 5-15 所示。

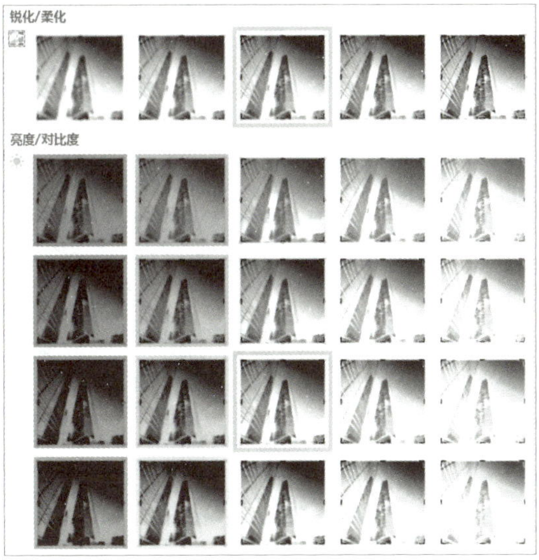

图 5-14

(a) 正常亮度的图片　　(b) 增加 40% 亮度的图片

图 5-15

（2）“颜色”按钮。单击该按钮，在弹出的下拉列表框（见图 5-16）中选择不同的颜色模式为图片重新着色。示例如图 5-17 所示。

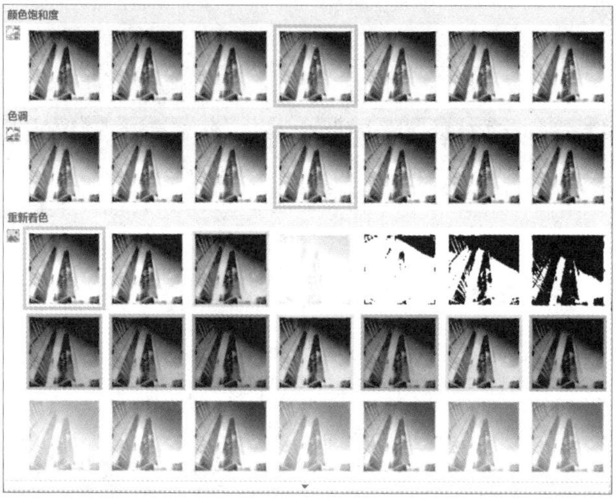

图 5-16

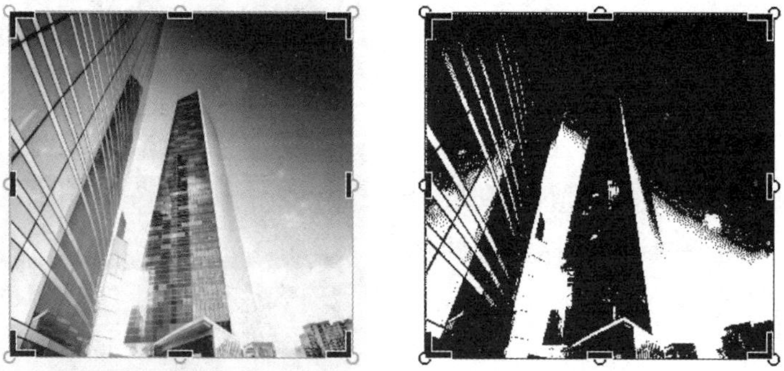

(a) 正常颜色模式的图片　　(b) 黑白颜色模式的图片

图 5-17

（3）“艺术效果”按钮。单击该按钮，可将艺术效果添加到图片中，使图片的效果更像草图或油画。

（4）“压缩图片”按钮。单击该按钮，可对选中图片的分辨率、大小进行调整，减小图片文件的大小，节省空间。

（5）“更改图片”按钮。单击该按钮，可将选中的图片更改为其他图片，但当前图片的格式和大小不会被改变。

（6）“重设图片”按钮。单击该按钮，将恢复原图片样式，取消之前对图片所做的一切调整。

4. 设置图片的环绕方式

上文介绍的是卡通图，可以根据需要通过“自动换行”按钮改变图片的环绕方式。图片的环绕方式有七种，即“嵌入型”——图片嵌入文字中间；“四周型”——文字环绕在图片四周；“紧密型环绕”——文字紧密环绕在图片四周；“穿越型环绕”——文字穿越图片；“上下型环绕”——图片占据独立的行；“衬于文字下方”——图片作为文字背景衬托在文字下方；“浮于文字上方”——图片浮在文字上，遮蔽文字。

如果希望图片作为文档页面的背景，则可选择“衬于文字下方”的环绕方式，具体操作步骤如下。

（1）单击插入的图片，切换到“格式”选项卡。单击“排列”组中的“环绕文字”按钮，在弹出的下拉列表框中选择“衬于文字下方”选项，如图 5-18 所示。

（2）单击添加的图片，调整其位置，使图片作为背景来衬托文档内容，如图 5-19 所示。

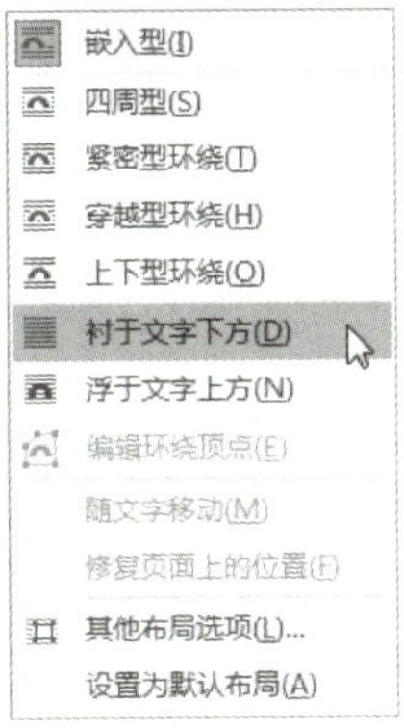

图 5-18

图 5-19

注意

当图片的环绕方式为“嵌入型”时，图片不能被移动；当图片的环绕方式为其他六种方式时，图片可以被移动。

5. 调整图片大小

如果插入文中的图片的大小不合适或者还有其他方面需要调整，可执行如下操作。

（1）如果需要调整图片的整体大小，可将鼠标指针移到图片四角的圆形控点上，然后向左上、左下、右下、右上拖动。示例如图 5-20 所示。

视频
调整图片大小

图 5-20

（2）如果需要粗略调整图片的长度和宽度，可将鼠标指针移到图片四边中间的圆形控点上，然后向上、下、左、右拖动。示例如图 5-21 所示。

(a) (b)

图 5-21

（3）如果需要精确调整图片的大小，可以在“大小”组中输入图片的高度和宽度，如图 5-22 所示。

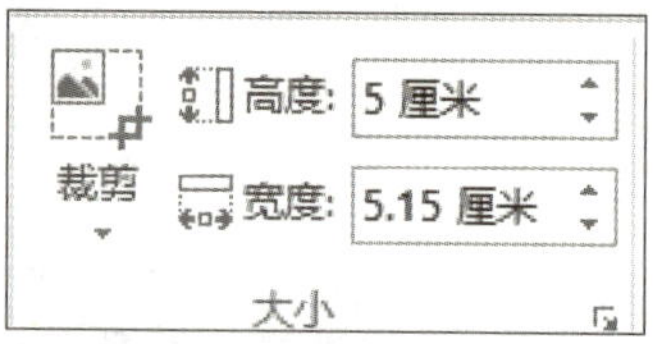

图 5-22

(4)如果需要在对话框中对图片的大小进行详细的设置,可单击"大小"组中的对话框启动器,在打开的"布局"对话框的"大小"选项卡中进行设置,如图 5-23 所示。

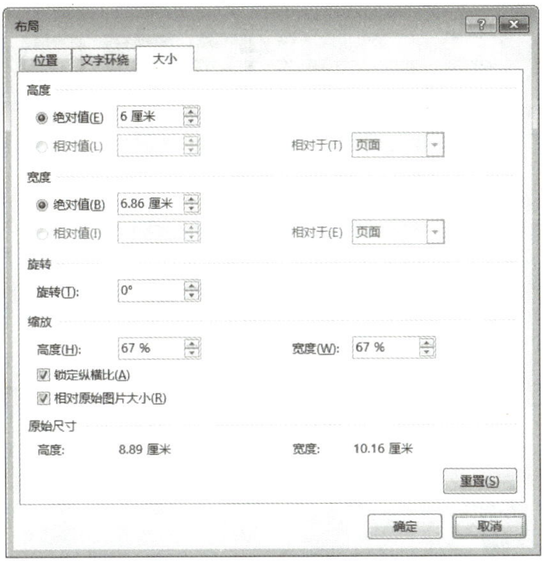

图 5-23

(5)若想删除原有图片的边缘部分,则可使用"裁剪"按钮。单击该按钮,鼠标指针将改变形状,将其移到图片边框的控制点上,然后按住鼠标左键不放进行拖动,即可对图片进行裁剪。示例如图 5-24 所示。

(a) 原图片　　(b) 裁剪后的图片

图 5-24

6. 应用图片样式

(1)应用现成的图片样式的操作方法是:选中图片,切换到"格式"选项卡。在"图片样式"列表中选择一种样式(见图 5-25),单击应用该样式。在应用之前可以预览应用效果。

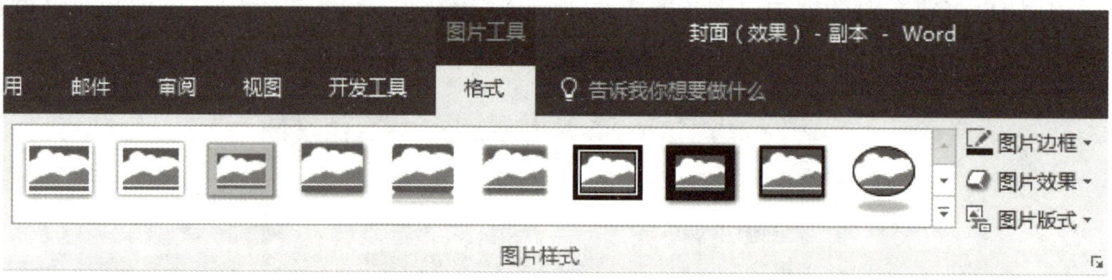

图 5-25

互动练习

将文档中的图片样式设置为“旋转”。（提示：如图 5-26 所示。）

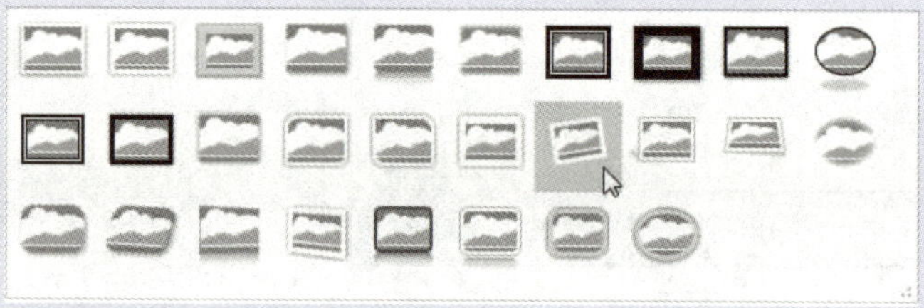

(a)

(b)

图 5-26

（2）对图片应用更多效果的方法是：单击“图片效果”按钮，可对图片应用“预设”“阴影”“映像”“发光”“柔化边缘”“棱台”“三维旋转”等多项设置，每项设置下面又有多种效果可以选用。如果按图 5-27 所示的两种效果进行设置，则得到的效果分别如图 5-28 和图 5-29 所示。

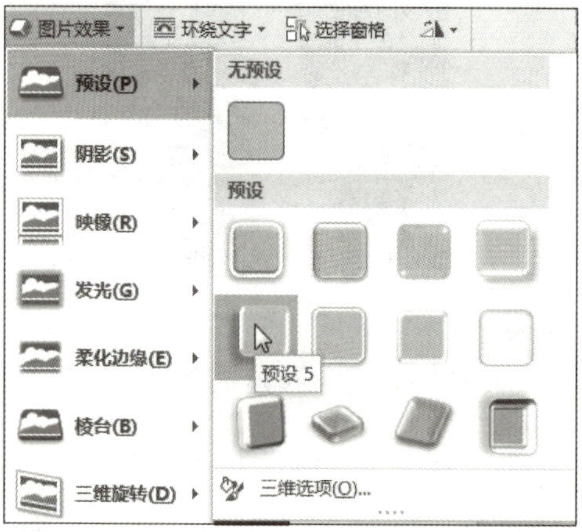

(a)

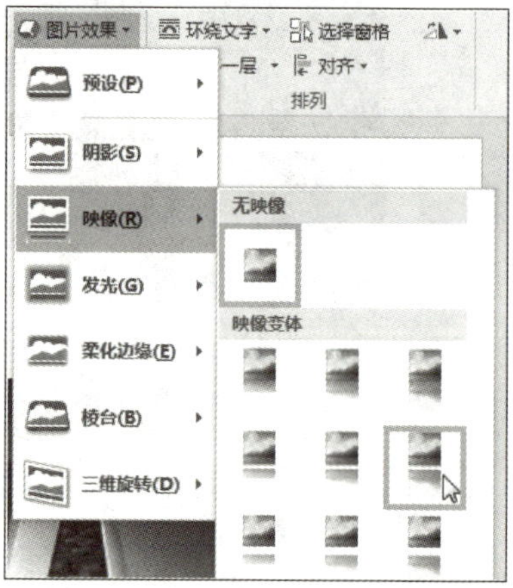

(b)

图 5-27

图 5-28

图 5-29

注意

要想应用 Word 2016 制作出精彩纷呈的图片效果，不能将 Word 运行在兼容模式下，否则只会看到如图 5-30 所示的“格式”选项卡，在这个选项卡下只能对图片进行一些常规设置。

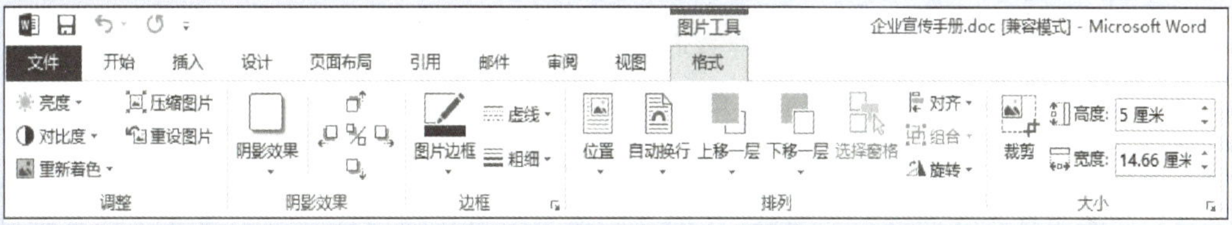

图 5-30

互动练习

在“封面”文档中插入图片，设置图片的环绕方式，调整图片的位置、大小、样式。

操作提示如下：在文档的合适位置插入图片。将图片的环绕方式设置为“衬于文字下方”，调整图片的位置和大小，效果如图 5-31 所示。插入另一张图片，调整其环绕方式、大小和位置，效果如图 5-32 所示。

图 5-31

图 5-32

活动 3　插入及编辑形状

1. 插入形状

在 Word 2016 中可以很方便地绘制形状，用来制作各种图标和标志。操作步骤如下。

(1)在文档中单击“插入”选项卡，单击“插图”栏中的“形状”按钮。

(2)在弹出的下拉列表框(见图 5-33)中选择所需的图形“矩形”。

(3)此时鼠标指针变成“＋”形状，在图片的适当位置按住鼠标左键不放并拖动鼠标，即可绘制出矩形，如图 5-34 所示。

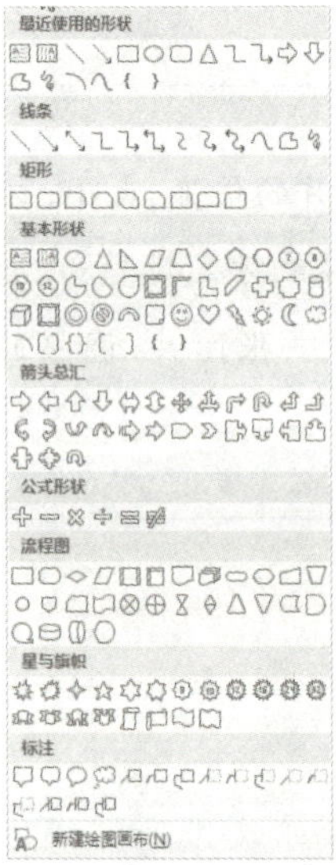

图 5-33

图 5-34

2. 选择样式

所绘制的形状在默认状态下为蓝色填充、深蓝色边框，现在需要将填充色设置为红色半透明，该操作可借助“形状样式”组来完成，具体操作步骤如下。

(1)选择需要编辑的形状，单击“排列”组中的“下移一层”按钮，将其衬于艺术字的下方，然后在“形状样式”栏的下拉列表框中选择一种样式进行应用。

(2)对样式进行修改。单击“形状填充”按钮，在弹出的下拉列表框中选择形状的填充色；单击“形状轮廓”按钮，在弹出的下拉列表框中选择图形的边框样式和颜色；单击“形状效果”按钮，在弹出的下拉列表框中选择图形的形状。最终效果如图 5-35 所示。

图 5-35

3. 设置阴影效果

选择形状，单击“形状效果”按钮，在弹出的下拉列表中选择“阴影”下的一种阴影效果样式。

4. 设置三维效果

选择形状，单击“形状效果”按钮，在弹出的下拉列表中选择“三维旋转”下的一种三维效果样式，还可以设置三维效果的颜色、深度、方向等。

5. 添加文字

用上述方法插入多个形状并修改其外观效果后，对文档进行装饰、美化。最后一个宣传语需要放置在文档靠上方部位，可以使用形状添加文字来实现。使用同样的方法添加矩形，并放置在靠近顶端的位置，将“形状填充”设置为“无填充”，“形状轮廓”设置为“无轮廓”，如图 5-36(a)所示。

选中图形并右击，从弹出的快捷菜单中选择“添加文字”命令，光标被定位到形状中，在光标处输入文字，并修改文字的字体、字号等，效果如图 5-36(b)所示。

(a) (b)

图 5-36

任务 5.2 制作企业宣传册的扉页

任务描述

企业宣传册的扉页中的内容通常为寄语、卷首语、引言或序。扉页应该设计大气，突出文化氛围及企业特色。本任务主要是创建文档并通过添加图片、艺术字等元素美化文档，另外根据需要使用文本框美化文档。企业宣传册扉页的最终效果如图 5-37 所示。

图 5-37

任务分析

利用文本框可以设计出较为特殊的文档版式，既可以任意摆放文本框的位置，也可以在文本框中输入文本、插入图片等，根据需要还可以使文本框呈现各种样式。完成本任务的操作步骤如下：创建文档；进行页边距、纸张方向、纸张大小等页面设置；在文档中插入图片和形状，并进行编辑；插入或绘制文本框，输入文字并编辑文本框；调整各对象在页面中的位置；保存文档。

任务实施

活动 1　插入文本框

文本框是一个可以容纳文字或图片等内容的形状对象，在文档中起到解释说明、示意或提示等作用。

视频
操作演示

1. 绘制文本框

（1）在文档中单击“插入”选项卡的“文本”组中的“文本框”按钮。

（2）在弹出的下拉列表框（见图 5-38）中选择“绘制文本框”命令。

（3）鼠标指针变成“＋”形状，在文档的适当位置按住鼠标左键不放并拖动鼠标，绘制一个矩形，如图 5-39 所示。

图 5-38

图 5-39

2. 输入文字

释放鼠标左键，光标在文本框中闪烁，如图 5-40 所示。在光标闪烁处输入文本，如图 5-41 所示。

图 5-40

图 5-41

提示

绘制竖排文本框的方法是：单击“文本框”按钮，在弹出的下拉列表框中选择“绘制竖排文本框”命令，绘制竖排文本框，并在文本框内输入文本。

若原来的文档中已经存在文字，为使其置于文本框中，则应先选中文字，再绘制文本框。

3. 设置文本框中字体的格式

设置已经输入的文本的字体为“华文行楷”，字号为“小初”，字体颜色为“蓝色”，对齐方式为“居中”。文本框默认的填充色是白色，边框是黑色，也可以根据需要对文本框进行编辑。

活动 2　编辑文本框

1. 设置填充色

设置填充色的步骤如下。

(1)单击文本框。

(2)切换到“格式”选项卡，选择“形状样式”组中的半透明样式。

(3)修改“形状填充”为红色，并修改透明度为 30%，效果如图 5-42 所示。

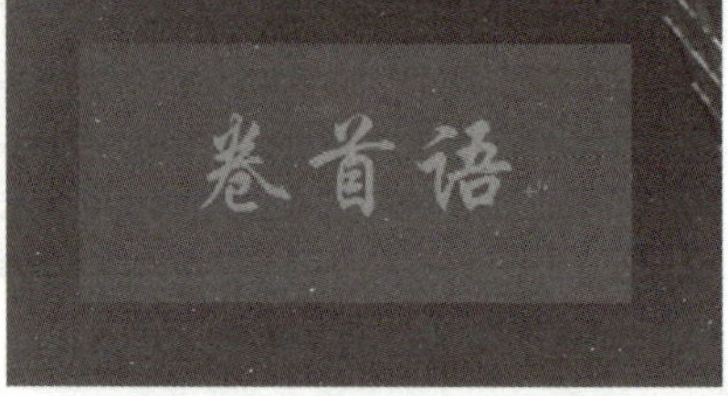

图 5-42

2. 设置边框色

设置边框色的步骤如下。

(1)单击文本框。

(2)切换到“格式”选项卡,单击“形状样式”组中的“形状轮廓”按钮。

(3)在弹出的下拉列表框中选择“无轮廓”选项。

3. 进一步调整效果

如果需要进一步调整效果,也可利用“格式”选项卡中的“编辑形状”按钮对文本框的形状进行修改,效果如图 5-43 所示。

图 5-43

如果需要手动设置文本框的样式,可单击“形状样式”组的对话框启动器,在打开的“设置形状格式”任务窗格中进行相关设置。

互动练习

(1)在文档的适当位置插入文本框,并在文本框中输入文本,修改文本框的样式,效果如图 5-44 所示。

(2)在文档的适当位置插入形状并进行编辑,效果如图 5-45 所示。

图 5-44

图 5-45

提示

如果在文档中插入的图片、绘制的图形、插入的文本框和剪贴画等多个对象的位置已调整就绪，为避免它们的位置关系在以后的操作中被改变，可将这些对象组合起来。操作方法是：按住 Shift 键的同时分别单击各对象，然后单击“格式”选项卡的“排列”组中的“组合”按钮，在弹出的下拉菜单中选择“组合”命令即可，如图 5-46 所示。

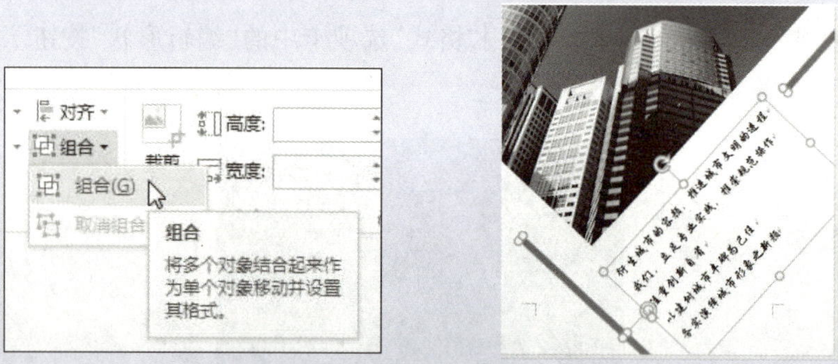

(a) (b)

图 5-46

任务 5.3 制作企业组织架构页面

任务描述

为了使文字之间的关联更加清晰，人们常常使用配有文字的插图。对于普通的文档，只需绘制形状，然后在其中输入文字即可满足要求；但如果想制作出具有专业设计师水准的插图，则需要借助 SmartArt 图形。本任务需要完成企业宣传册中的企业组织架构页面的制作，最终效果如图 5-47 所示。

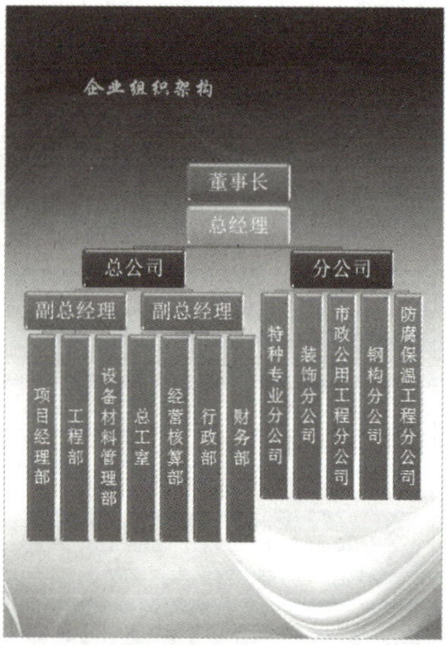

图 5-47

任务分析

SmartArt 图形包括列表、流程、循环、层次结构、关系、矩阵和棱锥图等。本任务可运用 SmartArt 图形中的“层次结构”来完成。操作思路如下：插入 SmartArt 图形；编辑 SmartArt 图形，即完成 SmartArt 图形的布局、样式和颜色设置。

任务实施

活动 1　插入 SmartArt 图形

Word 2016 提供了多种样式的 SmartArt 图形，用户可根据需要选择适当的样式插入文档，操作方法如下。

(1)将插入点定位在需要插入 SmartArt 图形的位置，单击“插入”选项卡的“插图”栏中的 SmartArt 按钮。

(2)在打开的“选择 SmartArt 图形”对话框中选择所需的布局样式，如图 5-48 所示。

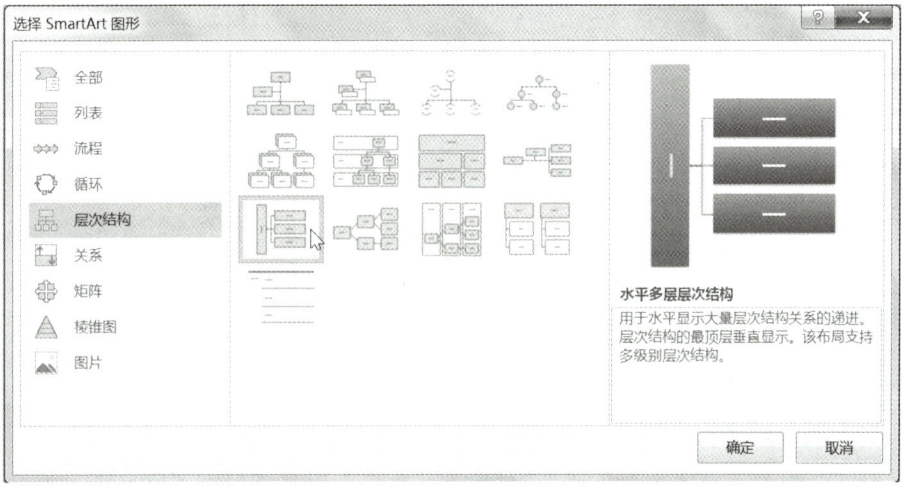

图 5-48

(3)单击“确定”按钮，将 SmartArt 图形插入文档，如图 5-49 所示。

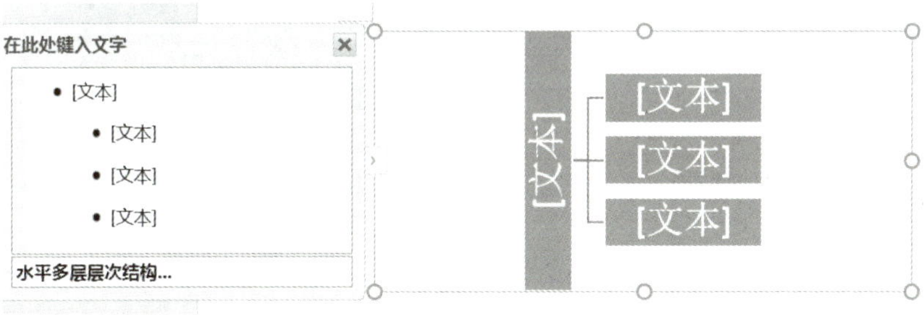

图 5-49

(4)单击 SmartArt 图形中的一个形状，在光标闪烁处输入文本；或者单击左侧文本窗格中的“[文本]”，在光标闪烁处输入文本。

互动练习

运用 SmartArt 图形制作素材中的“企业组织架构图”，操作提示如下。

（1）执行插入 SmartArt 图形的命令。新建一个空白文档，将其保存为“企业组织架构”。在文档中输入标题后，将插入点定位在下一行的行首位置。单击“插入”选项卡中的 SmartArt 按钮。

（2）选择 SmartArt 图形。打开“选择 SmartArt 图形”对话框，单击左侧窗口中的“层次结构”样式，选择“组织结构图”图标，如图 5-50 所示。单击“确定”按钮，SmartArt 图形即被插入文档。

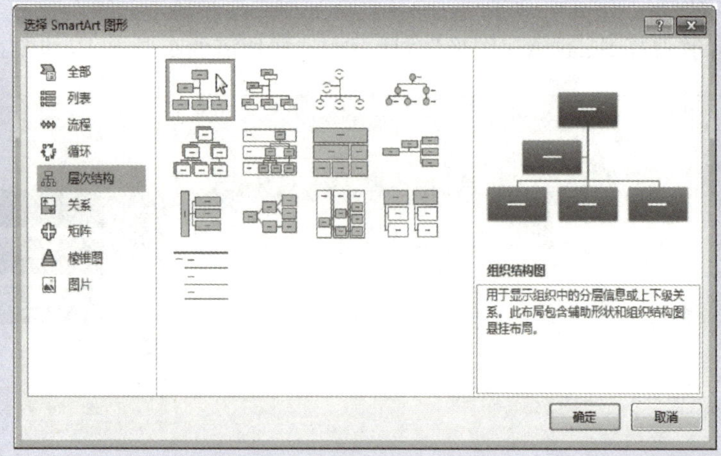

图 5-50

（3）输入文本。单击文本窗格中的[文本]，在光标闪烁处输入文字。当在默认的形状中已输入文本，还需继续输入文本时，按 Enter 键，可在出现的[文本]中继续输入文字，如图 5-51 所示。

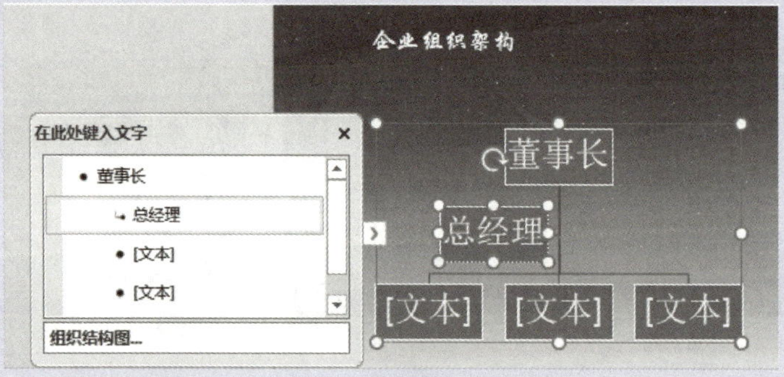

图 5-51

很显然，这个图形并不符合任务的要求，我们需要对其进行编辑操作。

活动2 编辑 SmartArt 图形

1. SmartArt 工具的“设计”选项卡和“格式”选项卡

插入 SmartArt 图形后将激活 SmartArt 工具的“设计”选项卡（见图 5-52）和“格式”选项卡（见图 5-53），通过这两个选项卡中的按钮或列表框可对 SmartArt 图形的布局、颜色、样式等进行编辑。

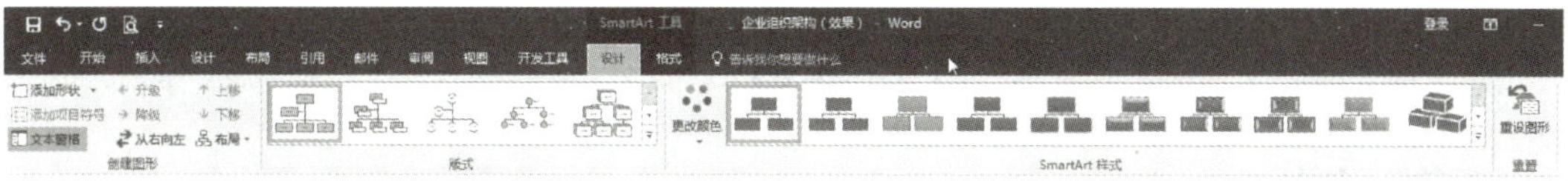

图 5-52

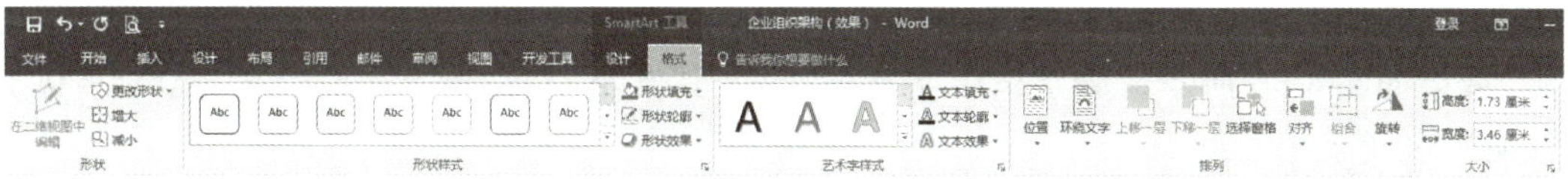

图 5-53

各主要按钮或列表框的功能介绍如下。

（1）“添加形状”按钮。单击该按钮右侧的按钮，在弹出的下拉列表中可选择为 SmartArt 图形添加形状的位置。

（2）“版式”下拉列表框。利用“版式”下拉列表框中的选项可为 SmartArt 图形重新定义布局样式。

（3）“更改颜色”按钮。单击该按钮，在弹出的下拉列表框中选择 SmartArt 图形要设置的颜色。

（4）“SmartArt 样式”下拉列表框。在该下拉列表框中选择 SmartArt 图形的样式。

（5）“重设图形”按钮。单击该按钮，将取消对 SmartArt 图形的任何操作，恢复到原来的样子。

（6）“形状样式”下拉列表框。选择 SmartArt 图形中的形状，在“形状样式”下拉列表框中设置形状的样式。

（7）“艺术字样式”下拉列表框。在该下拉列表框中可为选择的文字应用样式。

（8）“文本填充”按钮。单击该按钮，在弹出的下拉列表中可为选择的文字设置文本填充色。

（9）“文本轮廓”按钮。单击该按钮，在弹出的下拉列表中可为选择的文字设置文本边框的样式和颜色。

（10）“文本效果”按钮。单击该按钮，在弹出的下拉列表中可为选择的文字设置特殊的文本效果，如发光、阴影等。

2. 删除和添加形状

删除和添加形状的步骤是：将“总经理”对应的图文框选中并删掉[见图 5-54(a)]；输入

下方图文框中的内容，并将多余的图文框删除［见图 5-54(b)］；选中“总经理”，单击“添加形状”下拉按钮，在弹出的下拉列表中选择“在下方添加形状”命令，在其下方添加形状，效果如图 5-54(c)所示。

(a) (b) (c)

图 5-54

3. 输入文本

输入文本的步骤是：继续添加“分公司”并修改文本内容；参照上面的步骤，在“总公司”和“分公司”的下方添加形状，将文本内容全部填写完成，并修改“版式”为“标记的层次结构”，效果如图 5-55 所示。分别选中文本框，改变其大小，并设置字号为“24”“20”，字体为“宋体”，效果如图 5-56 所示。

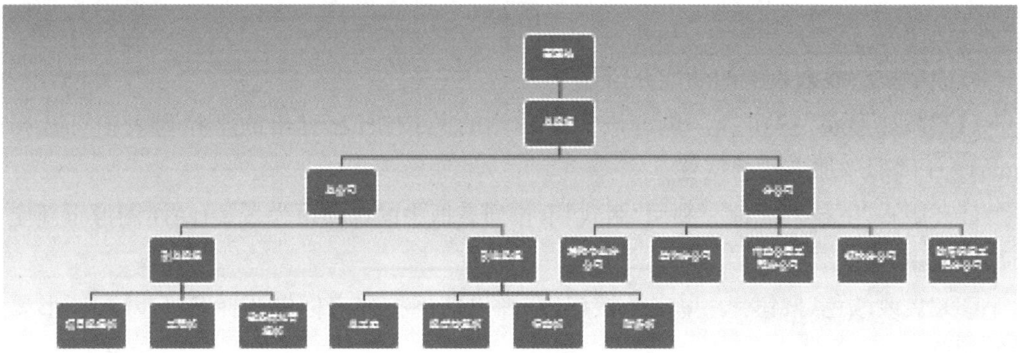

图 5-55

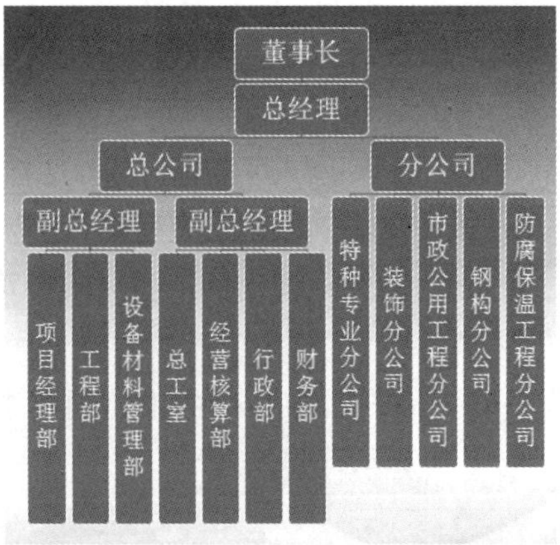

图 5-56

技巧

按住 Shift 键的同时单击下方各文本框，然后拖曳鼠标即可使各文本框获得统一的大小。

4. 更改 SmartArt 图形的颜色

更改 SmartArt 图形颜色的步骤是：选中 SmartArt 图形，激活 SmartArt 工具的“设计”选项卡和“格式”选项卡。切换到“设计”选项卡，单击“SmartArt 样式”组中的“更改颜色”按钮，在弹出的下拉列表框中选择“彩色范围-个性色 3 至 4”选项，效果如图 5-57 所示。

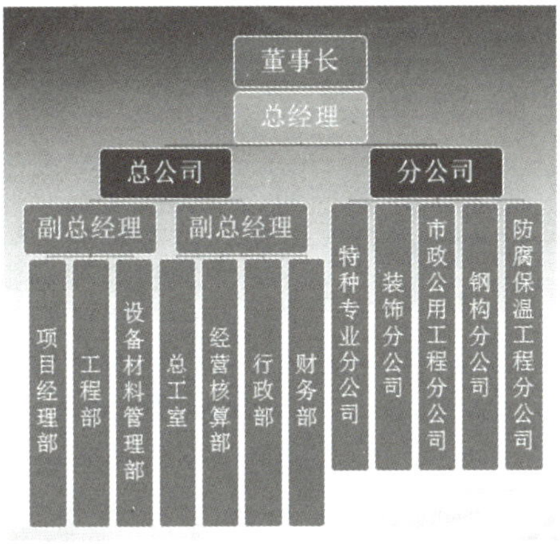

图 5-57

5. 更改 SmartArt 图形的样式

更改 SmartArt 图形样式的步骤是：在“设计”选项卡中，从“SmartArt 样式”下拉列表框中选择“三维”栏中的“优雅”选项，效果如图 5-58 所示。

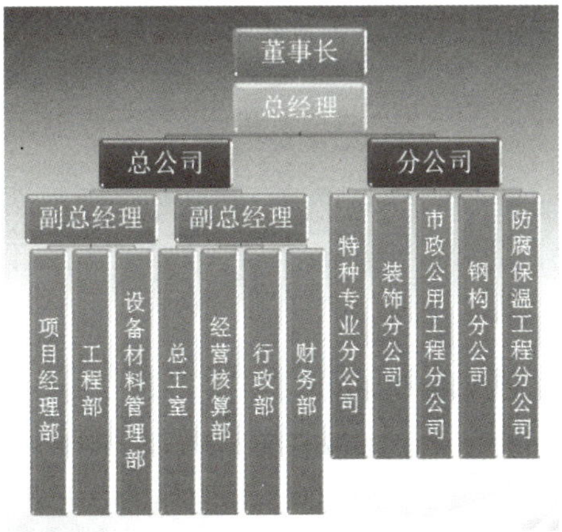

图 5-58

6. 更改形状样式

更改形状样式的步骤是：按住 Ctrl 键的同时单击多个文本框的背景。切换到“格式”选项卡，在“形状样式”下拉列表框中选择要使用的外观样式，如图 5-59 所示。使用同样的方法可设置其他形状的效果。

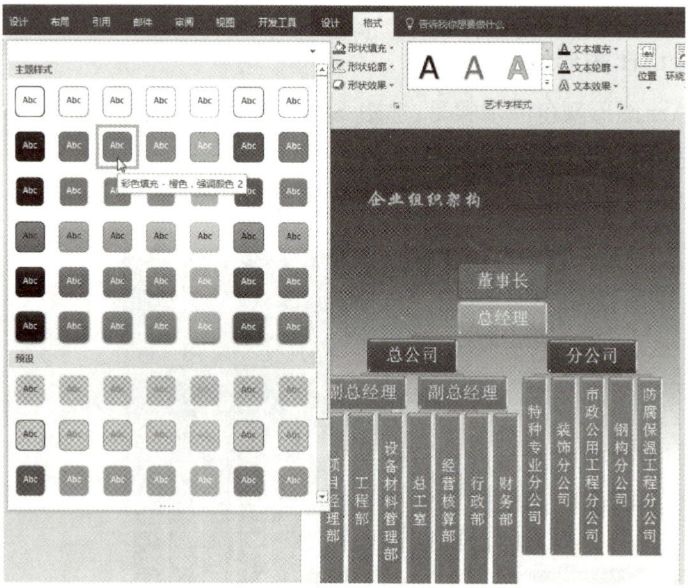

图 5-59

扫码测试

实训项目

实训 1　制作公司宣传页

实训要求：利用“项目 5\实训 1”中的图片素材制作如图 5-60 所示的文档，并保存在“项目 5\实训 1”文件夹中。

操作提示如下。

(1)分别插入两个图片。

(2)编辑图片，可设置为“衬于文字下方”，调整位置。

(3)绘制竖排文本框，在其中输入文字。

(4)设置文字的字体、字号、颜色和行间距。

(5)文本框的填充色和边框的颜色都设置为无色。

图 5-60

实训 2 制作广告宣传页

实训要求：利用“项目 5\实训 2”中的图片素材制作如图 5-61 所示的文档，并保存在“项目 5\实训 2”文件夹中。

图 5-61

操作提示如下。

(1)设置页边距为“窄”。

(2)插入图片，设置为“衬于文字下方”，调整图片的大小和位置。

(3)分别插入艺术字，编辑艺术字。

(4)绘制文本框，在其中输入文字。

(5)改变文本框的填充色和边框的颜色，改变文本框的形状。设置文字格式。

实训3　制作企业目标工资考核与发放工作流程图

实训要求：利用“项目5\实训3”中的图片素材制作如图5-62所示的文档，并保存在“项目5\实训3”文件夹中。

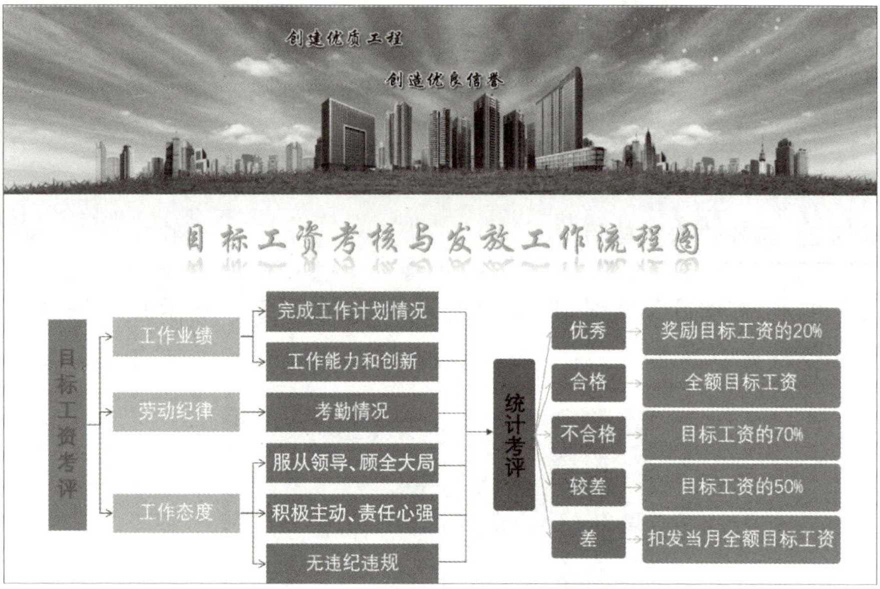

图5-62

操作提示如下。

(1)设置纸张方向为横向。

(2)在文档中插入图片。

(3)插入SmartArt图形，添加形状、调整位置并输入文字。

(4)设置SmartArt图形的颜色和样式。

(5)插入形状，连接两个SmartArt图形。

(6)保存文档。

项目 6

制作企业宣传册——表格设计

知识目标

掌握建立表格的方法。

熟练掌握编辑表格的方法。

掌握美化表格的方法。

掌握表格中数据的简单运算方法。

技能目标

会制作常用的表格。

能对表格进行编辑。

能对表格中的数据进行操作。

能制作美观大方的表格。

设计表格也是 Word 的一个重要功能，掌握一些常用的方法和技巧，有助于做出新颖、独特的表格。在 Word 2016 中，对表格的控制更加自由。本项目将完成精品楼盘汇总表和精品楼盘展示表的制作。

任务6.1 制作精品案例展示页面

任务描述

本任务将使用 Word 2016 设计一个精品楼盘汇总表，效果如图 6-1 所示。

河南华夏集团有限公司精品楼盘汇总表

建筑名称	建筑类型	参考价格 (元/平米)	地理位置	建成年份
西郡兰庭	多层，小高层，高层	10999	建安区	2011
城南名著	独栋别墅，联排别墅	13000	许都区	2014
龙湖壹号	标准写字楼	45000	许东新区	2016
江南小镇	联排别墅，多层，高层	6000	霸陵区	2010
逸湖名居	多层	4699	经开区	2009
天伦紫台	多层，高层	13275	惠济区	2015

图 6-1

任务分析

完成本任务的操作思路是：新建文档，创建表格，输入表格内容，保存文档。

任务实施

活动 1 创建表格

Word 2016 提供了强大的表格处理功能，利用 Word 2016 既可以创建行、列规则的表格，也可以手动绘制不规则的表格。

1. 使用表格网格框创建表格

使用表格网格框创建表格的操作步骤如下。

(1)将光标移到待插入表格的位置，切换到“插入”选项卡，然后单击“表格”组中的“表格”按钮。在弹出的下拉列表中有一个虚拟表格，此时移动鼠标就可以选择表格的行和列，如图 6-2 所示。

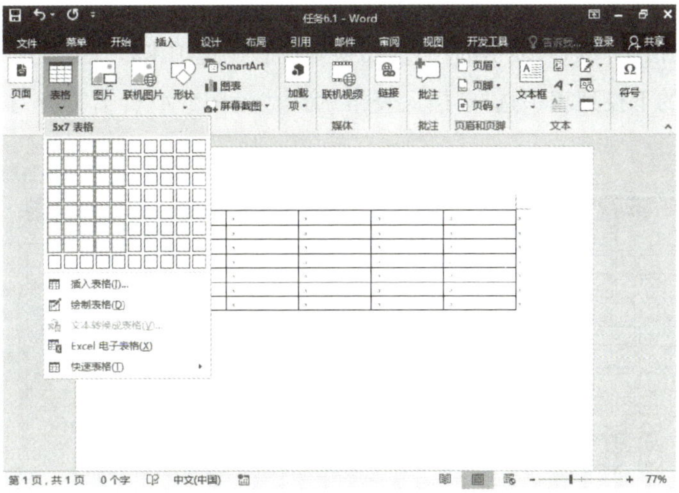

图 6-2

(2)单击,在文档中插入一个 7 行 5 列的表格,如图 6-3 所示。

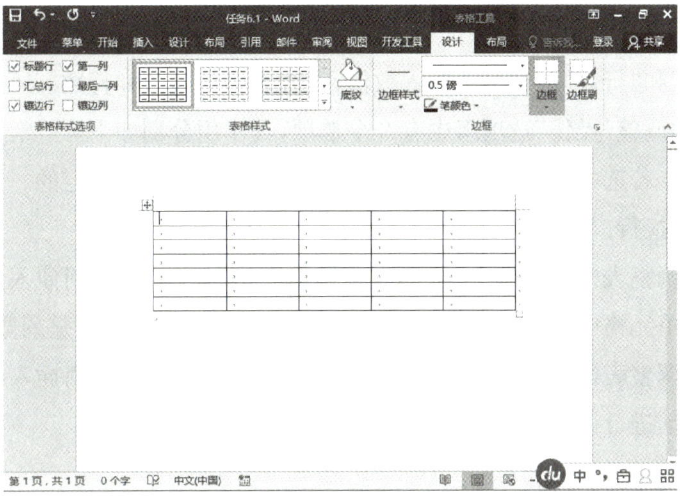

图 6-3

提示

被选定表格区域呈现橙色,同时在左上方显示"5×7 表格"的提示文字,并在文档中模拟出所选表格,但此时并没有真正插入文档。用这种方法最多只能创建 10×8 的表格。

2. 使用"插入表格"对话框创建表格

当表格范围超出 10×8 时,可以使用"插入表格"命令灵活地插入所需要的表格。操作步骤如下。

(1)将光标定位于待插入表格的位置，切换到“插入”选项卡，然后单击“表格”组中的“表格”按钮，在弹出的下拉列表中选择“插入表格”命令[见图 6-4(a)]，打开“插入表格”对话框[见图 6-4(b)]。

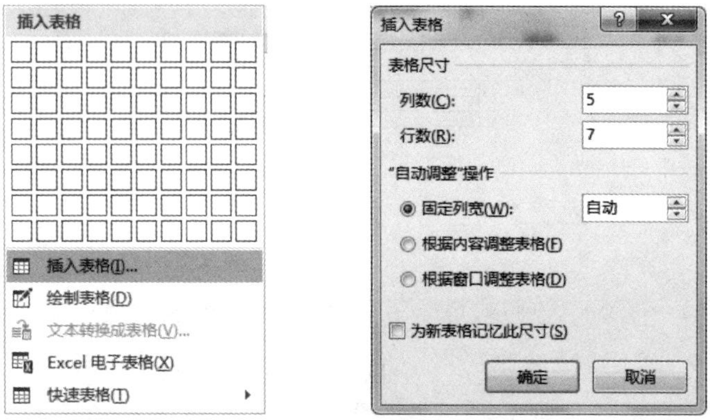

(a) (b)

图 6-4

(2)在“列数”和“行数”微调框中输入数值，设置表格的列数和行数。

(3)在“‘自动调整’操作”选项组中有 3 个选项，其作用分别如下。

①固定列宽。若选中“固定列宽”单选按钮，则表格的宽度是固定的。当单元格中的内容过多时，会自动换行。

②根据内容调整表格。若选中“根据内容调整表格”单选按钮，则插入的表格会缩小至最小状态。当在单元格中输入内容时，表格会根据输入的内容自动调整列宽。

③根据窗口调整表格。若选中“根据窗口调整表格”单选按钮，则插入的表格会根据文档窗口的大小自动进行调整。

视频
手动绘制表格

3. 手动绘制表格

采用以上两种方法创建的表格的样式都很单一，但有些表格的行和列并不规整，此时可使用手动绘制表格的方式“画”出自己需要的表格。手动绘制表格的操作步骤如下。

(1)将插入点定位在需要插入表格的位置，单击“表格”组中的“表格”按钮。

(2)在弹出的下拉列表中选择“绘制表格”命令，此时鼠标指针变成形状。

(3)将鼠标指针移动到文档中需要绘制表格的位置，按住鼠标左键不放并拖动鼠标，出现一个表格的虚框(见图 6-5)，待达到合适大小后，释放鼠标左键，便生成一个表格的边框。

(4)在边框的任意位置处按住鼠标左键不放，根据需要向下、向右或斜向拖动绘制表格的竖线、横线或斜线。图 6-6 为绘制横线。

图 6-5

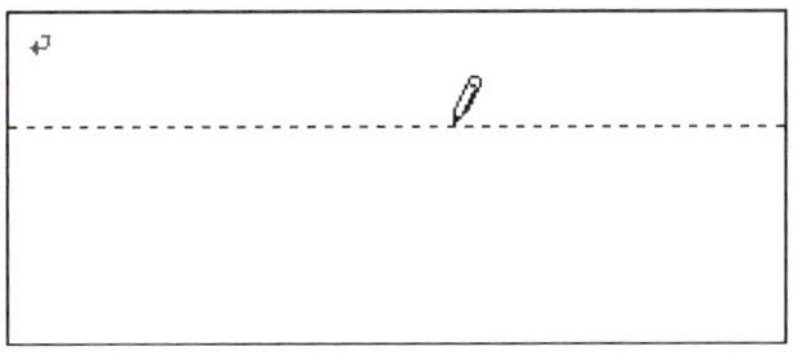

图 6-6

(5)使用相同的方法绘制表格的各条线,完成表格的绘制。双击文档的任意位置,可退出绘制表格状态,使光标变回原样。

活动 2 输入表格内容

表格创建好后,就可向表格中输入内容,其方法与在文档中输入文本的方法相同,只需将鼠标光标定位到单元格中,然后输入所需文本,并对文本格式进行设置。

1. 定位单元格

要向表格中输入内容,首先要将插入点光标定位到表格的单元格中。定位单元格的操作如表 6-1 所示。

表 6-1

操作方式	意　义
单击	可定位任何一个指向的单元格
按"←"键或"→"键	定位到当前单元格的前一个或后一个单元格
按"↑"键或"↓"键	定位到当前单元格的上一个或下一个单元格
按 Tab 键	定位到当前单元格的后一个单元格
按 Shift+Tab 组合键	定位到当前单元格的前一个单元格
按 Alt+Home 组合键	移动到本行的第一个单元格内
按 Alt+End 组合键	移动到本行的最后一个单元格内
按 Alt+Page Up 组合键	移动到本列的第一个单元格内
按 Alt+Page Down 组合键	移动到本列的最后一个单元格内

提示

当插入点位于最后一个单元格时,如果按 Tab 键,将增加一行。

2. 输入内容

定位好插入点后,就可以向表格中输入内容,在单元格中可以输入文本、数字、符号、图片等内容。这些内容的输入方法和前面讲过的输入方法相同,在此不再描述。

3. 设置文本格式

表格中的每个单元格类似于一个小的文档,可以在其中进行字体格式化、段落格式化及添加边框、底纹等操作。文本格式的设置方法与在文档中相同。

在单元格中也可以插入图片、剪贴画、艺术字等对象,对象的编辑方法和技巧同前,在设计图、文、表并茂的文本时,排版非常方便。

互动练习

在精品楼盘汇总表中输入内容,效果如图 6-1 所示。

任务 6.2 案例展示表格的编辑与修改

任务描述

在实际工作中,有时需要设计一些比较复杂的表格,这时就要对创建的表格进行编辑。本任务要求使用 Word 2016 设计精品楼盘展示表,效果如图 6-7 所示。

<table>
<tr><th colspan="6">精品楼盘——西郡兰庭</th></tr>
<tr><td colspan="2">名称</td><td colspan="2">西郡兰庭</td><td>装修状况</td><td>精装修</td></tr>
<tr><td colspan="2">均价</td><td colspan="2">10999 元/m^2</td><td>建筑面积</td><td>950343.99m^2</td></tr>
<tr><td colspan="2">楼层</td><td colspan="2">多层</td><td>产权年限</td><td>70 年</td></tr>
<tr><td colspan="2">绿化率</td><td colspan="2">36%</td><td>车位比</td><td>0.96</td></tr>
<tr><td colspan="2" rowspan="2">主要户型</td><td>A (33m^2)</td><td>B (72m^2)</td><td>C (89m^2)</td><td>D (123m^2)</td></tr>
<tr><td>1 室 1 厅</td><td>2 室 2 厅</td><td>3 室 1 厅</td><td>3 室 2 厅</td></tr>
<tr><td colspan="2">楼盘地址</td><td colspan="4">许州市航海路与第八大街交汇处向南 100 米</td></tr>
<tr><td rowspan="5">项目配套</td><td>地铁交通</td><td colspan="4">地铁 5 号线,129 路、K812 路等多路公交车通达</td></tr>
<tr><td>周边景观</td><td colspan="4">7000m^2中央大湖、70000m^2皇家园林、紧依航海广场</td></tr>
<tr><td>商业环境</td><td colspan="4">丹尼斯、富田财富广场、新华百货超市、福田购物广场</td></tr>
<tr><td>教学校区</td><td colspan="4">许州一中、许州十一中、许州市十五中及配套中小学</td></tr>
<tr><td>医疗配套</td><td colspan="4">许州市第三人民医院、骨伤外科医院</td></tr>
<tr><td colspan="2">项目简介
及效果图</td><td colspan="4">西郡兰庭位于航海路与第八大街交汇处南,占地 297 亩,总建筑面积64万平方米。周边学校、医院、金融、休闲等配套设施齐全,是许州市东移北扩的重点发展区域,城东价值洼地!住宅户型涵盖精致两房、舒适三房,满屋名牌 9A 精装。小区园林萃取欧陆园林精华,复制欧式水苑胜景,尊享臻美中央景观湖,造型各异的组团花园环绕四周,创造出欧陆景观的尊贵感受。喷泉广场、叠水景观、观景平台、观景亭等各色园林小品绕湖而建。满园依四季时序栽植的花木点缀其间,风姿绰约。携手业内资深设计大师,精品化施工、标准化管理,将精装品质渗透到细微之处。效果图如下:
</td></tr>
</table>

图 6-7

任务分析

完成本任务的操作思路是：在新文档中创建表格，调整表格在页面中的位置，合并、拆分单元格，调整表格的行高和列宽，输入内容，保存文档。

任务实施

活动 1　选择单元格、行、列与表格

首先创建一个 13 行 8 列的表格，保存为“精品楼盘展示表”。在表格上方输入标题“精品楼盘——西郡兰庭”。

技巧

如果需要表格下移一行，可将光标定位在“表头”单元格内[见图 6-8(a)]，然后按 Enter 键，结果如图 6-8(b)所示。

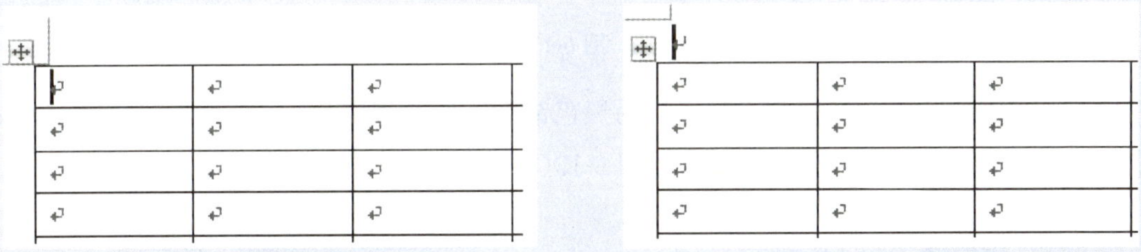

(a)　　　(b)

图 6-8

在对表格的内容进行编辑之前，首先应选择所要编辑的对象。对象不同，采用的选择方法也不同。

1. 选择单元格

(1)选择单个单元格。将鼠标指针指向某个单元格的左侧，当指针变为黑色箭头时，单击即可将该单元格选定，效果如图 6-9 所示。

(2)选择多个连续单元格。单击待选择区域的第一个单元格或将鼠标指针指向待选择单元格的左侧，当指针变为黑色箭头时，按住鼠标左键拖至待选择区域的最后一个单元格，拖动的起始位置到终止位置之间的单元格将被选定，效果如图 6-10 所示。

(3)选择多个不连续单元格。先选中第一个单元格，然后按住 Ctrl 键不放，依次单击待选择的其他单元格，选择完成后释放 Ctrl 键，即可完成不连续单元格的选定，效果如图 6-11

所示。

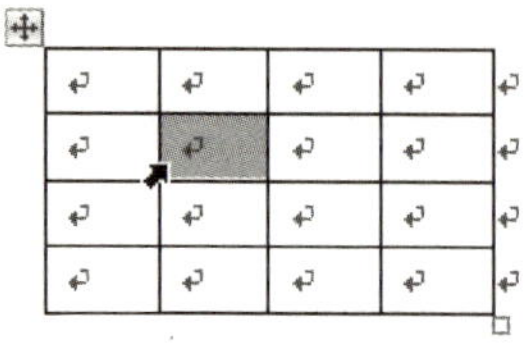

图 6-9

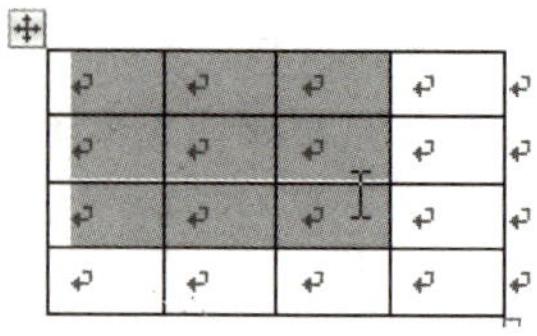

图 6-10

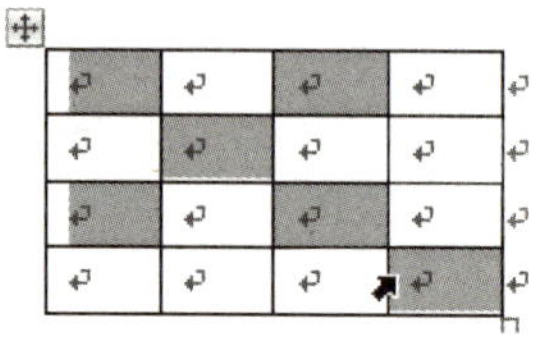

图 6-11

2. 选择行和列

单击某行左侧的选择行标记(形状为空箭头),即可选定该行,如图 6-12(a)所示;按住鼠标左键向下拖动,则可选定多行,如图 6-12(b)所示。

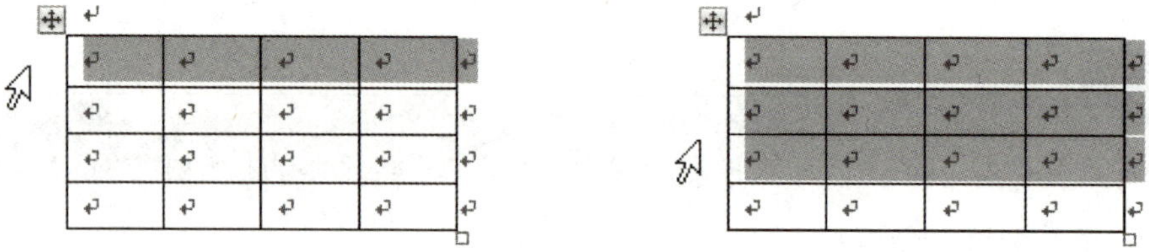

(a) (b)

图 6-12

单击某列上方的选择列标记(形状为黑色箭头),即可选定该列,如图 6-13(a)所示;按住鼠标左键向右移动,则可选定多列,如图 6-13(b)所示。

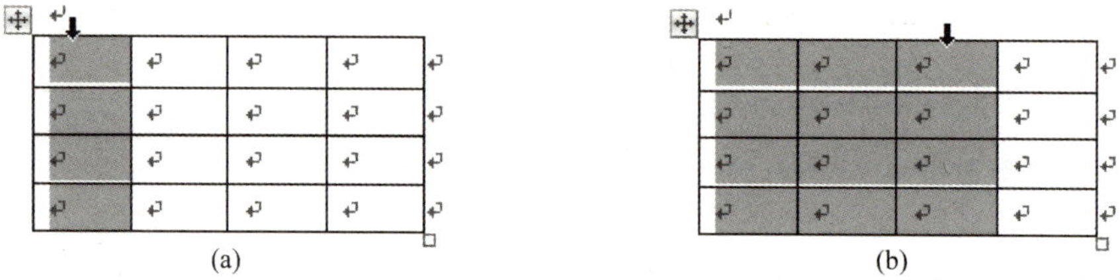

(a) (b)

图 6-13

提示

参照单元格的选择方法,借助 Shift 键可以选择连续的行或列,借助 Ctrl 键可以选择不连续的行或列。

3. 选择整个表格

将鼠标指针指向表格时,表格左上角会出现双向箭头标志,右下角会出现双格标志,单击任何一个标志都可以选择整个表格，如图 6-14 所示。

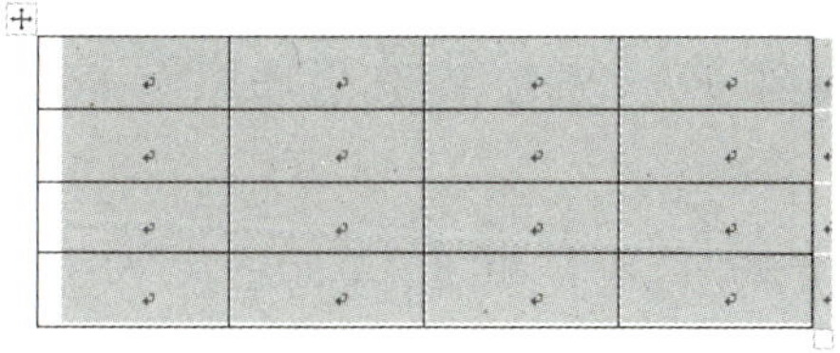

图 6-14

提示

通过功能区也可实现单元格、行、列和表格的选择。定位好光标的插入点，切换到“布局”选项卡，单击“表”组中的“选择”按钮，在弹出的下拉菜单中选择相应的命令即可。示例如图 6-15 所示。

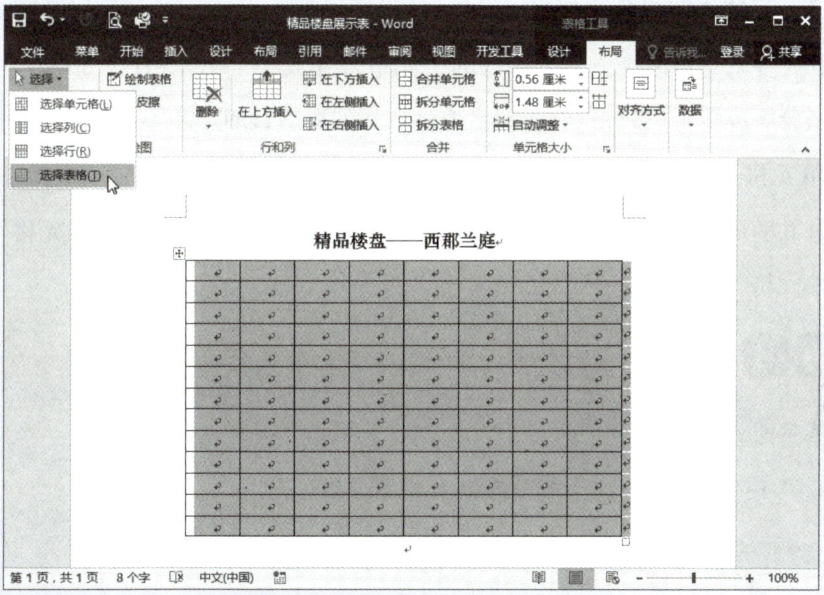

图 6-15

活动 2　调整表格在页面中的位置

如果表格的位置不合适，可以对其进行调整，即调整表格在页面中的位置。调整常用的方法有以下 4 种。

(1)先选择整个表格，切换到“开始”选项卡，然后单击“剪贴板”组中的“剪切”按钮✂，将插入点定位到表格待插入的起始位置，最后单击“粘贴”按钮。

(2)将鼠标指针指向表格左上角的“移动表格”标记上，按住鼠标左键将表格拖动到目标位置后松开鼠标左键即可。

(3)选中整个表格，切换到“开始”选项卡，然后选择“段落”组中的对齐方式。

(4)选中表格，切换到“布局”选项卡，单击“单元格大小”组中的“自动调整”按钮，在弹出的下拉列表中选择相应的命令，如图 6-16 所示。

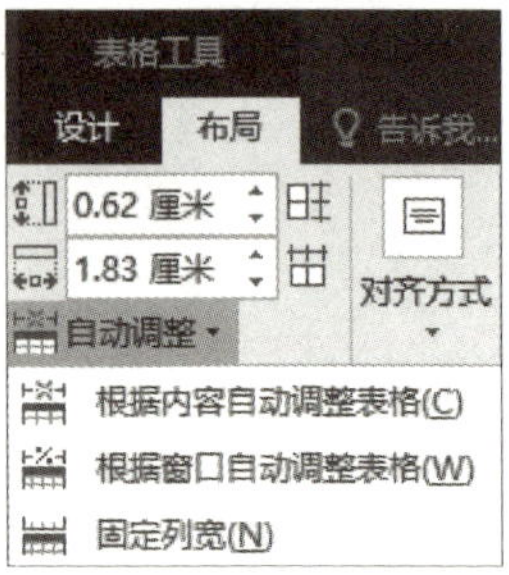

图 6-16

提示

常用的自动调整方式是“根据窗口自动调整表格”。

活动 3　单元格的合并与拆分

单元格的合并就是将两个或多个相邻的单元格合并成一个单元格；单元格的拆分就是将一个单元格分解成多个单元格，以达到增加行数和列数的目的。

1. 合并单元格

选择要合并的单元格，切换到“布局”选项卡，单击“合并”组中的“合并单元格”按钮，即可将所选单元格合并。

互动练习

在待完成的文档“精品楼盘展示表”中合并单元格，效果如图 6-17 所示。

图 6-17

操作提示如下。

(1)打开待完成文档“精品楼盘展示表”，选取需要合并的单元格，如图 6-18(a)所示。

(2)切换到“布局”选项卡，在“合并”组中单击“合并单元格”按钮，如图 6-18(b)所示；或右击需要合并的单元格，在弹出的快捷菜单中选择“合并单元格”命令，即可将所选单元格合并，如图 6-18(c)所示。

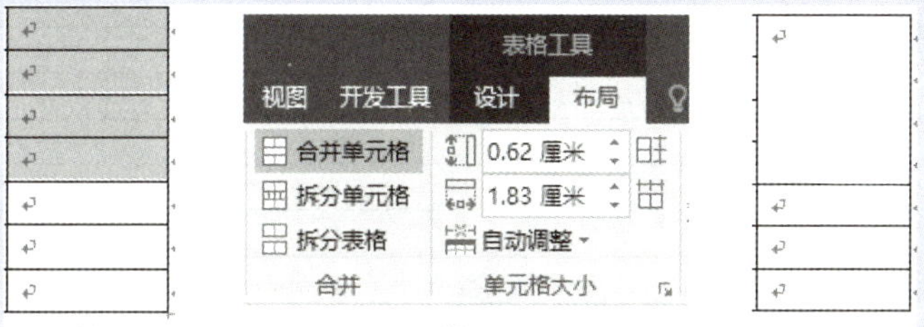

(a)　　(b)　　(c)

图 6-18

(3)使用相同的方法合并其他单元格。

2. 拆分单元格

如果要将一个单元格拆分为多个单元格，可按如下步骤操作。

(1)选择需要进行拆分的单元格[见图 6-19(a)]，切换到“布局”选项卡，单击“合并”组中的“拆分单元格”按钮▦，弹出“拆分单元格”对话框。

(2)在“拆分单元格”对话框中设置需要拆分的列数和行数[见图 6-19(b)]，然后单击“确定”按钮。此时，所选择的单元格就被拆分成所设置的列数和行数，结果如图 6-19(c)所示。

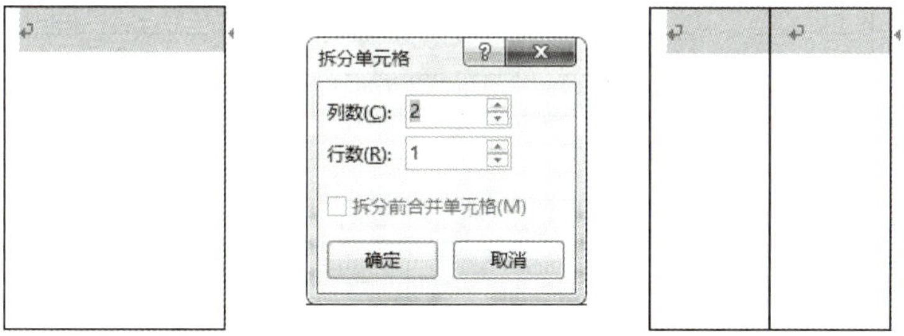

(a)　　(b)　　(c)

图 6-19

活动 4　设置表格的行高与列宽

如果单元格的高度和宽度不符合要求，可以根据需要进行调整，常用的调整方法有以下三种。

1. 利用鼠标拖动

(1)将鼠标指针移动到要改变高度的行的横线上，按住鼠标左键并拖曳鼠标调整高度，虚线表示调整后的高度，如图 6-20 所示。松开鼠标左键，该行的高度被改变。

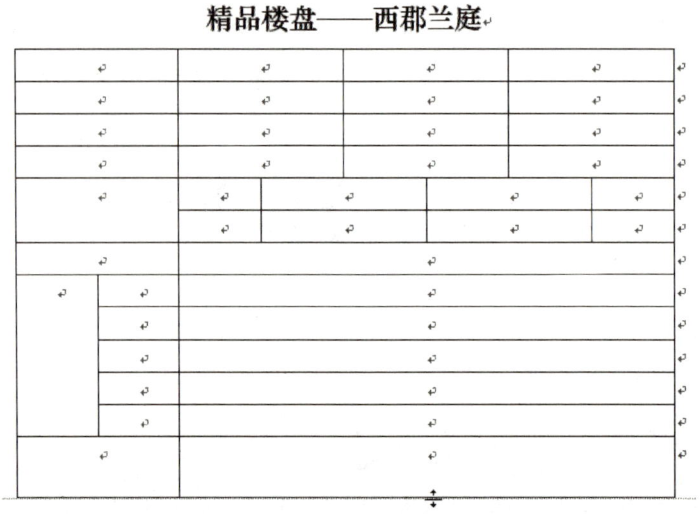

图 6-20

（2）将鼠标指针移动到要改变宽度的列的竖线上，按住鼠标左键并拖曳鼠标调整宽度，虚线表示调整后的宽度，如图 6-21 所示。松开鼠标左键，该列的宽度被改变。

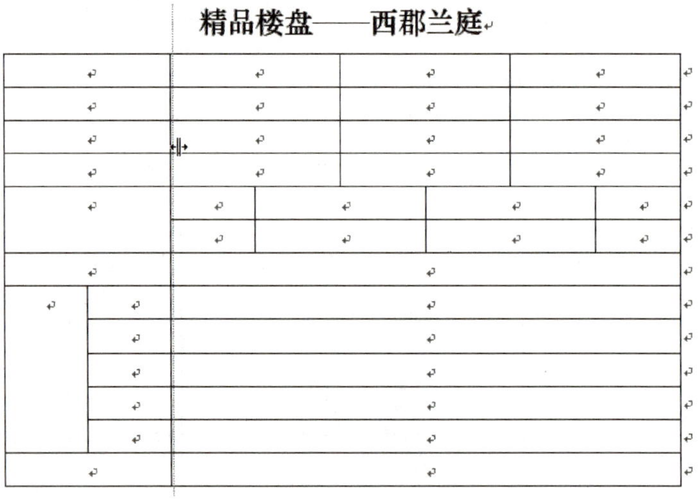

图 6-21

互动练习

通过单元格的合并、拆分及行高和列宽的调整，完成“精品楼盘——西郡兰庭”表的结构制作，效果如图 6-22 所示。

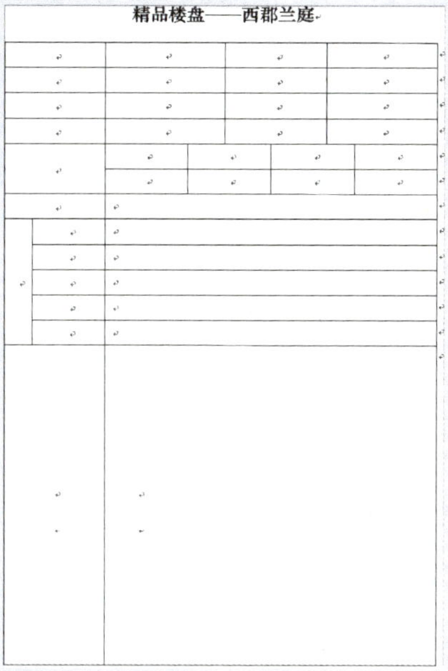

图 6-22

操作提示：选中某单元格，可对其边线单独进行调整，如图 6-23 所示。此外，在按住 Alt 键的同时拖曳鼠标，可以精确地调整移动的位置。

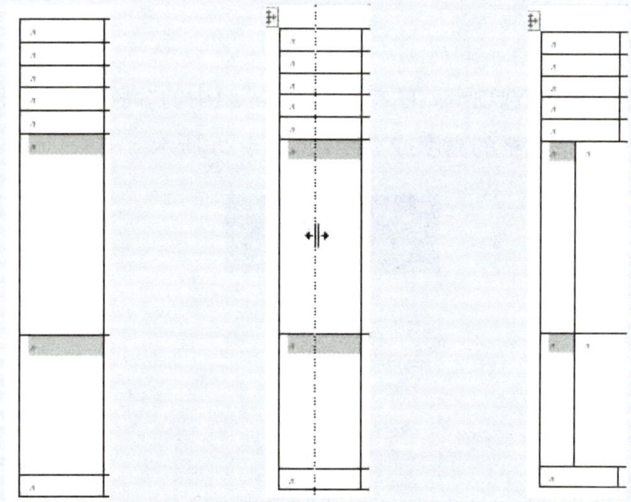

(a) 选中单元格　　(b) 移动右边线　　(c) 调整后的单元格

图 6-23

2. 通过对话框设置

利用鼠标拖动只能大致调整表格的行高和列宽，要想精确调整，则必须通过对话框进行设置。

(1)将光标定位到待调整行或列的某个单元格内，切换到“布局”选项卡，单击“单元格大小”组中的↘按钮，弹出“表格属性”对话框，如图 6-24 所示。

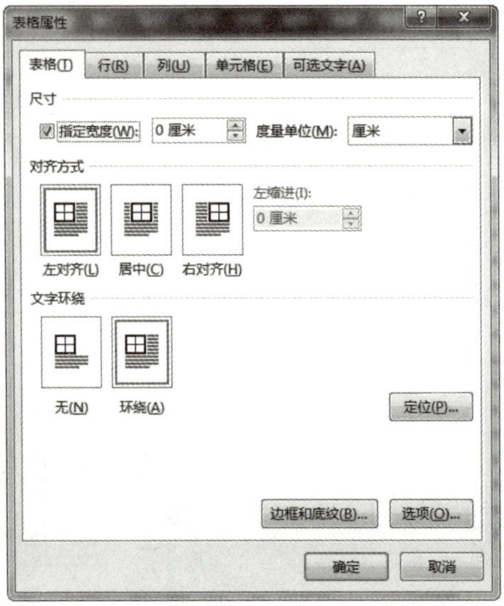

图 6-24

(2)单击“行”选项卡，选中“指定高度”复选框，在其后的微调框中输入数值；单击“列”选项卡，选中“指定宽度”复选框，在其后的微调框中输入数值。

3. 通过表格工具设置

选中对象，切换到“布局”选项卡，在“单元格大小”组中的“高度”或“宽度”微调框中输入具体数值，即可精确设置单元格的高度或宽度，如图 6-25 所示。

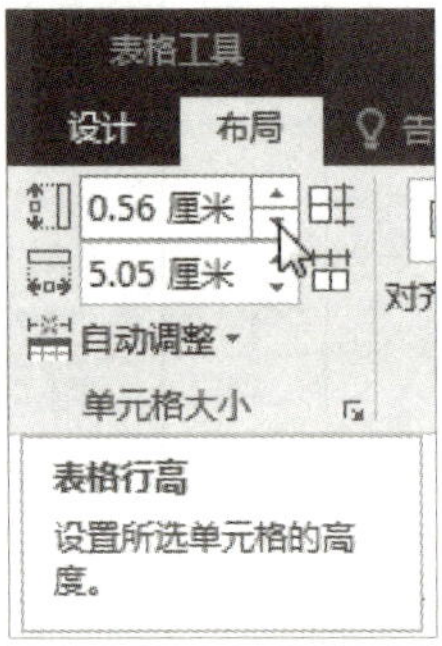

图 6-25

活动 5　行或列的插入和删除

当表格范围不符合要求时，可根据需要插入或删除单元格的行或列。

1. 利用“行和列”组插入行或列

将光标定位在待插入位置的任意一个单元格内，切换到“布局”选项卡，单击“行和列”组中的相应按钮（见图 6-26），即可在指定位置插入相应的行或列。

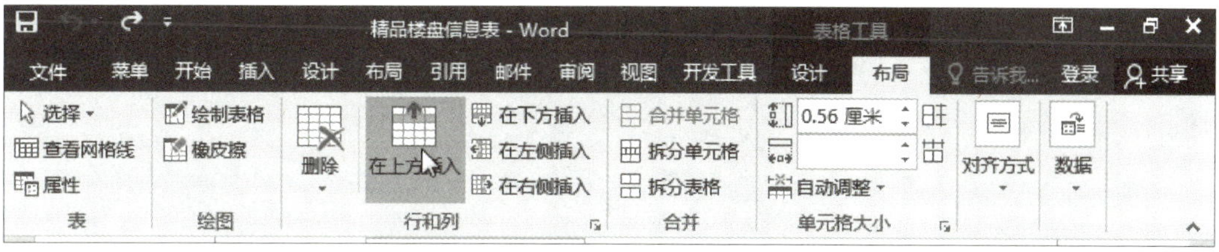

图 6-26

2. 利用快捷菜单插入行或列

将光标定位在待插入位置的某个单元格内，右击，从弹出的快捷菜单中选择“插入”命令下面的子命令（见图 6-27），即可插入行或列。

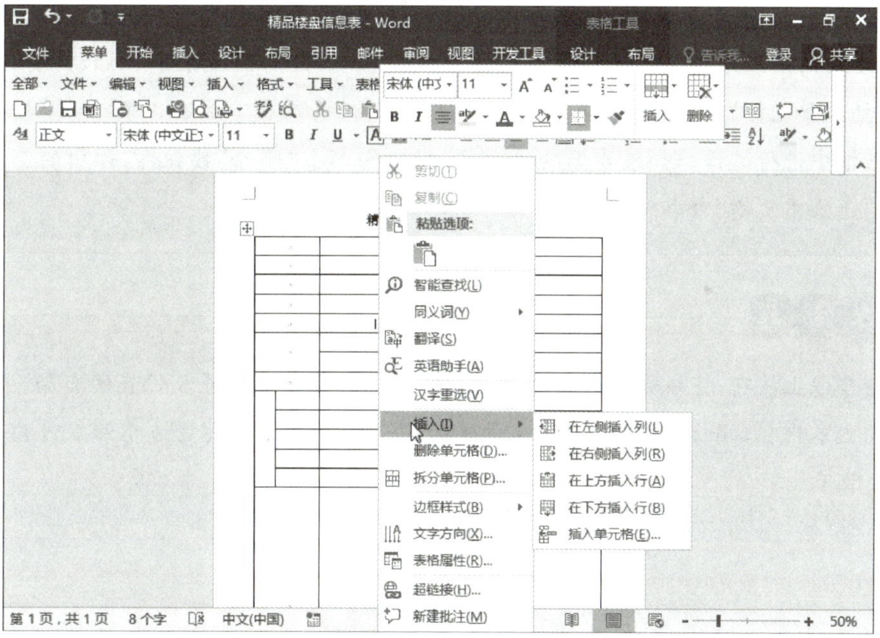

图 6-27

3. 利用按钮插入行或列

在表格中，将光标指向表格左边或上边的行列交汇处时会出现⊕按钮，单击⊕按钮便可插入 1 行或 1 列。

4. 删除行或列

将光标定位在待删除位置的任意一个单元格内，切换到“布局”选项卡，单击“行和列”组中的“删除”按钮，从弹出的下拉菜单中选择“删除行”或“删除列”命令（见图 6-28），即可完成相应行或列的删除。

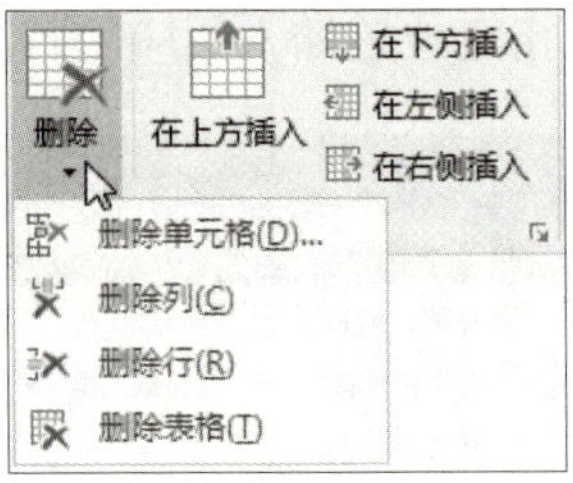

图 6-28

5. 删除表格

删除表格的操作步骤是：在待删除表格内单击，切换到“布局”选项卡；单击“行和列”组中的“删除”按钮，从弹出的下拉菜单中选择“删除表格”命令。

提示

单元格的插入方法与插入行或列的方法相似，如果使用快捷菜单，则只需要选择“插入”→“插入单元格”命令；如果使用“行和列”组，则只需单击按钮，从弹出的“插入单元格”对话框中进行选择。如果要删除单元格，则只需单击“删除”按钮，在弹出的下拉菜单中选择“删除单元格”命令。

互动练习

结合以上技巧，完成精品楼盘展示表及其单元格的大小设置和位置的布局，并输入相应的文本内容，编辑文本格式（建议设置为“居中”对齐），并设置边框和底纹，效果如图 6-7 所示。

任务 6.3　案例展示表格的美化

任务描述

任务 1：使用 Word 2016 对“河南华夏集团有限公司精品楼盘汇总表”进行表格对齐、文本对齐，并套用表格样式进行美化，效果如图 6-29 所示。

河南华夏集团有限公司精品楼盘汇总表				
建筑名称	**建筑类型**	**参考价格（元/m²）**	**地理位置**	**建成年份**
西郡兰庭	多层,小高层,高层	10999	建安区	2011
城南名著	独栋别墅,联排别墅	13000	许都区	2014
龙湖壹号	标准写字楼	45000	许东新区	2016
江南小镇	联排别墅,多层,高层	6000	灞陵区	2010
逸湖名居	多层	4699	经开区	2009
天伦紫台	多层，高层	13275	惠济区	2015

图 6-29

任务 2:对任务 6.2 中的“精品楼盘展示表”通过设置边框和底纹进行美化,并突出重点内容,效果如图 6-30 所示。

<table>
<tr><td colspan="6">精品楼盘——西郡兰庭</td></tr>
<tr><td colspan="2">名称</td><td colspan="2">西郡兰庭</td><td>装修状况</td><td>精装修</td></tr>
<tr><td colspan="2">均价</td><td colspan="2">10999 元/m²</td><td>建筑面积</td><td>950343.99m²</td></tr>
<tr><td colspan="2">楼层</td><td colspan="2">多层</td><td>产权年限</td><td>70 年</td></tr>
<tr><td colspan="2">绿化率</td><td colspan="2">36%</td><td>车位比</td><td>0.96</td></tr>
<tr><td colspan="2" rowspan="2">主要户型</td><td>A（33m²）</td><td>B（72m²）</td><td>C（89m²）</td><td>D（123m²）</td></tr>
<tr><td>1 室 1 厅</td><td>2 室 2 厅</td><td>3 室 1 厅</td><td>3 室 2 厅</td></tr>
<tr><td colspan="2">楼盘地址</td><td colspan="4">许州市航海路与第八大街交汇处向南 100 米</td></tr>
<tr><td rowspan="5">项目配套</td><td>地铁交通</td><td colspan="4">地铁 5 号线，129 路、K812 路等多路公交车通达</td></tr>
<tr><td>周边景观</td><td colspan="4">7000m² 中央大湖、70000m² 皇家园林、紧依航海广场</td></tr>
<tr><td>商业环境</td><td colspan="4">丹尼斯、富田财富广场、新华百货超市、福田购物广场</td></tr>
<tr><td>教学校区</td><td colspan="4">许州一中、许州十一中、许州市十五中及配套中小学</td></tr>
<tr><td>医疗配套</td><td colspan="4">许州市第三人民医院、骨伤外科医院</td></tr>
<tr><td colspan="2">项目简介
及效果图</td><td colspan="4">西郡兰庭位于航海路与第八大街交汇处南，占地 297 亩，总建筑面积64万平方米。周边学校、医院、金融、休闲等配套设施齐全，是许州市东移北扩的重点发展区域，城东价值洼地！住宅户型涵盖精致两房、舒适三房，满屋名牌 9A 精装。小区园林萃取欧陆园林精华，复制欧式水苑胜景，尊享臻美中央景观湖，造型各异的组团花园环绕四周，创造出欧陆景观的尊贵感受。喷泉广场、叠水景观、观景平台、观景亭等各色园林小品绕湖而建。满园依四季时序栽植的花木点缀其间，风姿绰约。携手业内资深设计大师，精品化施工、标准化管理，将精装品质渗透到细微之处。效果图如下：
</td></tr>
</table>

图 6-30

任务分析

完成本任务的操作思路是:对任务 6.1 中的"河南华夏集团有限公司精品楼盘汇总表"设置表格对齐方式、文本对齐方式,套用表格样式;对任务 6.2 中的"精品楼盘展示表"设置表框和底纹;保存文档。

任务实施

活动 美化表格

在表格中添加完文字和数据后,通常还需对其进行一定的修饰操作。为了使表格整齐、美观,可以对其设置相应的格式,如对齐方式、样式、边框和底纹等。

1. 设置表格的对齐方式

默认情况下,新创建的表格采取左对齐方式。更改对齐方式的操作方法如下。

(1)将光标定位在表格中,切换到"布局"选项卡,然后单击"表"组中的"属性"按钮,弹出"表格属性"对话框,如图 6-31 所示。

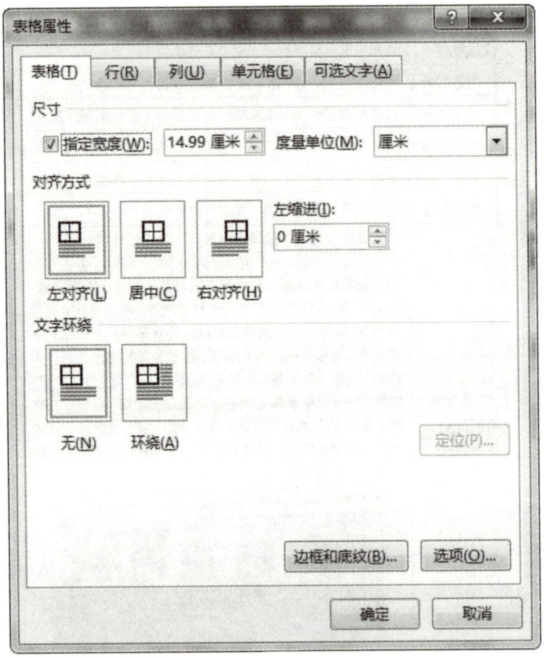

图 6-31

(2)切换到"表格"选项卡,在"对齐方式"选项组中选择对齐方式,这里选择"居中",设置完成后,单击"确定"按钮。

2. 设置文本的对齐方式

为了使单元格内的文本更加整齐、美观，应对其设置相应的对齐方式。具体步骤如下。

(1)选择需要设置对齐方式的一个或多个单元格。

(2)切换到“布局”选项卡，在“对齐方式”组中有 9 种方式可供选择，单击需要的形式的按钮即可，如图 6-32 所示。

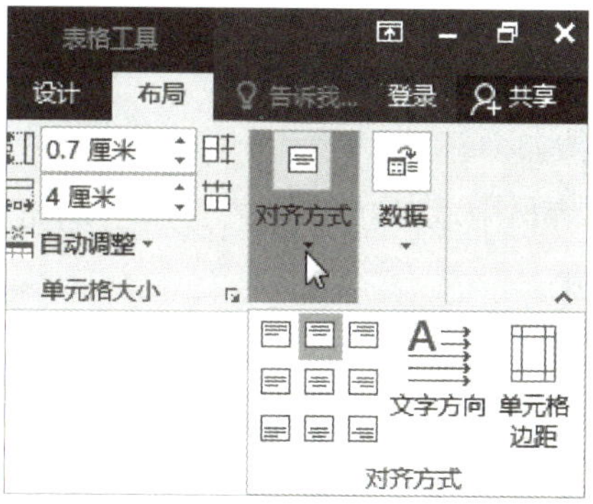

图 6-32

这 9 种对齐方式的含义分别如下。

①靠上两端对齐。文字靠单元格左上角对齐。

②靠上居中对齐。文字居中，并靠单元格顶部对齐。

③靠上右对齐。文字靠单元格右上角对齐。

④中部两端对齐。文字垂直居中，并靠单元格左侧对齐。

⑤水平居中。文字在单元格内水平和垂直都居中。

⑥中部右对齐。文字垂直居中，并靠单元格右侧对齐。

⑦靠下两端对齐。文字靠单元格左下角对齐。

⑧靠下居中对齐。文字垂直居中，并靠单元格底部对齐。

⑨靠下右对齐。文字靠单元格右下角对齐。

提示

设置单元格的对齐方式也可通过快捷菜单来实现，在所选择的单元格内右击，从弹出的快捷菜单中选择“表格属性”命令，打开“表格属性”对话框，在“单元格”选项卡中选择合适的方式即可。要想改变单元格的文字方向，只需在所选择的单元格内右击，从弹出的快捷菜单中选择“文字方向”命令，在弹出的“文字方向-表格单元格”对话框中进行设置。

3. 套用表格样式

创建表格后，除了表格的“布局”选项卡被激活外，“设计”选项卡也被激活。“设计”选项卡的“表格样式”组中有许多表格样式可供用户直接套用，如图 6-33 所示。

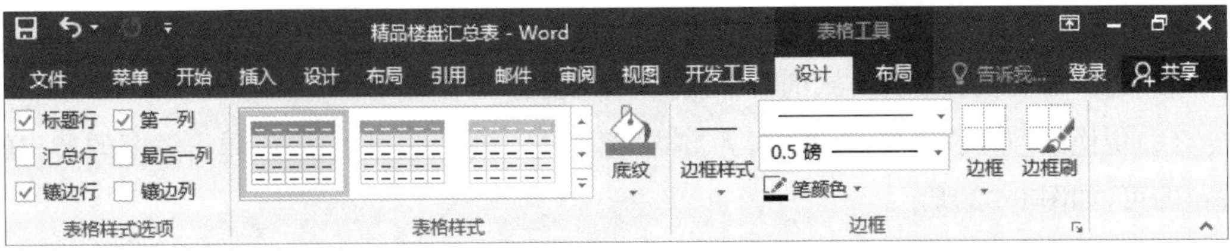

图 6-33

套用表格样式的操作步骤如下。

(1)将插入点定位在选定表格中，切换到“设计”选项卡；单击“表格样式”组的下拉按钮，在下拉列表框中查看表格样式。

(2)当选择某个表格样式时，可以在文档中看到其效果，单击该表格样式即可将其应用到当前表格中，示例如图 6-34 所示。

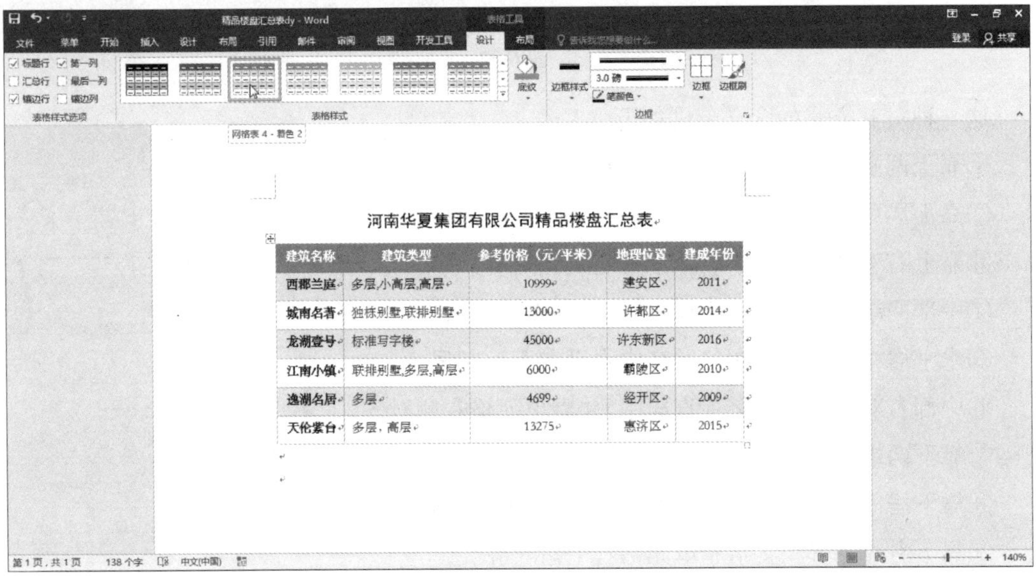

图 6-34

套用 Word 2016 提供的表格样式，可以为表格添加边框、颜色及其他的特殊效果，使得表格具有非常专业化的外观。在“表格样式选项”组中选中或取消选中某个表格元素的复选框，可应用或删除选中的样式。其中，若选中“标题行”复选框，则表格的第一行显示特殊格式；若选中“汇总行”复选框，则表格的最后一行显示特殊格式；若选中“镶边行”复选框，则可以使表格的偶数行和奇数行显示不同的格式；若选中“第一列”复选框，则表格的第一列显示特殊格式；若选中“最后一列”复选框，则表格的最后一列显示特殊格式；若选中“镶边列”复选框，则可以使表格的偶数列和奇数列显示不同的格式。

提示

在“表格样式”下拉列表框中选择“新建表格样式”命令，打开“根据格式设置创建新样式”对话框，利用该对话框可以新建一个表格样式；选择“修改表格样式”命令，打开“修改样式”对话框，利用该对话框可以修改当前选中的表格样式；选择“清除”命令，可以删除选中的表格样式。

4. 设置边框和底纹

用户可以根据需要对表格进行边框和底纹设计。使用“边框与底纹”对话框，不仅可以设置文字和段落的边框与底纹，还可以设置表格和单元格的边框与底纹。

设置边框和底纹的操作步骤如下。

(1)选中表格或单元格，切换到“设计”选项卡，在“边框”组中单击“边框”下拉按钮，在展开的下拉菜单中选择“边框和底纹”命令，打开“边框和底纹”对话框，单击“边框”选项卡，如图 6-35 所示。

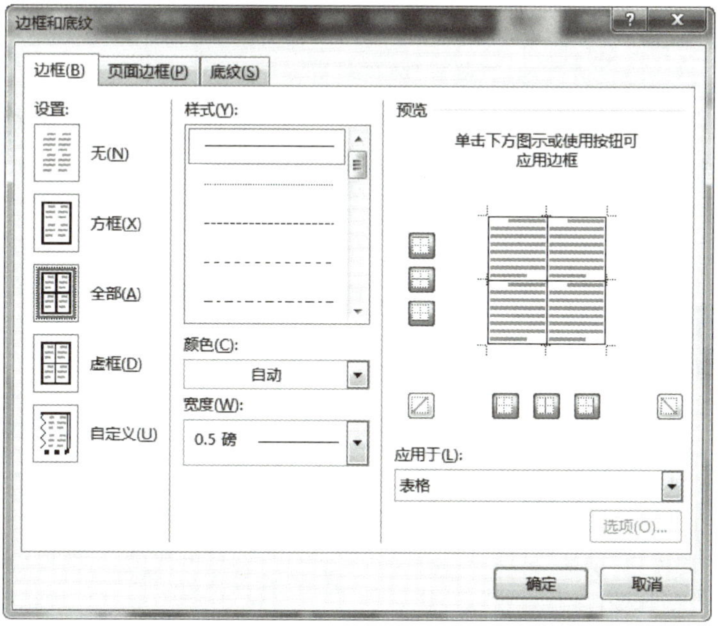

图 6-35

(2)对边框的“样式”“颜色”和“宽度”进行设置。

(3)单击“底纹”选项卡，在“填充”下拉列表框中选择单元格底纹的填充颜色，如图 6-36 所示。

(4)单击“确定”按钮。

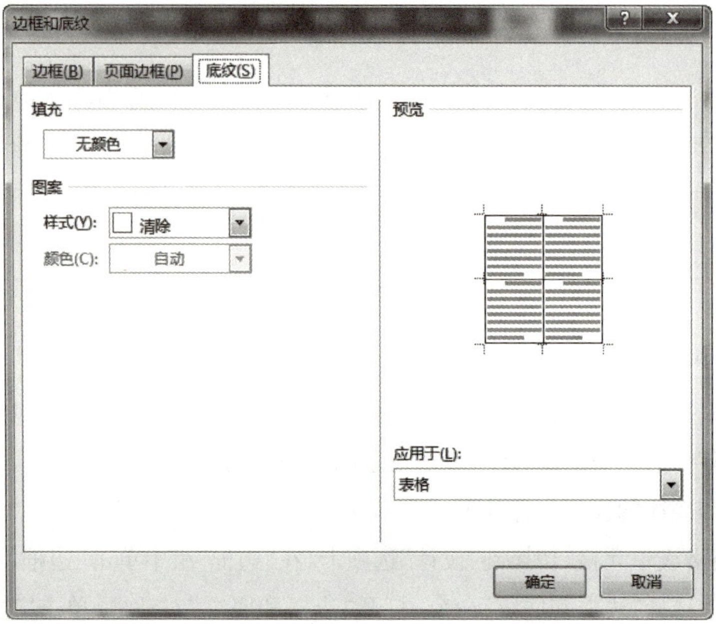

图 6-36

扫码测试

提示

单击“表格样式”组中的“边框”下拉按钮，可以在打开的下拉列表中直接选择要添加的边框线；单击“底纹”下拉按钮，可以在打开的下拉列表中对底纹进行设置。

实训项目

实训 1　制作工程质量竣工验收记录表

实训要求：利用 Word 2016 制作如图 6-37 所示的工程质量竣工验收记录表，并保存在“项目 6\实训 1”文件夹中。

操作提示如下。

(1)创建一个 11 行 6 列的表格。

(2)进行单元格的合并与拆分。

(3)调整单元格的大小。

(4)输入表格内容。

(5)保存表格。

工程质量竣工验收记录表

<table>
<tr><td>工程名称</td><td></td><td>结构类型</td><td></td><td>层数/建筑面积</td><td></td></tr>
<tr><td>施工单位</td><td></td><td>技术负责人</td><td></td><td>开工日期</td><td></td></tr>
<tr><td>项目经理</td><td></td><td>项目技术负责人</td><td></td><td>竣工日期</td><td></td></tr>
<tr><td>序号</td><td>项目</td><td colspan="3">验收记录</td><td>验收结论</td></tr>
<tr><td>1</td><td>分部工程</td><td colspan="3">共　分部，经查　分部，符合标准及设计要求　分部。</td><td></td></tr>
<tr><td>2</td><td>质量控制资料核查</td><td colspan="3">共　项，经审查符合要求　项，经核定符合规范要求　项。</td><td></td></tr>
<tr><td>3</td><td>安全和主要使用功能核查及抽查结果</td><td colspan="3">共核查　项，符合要求　项，共抽查　项，符合要求　项，经返工处理符合要求　项。</td><td></td></tr>
<tr><td>4</td><td>观感质量验收</td><td colspan="3">共抽查　项，符合要求　项，不符合要求　项。</td><td></td></tr>
<tr><td>5</td><td>综合验收结论</td><td colspan="4">通过验收</td></tr>
<tr><td rowspan="2">参加验收单位</td><td>建设单位（公章）</td><td>监理单位（公章）</td><td colspan="2">施工单位（公章）</td><td>设计单位（公章）</td></tr>
<tr><td>单位（项目）负责人：
年　月　日</td><td>总监理工程师：
年　月　日</td><td colspan="2">单位负责人：
年　月　日</td><td>单位（项目）负责人：
年　月　日</td></tr>
</table>

图 6-37

实训 2　制作工程质量事故调查报告表

实训要求：制作如图 6-38 所示的工程质量事故调查报告表，保存在“项目 6\实训 2”文件夹中。

操作提示如下。

(1)制作一个 9 行 4 列的表格。

(2)进行单元格的合并与拆分。

(3)为单元格设置边框和底纹。

(4)输入内容，并对文本格式进行编辑。

(5)保存文档。

工程质量事故调查报告表

监督注册号：

工程名称		工程地点	
结构层次		建筑面积	
开工日期		形象进度	
建设单位		监理单位	
施工单位		设计单位	
事故发生时间		调查时间	
调查记录			
事故性质	□一般质量事故	□重大质量事故	□未定
初步处理意见	调查人： 年 月 日	领导意见	签字： 年 月 日

图 6-38

项目 7

编排与打印企业宣传册

知识目标

熟练掌握页面设置的方法和技巧。

理解插入分页符和分节符的作用。

掌握页眉和页脚的设置方法。

掌握首字下沉、分栏等文档的个性化设置方法。

掌握打印文档的方法。

技能目标

会进行页面的相关设置。

会为长文档设置页眉和页脚。

能对文档进行个性化设置。

能完成文档的打印。

在使用 Word 2016 制作文档的过程中，应尽量规范 Word 文档，这样不仅便于浏览，也可使文档看上去更加美观。本项目通过完成编排企业宣传册、设置个性化页面、打印设置等工作任务，使用户充分体验 Word 2016 页面设置和打印的功能，掌握对长文档页面进行美化设置的方法和技巧。

任务 7.1 企业宣传册的合并及编排

任务描述

本任务将使用 Word 2016 完成企业宣传册的编排。文档是包括有多个页面的长文档，为了方便阅读，我们可为其添加页眉和页脚，并且使每一页的页眉不同。这项任务要求完成三个页面的设置，其页眉分别为“质量方针”“安全方针”“精品楼盘展示表”，页码连续，效果如图 7-1 所示。

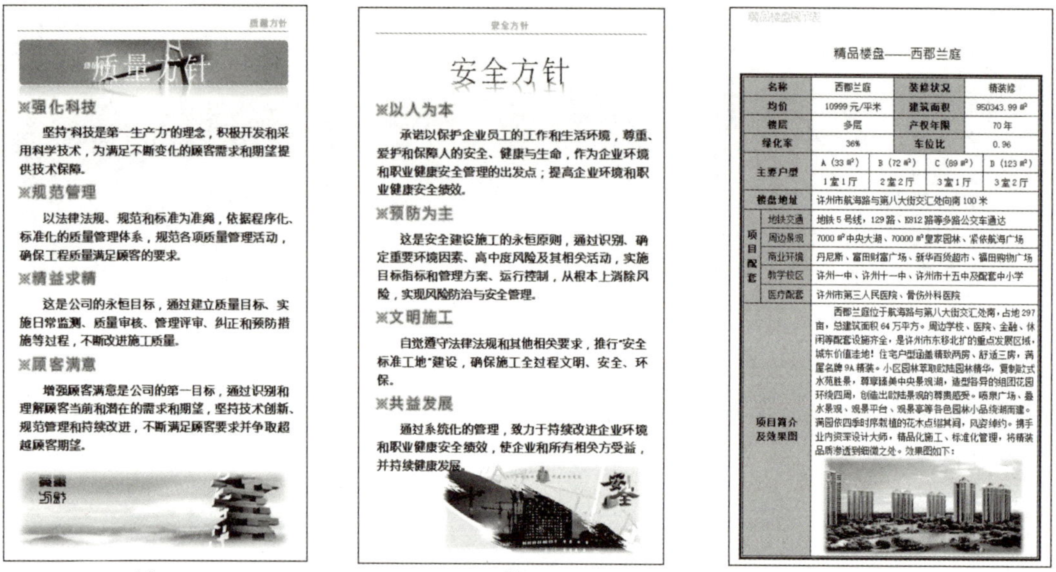

质量方针

质量方针

※强化科技

坚持“科技是第一生产力”的理念，积极开发和采用科学技术，为满足不断变化的顾客需求和期望提供技术保障。

※规范管理

以法律法规、规范和标准为准绳，依据程序化、标准化的质量管理体系，规范各项质量管理活动，确保工程质量满足顾客的要求。

※精益求精

这是公司的永恒目标，通过建立质量目标、实施日常监测、质量审核、管理评审、纠正和预防措施等过程，不断改进施工质量。

※顾客满意

增强顾客满意是公司的第一目标，通过识别和理解顾客当前和潜在的需求和期望，坚持技术创新、规范管理和持续改进，不断满足顾客要求并争取超越顾客期望。

安全方针

安全方针

※以人为本

承诺以保护企业员工的工作和生活环境，尊重、爱护和保障人的安全、健康与生命，作为企业环境和职业健康安全管理的出发点；提高企业环境和职业健康安全绩效。

※预防为主

这是安全建设施工的永恒原则，通过识别、确定重要环境因素、高中度风险及其相关活动，实施目标指标和管理方案、运行控制，从根本上消除风险，实现风险防治与安全管理。

※文明施工

自觉遵守法律法规和其他相关要求，推行“安全标准工地”建设，确保施工全过程文明、安全、环保。

※共益发展

通过系统化的管理，致力于持续改进企业环境和职业健康安全绩效，使企业和所有相关方受益，并持续健康发展。

精品楼盘——西郡兰庭

名称		西郡兰庭		装修状况	精装修
均价		10999 元/平米		建筑面积	950343.99 ㎡
楼层		多层		产权年限	70 年
绿化率		36%		车位比	0.96
主要户型		A (33 ㎡)	B (72 ㎡)	C (89 ㎡)	D (123 ㎡)
		1 室 1 厅	2 室 2 厅	3 室 1 厅	3 室 2 厅
楼盘地址		许州市航海路与第八大街交汇处向南 100 米			
项目配套	地铁交通	地铁 5 号线，129 路、K812 路等多路公交车通达			
	周边景观	7000 ㎡中央大湖、70000 ㎡皇家园林、紧依航海广场			
	商业环境	丹尼斯、富田财富广场、新华百货超市、福田购物广场			
	教学校区	许州一中、许州十一中、许州市十五中及配套中小学			
	医疗配套	许州市第三人民医院、骨伤外科医院			
项目简介及效果图		西郡兰庭位于航海路与第八大街交汇处南，占地 297 亩，总建筑面积 64 万平方。周边学校、医院、金融、休闲等配套设施齐全，是许州市东移北扩的重点发展区域，城东价值洼地！住宅户型涵盖精致两房、舒适三房，满屋名牌 9A 精装。小区园林萃取欧陆园林精华，复制欧式水苑胜景，尊享臻美中央景观湖，造型各异的组团花园环绕四周，创造出欧陆景观的尊贵感受。喷泉广场、叠水景观、观景平台、观景亭等各色园林小品绕湖而建。满园依四季时序栽植的花木点缀其间，风姿绰约。携手业内资深设计大师，精品化施工、标准化管理，将精装品质渗透到细微之处。效果图如下：			

(a) (b) (c)

图 7-1

任务分析

本任务是完成企业宣传册的页面设置，要掌握页眉和页脚的设置，分节符和分页符的应用方法，插入页码的方法。操作思路是：打开“项目 7\任务 1”文件夹中的“企业宣传册(源素材). docx”文档；对文档进行页面设置；插入分页符和分节符，使得每个主题的文档单独成为一个部分；为每个主题的文档分别添加不同的页眉；为文档插入页码；保存文档。

任务实施

活动 1　合并文档

在合并页面设置完全相同的目标文档时，可在页面设置相同的空白文档中单击“插入”选项卡，然后单击“文本”组中的“对象”按钮，在弹出的下拉列表中选择“文件中的文字”命令[见图 7-2(a)]，然后在打开的“插入文件”对话框[见图 7-2(b)]中选择需要插入的文件。

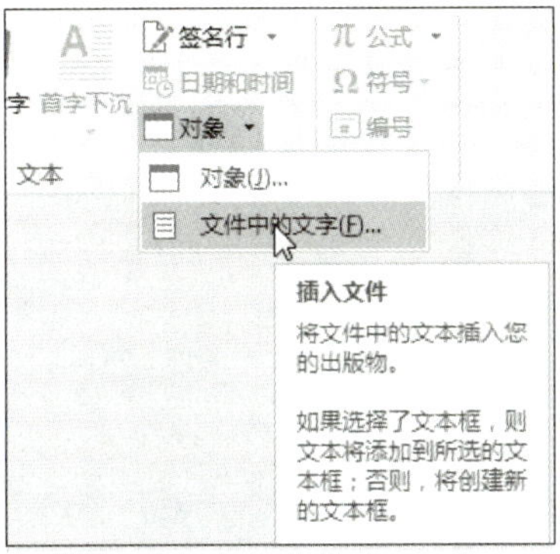

(a)

(b)

图 7-2

活动 2　页面设置

为了使文档的页面更加美观，增强其可读性，可合理地对文档进行页面设置。

1. 设置页边距和页面方向

(1)打开“项目 7\任务 1”文件夹中的“企业宣传册(源素材).docx”文档。

(2)切换到“布局”选项卡，然后单击“页面设置”组中的“页边距”按钮，在弹出的下拉列表中选择“普通”类型。

(3)单击“页面设置”组中的“纸张方向”按钮，在弹出的下拉列表中选择“纵向”。

2. 设置纸张大小

在“布局”选项卡的“页面设置”组中，单击“纸张大小”按钮，然后在打开的下拉列表框中选择“B5(JIS)”。

3. 设置版式和文档网格

(1)设置版式。利用“页面设置”对话框中的“版式”选项卡可以设置页眉、页脚的显示方式,页面垂直对齐方式等内容。操作方法如下。

①单击“页面设置”对话框中的“版式”选项卡,单击“页面”选项组的“垂直对齐方式”右侧的下三角按钮,在展开的下拉列表框中单击“顶端对齐”选项。

②在“页眉”微调框中设置页眉距纸张的上边界距离。

③在“页脚”微调框中设置页脚距纸张的下边界距离。

④单击“确定”按钮,如图 7-3 所示。

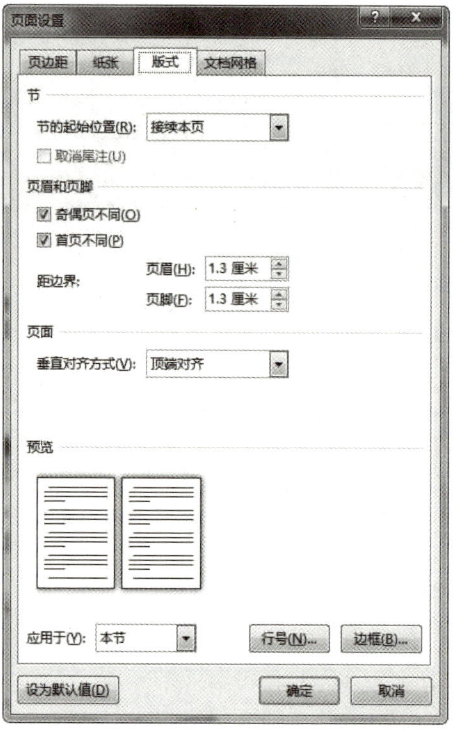

图 7-3

提示

在“版式”选项卡中,选中“奇偶页不同”复选框,可以为文档的奇数页和偶数页设置不同的页眉或页脚;选中“首页不同”复选框,可以单独设置首页的页眉和页脚,也可以去掉首页的页眉和页脚。

(2)设置文档网格。设置文档网格就是设置文档中文字的排列方向、每页的行数及每行的字数等内容。操作方法为:在“页面设置”对话框中单击“文档网格”选项卡,在“网格”选项组中选中“只指定行网格”单选按钮,如图 7-4 所示。

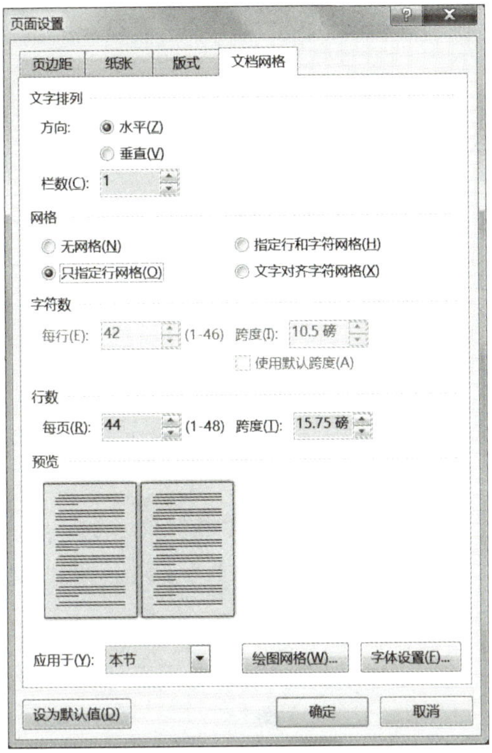

图 7-4

活动 3　插入分页符和分节符

1. 插入分页符

当文本或图形等内容填满一页时,Word 会自动开始新的一页。默认情况下,Word 2016 是将整个文档作为一个大章节来处理的,但在一些特殊情况下,如本任务中的三篇文章要求用不同的格式,为了便于操作,可在文档中加入分页符。在某个特定位置强制分页,可以确保每一篇文章的标题总在新的一页开始。

强制分页的操作步骤如下。

(1)将插入点置于要插入分页符的位置。

(2)切换到“布局”选项卡,在“页面设置”组中单击“分隔符”按钮,弹出下拉菜单,如图 7-5 所示。在下拉菜单中,选择“分页符”命令即可实现分页的目的,效果如图 7-6 所示。

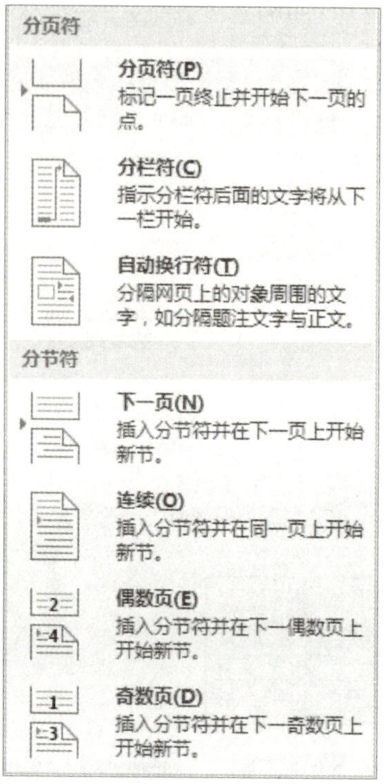

图 7-5

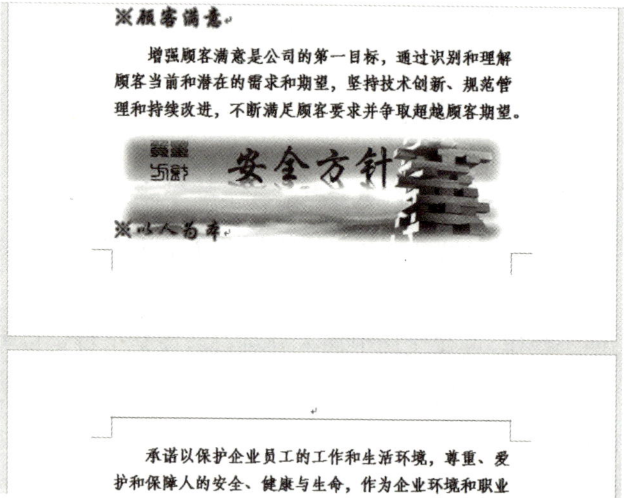

图 7-6

采用同样的方法在标题“安全方针”前插入分页符，效果如图 7-7 所示。

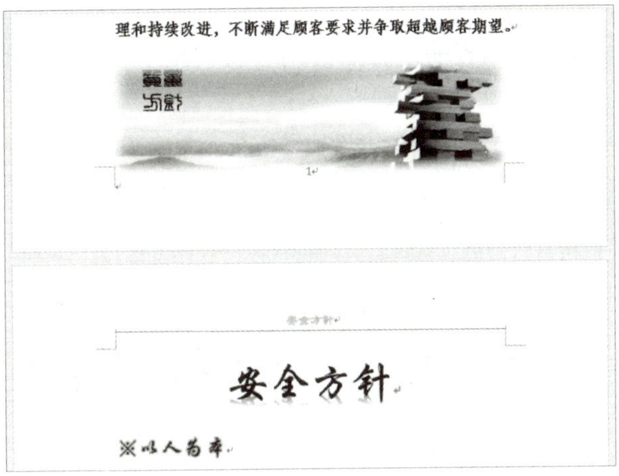

图 7-7

提示

将插入点定位在要分页的段落之前，单击“插入”选项卡，在“页面”组中单击“分页”按钮，实现分页操作；按 Ctrl+Enter 组合键也可实现分页操作。

2. 插入分节符

建立一个文档需要设置许多格式，如页边距、页眉、页脚等。如果想在文档的不同部分采用不同的格式，则可用分节符将整篇文档分割成几节（部分）。分节后，即可单独设置每节的格式和版式，从而使文档的排版和编辑更加灵活。

互动练习

打开“企业宣传册（源素材）.docx”文档，在第 2 项内容和第 3 项内容的标题前插入分节符。

插入分节符的步骤如下。

（1）将插入点定位到新节的开始位置。

（2）切换到“布局”选项卡，在“页面设置”组中单击“分隔符”按钮，在弹出的下拉菜单中选择一种分节符类型。

①下一页。选择此项，光标当前位置后的全部内容将移到下一页面上。

②连续。选择此项，Word 将在插入点位置添加一个分节符，新节从当前页开始。

③偶数页。选择此项，光标当前位置后的内容将转至下一个偶数页上，Word 自动在偶

数页之间空出一页。

④奇数页。选择此项，光标当前位置后的内容将转至下一个奇数页上，Word 自动在奇数页之间空出一页。

本任务中，在插入分页符后，要想将每个主题的文章作为一个独立的部分，则需要插入分节符，即从第二个主题开始，在每个主题的前面插入“连续”分节符。

在“视图”选项卡中单击“视图”组的“大纲视图”按钮，即可看到插入的分节符，效果如图 7-8 所示。

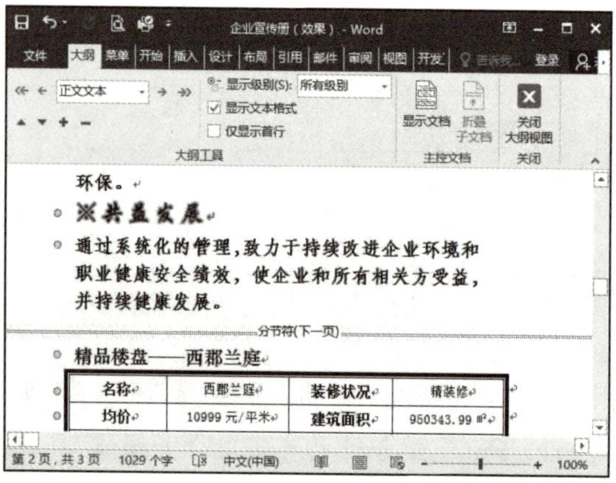

图 7-8

扫码测试

提示

要实现本任务要求的每个主题单独成为一部分，除了可以采用插入分页符和“连续”分节符的方法外，还可以采用插入分节符中的“下一页”的方法来实现。

技巧

如果要将分页符和分节符删除，则只需选中分页符或分节符，然后按 Delete 键即可。

活动 4　为文档添加页眉和页脚

页眉和页脚分别位于文档每个页面的顶部和底部区域，通常用于显示文档的附加信息，如页码、日期、作者名称、单位名称、徽标或章节名称等；也可以根据需要在页眉和页脚中插入文本或图形。本活动要求三个主题对应的三个页面有不同的页眉。

1. 插入页眉

插入页眉的操作步骤如下。

(1)打开活动 1 和活动 2 中已完成的文档。

(2)切换到“插入”选项卡,在“页眉和页脚”组中单击“页眉”下拉按钮,弹出下拉列表框,如图 7-9 所示。

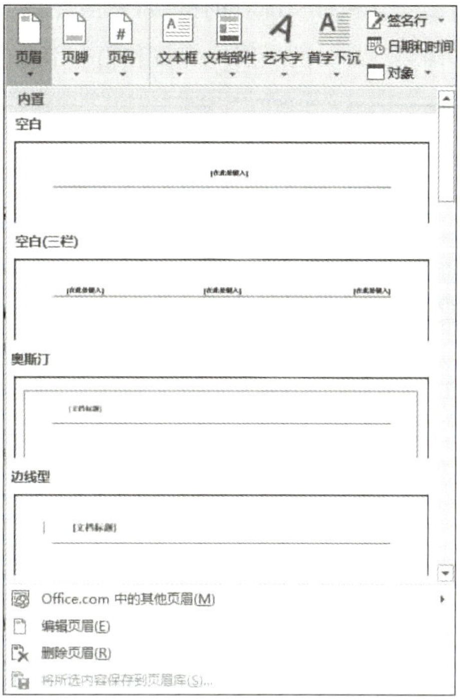

图 7-9

(3)在下拉列表框中单击一种页眉样式,本任务选择“编辑页眉”命令,进入页眉编辑状态,在文档的第一篇上方的页眉处添加页眉内容“质量方针”,这样设置以后,该文档的所有页眉内容都是“质量方针”,如图 7-10 所示。

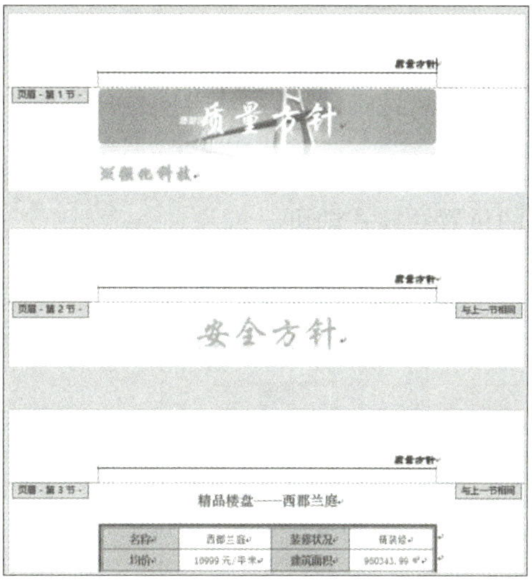

图 7-10

（4）若想针对每个部分设置不同的页眉内容，则需要双击页眉内容，进入“页眉和页脚”编辑状态，选中第二个主题页眉处的内容，在“页眉和页脚工具”选项中单击“链接到前一条页眉”按钮[见图 7-11(a)]，断开第二部分和第一部分的链接，然后在第二部分页眉处添加内容“安全方针”[见图 7-11(b)]，这样第二部分的页眉内容就和第一部分的页眉内容不同了。

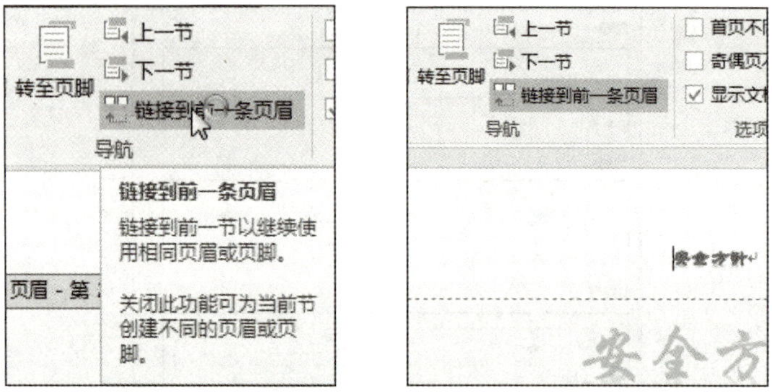

(a) (b)

图 7-11

采用同样的方法对其他部分的页眉进行设置。

技巧

双击页眉区，可以对页眉进行编辑，既可以设置文字格式，又可以插入图片、图形，获得美观大方、富有个性的效果。如果只要求首页不同、奇偶页不同，则不需要分节，直接在“页眉和页脚工具”的“设计”选项卡中进行设置即可。

2. 插入和设置页码

页码是指为文档每页所编排的号码，以便于读者阅读和查找。页码一般添加在页脚中。插入页码的步骤是：单击“插入”选项卡的“页眉和页脚”组中的“页码”按钮，在弹出的下拉菜单（见图 7-12）中选择页码的位置和样式即可。

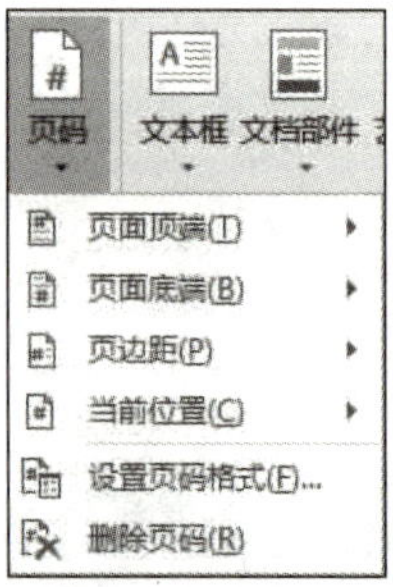

图 7-12

提示

如果要在插入点处插入页码，则可在“页码”的下拉菜单中选择“当前位置”命令的子命令。

在文档中，如果需要使用不同于默认格式的页码，就需要对页码的格式进行设置。设置步骤如下。

(1)单击“插入”选项卡的“页眉和页脚”组中的“页码”按钮。

(2)在弹出的下拉菜单中选择“设置页码格式”命令，打开“页码格式”对话框，如图 7-13 所示。

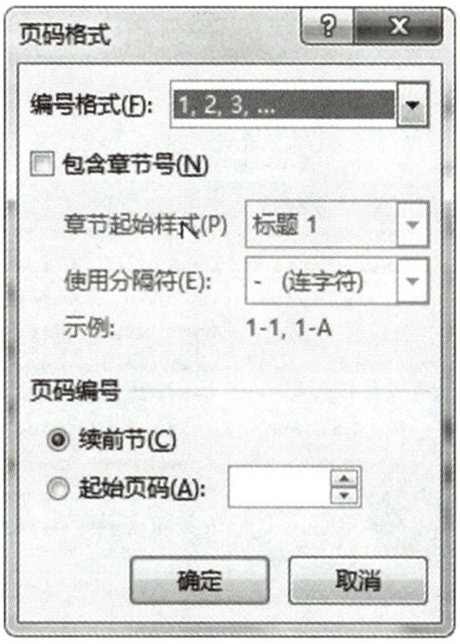

图 7-13

(3)在“编号格式”下拉列表框中选择一种页码格式；在“页码编号”选项组中设置起始页码。

互动练习

使用页眉页脚的操作技巧完成本任务中页眉和页脚的插入及格式设置，以达到最佳效果。

操作提示：综合运用前面所学习的技巧对文字和段落格式重新进行设置，对图片进行编辑；也可绘制图形，标题可设为艺术字；也可添加边框、底纹等美化效果。

任务 7.2　企业宣传册的个性化设置

任务描述

一般来说，报刊都需要创建具有特殊效果的文档，这时就需要使用一些特殊的排版方式。Word 2016 提供了多种特殊的排版方式，如首字下沉、带圈字符和分栏排版等，这些排版方式可以美化文档，使文档更具观赏性，实现文档个性化的排版效果。

本任务将使用 Word 2016 的特殊排版功能对文档“公司前景展望”进行个性化的排版，效果如图 7-14 所示。

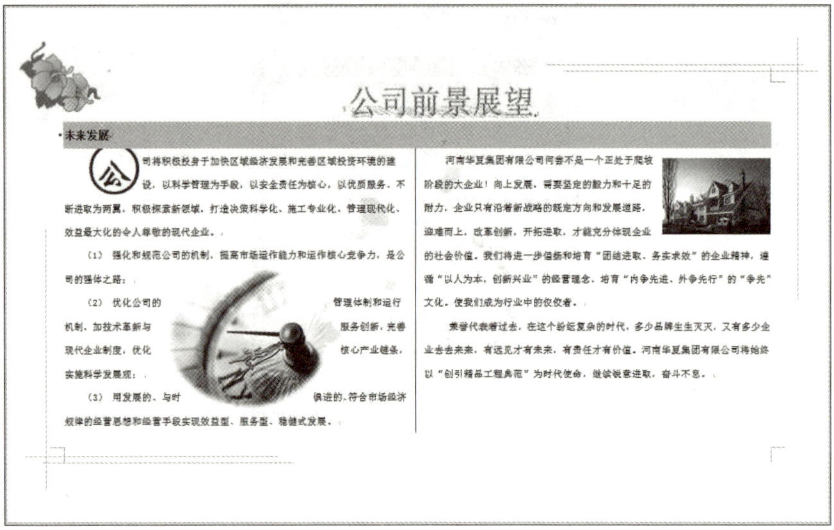

公司前景展望

未来发展

公司将积极投身于加快区域经济发展和完善区域投资环境的建设，以科学管理为手段，以安全责任为核心，以优质服务、不断进取为两翼，积极探索新领域，打造决策科学化、施工专业化、管理现代化、效益最大化的令人尊敬的现代企业。

（1） 强化和规范公司的机制，提高市场运作能力和运作核心竞争力，是公司的强体之路；

（2） 优化公司的管理体制和运行机制，加技术革新与服务创新，完善现代企业制度，优化核心产业链条，实施科学发展观；

（3） 用发展的、与时俱进的、符合市场经济规律的经营思想和经营手段实现效益型、服务型、稳健式发展。

河南华夏集团有限公司何尝不是一个正处于爬坡阶段的大企业！向上发展，需要坚定的毅力和十足的耐力，企业只有沿着新战略的既定方向和发展道路，迎难而上，改革创新，开拓进取，才能充分体现企业的社会价值。我们将进一步倡扬和培育“团结进取、务实求效”的企业精神，遵循“以人为本，创新兴业”的经营理念，培育“内争先进、外争先行”的“争先”文化，使我们成为行业中的佼佼者。

荣誉代表着过去，在这个纷纭复杂的时代，多少品牌生生灭灭，又有多少企业去去来来，有远见才有未来，有责任才有价值。河南华夏集团有限公司将始终以“创引精品工程典范”为时代使命，继续锐意进取，奋斗不息。

图 7-14

任务分析

本任务在完成的过程中用到了分栏排版、首字下沉、带圈字符等设置方法，操作思路是：打开“项目 7\任务 2”文件夹中的“个性化文档(源).docx”文档；对文档进行分栏设置；对文档进行首字下沉设置；设置字体的特殊效果——带圈字符。

任务实施

活动 1　分栏排版

利用分栏排版可以创建不同风格的文档，同时也能减少版面空白。分栏排版被广泛应用于报纸、杂志等媒体中。在 Word 2016 中进行分栏设置的常用方法有以下两种。

（1）选定要进行分栏排版的文字和图片，单击“布局”选项卡的“页面设置”组中的“分栏”按钮，在弹出的下拉菜单（见图 7-15）中选择“两栏”命令，即可把原文档分为两栏。

视频
操作演示

（2）选定要进行分栏排版的文字和图片，单击“布局”选项卡的“页面设置”组中的“分栏”按钮，在弹出的下拉菜单中选择“更多分栏”命令，打开“分栏”对话框。如图 7-16 所示，在“预设”选项组中选择“两栏”，选中“分隔线”复选框，在“应用于”下拉列表框中选择“所选文字”，然后单击“确定”按钮，效果如图 7-17 所示。

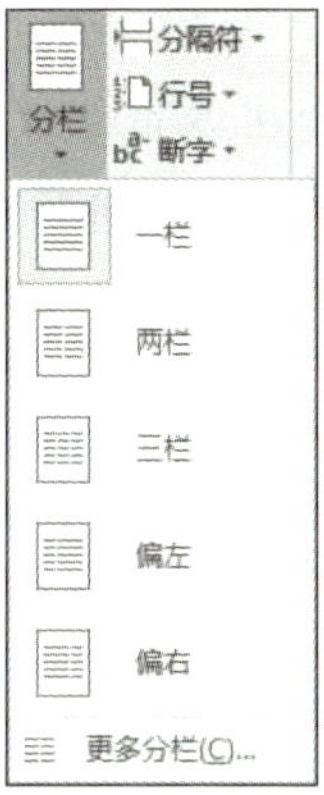

图 7-15

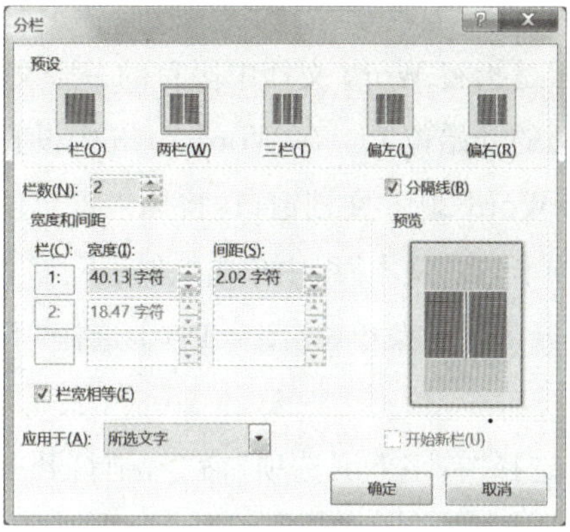

图 7-16

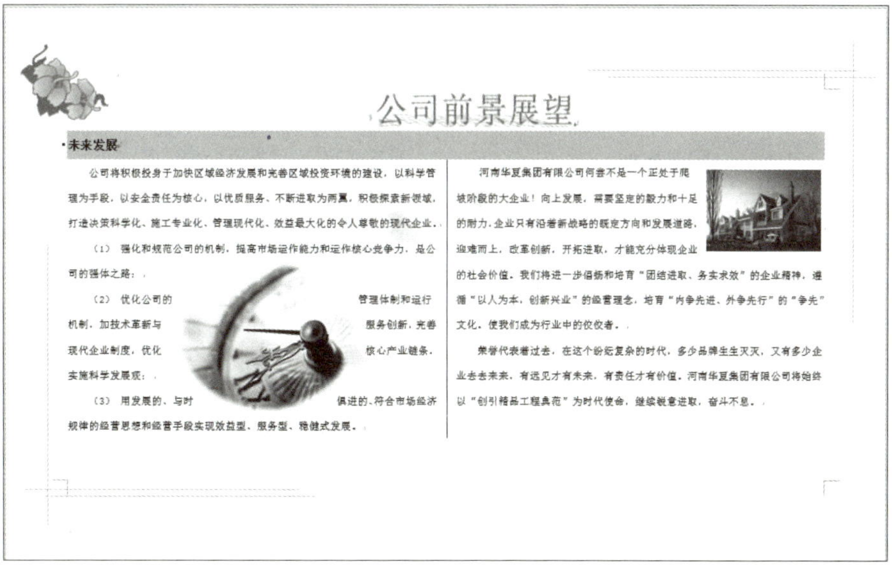

图 7-17

提示

在分栏的过程中，除了可以采用相同的栏宽外，还可以分别设置每栏的宽度。要想设置每栏的宽度和间距，只能使用上面介绍的第二种方法。对于标题，往往需要设置为“通栏标题”，操作步骤是：选中需要设置为通栏标题的文本，单击“分栏”对话框中的“一栏”即可。

活动 2 设置首字下沉

首字下沉是指将 Word 文档中段首的一个文字放大，并进行下沉或悬挂设置，以凸显段落或整篇文档的开始位置。在 Word 2016 中设置首字下沉或悬挂的步骤如下。

(1)打开 Word 2016 文档窗口，将插入点定位到需要设置首字下沉的段落中。然后切换到“插入”选项卡，在“文本”组中单击“首字下沉”按钮。

(2)在打开的下拉菜单(见图 7-18)中选择“下沉”或“悬挂”命令，设置首字下沉或首字悬挂效果。

(3)如果选择“首字下沉选项”命令，则打开“首字下沉”对话框。选中“下沉”选项，并选择字体为“华文新魏”，设置“下沉行数”为 2，如图 7-19 所示。完成设置后，单击“确定”按钮。设置首字下沉的效果如图 7-20 所示。

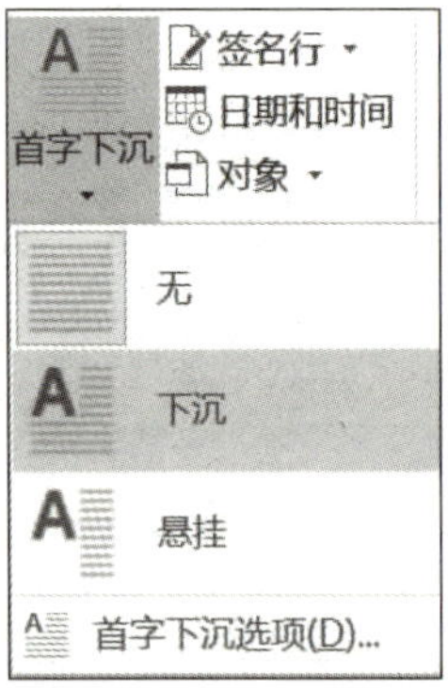

图 7-18

图 7-19

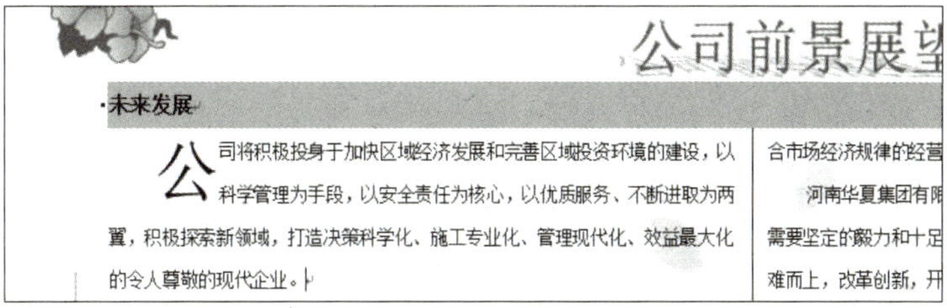

图 7-20

提示

如果想要进行下沉的是多个字符，则可以先选择这些字符，再按照上述方法操作，即可达到下沉效果。

活动 3 设置字体特殊效果

当需要强调文本中重要的文字时，可以为该文字加上圈号。操作步骤如下。

(1)选中需要设置“带圈字符”的文本内容“公”，单击“开始”选项卡的“字体”组中的“带圈字符”按钮㊫，弹出“带圈字符”对话框。

(2)如图 7-21 所示，在“样式”选项组中单击“增大圈号”，然后单击“确定”按钮。为将整个文字置于圈内，将“公”字的字体设为“华文新魏”，最终效果如图 7-22 所示。

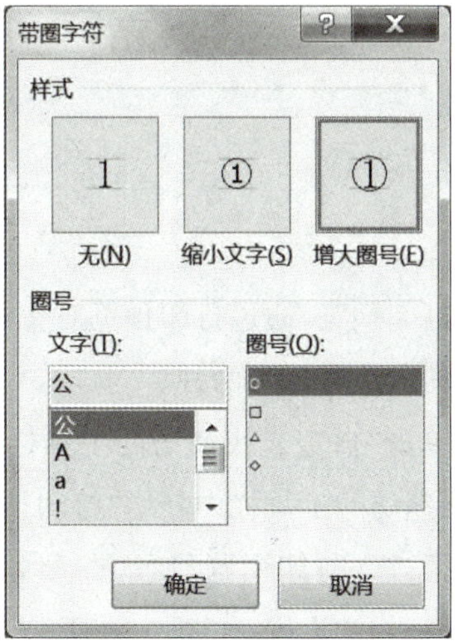

图 7-21

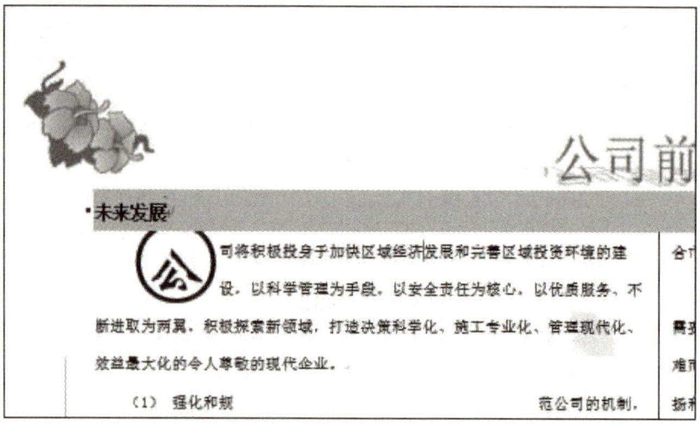

图 7-22

任务 7.3 打印企业宣传册

任务描述

本任务将打印任务 7.2 所完成的企业宣传册。

任务分析

完成本任务的操作思路是:进行打印预览,设置打印选项。

任务实施

活动 1 打印预览

在打印文档之前需要进行打印预览,通过打印预览对文档进行修改和调整,效果满意后再将文档打印出来。打印预览的方法有以下两种。

(1)打开需要打印的文档,单击“自定义快速访问工具栏”按钮,在弹出的下拉菜单中选择“打印预览和打印”命令,在快速访问工具栏中新增“打印预览和打印”按钮。

单击“打印预览和打印”按钮进入打印预览状态,查看文档打印后的效果。进入打印预览状态后,可单击各功能选项进行相关设置,如图 7-23 所示。

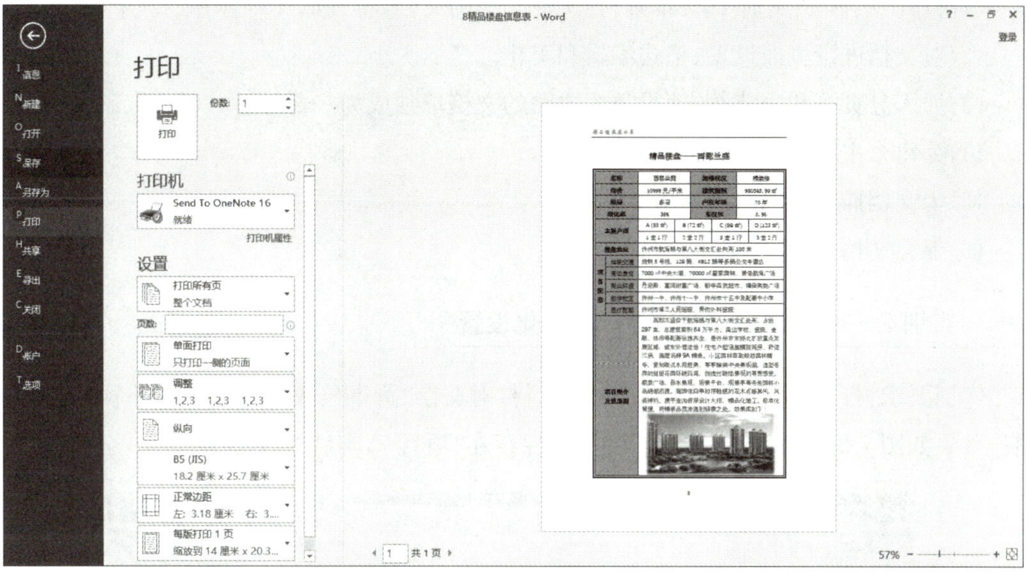

图 7-23

(2)打开需要打印的文档,在 Word 文档中单击“文件”,在打开的快捷菜单中进行相关设置即可。

活动 2　打印文档

预览文档后,确认文档已不需要修改就可以对其进行打印输出。打印文档的方法如下。

扫码测试

(1)预览文档后,选择“文件”→“打印”命令。

(2)在“打印”对话框中选择打印机的名称,设置打印页面的范围及打印的份数等。

(3)单击“快速打印”按钮,与计算机连接的打印机将自动打印输出文档。

实 训 项 目

实训 1　编排杂志页面

实训要求:将所给的文本素材整合为一个文档,并进行格式编辑和美化;各个页面要求有不同的页眉,页眉的内容为文章的标题,页码连续。完成后将文档保存在“项目 7\实训 1”的文件夹中。

操作提示如下。

(1)打开“项目 7\实训 1\文本素材”文件夹中的文档，将三篇文章合并到一个文档中。

(2)对文档进行页面设置、格式编辑和美化。

(3)插入分页符和分节符，使得每个主题的文档单独成为一部分。

(4)为每个主题的文档添加不同的页眉。

(5)为文档插入页码。

(6)保存文档。

实训 2 对“董事长致辞”进行个性化设置

实训要求：打开“项目 7\源文件”中的素材，对文档“董事长致辞.docx”进行个性化设置，制作效果如图 7-24 所示。将完成后的文档保存在“项目 7\实训 2”文件夹中。

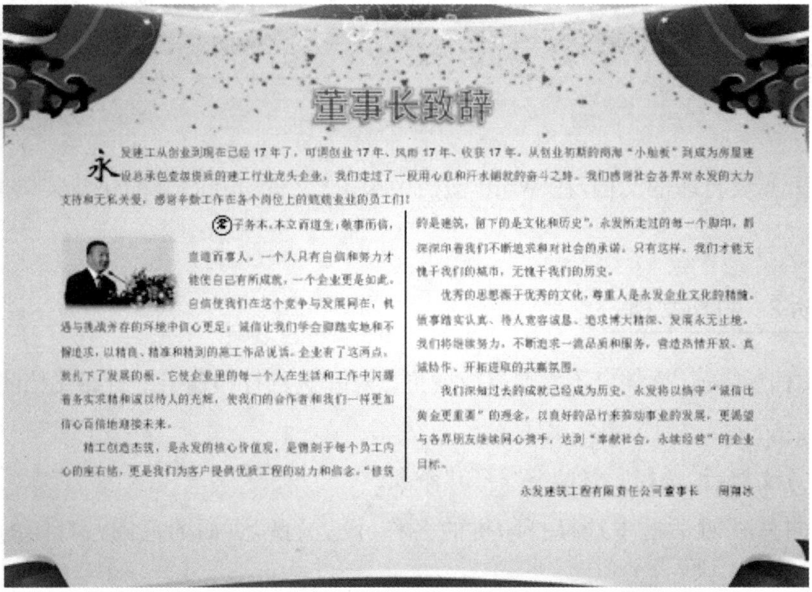

图 7-24

操作提示如下。

(1)插入背景图片并进行简单的图片处理，处理后把该图片“衬于文字下方”。

(2)插入插图，并进行编辑。

(3)设置文档标题为艺术字。

(4)设置首字下沉。

(5)对文档的第二段至第五段进行分栏设置。

(6)设置“君”字为带圈字符。

项目 8

创建商品销售表

知识目标

掌握创建新工作簿的方法。

掌握输入数据的方法。

掌握工作簿中数据格式的设置方法。

理解如何提高数据的输入效率。

技能目标

会制作简单的工作簿。

能在工作表中准确地输入各种数据。

能根据不同的数据设置数据格式。

能对数据表进行编辑美化。

前面了解到 Word 具有强大的文字编辑功能，但其数据的计算能力较弱，在 Office 组件中，Excel 的计算能力是非常强大的。本项目将通过使用 Excel 2016 完成创建商品明细表和修饰商品明细表两项工作任务，使用户初步体验 Excel 2016 友好的工作界面，熟悉工作簿的新建、保存、打开及程序的退出等基本操作，掌握数据输入、修饰的方法和技巧。

任务 8.1　创建商品明细表

任务描述

本任务将使用 Excel 2016 制作完成商品销售表的基础数据表——商品明细表，效果如图 8-1 所示。

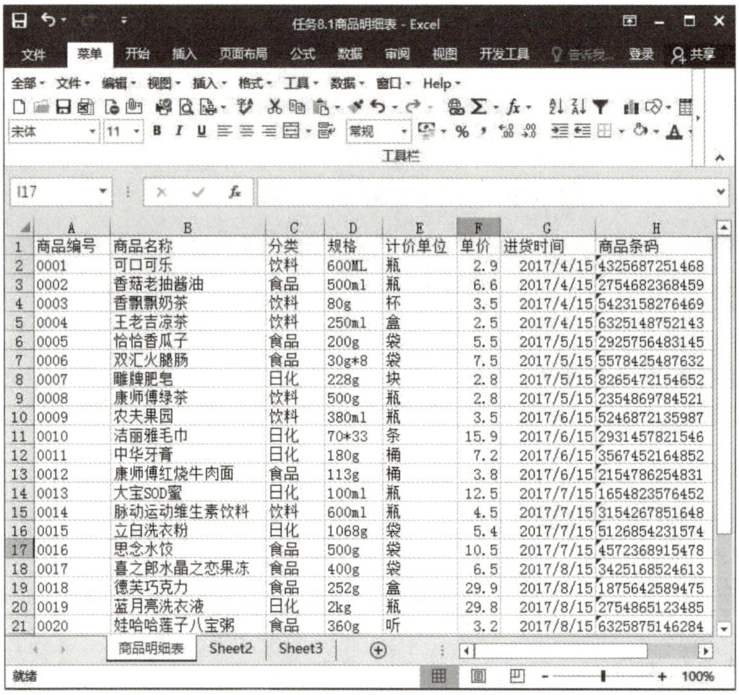

商品编号	商品名称	分类	规格	计价单位	单价	进货时间	商品条码
0001	可口可乐	饮料	600ML	瓶	2.9	2017/4/15	4325687251468
0002	香菇老抽酱油	食品	500ml	瓶	6.6	2017/4/15	2754682368459
0003	香飘飘奶茶	饮料	80g	杯	3.5	2017/4/15	5423158276469
0004	王老吉凉茶	饮料	250ml	盒	2.5	2017/4/15	6325148752143
0005	恰恰香瓜子	食品	200g	袋	5.5	2017/5/15	2925756483145
0006	双汇火腿肠	食品	30g*8	袋	7.5	2017/5/15	5578425487632
0007	雕牌肥皂	日化	228g	块	2.8	2017/5/15	8265472154652
0008	康师傅绿茶	饮料	500g	瓶	2.8	2017/5/15	2354869784521
0009	农夫果园	饮料	380ml	瓶	3.5	2017/6/15	5246872135987
0010	洁丽雅毛巾	日化	70*33	条	15.9	2017/6/15	2931457821546
0011	中华牙膏	日化	180g	桶	7.2	2017/6/15	3567452164852
0012	康师傅红烧牛肉面	食品	113g	桶	3.8	2017/6/15	2154786254831
0013	大宝SOD蜜	日化	100ml	瓶	12.5	2017/7/15	1654823576452
0014	脉动运动维生素饮料	饮料	600ml	瓶	4.5	2017/7/15	3154267851648
0015	立白洗衣粉	日化	1068g	袋	5.4	2017/7/15	5126854231574
0016	思念水饺	食品	500g	袋	10.5	2017/7/15	4572368915478
0017	喜之郎水晶之恋果冻	食品	400g	袋	6.5	2017/8/15	3425168524613
0018	德芙巧克力	食品	252g	盒	29.9	2017/8/15	1875642589475
0019	蓝月亮洗衣液	日化	2kg	瓶	29.8	2017/8/15	2754865123485
0020	娃哈哈莲子八宝粥	食品	360g	听	3.2	2017/8/15	6325875146284

图 8-1

任务分析

完成本任务的操作思路是：启动 Excel 2016，新建工作簿，输入数据；设置页面，保存工作簿；向单元格中输入数据；快速填充数据。

任务实施

活动 1　新建工作簿并输入数据

Excel 2016 是强大的电子表格制作软件，它不仅具有强大的数据组织、计算、分析和统计功能，还可以利用图表、图形等多种形式对处理结果加以形象地显示，更能够方便地与 Office 2016 的其他组件相互调用数据，实现资源共享。Excel 2016 具有很强的图表图形功能，有丰富的命令和函数，并且支持 Internet 的开发功能，不仅是从事统计、财务、会计、金融和贸易工作的人员经常使用的工具，而且是非专业人员制作表格时经常用到的工具。

通过 Excel 2016，用户可以分析、共享和管理各种数据信息，做出更加有根据的决策。

1. 新建工作簿

新建工作簿的方法主要有以下三种。

(1)启动 Excel 2016，即可新建一个工作簿。

(2)在 Excel 2016 启动界面中按 Ctrl+N 组合键。

(3)选择“文件”→“新建”命令，打开“新建”窗口(见图 8-2)，单击“空白工作簿”按钮，即可创建新的工作簿。

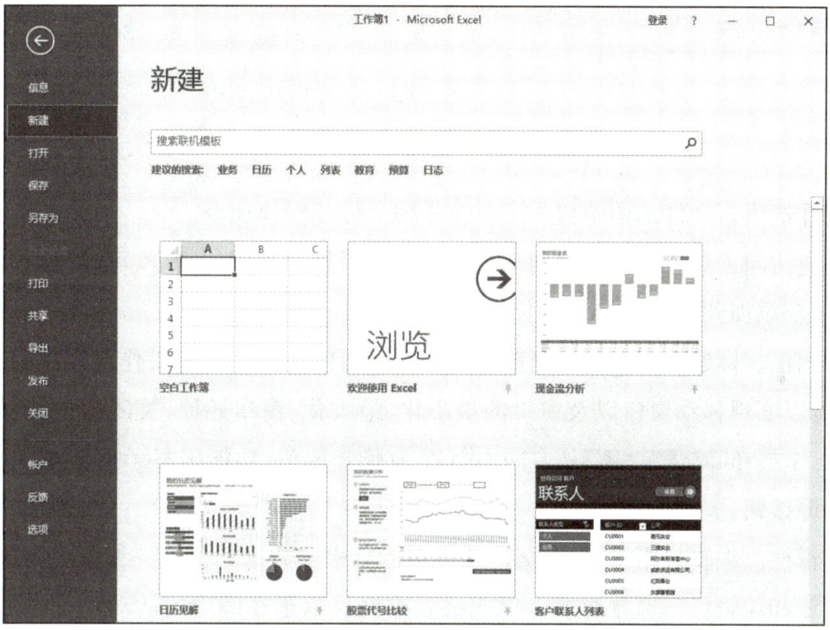

图 8-2

2. 了解 Excel 2016 的工作界面

启动 Excel 2016 后出现的工作界面如图 8-3 所示，它由文件选项、快速访问工具栏、标题栏、编辑栏、工作表格区、工作表标签、状态栏、水平与垂直滚动条、功能区、“视图”工具栏等组成。

图 8-3

(1)文件选项。文件选项中包含了对工作簿文件的操作命令。

(2)快速访问工具栏。快速访问工具栏中集合了经常使用的命令,可以将默认状态下没有的常用命令添加到此处,便于使用。

(3)标题栏。标题栏用于显示当前窗口正在运行的应用程序和工作簿名称,通过鼠标拖动标题栏可以实现移动窗口以及窗口的最小化、最大化、窗口还原、关闭窗口等操作。标题栏右侧的五个按钮从左向右依次为登录按钮、功能区显示选项按钮、最小化按钮、向下还原按钮、关闭按钮。

(4)编辑栏。编辑栏用于显示、编辑活动单元格中的数据和公式。编辑栏由单元格名称框、操作按钮和编辑区三部分组成。单元格名称框显示正在编辑的活动单元格的名称。当单击右侧的“展开编辑栏”按钮时可展开编辑栏,显示更多的数据。

(5)工作表格区。工作表格区是用来记录数据的区域,占据最大的屏幕面积。

(6)工作表标签。工作表标签用来显示工作表的名称,每个工作表标签代表一个工作表。单击工作表标签的名称,可激活相应的工作表。

(7)状态栏。状态栏用来提供有关选定命令或操作进程的信息。

(8)水平与垂直滚动条。它用来在水平方向或垂直方向上改变工作表的可见区域。

(9)功能区。功能区由选项卡、组和命令三部分组成。功能区包括 9 个选项卡,即“开始”选项卡、“插入”选项卡、“页面布局”选项卡、“公式”选项卡、“数据”选项卡、“审阅”选项卡、“视图”选项卡、“加载项”选项卡、“告诉我你想要做什么”选项卡,有时候会多一个“格式”

选项卡，每个选项卡代表可以在 Excel 2016 中执行的一组核心任务。每个选项卡都包含一些组，这些组将相关功能按钮显示在一起。例如，"开始"选项卡包括"字体""对齐方式""数字""格式""单元格""编辑"等组。命令就是指功能按钮，用于输入信息的框或菜单。

(10)"视图"工具栏。"视图"工具栏包括"普通"按钮、"页面布局"按钮和"分页预览"按钮，单击它们可以切换到不同的视图模式，如图 8-4 所示。

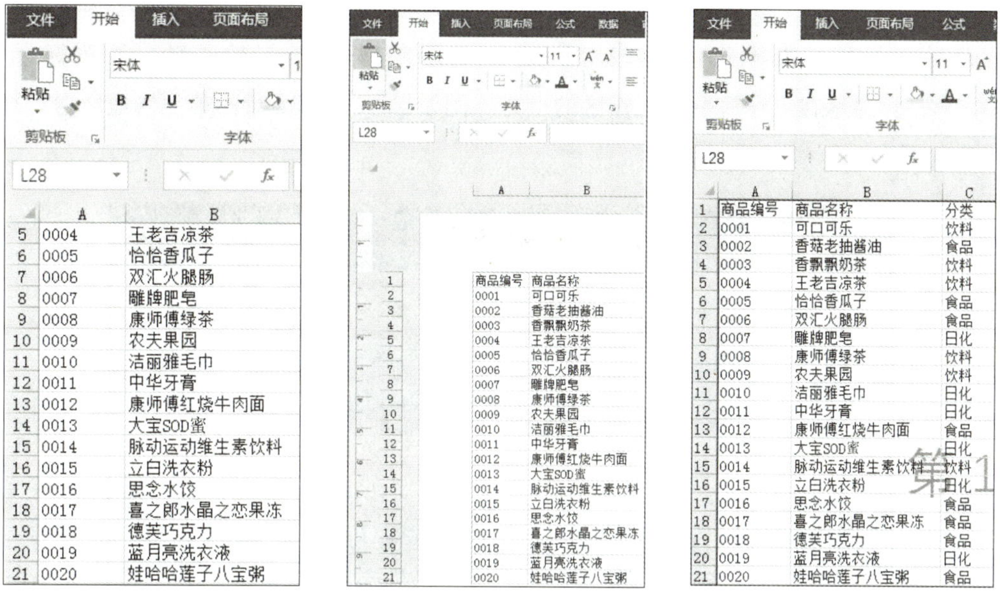

(a) 普通视图模式　　(b) 页面布局模式　　(c) 分页预览模式

图 8-4

在"普通"视图下编辑文档，在"页面布局"视图下查看打印外观，在"分页预览"视图下查看文档打印时的分页位置。

3. 熟悉工作簿、工作表和单元格的概念

Excel 2016 对数据的组织方式是通过"工作簿"和"工作表"来完成的，而"工作表"又是由许多"单元格"构成的。为叙述和理解方便，我们必须熟悉 Excel 2016 中最基本的一些概念。

(1)工作簿。工作簿是工作表、图表的集合，它以文件的形式存放在计算机的磁盘中，其默认扩展名为". xlsx"。新创建的工作簿，Excel 2016 自动将其命名为"工作簿 1""工作簿 2"等，存盘时，用户可根据实际用途重新给工作簿命名，如"商品明细表"等。

(2)工作表。工作表是用于输入、编辑、显示和分析数据的表格，由行和列组成，存储在工作簿中。每一个工作表都用一个工作表标签来标识。新建工作簿时，Excel 2016 自动将工作表命名为 Sheet1、Sheet2 等，用户可根据需要对工作表重新命名，如"食品类""饮料类""日化类"等。

(3)单元格。单元格是工作表中的小方格,它是工作表的基本元素,也是 Excel 2016 独立操作的最小单位。每个单元格用于输入、显示和计算数据。如果在单元格中输入的是文字或数字,则原样显示;如果在单元格中输入的是公式或函数,则显示其结果。

工作簿、工作表与单元格之间的关系是包含与被包含的关系,即工作表由多个单元格组成,而工作簿又包含一个或多个工作表。

(4)单元格地址。单元格地址用来标识一个单元格的坐标,用列标和行号组合表示,列号在前、行号在后。其中,行号用 1,2,3,…表示,显示在工作簿窗口的左侧一列;列标用 A,B,C,…表示,显示在工作簿窗口工作区的上方。例如,第 4 列第 2 行的单元格地址为 D2,如图 8-5 所示。

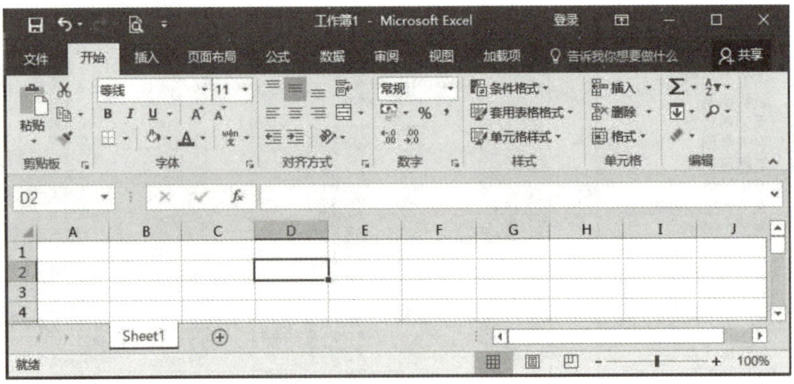

图 8-5

(5)活动单元格。活动单元格是指当前正在使用的单元格,用带黑色粗线的方框指示其位置。活动单元格地址在单元格名称框中显示。例如,图 8-5 中的 D2 就是活动单元格。

(6)单元格区域。单元格区域是指相邻的多个单元格,其表示方法是“区域左上角单元格地址:区域右下角单元格地址”,其中“:”为英文状态下的冒号。例如,图 8-6 中的区域可表示成“B2:D4”。

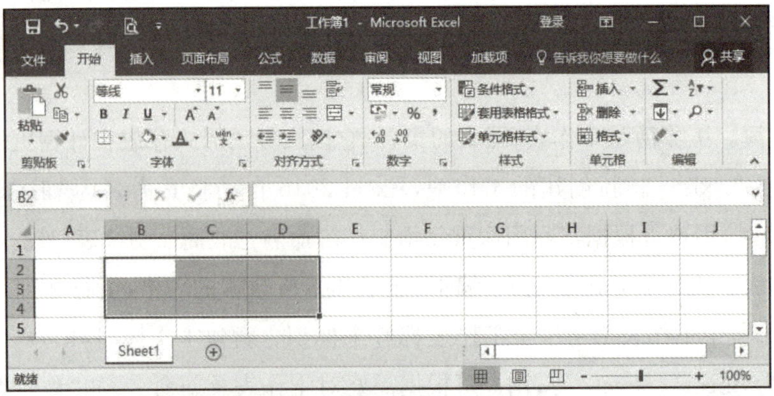

图 8-6

4. 熟悉输入数据的方法

在 Excel 2016 中，可以在单元格中输入数值、文字、时间、日期或公式等数据。

(1)数据类型。在 Excel 2016 中，数据被分为三类：标签、数值和公式。标签数据是指表格中的文字，只能对其进行编辑和修改，不能进行计算。数值数据是指由阿拉伯数字和小数点组成的数字。它有大小，可以进行计算，时间和日期也是数值数据。公式数据是指以等号“=”开头，由单元格、运算符和数组成的字符串。在工作表中，如果某一个单元格中的数据为公式，则单击该单元格，其公式将显示在编辑栏内，而单元格里显示的是计算结果。

(2)输入数据的方式。

①单个单元格的数据输入。

单击某个单元格使其成为活动单元格，直接在单元格或编辑栏中输入内容，然后单击编辑栏中的“输入”按钮✓，或者在输入内容后直接按 Enter 键或 Tab 键。如果取消输入操作，则单击编辑栏中的“取消”按钮×。

②单元格区域的数据输入。选择区域，从左上角活动单元格开始输入数据，然后按 Tab 键或 Enter 键继续下一个单元格的输入。选择区域输入的最大好处是：按 Tab 键或 Enter 键后，活动单元格的移动不会超出所选区域。

③快速填充数据。选择单元格或单元格区域后会出现一个黑色边框的选区，该选区的右下角会出现一个控制柄，鼠标指针移至其上时会变成+形状(见图 8-7)，通过拖动这个控制柄可以实现数据的快速填充。

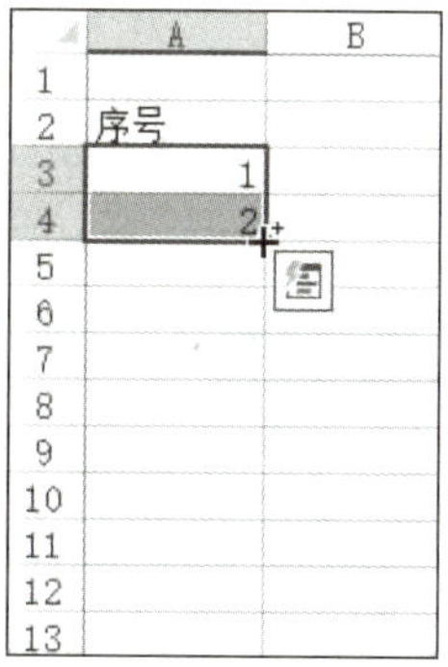

图 8-7

(3)各种类型数据的输入方法。

①输入标签数据。标签数据包括文字、数字(不可计算的数值)和符号等。对于全部由数字组成的字符串，如邮政编码、电话号码、身份证号等，为了避免被系统误认为数字型数据，可以在数字串前加单引号“'”(英文状态下的单引号)；当然，也可以在输入前将单元格的数字格式设置为“文本”。

②输入数值型数据。输入的数值型数据的默认对齐方式是在单元格内靠右对齐。在 Excel 中输入数值型数据，当数字长度超过单元格的宽度时，系统会用科学记数法显示该数字，如“5.3E+17”。

a. 输入分数时，先依次输入数字“0”和空格，再输入分数，如“0 1/3”；如果直接输入“1/3”，则显示的是“1 月 3 日”。

b. 输入日期(数值型数据，可以参与运算)时，可以使用斜杠“/”或字符“-”来分隔年、月、日，如输入 2017 年 6 月 30 日，可以输入“2017/06/30”。如果要输入当前日期，则可以直接按 Ctrl+“;”组合键。

c. 输入时间(数值型数据,可以参与运算)时可以采用“时间＋空格＋pm 或 am”的方式,如输入“下午 6:00”,可以输入“6 pm”。如果输入的是当前时间,则直接按 Ctrl＋Shift＋“;”组合键即可。

③输入公式。以等号“＝”开头,接着输入公式即可。复杂公式的编辑方法将在项目 10 中介绍。

活动 2　设置页面与保存工作簿

1. 设置页面

根据实际纸张的大小设置页面的方法是:单击“页面布局”选项卡的“页面设置”组中的“纸张大小”按钮,在弹出的下拉列表框中选择合适的纸张大小,如 A4。

注意

先进行页面设置的好处是:打印时不必再设置页面。

2. 保存工作簿

和 Word 2016 相似,在 Excel 2016 中保存工作簿也有以下三种方法。

(1)保存新建的工作簿。单击快速访问工具栏中的“保存”按钮,弹出“另存为”对话框,选择好位置后设置文件名,单击“保存”按钮即可。

注意

Excel 2016 默认的保存类型为 *. xlsx,而之前版本的文件扩展名为 xls,所以,采用 xlsx 扩展名保存的文件用低版本的 Excel 是打不开的。

Excel 2016 与 Word 2016 一样,对于正在编辑的、已保存的文件设置有自动保存功能(默认保存自动恢复信息时间间隔是 10 min)。

在工作簿的制作过程中,应养成经常单击“保存”按钮的习惯,以免因突然停电等意外事件造成数据丢失。

(2)保存原有工作簿。对于已经保存过的工作簿,单击快速访问工具栏中的“保存”按钮,不会弹出“另存为”对话框,而是直接覆盖前次保存的工作簿。如果需要将工作簿保存为另一个文件,可以在“文件”选项中选择“另存为”命令,打开“另存为”对话框,以相同的文件名将文件保存到其他位置,或者换名保存在同一位置。

(3)另存为其他类型工作簿。Excel 2016 的文件格式和以前版本的 Excel 不兼容。为了兼容老版本,Excel 2016 在“保存类型”中提供了一种兼容模式“Excel 97-2003 工作簿”,只要文档被保存为这种格式,就可以用以前版本的 Excel 打开。保存为兼容模式的工作簿在其标题栏中会显示“[兼容模式]”字样。

提示

如果要保留原工作簿名，则必须选择与原工作簿不同的保存路径；如果要与原文件保存在同一个文件夹中，则必须重命名。

活动 3 在工作表中输入数据

对数据进行正确分析的前提是工作表中所输入的数据必须准确、规范。在 Excel 2016 中建立商品明细表，主要是对商品的编号、名称、分类、规格、计价单位、单价、进货时间和条码等内容进行输入，操作步骤如下。

(1)命名工作表。在 sheet1 工作表标签上右击，在弹出的快捷菜单中选择“重命名”命令，如图 8-8 所示。然后在光标闪烁处输入工作表的名称“商品明细表”；也可以直接双击 Sheet1 工作表标签，然后输入工作表的名称。

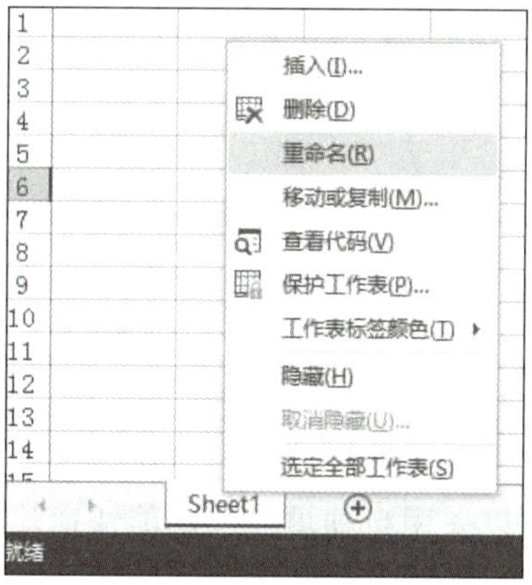

图 8-8

(2)输入列标题名称。制作表格时，首先要明确每一列的标题名称，对于“商品明细表”来说，主要就是“商品编号”“商品名称”“分类”“规格”“计价单位”“单价”“进货时间”“商品条码”等几个列标题名称。

单击 A1 单元格，输入“商品编号”，然后按 Tab 键，单元格右移，依次输入“商品名称”“分类”“规格”“计价单位”“单价”“进货时间”“商品条码”等字符，如图 8-9 所示。

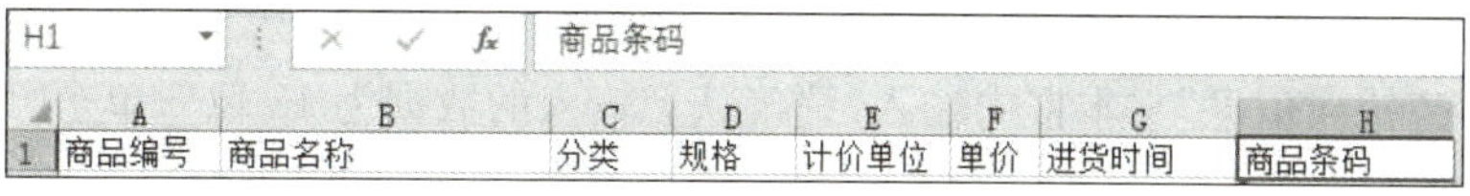

图 8-9

(3)输入商品编号。如果在单元格中直接输入编号“0001”后，按 Enter 键，“0001”会显示成“1”。输入商品编号的正确方法是：选择 A2:A21 单元格区域，单击“开始”选项卡中的“数字”组的对话框启示器，弹出“设置单元格格式”对话框。如图 8-10 所示，在“数字”选项卡中，选择“分类”列表框中的“自定义”，在“类型”文本框中输入“000＃”，然后单击“确定”按钮，完成单元格的格式设置。此时再在单元格中输入“0001”，单元格中会显示“0001”。

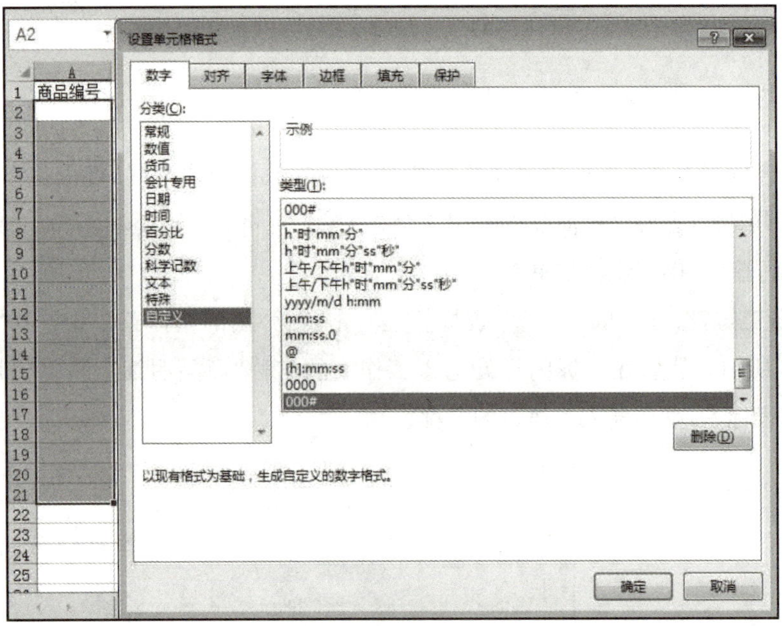

图 8-10

(4)输入进货日期。进货日期可以采用如“2015-5-15”的格式输入，也可以采用如“2015/5/15”的格式输入，显示的结果是相同的。当数据具有一定规律时，如绝大部分商品的进货时间都是 2015 年，就可以采用自动填充的功能快速输入，然后双击需要修改的单元格，移动光标进行修改。

(5)输入商品条码。为了增强数据输入的准确性，首先介绍一下数据有效性的问题。商品条码均为 13 位，能否在输入数据时获得提示，如显示“请输入 13 位整数”，当输入的数据不为 13 位时，显示警告信息，如“请确认您输入的数据为 13 位”，回答是肯定的，这就要用到数据验证。数据验证的具体操作是：选择单元格区域 G2:G21，切换至“数据”选项卡，再单击“数据工具”组中的“数据验证”按钮，弹出“数据验证”对话框，在“允许”下拉列表框中选择“文本长度”，在“数据”下拉列表框中选择“等于”，在“长度”框中输入数字“13”，如图 8-11 所示；单击“输入信息”选项卡，在“输入信息”文本框中输入“请输入 13 位整数”；单击“出错警告”选项卡，在“错误信息”文本框中输入“请确认您输入的数据为 13 位”，单击“确定”按钮。

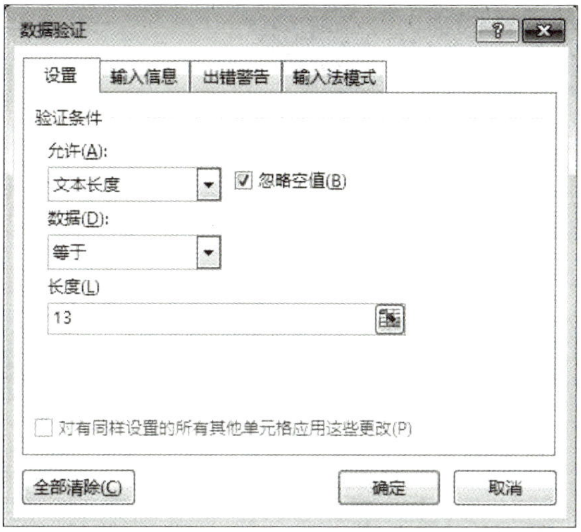

图 8-11

活动 4 快速填充数据

单击 A2 单元格，在其中输入“1”，移动鼠标指针至 A2 单元格右下角小黑方块（称为填充柄），待鼠标指针由空心十字形✜变为实心十字形+时，按住鼠标左键拖至 A21 单元格，松开鼠标左键，单击智能标记“自动填充选项”，在弹出的快捷菜单中选中“填充序列”单选按钮，结果如图 8-12 所示。此项操作称为数据的自动填充。当相邻单元格中的数据具有一定规律时，经常采用自动填充的方法输入数据，这样可以提高输入速度和输入数据的准确性。

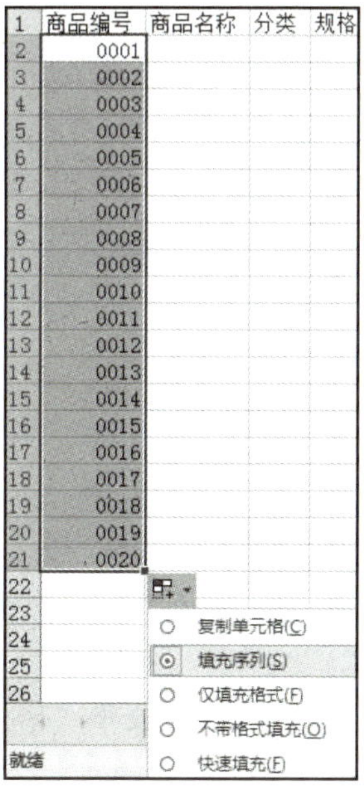

图 8-12

任务 8.2　修饰商品明细表

任务描述

本任务将使用 Excel 2016 对任务 8.1 中的商品明细表进行美化，效果如图 8-13 所示。

	A	B	C	D	E	F	G	H
1	商品编号	商品名称	分类	规格	计价单位	单价	进货时间	商品条码
2	0001	可口可乐	饮料	600ml	瓶	2.9	2017/4/15	4325687251468
3	0002	香菇老抽酱油	食品	500ml	瓶	6.6	2017/4/15	2754682368459
4	0003	香飘飘奶茶	饮料	80g	杯	3.5	2017/4/15	5423158276469
5	0004	王老吉凉茶	饮料	250ml	盒	2.5	2017/4/15	6325148752143
6	0005	恰恰香瓜子	食品	200g	袋	5.5	2017/5/15	2925756483145
7	0006	双汇火腿肠	食品	30g*8	袋	7.5	2017/5/15	5578425487632
8	0007	雕牌肥皂	日化	228g	块	2.8	2017/5/15	8265472154652
9	0008	康师傅绿茶	饮料	500g	瓶	2.8	2017/5/15	2354869784521
10	0009	农夫果园	饮料	380ml	瓶	3.5	2017/6/15	5246872135987
11	0010	洁丽雅毛巾	日化	70*33	条	15.9	2017/6/15	2931457821546
12	0011	中华牙膏	日化	180g	桶	7.2	2017/6/15	3567452164852
13	0012	康师傅红烧牛肉面	食品	113g	桶	3.8	2017/6/15	2154786254831
14	0013	大宝SOD蜜	日化	100ml	瓶	12.5	2017/7/15	1654823576452
15	0014	脉动运动维生素饮料	饮料	600ml	瓶	4.5	2017/7/15	3154267851648
16	0015	立白洗衣粉	日化	1068g	袋	5.4	2017/7/15	5126854231574
17	0016	思念水饺	食品	500g	袋	10.5	2017/7/15	4572368915478
18	0017	喜之郎水晶之恋果冻	食品	400g	袋	6.5	2017/8/15	3425168524613
19	0018	德芙巧克力	食品	252g	盒	29.9	2017/8/15	1875642589475
20	0019	蓝月亮洗衣液	日化	2kg	瓶	29.8	2017/8/15	2754865123485
21	0020	娃哈哈莲子八宝粥	食品	360g	听	3.2	2017/8/15	6325875146284

图 8-13

任务分析

完成本任务的操作思路是：熟悉单元格和工作簿的相关操作；打开商品明细表工作簿；修饰列标题行的格式；设置列标题行下方的数据格式；给数据添加边框，调整行高，保存工作簿。

任务实施

活动 1　熟悉单元格和工作簿的相关操作

1. 单元格的操作

（1）单元格的单击和双击。单击单元格，可使单元格处于覆盖状态，此时输入数据可将原数据覆盖。双击单元格，可使单元格处于编辑状态，主要用于对单元格中的数据进行局部修改，此时要配合鼠标指针的移动操作。

(2)单元格和单元格区域的选择。如果输入数据或对数据进行编辑等操作，首先必须选中该单元格或单元格区域，使其成为活动单元格或单元格区域。不管同时选中多少个区域，最后选中的区域左上角的单元格不会变成反显状态。

①单元格的选择。单击某个单元格，即可选中该单元格。

②单元格区域的选择。单击要选择区域的左上角单元格，按住鼠标左键不放并拖曳至欲选择区域的右下角单元格，然后释放鼠标即可选择单元格区域。如果按住 Ctrl 键不放，逐个选择欲选的单元格或单元格区域，就可以选择多个非相邻的单元格或单元格区域。

③整行或整列的选择。单击某行的行号，该行的所有单元格均被选中；单击某列的列标名，该列的所有单元格均被选中。

2. 移动、复制、清除数据

(1)移动、复制数据。单元格中的数据可以被复制或移动到同一个工作表的其他地方、另一个工作表或另一个应用程序中。数据的移动和复制可以使用鼠标或剪贴板来完成。

视频
使用鼠标移动数据

①使用鼠标移动数据。具体操作步骤是：选定要移动的单元格或单元格区域，将鼠标指针指向选定区域的边框线上，待鼠标指针变为双十字箭头“✥”时按住鼠标左键进行拖动，待到达指定位置时释放鼠标左键。这种方法多用于同一工作簿、工作表中数据的移动。

如果要整行或整列移动数据，可以先选中需移动数据所在的行或列，将鼠标指针指向选定区域的边框线上，待鼠标指针变为双十字箭头✥时，按住鼠标左键和 Shift 键，并拖动到指定位置上，依次释放鼠标左键和 Shift 键即可，这种方法在调整数据时非常有用。

②使用剪贴板移动数据。具体操作步骤是：选定要移动的单元格或单元格区域；单击“开始”选项卡的“剪贴板”组中的“剪切”按钮，或按 Ctrl＋X 组合键；选定要放置数据的单元格；单击“开始”选项卡的“剪贴板”组中的“粘贴”按钮，或按 Ctrl＋V 组合键。这种方法多用于不同工作簿、工作表之间数据的移动。

③使用鼠标复制数据。具体操作步骤是：选定要复制的单元格或单元格区域；将鼠标指针指向选定区域的边框线上，待鼠标指针变为双十字箭头✥时，按住鼠标左键和 Ctrl 键进行拖动，待到达指定位置时依次释放鼠标左键和 Ctrl 键。

④使用剪贴板复制数据。具体操作步骤是：选定要复制的单元格或单元格区域；单击“开始”选项卡的“剪贴板”组中的“复制”按钮，或按 Ctrl＋C 组合键；选定要放置数据的单元格；单击“开始”选项卡的“剪贴板”组中的“粘贴”按钮，或按 Ctrl＋V 组合键。这种方法多用于不同工作簿、工作表之间数据的复制。

(2)清除数据。清除单元格中的数据的方法有以下两种。

①选中要清除数据的单元格，按 Delete 键。

②选中要清除数据的单元格，单击“开始”选项卡的“编辑”组中的“清除”按钮，从弹出的

下拉菜单中选择所需命令，如图 8-14 所示。

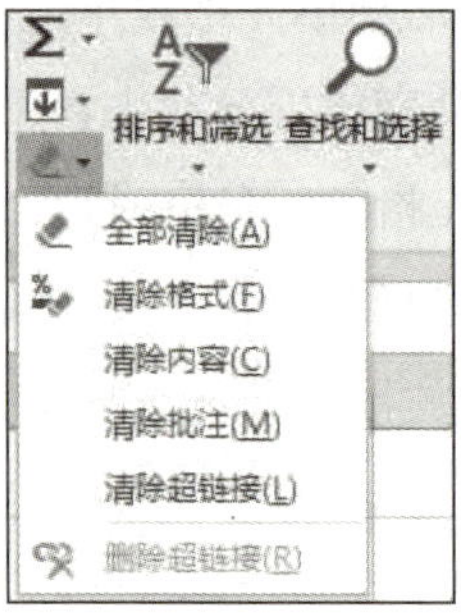

图 8-14

3. 管理工作表

（1）工作表的插入。缺省状态下，一个新工作簿中只有 1 个工作表，而实际工作中可能需要多个工作表，这就需要在工作簿中插入工作表。插入工作表的操作其实很简单，直接单击工作表标签右侧的⊕按钮即可，如图 8-15 所示。

（2）工作表的移动和复制。选择要移动或复制的工作表标签，如果要移动，拖动所选的标签到所需位置即可；如果要复制，在按住 Ctrl 键的同时，拖动所选的标签到所需位置后，依次释放鼠标左键和 Ctrl 键。拖动时，光标会出现一个黑色三角符号来表示移动的位置。

（3）工作表的删除。如果要删除错误的或不需要的工作表，可以直接右击该工作表标签，在弹出的快捷菜单上选择“删除”命令即可，如图 8-16 所示。

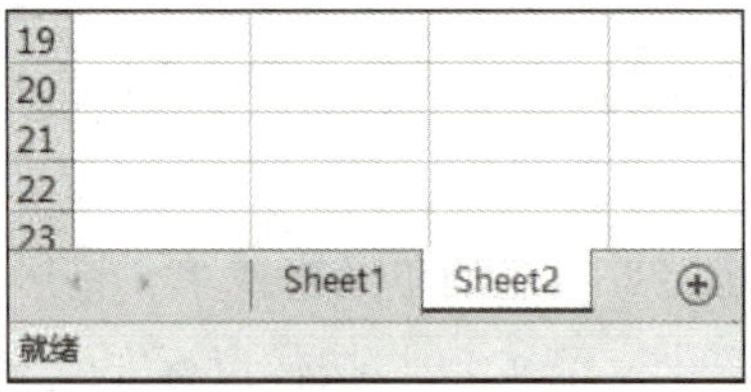

图 8-15

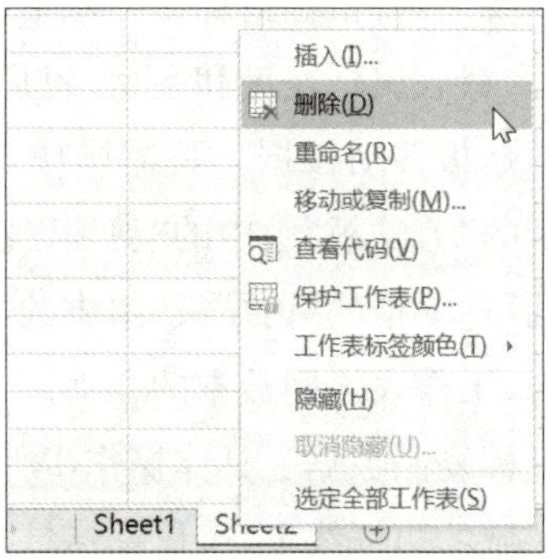

图 8-16

删除工作表的操作要谨慎，删除的工作表是不能被恢复的。

4. 单元格内数据格式的设置

单元格内的数据可以根据需要设置成不同的数据格式。

（1）千位分隔符。如果要以逗号分隔数字的千位，可以选中待设置的单元格或单元格区域，然后单击“开始”选项卡的“数字”组中的“千位分隔样式”按钮。

（2）小数位数。“开始”选项卡的“数字”组中的“增加小数位数”按钮或“减少小数位数”按钮用于增加或减少数字的小数位数，每单击一次，就增加或减少一个小数位。

(3)货币样式。货币样式可以使数字前面带有货币符号。要应用货币样式，可以选中待设置的单元格或单元格区域，然后单击“开始”选项卡的“数字”组中的“会计数字格式”按钮。

(4)百分比样式。百分比样式可以使数字带有百分号。要应用百分比样式，可以选中待设置的单元格或单元格区域，然后单击“开始”选项卡的“数字”组中的“百分比样式”按钮%。

单元格格式的集中设置可以通过“设置单元格格式”对话框来完成。

5. 行和列的操作

(1)行高或列宽的调整。当单元格中的数据不能被全部显示出来时，需要调整列宽；有时为了美观，也需要调整行高。

①自动调整。将鼠标指针移至某列标右侧的分隔线上时，鼠标指针变为双向箭头“+”，双击该分隔线，可把该列的列宽自动调整为该列所有单元格中实际数据所占长度最大的那个单元格的宽度。用同样的方法也可以调整行高(双击行号的下分隔线)。

②拖曳调整。将鼠标指针移至某列标右侧的分隔线时，鼠标指针变为双向箭头“+”，按住鼠标左键拖曳至需要的宽度，然后释放鼠标左键即可调整列宽。用同样的方法也可以调整行高(拖曳行号的下分隔线)。

③利用命令调整。选中列或行，单击“开始”选项卡的“单元格”组中的“格式”按钮，在弹出的下拉菜单(见图 8-17)中选择“列宽”或“行高”命令，就可以调整列宽或行高。

(2)行或列的隐藏。右击需要隐藏的列或行，在弹出的快捷菜单中选择“隐藏”命令，如图 8-18 所示。

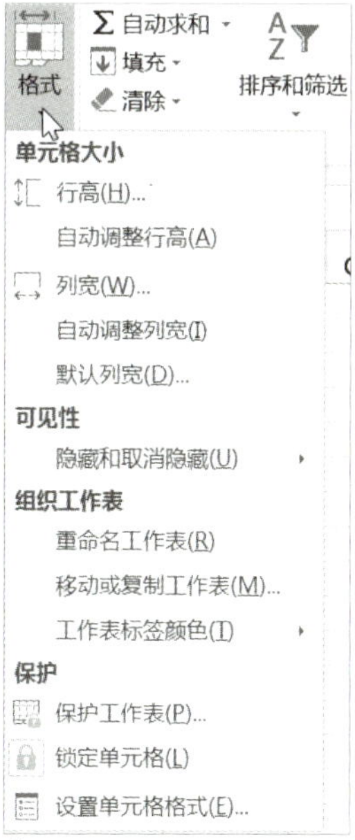

图 8-17

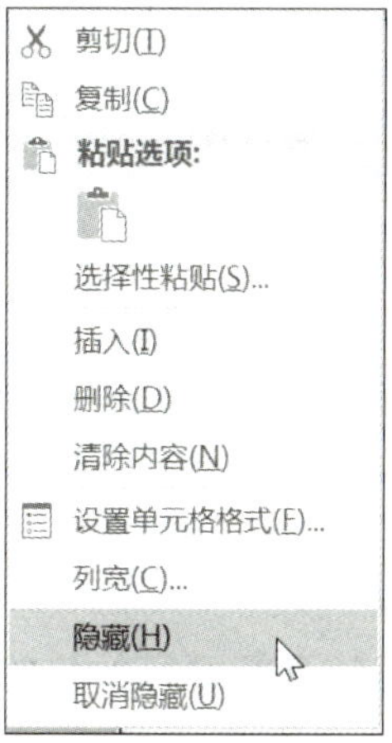

图 8-18

要取消隐藏的行或列，必须在隐藏部分的前后至少选择一行或一列，然后右击所选的行或列，在弹出的快捷菜单中选择“取消隐藏”命令。

提示

隐藏后的内容是打印不出来的。我们可以通过查看行或列的编号是否间断来判断一个工作表中是否有隐藏的行或列。

(3)插入行或列。在编辑表格的过程中，有时需要插入整行或整列，其操作方法是：选取目标，单击“开始”选项卡的“单元格”组中的“插入”按钮，在弹出的下拉菜单(见图8-19)中选择相关命令；或者右击需插入行的下方行号或需插入列的右边列标，在弹出的快捷菜单中选择“插入”命令；如果要插入多行(列)，只需在选中时多选几行(列)即可。

(4)删除行或列。在编辑表格的过程中，有时需要删除某行或某列，其操作方法是：选取目标，单击“开始”选项卡的“单元格”组中的“删除”按钮，在弹出的下拉菜单(见图8-20)中选择相关命令；或者右击该行号或列标，在弹出的快捷菜单中选择“删除”命令即可。如果要删除多行或多列，只需在选择时多选几行或几列即可。

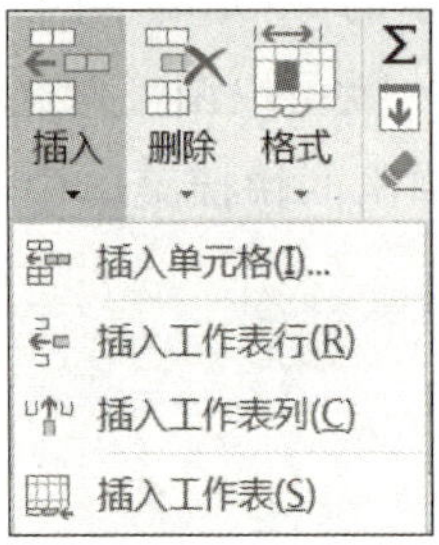

图8-19

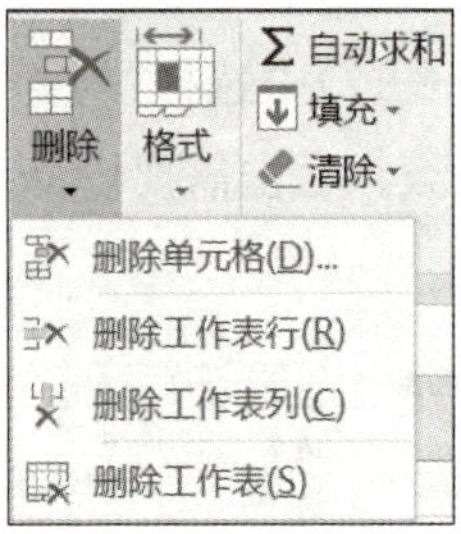

图8-20

活动2 打开商品明细表工作簿

打开已经存在的工作簿通常有以下两种方法。

(1)如果Excel 2016已经启动，可以通过选择“文件”→“打开”命令(或按Ctrl+O组合键)，在“打开”窗口中找到工作簿的存储路径，然后打开工作簿。

(2)如果Excel 2016未启动，可以通过资源管理器找到要打开的工作簿，然后双击即可打开该工作簿。

活动3 修饰列标题行的格式

修饰列标题行格式的步骤如下。

(1)选择单元格区域A1:H1，鼠标指针形状为空心时为选取状态。

(2)单击“开始”选项卡的“字体”组中的“加粗”按钮，设置列标题的字号为 12，单击“对齐方式”组中的“居中”按钮和“垂直居中”按钮，结果如图 8-21 所示。

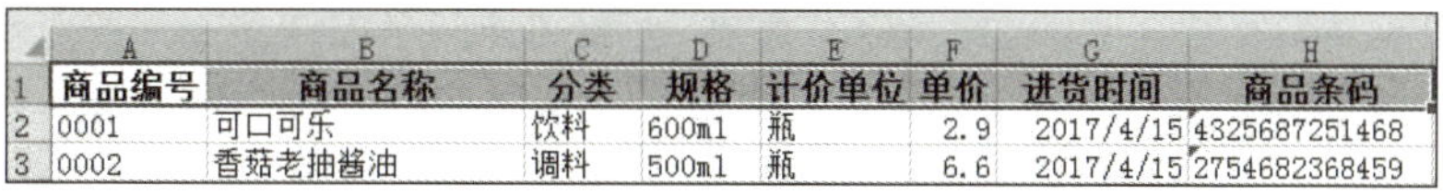

	A	B	C	D	E	F	G	H
1	商品编号	商品名称	分类	规格	计价单位	单价	进货时间	商品条码
2	0001	可口可乐	饮料	600ml	瓶	2.9	2017/4/15	4325687251468
3	0002	香菇老抽酱油	调料	500ml	瓶	6.6	2017/4/15	2754682368459

图 8-21

(3)单击“开始”选项卡的“字体”组中“填充颜色”下拉箭头，在弹出的列表框中选择“标准色-橙色”，效果如图 8-22 所示。

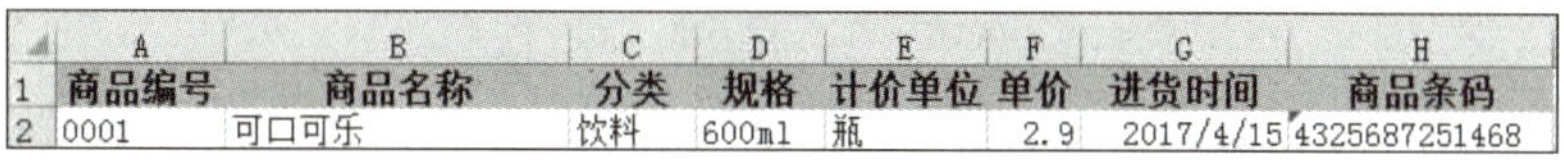

	A	B	C	D	E	F	G	H
1	商品编号	商品名称	分类	规格	计价单位	单价	进货时间	商品条码
2	0001	可口可乐	饮料	600ml	瓶	2.9	2017/4/15	4325687251468

图 8-22

活动 4 设置列标题行下方数据的格式

设置列标题行下方数据格式的步骤如下。

(1)选择单元格区域 A2:H21，单击“开始”选项卡的“对齐方式”组中的“居中”按钮。

(2)选择单元格区域 B2:B21，单击“开始”选项卡的“对齐方式”组中的 按钮，弹出“设置单元格格式”对话框。

(3)在“水平对齐”下拉列表框中选择“分散对齐”，并选中“两端分散对齐”复选框，如图 8-23 所示。

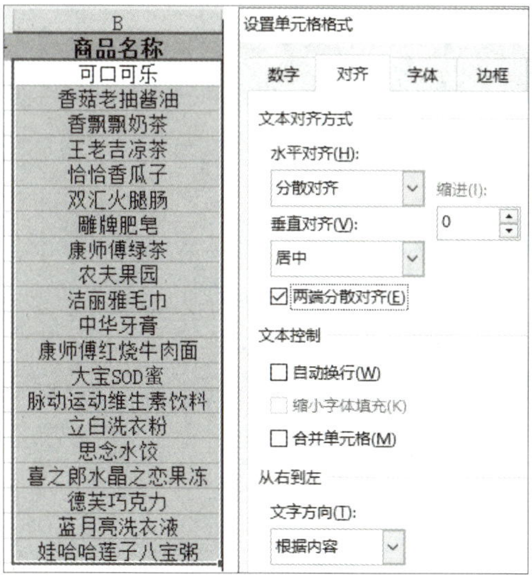

图 8-23

(4)单击“确定”按钮,结果如图 8-24 所示。

商品编号	商品名称
0001	可口可乐
0002	香菇老抽酱油
0003	香飘飘奶茶
0004	王老吉凉茶
0005	恰恰香瓜子
0006	双汇火腿肠
0007	雕牌肥皂
0008	康师傅绿茶
0009	农夫果园
0010	洁丽雅毛巾
0011	中华牙膏
0012	康师傅红烧牛肉面
0013	大宝SOD蜜
0014	脉动运动维生素饮料
0015	立白洗衣粉
0016	思念水饺
0017	喜之郎水晶之恋果冻
0018	德芙巧克力
0019	蓝月亮洗衣液
0020	娃哈哈莲子八宝粥

图 8-24

活动 5 添加边框,调整行高,保存工作簿

视频
添加边框

给数据添加边框,调整行高,保存工作簿的操作步骤如下。

(1)选择单元格区域 A1:G21,右击,在弹出的快捷菜单中选择“设置单元格格式”命令,弹出“设置单元格格式”对话框,切换至“边框”选项卡。

(2)在“样式”区域中选择双实线,在“颜色”下拉列表框中选择红色,单击“预置”选项组中的“外边框”,如图 8-25 所示。

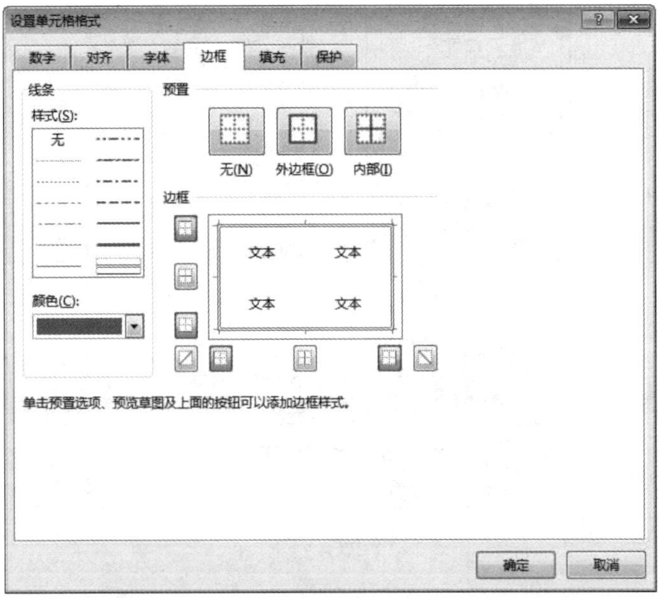

图 8-25

（3）在“样式”区域中选择单实线，在“颜色”下拉列表框中选择绿色，单击“预置”选项组中的“内部”，单击“确定”按钮。

（4）将光标置于行号 1 上，按住鼠标左键拖动到行号 21，释放鼠标左键，这样就选择了 1～21 行；移动光标到 1～21 行中任意行号的边界位置，当光标变成双向箭头“✛”时向下拖动鼠标，就可以增大行高，待行高符合要求之后释放鼠标左键。

（5）单击“保存”按钮，覆盖原工作簿。

至此，商品明细表的修饰工作已经完成，效果如图 8-13 所示。

注意

在编辑过程中要留意鼠标指针的变化：当鼠标指针的形状为空心十字形“✚”时，表示准备选择单元格或单元格区域；当鼠标指针的形状为黑色粗箭头“⬇”或“➡”时，表示准备选择行或列；当鼠标指针的形状为实心十字形“+”时，表示准备填充；当鼠标指针的形状为双箭头“✛”或“✛”时，表示准备调整行高或列宽；当鼠标指针的形状为双向十字箭头“✥”时，表示准备移动数据；当鼠标指针的形状为斜向上箭头加十字形“↖”时，表示准备复制数据。

设置边框时，应先选择线条样式，然后选择数据表的哪部分加框线。

实训项目

扫码测试

实训 1　制作员工信息档案

实训要求：用 Excel 2016 制作“员工信息档案”工作簿，相关内容可参照项目 8 源文件“实例 8.1. xlsx”。完成后进行保存，效果如图 8-26 所示。

操作提示如下。

（1）启动 Excel 2016，新建工作簿。

（2）根据现有纸张设置页面，保存工作簿。

（3）向单元格中输入数据，参照项目 8 源文件实训 8.1. xlsx 中的“数据”工作表，注意空行。

（4）再次保存工作簿。

XX公司员工信息档案							
编号	姓名	部门	性别	年龄	何时加入公司	学历	联系方式
0001	陈霞	广告部	女	29	2009/3/15	硕士	1388625
0002	武海	行政部	男	30	2007/8/20	本科	1388625
0003	刘繁	文秘部	女	26	2010/7/13	本科	1388625
0004	袁锦辉	市场部	男	27	2008/9/15	大专	1388625
0005	贺华	企划部	女	26	2009/3/15	大专	1388625
0006	钟兵	研发部	男	34	2006/6/26	硕士	1388625
0007	丁芬	市场部	女	33	2005/6/15	硕士	1388625
0008	程静	产品开发部	女	25	2009/3/15	大专	1388625
0009	刘健	人力资源部	男	30	2007/8/20	本科	1388625
0010	刘明	市场部	男	28	2010/7/13	硕士	1388625
0011	孟迪	广告部	女	26	2012/6/30	硕士	1388625
0012	张欣	行政部	女	27	2012/6/30	硕士	1388625
0013	王飞	研发部	男	28	2010/7/13	硕士	1388625
0014	李敏	文秘部	女	25	2012/6/30	本科	1388625
0015	彭丽	人力资源部	女	30	2007/8/20	本科	1388625
0016	杜青	产品开发部	男	32	2006/6/26	硕士	1388625
0017	赵勇	企划部	男	33	2007/8/20	硕士	1388625
0018	林梦涵	研发部	女	29	2010/7/13	硕士	1388625
0019	蒋鹏	产品开发部	男	27	2012/6/30	硕士	1388625
0020	张帅	广告部	男	25	2013/4/25	本科	1388625

图 8-26

实训 2　各种类型数据的输入

实训要求：打开项目 8 源文件“实训 8.2.xlsx”，根据批注提示（见图 8-27）输入数据。

任务 1： 在单元格 A1 中输入数字 15；在单元格 A3 中输入数字 123456789012；在单元格 C3 中输入分数 2/5。

任务 2： 在 A5 中输入日期：2017 年 7 月 15 日；在 C5 中输入时间：下午 6 点；在 A7 中输入当天日期；在 C7 中输入当前时间。数据均为可计算数据。

任务 3： 在单元格 A9 中输入“工作簿”“工作表”“单元格”，各占一行 。

任务 4： 将 A1 中的数字 15 设置成“日期”的格式。

任务 5： 将 C5 中的数据 6:00 PM 设置成“常规”格式。

任务 6： 在单元格区域 A10:A20 内输入数字序列 1,2,3,4,5…

任务 7： 在单元格区域 B10:B20 内输入编号序列 0001, 0002, 0003, 0004, 0005…

任务 8： 在单元格区域 C10:C20 区域内输入工作日序列 10 月 1 日、10 月 2 日…

任务 9： 在单元格区域 D10:D20 中输入系统内置的文字序列甲、乙、丙、丁…

任务 10： 自定义文字序列：寝室、教室、食堂，并填充到单元格区域 E10:E20 中。

任务 11： 同时在 A21:A25 和 C21:C25 两个区域的所有单元格中输入相同的数据：成绩。

任务 12： 对 F10:F20 进行数据有效性检验设置，限定其输入值为 0~100。

任务 13： 使 G10:G20 的输入值为可选择的序列值：党员、团员、群众。

图 8-27

实训 3　修饰员工信息档案

实训要求：将“员工信息档案”进行美化，相关内容可参照项目 8 源文件“实训 8.1.xlsx”中的“修饰”工作表。效果如图 8-28 所示。

XX公司员工信息档案							
编号	姓名	部门	性别	年龄	入职时间	学历	联系方式
0001	陈霞	广告部	女	29	2009/3/15	硕士	1388625[illegible]
0002	武海	行政部	男	28	2007/8/20	本科	1388625[illegible]
0003	刘繁	文秘部	女	30	2010/7/13	本科	1388625[illegible]
0004	袁锦辉	市场部	男	25	2008/9/15	大专	1388625[illegible]
0005	贺华	企划部	女	26	2009/3/15	大专	1388625[illegible]
0006	钟兵	研发部	男	34	2006/6/26	硕士	1388625[illegible]
0007	丁芬	市场部	女	33	2005/6/15	硕士	1388625[illegible]
0008	程静	产品开发部	女	25	2009/3/15	大专	1388625[illegible]
0009	刘健	人力资源部	男	30	2007/8/20	本科	1388625[illegible]
0010	刘明	市场部	男	28	2010/7/13	硕士	1388625[illegible]
0011	孟迪	广告部	女	26	2012/6/30	硕士	1388625[illegible]
0012	张欣	行政部	女	27	2012/6/30	硕士	1388625[illegible]
0013	王飞	研发部	男	28	2010/7/13	硕士	1388625[illegible]
0014	李敏	文秘部	女	25	2012/6/30	本科	1388625[illegible]
0015	彭丽	人力资源部	女	30	2007/8/20	本科	1388625[illegible]
0016	杜青	产品开发部	男	32	2006/6/26	硕士	1388625[illegible]
0017	赵勇	企划部	男	33	2007/8/20	硕士	1388625[illegible]
0018	林梦涵	研发部	女	29	2010/7/13	硕士	1388625[illegible]
0019	蒋鹏	产品开发部	男	27	2012/6/30	硕士	1388625[illegible]
0020	张帅	广告部	男	25	2013/4/25	本科	1388625[illegible]

图 8-28

操作提示如下。

(1)标题“××公司员工信息档案”的格式是单击“对齐方式”组中的“合并后居中”按钮实现的。

(2)“姓名”列下的数据设置为“分散对齐”的水平对齐方式。

(3)列标题行下方的间隔线实际上是插入一行(行高较小)。

项目 9

商品销售表的数据计算

知识目标

理解相对引用、绝对引用和混合引用的概念。

掌握用公式和常用函数计算数据的方法。

技能目标

会用公式对数据进行简单计算。

会用五种常用函数对数据进行计算。

如果没有公式和函数，那么 Excel 的表格功能就不会比 Word 有太多的优势。本项目通过“用公式计算销售统计数据”“运用常用函数统计商品销售的数据”和“一般函数的使用”三个任务的完成，使用户了解 Excel 2016 强大的计算功能，掌握公式、常用函数和一般函数的使用方法和技巧。

任务 9.1 用公式计算销售统计数据

任务描述

本任务将使用 Excel 2016 中的公式计算如图 9-1、图 9-2 和图 9-3 所示表格中的数据。

商品编号	商品名称	分类	规格	计价单位	单价	销售数量	销售金额
0001	可口可乐	饮料	600 mL	瓶	2.9	86	
0002	香菇老抽酱油	食品	500 mL	瓶	6.6	65	
0003	香飘飘奶茶	饮料	80 g	杯	3.5	90	
0004	王老吉凉茶	饮料	250 mL	盒	2.5	105	
0005	恰恰香瓜子	食品	200 g	袋	5.5	82	
0006	双汇火腿肠	食品	30 g×8	袋	7.5	95	
0007	雕牌肥皂	日化	228 g	块	2.8	56	
0008	康师傅绿茶	饮料	500 g	瓶	2.8	96	
0009	农夫果园	饮料	380 mL	瓶	3.5	89	
0010	洁丽雅毛巾	日化	70×30	条	15.9	73	
0011	中华牙膏	日化	180 g	桶	7.2	124	
0012	康师傅红烧牛肉面	食品	113 g	桶	3.8	136	
0013	大宝SOD蜜	日化	100 mL	瓶	12.5	74	
0014	脉动运动维生素饮料	饮料	600 mL	瓶	4.5	98	
0015	立白洗衣粉	日化	1068 g	袋	5.4	47	
0016	思念水饺	食品	500 g	袋	10.5	86	
0017	喜之郎水晶之恋果冻	食品	400 g	袋	6.5	94	
0018	德芙巧克力	食品	252 g	盒	29.9	66	
0019	蓝月亮洗衣液	日化	2 kg	瓶	29.8	88	
0020	娃哈哈莲子八宝粥	食品	360 g	听	3.2	76	

图 9-1

今日饮料零售情况统计

日期 2017/7/10　　利润率：30%

名称	包装单位	零售单价	销售量	销售额	利润
可　乐	听	4.5	120		
雪　碧	听	3.6	98		
脉　动	瓶	4.5	97		
健力宝	听	4.0	80		
红　牛	听	5.5	56		
橙　汁	瓶	3.5	140		
王老吉	听	2.5	136		
奶　茶	杯	4.0	110		
酸　奶	瓶	3.8	97		
矿泉水	瓶	2.0	88		
合　计					

图 9-2

九九乘法表

	1	2	3	4	5	6	7	8	9
1									
2									
3									
4									
5									
6									
7									
8									
9									

图 9-3

任务分析

完成本任务的操作思路是：打开“公式”工作簿，在输出单元格中输入公式，自动填充复制公式，保存工作簿。

任务实施

视频
操作演示

活动 1　在单元格中输入公式

双击“任务 9.1 商品销售情况表.xlsx”打开工作簿，输入公式的操作步骤如下。

(1)计算图 9-1 中商品编号为 0001 的商品的销售金额。如图 9-4 所示,首先单击 H2 单元格,在其中输入等号“=”;然后单击 F2,输入乘号“ * ”,单击 G2;最后单击编辑栏中的“输入”按钮✓。这种方法叫作提取单元格,公式中引用了两个单元格 F2、G2,该引用称为相对引用。

	A	B	C	D	E	F	G	H
1	商品编号	商品名称	分类	规格	计价单位	单价	销售数量	销售金额
2	0001	可口可乐	饮料	600 mL	瓶	2.9	86	=F2*G2
3	0002	香菇老抽酱油	食品	500 mL	瓶	6.6	65	

图 9-4

提示

也可以手工输入“=F2 * G2”,但这样输入会有两个缺点:一是输入速度慢;二是容易输错,尤其输入较复杂的公式时,极易出错。

注意

在运用公式和函数进行计算时,首先应该选中目标单元格,否则完成任务后,需清除数据,重新操作。

(2)计算图 9-2 中可乐的销售额和利润。

①计算销售额。如图 9-5 所示,单击 F8 单元格,在其中输入等号“=”;单击 D8,输入乘号“ * ”,单击 E8,单击编辑栏中的“输入”按钮。

今日饮料零售情况统计					
日期	2017/7/10			利润率:	30%
名称	包装单位	零售单价	销售量	销售额	利润
可　乐	听	4.5	120	=D8*E8	
雪　碧	听	3.6	98		

图 9-5

②计算利润。如图 9-6 所示,单击 G8 单元格,在其中输入等号“=”;单击 F8,输入乘号“ * ”,单击 G4 后按 F4 键,单击编辑栏中的“输入”按钮。“G4”称为绝对引用。

(3)计算九九乘法口诀表第一行 1×1 的数值。如图 9-7 所示,单击 B3 单元格,在其中输入等号“=”;单击 A3,输入乘号“ * ”,单击 B2,在“A”和“2”的前面加符号“ $ ”;单击编辑栏中的“输入”按钮。“$A3”和“B$2”称为混合引用。

今日饮料零售情况统计					
日期	2017/7/10			利润率：	30%
名称	包装单位	零售单价	销售量	销售额	利润
可　乐	听	4.5	120	540.00	=F8*G4
雪　碧	听	3.6	98		

图 9-6

九九乘法表									
	1	2	3	4	5	6	7	8	9
1	=$A3*B$2								

图 9-7

活动 2　自动填充复制公式

自动填充复制公式的操作步骤如下。

(1)计算图 9-1 中其他商品的销售金额。单击 H2 单元格，移动鼠标指针至 H2 单元格右下角小黑方块，待鼠标指针由✪变为+时，按住鼠标左键拖至 H21 单元格，松开鼠标左键，效果如图 9-8 所示。此项操作在本项目中会多次用到，简记为“拖动 H2 单元格的填充句柄复制公式至 H21 单元格”。此项操作既是自动填充数据，又是公式的复制。

(2)计算图 9-2 中其他商品的销售额和利润。选择单元格区域 F8:G8，拖动 G8 单元格的填充句柄复制公式至 G17 单元格，效果如图 9-9 所示。

销售金额
249.4
429.0
315.0
262.5
451.0
712.5
156.8
268.8
311.5
1160.7
892.8
516.8

图 9-8

销售额	利润
540.00	162.00
352.80	105.84
436.50	130.95
320.00	96.00
308.00	92.40
490.00	147.00
340.00	102.00
440.00	132.00
368.60	110.58
176.00	52.80

图 9-9

(3)计算图 9-3 中其他对应的数值。单击 B3 单元格，拖动 B3 单元格的填充句柄复制公式至 J3 单元格，然后拖动 B3:J3 单元格的填充句柄复制公式至 B11:J11 单元格，效果如图 9-10 所示。

九九乘法表									
	1	2	3	4	5	6	7	8	9
1	1	2	3	4	5	6	7	8	9
2	2	4	6	8	10	12	14	16	18
3	3	6	9	12	15	18	21	24	27
4	4	8	12	16	20	24	28	32	36
5	5	10	15	20	25	30	35	40	45
6	6	12	18	24	30	36	42	48	54
7	7	14	21	28	35	42	49	56	63
8	8	16	24	32	40	48	56	64	72
9	9	18	27	36	45	54	63	72	81

图 9-10

(4)单击“保存”按钮,以原文件名保存。

提示

公式的引用有三种情形:相对引用、绝对引用和混合引用。

1. 相对引用

在图 9-11 中,H2 至 H21 单元格中的引用具有以下特点:所求的单元格(目标单元格)位置向下移动,发生了变化,它所引用的单元格地址也会随着发生变化(如 H2=F2 * G2, H3= F3 * G3,…),但它们的相对位置没有发生变化,目标单元格的数值始终是它左侧的两个单元格中数据的乘积,在形式上引用的单元格地址 F2、G2 前没有“ $ ”符号,是相对地址,我们把这种引用称为相对引用。

A	B	C	D	E	F	G	H
商品编号	商品名称	分类	规格	计价单位	单价	销售数量	销售金额
0001	可口可乐	饮料	600 ml	瓶	2.9	86	249.4
0002	香菇老抽酱油	食品	500 ml	瓶	6.6	65	429.0
0003	香飘飘奶茶	饮料	80 g	杯	3.5	90	315.0
0004	王老吉凉茶	饮料	250 ml	盒	2.5	105	262.5
0005	恰恰香瓜子	食品	200 g	袋	5.5	82	451.0
0006	双汇火腿肠	食品	30 g×8	袋	7.5	95	712.5
0007	雕牌肥皂	日化	228 g	块	2.8	56	156.8
0008	康师傅绿茶	饮料	500 g	瓶	2.8	96	268.8
0009	农夫果园	饮料	380 ml	瓶	3.5	89	311.5
0010	洁丽雅毛巾	日化	70×30	条	15.9	73	1160.7
0011	中华牙膏	日化	180 g	桶	7.2	124	892.8
0012	康师傅红烧牛肉面	食品	113 g	桶	3.8	136	516.8
0013	大宝SOD蜜	日化	100 ml	瓶	12.5	74	925.0
0014	脉动运动维生素饮料	饮料	600 ml	瓶	4.5	98	441.0
0015	立白洗衣粉	日化	1068 g	袋	5.4	47	253.8
0016	思念水饺	食品	500 g	袋	10.5	86	903.0
0017	喜之郎水晶之恋果冻	食品	400 g	袋	6.5	94	611.0
0018	德芙巧克力	食品	252 g	盒	29.9	66	1973.4
0019	蓝月亮洗衣液	日化	2 kg	瓶	29.8	88	2622.4
0020	娃哈哈莲子八宝粥	食品	360 g	听	3.2	76	243.2

图 9-11

2. 绝对引用

在图 9-12 中，在计算各种商品的利润时，输入公式“＝F8＊G4”后按 F4 键，将会在 G4 单元格地址的行号和列标前加一个“＄”符号，变成了“＝F8＊＄G＄4”，这样做的目的是保证复制公式时第二个因子始终是 G4 单元格中的数值 30％。像这种目标单元格的地址发生变化，而引用的单元格的地址始终不变的引用，称为绝对引用。绝对引用的地址在形式上是在行号和列标前均加一个“＄”符号。

G8　=F8*G4

今日饮料零售情况统计

日期　2017/7/10　　利润率：30%

名称	包装单位	零售单价	销售量	销售额	利润
可　乐	听	4.5	120	540.00	162.00
雪　碧	听	3.6	98	352.80	105.84
脉　动	瓶	4.5	97	436.50	130.95
健力宝	听	4.0	80	320.00	96.00
红　牛	听	5.5	56	308.00	92.40
橙　汁	瓶	3.5	140	490.00	147.00
王老吉	听	2.5	136	340.00	102.00
奶　茶	杯	4.0	110	440.00	132.00
酸　奶	瓶	3.8	97	368.60	110.58
矿泉水	瓶	2.0	88	176.00	52.80

图 9-12

3. 混合引用

在图 9-13 所示的表中，B3 单元格的引用为“＄A3＊B＄2”，引用的单元格要么列标前有“＄”符号，要么行号前有“＄”符号，我们称其为混合引用。

B3　=$A3*B$2

九九乘法表

	1	2	3	4	5	6	7	8	9
1	1	2	3	4	5	6	7	8	9
2	2	4	6	8	10	12	14	16	18
3	3	6	9	12	15	18	21	24	27
4	4	8	12	16	20	24	28	32	36
5	5	10	15	20	25	30	35	40	45
6	6	12	18	24	30	36	42	48	54
7	7	14	21	28	35	42	49	56	63
8	8	16	24	32	40	48	56	64	72
9	9	18	27	36	45	54	63	72	81

图 9-13

任务 9.2 运用常用函数统计商品销售数据

任务描述

本任务将使用 Excel 2016 中的常用函数计算如图 9-14 所示表格中的数据。

商品名称	1月	2月	3月	4月	5月	6月	7月	8月	9月	10月	11月	12月	商品年销售量
可口可乐	35	55	61	25	78	86	56	45	56	45	32	25	
香菇老抽酱油	45	56	45	25	29	74	11	24	44	55	45	56	
香飘飘奶茶	23	25	29	25	64	60	56	45	32	25	45	32	
王老吉凉茶	11	25	64	45	56	55	32	25	22	45	56	45	
恰恰香瓜子	66	39	11	11	24	82	45	32	25	45	32	25	
双汇火腿肠	11	11	24	56	45	95	56	45	25	45	32	25	
雕牌肥皂	56	45	32	25	45	87	32	56	45	32	25	32	
康师傅绿茶	47	45	64	71	82	96	98	92	88	85	52	47	
农夫果园	71	45	32	25	45	81	56	45	25	45	37	52	
洁丽雅毛巾	88	45	32	25	45	73	64	45	56	55	61	57	
中华牙膏	79	45	32	25	45	67	56	45	40	57	64	49	
康师傅红烧牛肉面	28	66	54	49	61	58	45	32	38	50	47	42	
月平均销售量													
月最高销售量													
月最低销售量													
销售优秀（销售量大于50为优秀）													

图 9-14

视频
操作演示

任务分析

完成本任务的操作思路是：打开“商品销售统计表”工作簿，运用常用函数计算商品年销售量，运用常用函数计算商品月平均销售量，运用常用函数计算商品月最高销售量，运用常用函数计算商品月最低销售量，保存工作簿。

任务实施

活动 1 运用常用函数计算商品年销售量

双击打开“任务 9.2 商品销售统计表. xlsx”工作簿，运用常用函数计算商品年销售量，操作步骤如下。

（1）单击 N2 单元格，如图 9-15(a)所示。

（2）单击“开始”选项卡的“编辑”组中的“自动求和”下拉按钮，在弹出的下拉菜单中选择“求和”命令，如图 9-15(b)所示。单击编辑栏中的“输入”按钮。

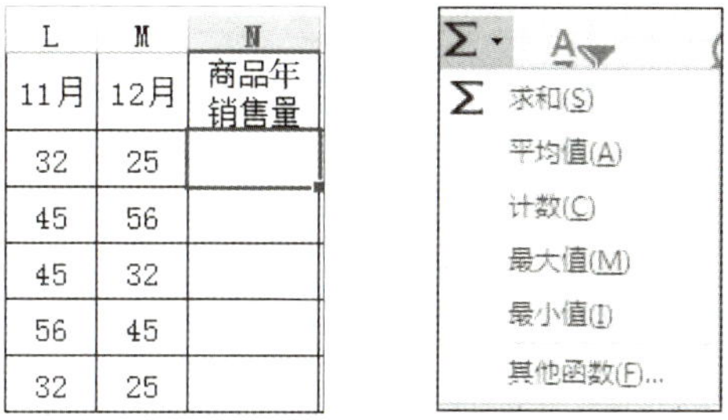

(a) (b)

图 9-15

(3)拖动 N2 单元格填充句柄复制公式至 N13 单元格。

对于图 9-14 所示表格中的年销售量总和也可以采用两种方法快速计算：一是选择单元格区域 N2:N13，选择“求和”命令；二是单击“公式”选项卡的“函数库”组中的“自动求和”按钮，在弹出的下拉菜单中选择“求和”命令，如图 9-16 所示。

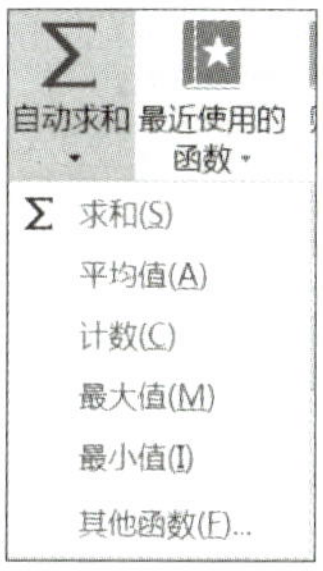

图 9-16

活动2 运用常用函数计算商品月平均销售量

运用常用函数计算商品月平均销售量的操作步骤如下。

(1)单击 B14 单元格。

(2)单击“开始”选项卡的“编辑”组中的“自动求和”下拉按钮，在弹出的下拉菜单中选择“平均值”命令。单击编辑栏中的“输入”按钮。

(3)拖动 B14 单元格填充句柄复制公式至 M14 单元格。

活动3 运用常用函数计算商品月最高销售量

运用常用函数计算商品月最高销售量的操作步骤如下。

(1)单击 B15 单元格。

(2)单击“开始”选项卡的“编辑”组中的“自动求和”下拉按钮，在弹出的下拉菜单中选择“最大值”命令。单击编辑栏中的“输入”按钮。

(3)选取数据区域 B2:B13,如图 9-17 所示。

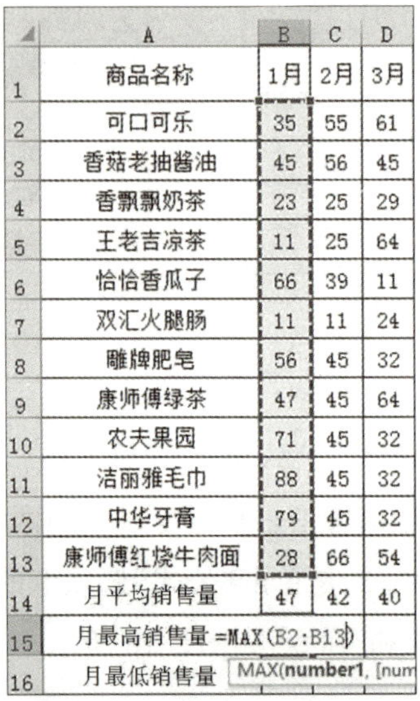

	A	B	C	D
1	商品名称	1月	2月	3月
2	可口可乐	35	55	61
3	香菇老抽酱油	45	56	45
4	香飘飘奶茶	23	25	29
5	王老吉凉茶	11	25	64
6	恰恰香瓜子	66	39	11
7	双汇火腿肠	11	11	24
8	雕牌肥皂	56	45	32
9	康师傅绿茶	47	45	64
10	农夫果园	71	45	32
11	洁丽雅毛巾	88	45	32
12	中华牙膏	79	45	32
13	康师傅红烧牛肉面	28	66	54
14	月平均销售量	47	42	40
15	月最高销售量 =MAX(B2:B13)			
16	月最低销售量	MAX(number1, [num		

图 9-17

(4)拖动 B15 单元格填充句柄复制公式至 M15 单元格。

注意

如果不重新选取数据区域,就会把平均月销售量也包括在内。因此,在运用函数计算时,一定要注意所引用的单元格区域是否符合要求,以免造成计算错误。

活动 4　运用常用函数计算商品月最低销售量

运用常用函数计算商品月最低销售量的操作步骤如下。

(1)单击 B16 单元格。

(2)单击“开始”选项卡的“编辑”组中的“自动求和”下拉按钮,在弹出的下拉菜单中选择“最小值”命令。

(3)选取数据区域 B2:B13,如图 9-18 所示。

(4)拖动 B16 单元格填充句柄复制公式至 M16 单元格。

(5)单击“保存”按钮,以原文件名保存。

	A	B	C	D
1	商品名称	1月	2月	3月
2	可口可乐	35	55	61
3	香菇老抽酱油	45	56	45
4	香飘飘奶茶	23	25	29
5	王老吉凉茶	11	25	64
6	恰恰香瓜子	66	39	11
7	双汇火腿肠	11	11	24
8	雕牌肥皂	56	45	32
9	康师傅绿茶	47	45	64
10	农夫果园	71	45	32
11	洁丽雅毛巾	88	45	32
12	中华牙膏	79	45	32
13	康师傅红烧牛肉面	28	66	54
14	月平均销售量	47	42	40
15	月最高销售量	88	66	64
16	月最低销售量 =MIN(B2:B13)			
	销售优秀(销售量大	MIN(number1, [num		

图 9-18

任务 9.3　一般函数的使用

任务描述

本任务将使用 Excel 2016 中的一般函数计算如图 9-19 所示表格中空白的数据。

	A	B	C	D	E	F	G	H	I	J	K	L	M	N
1	商品名称	1月	2月	3月	4月	5月	6月	7月	8月	9月	10月	11月	12月	商品年销售量
2	可口可乐	35	55	61	25	78	86	56	45	56	45	32	25	
3	香菇老抽酱油	45	56	45	25	29	74	11	24	44	55	45	56	
4	香飘飘奶茶	23	25	29	25	64	60	56	45	32	25	45	32	
5	王老吉凉茶	11	25	64	45	56	55	32	25	22	45	56	45	
6	恰恰香瓜子	66	39	11	11	24	82	45	32	25	45	32	25	
7	双汇火腿肠	11	11	24	56	45	95	56	45	25	45	32	25	
8	雕牌肥皂	56	45	32	25	45	87	32	56	45	32	25	32	
9	康师傅绿茶	47	45	64	71	82	96	98	92	88	85	52	47	
10	农夫果园	71	45	32	25	45	81	56	45	25	45	37	52	
11	洁丽雅毛巾	88	45	32	25	45	73	64	45	56	55	61	57	
12	中华牙膏	79	45	32	25	45	67	56	45	40	57	64	49	
13	康师傅红烧牛肉面	28	66	54	49	61	58	45	32	38	50	47	42	
14	月平均销售量	47	42	40	34	52	76	51	44	41	48.7	44	40.6	
15	月最高销售量	88	66	64	71	82	96	98	92	88	85	64	57	
16	月最低销售量	11	11	11	11	24	55	11	24	22	25	25	25	
17	销售优秀（销售量大于50为优秀）													
18	商品销售良好率													

图 9-19

任务分析

完成本任务的操作思路是：打开“商品销售统计表”工作簿，运用 COUNTIF 函数计算销售优秀的商品，运用 COUNT 函数和公式计算商品销售良好率，保存工作簿。

任务实施

活动 1　运用 COUNTIF 函数计算销售优秀的商品

视频
操作演示

双击打开“任务 9.3 商品销售统计表. xlsx”工作簿，运用 COUNTIF 函数计算销售优秀商品的步骤如下：

(1)单击 B17 单元格。

(2)插入函数。单击编辑栏中的“插入函数”按钮 fx，弹出“插入函数”对话框。

(3)选择函数。在“或选择类别”下拉列表框中选择“统计”,在“选择函数”下拉列表框中选择 COUNTIF(见图 9-20),单击“确定”按钮。

图 9-20

(4)设置参数。在 Range 中选择单元格区域 B2:B13,单击参数设置框 Criteria,在英文状态下输入条件“>50”(见图 9-21),单击“确定”按钮。

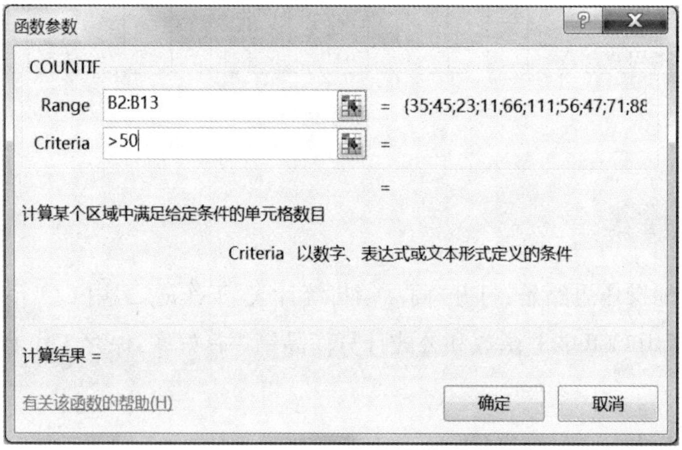

图 9-21

(5)拖动 B17 单元格填充句柄复制公式至 M17 单元格。

注意

运用函数计算数据的步骤应遵循十二字原则“插入函数、选择函数、设置参数”，其中“设置参数”是关键。

活动 2 运用 COUNT 函数和公式计算商品销售良好率

运用 COUNT 函数和公式计算商品销售良好率的步骤如下。

(1)单击 B18 单元格，在其中输入等号“=”后单击 B17 单元格，再输入除号“/”。

(2)插入函数。单击编辑栏中的“插入函数”按钮，弹出“插入函数”对话框。

(3)选择函数。在“或选择类别”下拉列表框中选择“统计”，在“选择函数”下拉列表框中选择 COUNT，单击“确定”按钮。

(4)设置参数。在 Value 1 中选择单元格区域 B2:B13(见图 9-22)，单击“确定”按钮。

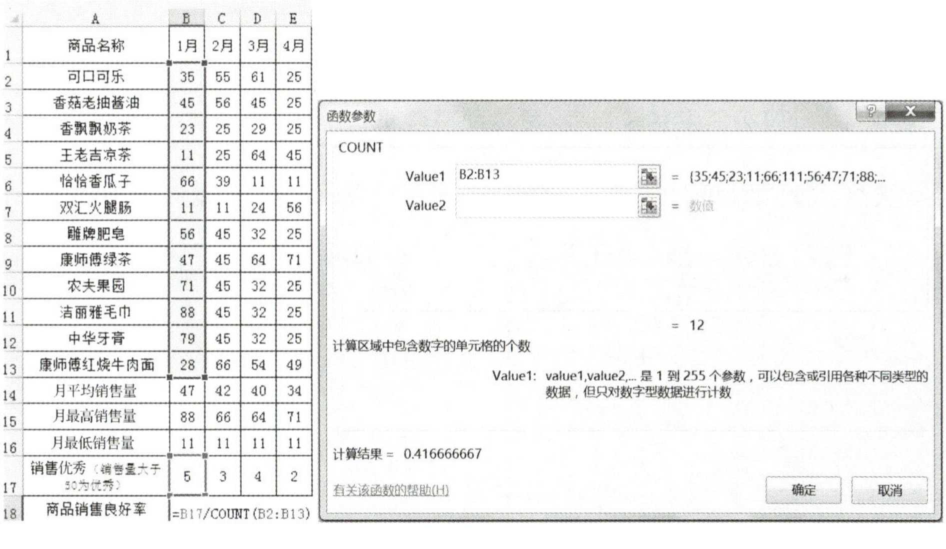

	A	B	C	D	E
1	商品名称	1月	2月	3月	4月
2	可口可乐	35	55	61	25
3	香菇老抽酱油	45	56	45	25
4	香飘飘奶茶	23	25	29	25
5	王老吉凉茶	11	25	64	45
6	恰恰香瓜子	66	39	11	11
7	双汇火腿肠	11	11	24	56
8	雕牌肥皂	56	45	32	25
9	康师傅绿茶	47	45	64	71
10	农夫果园	71	45	32	25
11	洁丽雅毛巾	88	45	32	25
12	中华牙膏	79	45	32	25
13	康师傅红烧牛肉面	28	66	54	49
14	月平均销售量	47	42	40	34
15	月最高销售量	88	66	64	71
16	月最低销售量	11	11	11	11
17	销售优秀（销售量大于50为优秀）	5	3	4	2
18	商品销售良好率	=B17/COUNT(B2:B13)			

图 9-22

(5)拖动 B18 单元格填充句柄复制公式至 M18 单元格。

最终计算结果如图 9-23 所示。

可口可乐	35	55	61	25	78	86	56	45	56	45	32	25	599
香菇老抽酱油	45	56	45	25	29	74	11	24	44	55	45	56	509
香飘飘奶茶	23	25	29	25	64	60	56	45	32	25	45	32	461
王老吉凉茶	11	25	64	45	56	55	32	25	22	45	56	45	481
恰恰香瓜子	66	39	11	11	24	82	45	32	25	45	32	25	437
双汇火腿肠	11	11	24	56	45	95	56	45	25	45	32	25	470
雕牌肥皂	56	45	32	25	45	87	32	56	45	32	25	32	512
康师傅绿茶	47	45	64	71	82	96	98	92	88	85	52	47	867
农夫果园	71	45	32	25	45	81	56	45	25	45	37	52	559
洁丽雅毛巾	88	45	32	25	45	73	64	45	56	55	61	57	646
中华牙膏	79	45	32	25	45	67	56	45	40	57	64	49	604
康师傅红烧牛肉面	28	66	54	49	61	58	45	32	38	50	47	42	570
月平均销售量	47	42	40	34	52	76	51	44	41	48.7	44	40.6	
月最高销售量	88	66	64	71	82	96	98	92	88	85	64	57	
月最低销售量	11	11	11	11	24	55	11	24	22	25	25	25	
销售优秀（销售量大于50为优秀）	5	3	4	2	5	12	7	2	3	4	4	3	
商品销售良好率	0.4	0.3	0.3	0.2	0.4	1	0.6	0.2	0.3	0.33	0.33	0.25	

图 9-23

扫码测试

实训项目

实训 1　计算公司发货统计表、员工加班表和客户订货合同表中的数据

实训要求：打开项目 9\源文件\公式(练习)．xlsx(见图 9-24)，对数据进行计算。

公司	产品	发货日期	数量	单价	合计
新世纪	A	2017-1-3	300	442	
新世纪	A	2017-1-4	460	445	
新世纪	B	2017-1-1	500	1030	
新世纪	B	2017-1-3	1000	1020	
新世纪	B	2017-1-5	1500	1020	
新世纪	C	2017-1-6	890	852	
中信国安	B	2017-1-3	300	1040	
中信国安	B	2017-1-4	780	1035	
创智科技	A	2017-1-5	1200	420	
创智科技	A	2017-1-6	1800	420	
创智科技	A	2017-1-7	4000	415	
创智科技	C	2017-1-3	780	790	
创智科技	D	2017-1-3	982	1624	
创智科技	D	2017-1-4	500	1620	
创智科技	D	2017-1-7	1400	1515	

(a) 公司发货统计表

加班时间（小时）			本月加班费		小时工资：	50.00
截至上月	截至本月	本月				
32	43					
43	70					
22	36					
45	58					
32	47					
52	68					
65	79					
63	78					
33	45					

(b) 员工加班表

思　杰　销　售　部

本月客户订货合同一览表

订货单位	合同号	货物名称	订货数量	销售单价	进货单价	毛利
明威公司	H971203	电视机	5	¥5,450.00	¥3,980.00	
五环公司	H971206	摄像机	3	¥4,400.00	¥2,800.00	
友谊商城	H971202	数码相机	12	¥1,800.00	¥1,300.00	
大地宾馆	H971201	手机	20	¥1,280.00	¥800.00	
开心乐园	H971204	空调	4	¥2,400.00	¥1,860.00	
爱心医院	H971205	洗衣机	2	¥3,450.00	¥3,000.00	

(c) 客户订货合同表

图 9-24

操作提示如下。

(1)计算公司发货统计表中的“合计”和客户订货合同表中的“毛利”要用到相对引用。

(2)计算员工加班表中的“本月加班费”要用到相对引用和绝对引用。

(3)三个工作表都是有针对性的练习,可以参看任务 9.1 的讲解。

实训 2 计算成绩表和产品销售统计表中的数据

实训要求:打开项目 9\源文件\函数(练习). xlsx,打开工作簿中的“成绩表”和“产品销售统计表”(见图 9-25),对相关数据进行计算。

操作提示如下。

(1)“成绩表”是运用常用函数和一般函数进行计算的。

(2)“产品销售统计表”是运用 IF 函数进行计算的。

成绩表

学号	姓名	数 学	语 文	自 然	美 术	音 乐	劳 动	总 分
017001	赵秀秀	100	99	99	85	100	100	
017002	王辉	96	87	93	80	85	95	
017003	许庆龙	91	58	88	95	70	90	
017004	邓锐	100	86	99	75	85	100	
017005	李元锴	77	94	89	100	95	90	
017006	白小康	98	93	88	90	95	90	
017007	孙春红	94	86	96	70	100	100	
017008	王娜	98	73	89	85	90	75	
017009	李岩松	87	82	85	95	95	100	
017010	陈碧佳	71	94	77	95	90	90	
017011	康建平	86	76	98	95	100	90	
017012	贾青青	55	56	74	80	75	70	
017013	潘庆雷	85	88	93	95	100	85	
017014	张子非	97	87	88	90	100	90	
017017	于晓萌	81	87	99	100	85	90	
017016	周琳琳	85	68	85	75	70	80	
017017	王明浩	82	86	82	90	85	90	
017018	刘超	94	94	94	80	95	80	
017019	徐亮	76	93	100	85	95	90	
017020	沙靖松	93	97	96	80	95	75	
017021	魏宏明	100	97	91	95	100	100	
017022	李洋洋	78	78	100	75	95	85	
017023	赵杰	69	76	96	75	95	85	
平均分								
最高分								
最低分								
优秀人数(成绩大于80为优秀)								
优秀率								

(a) 成绩表

某部门一月份产品销售统计表

用户名称	产品名称	单价	数量	订购量
智通国际市场开发有限公司	office 2016	1,999.00	30	
北京燕莎友谊商城有限公司	Win 10	2,300.00	30	
国家轻工总会消费时报	office 2016	1,999.00	1	
北京公生明技贸公司	office 2016	1,999.00	11	
北京英闻广告公司	office 2016	1,999.00	6	
中国京安进出口公司	office 2016	1,999.00	50	
特艺文具礼品有限公司	Win 10	2,300.00	50	
恒成资讯产业发展有限公司	Win 10	2,300.00	8	
祥锐电脑科技有限公司	office 2016	1,999.00	8	
科协声像中心编辑出版部	office 2016	1,999.00	16	
中国青年报广告处	Win 10	2,300.00	38	
经济日报总编室	office 2016	1,999.00	25	
上海日报	office 2016	1,999.00	33	
宁夏日报	office 2016	1,999.00	18	
峰杰电脑数字技术公司	Win 10	2,300.00	30	
定购量大的客户数量				

(b) 产品销售统计表

图 9-25

实训 3 用函数计算员工工资发放表的数据

使用 Excel 2016 中的函数计算图 9-26 所示表格中的数据。

操作提示如下。

(1)打开“员工工资发放表”工作簿。

(2)运用常用函数计算员工应发工资。

(3)运用公式计算扣除的各项费用。

(4)运用公式计算员工实发工资。

(5)运用常用函数计算总工资和平均工资。

(6)运用常用函数计算员工最高工资和最低工资。

(7)保存工作簿。

员工工资发放表										
编号	部门	姓名	基本工资	奖金	应发工资	扣除医疗保险（基本工资的2%）	扣除养老保险（基本工资的8%）	扣除失业保险（基本工资的1%）	实发工资	工资排序
0001	广告部	陈霞	2600	500						
0002	行政部	武海	3000	400						
0003	文秘部	刘繁	2400	400						
0004	市场部	袁锦辉	2800	700						
0005	企划部	贺华	2600	600						
0006	研发部	钟兵	3200	800						
0007	市场部	丁芬	3400	700						
0008	产品开发部	程静	2600	600						
0009	人力资源部	刘健	3000	500						
0010	市场部	刘明	2400	700						
0011	广告部	孟迪	2000	500						
0012	行政部	张欣	2000	400						
0013	研发部	王飞	2400	800						
0014	文秘部	李敏	2000	400						
0015	人力资源部	彭丽	3000	500						
0016	产品开发部	杜青	3200	600						
0017	企划部	赵勇	3000	600						
0018	研发部	林梦涵	2400	800						
0019	产品开发部	蒋鹏	2000	600						
0020	广告部	张帅	2000	500						
合计										
平均工资										
最高工资										
最低工资										

图 9-26

项目 10

商品销售表的数据分析

知识目标

理解数据清单的概念及与一般数据表格的区别。

掌握排序、筛选、分类汇总等工具在管理数据清单中的应用方法。

掌握使用数据透视表分析数据的方法。

技能目标

会用记录单创建数据清单，并能添加、修改、删除和查找数据清单中的记录。

会使用排序、筛选、分类汇总等工具管理数据清单中的数据。

能使用数据透视表分析数据。

本项目通过对项目 9 的商品销售统计表进行分析，使用户体会到 Excel 2016 在数据分析统计上的强大功能；并对数据清单的排序、筛选、分类汇总等操作进行详尽的描述；通过分析“订单统计表”数据，使用户掌握使用数据透视表分析数据的方法。

任务 10.1 对商品明细表进行分析

任务描述

（1）在“商品销售统计表”工作簿的 sheet1 工作表中，以“分类”为主要关键字，降序排序。

（2）在“商品销售统计表”工作簿的 sheet1 工作表中，筛选出“销售数量”大于 90 或小于 60 的记录，将筛选结果复制到从 H1 单元格起的区域中。

（3）在“商品销售统计表”工作簿的 sheet1 工作表中，以“分类”为分类字段，对“销售数量”进行“求和”分类汇总；再以“分类”为分类字段，对“销售数量”进行“平均值”分类汇总。

任务分析

完成本任务的操作思路是：进行数据排序，进行数据筛选，进行分类汇总，进行嵌套汇总，删除分类汇总。

任务实施

活动 1 数据排序

排序就是依据某一个或几个字段值，按一定的顺序将清单中的记录重新排列。排序有升序和降序。对于数值字段，升序就是从小到大排列，降序则是从大到小排列；对于字符，从 A 到 Z 是升序，从 Z 到 A 是降序。如果是汉字，则以汉语拼音字母排序。

1. 单字段排序

如果只根据一个字段进行排序，就是单字段排序，这个字段也称关键字。在“商品销售统计表”工作簿的 sheet1 工作表中，如果以“分类”为主要关键字降序排序，那么可以先单击“分类”列任一单元格，再单击“数据”选项卡的“排序和筛选”组中的“降序”按钮，效果如图 10-1 所示。

商品名称	分类
可口可乐	饮料
香飘飘奶茶	饮料
王老吉凉茶	饮料
康师傅绿茶	饮料
农夫果园	饮料
脉动运动维生素饮料	饮料
香菇老抽酱油	食品
恰恰香瓜子	食品
双汇火腿肠	食品
康师傅红烧牛肉面	食品
思念水饺	食品
喜之郎水晶之恋果冻	食品
德芙巧克力	食品
娃哈哈莲子八宝粥	食品
雕牌肥皂	日化
洁丽雅毛巾	日化
中华牙膏	日化
大宝SOD蜜	日化
立白洗衣粉	日化
蓝月亮洗衣液	日化

图 10-1

2. 多字段排序

多字段排序又叫多重排序。例如，先以“分类”为主要关键字降序排序，再以“销售数量”为次要关键字升序排序。

如果先选择“分类”列任一单元格，单击“降序”按钮，再选择“销售数量”列任一单元格，单击“升序”按钮，这样得到的结果只是对“销售数量”进行了升序操作，而对“分类”并没有进行降序操作，如图 10-2 所示。

A	B	C	D	E	F	G	H
商品编号	商品名称	分类	规格	计价单位	单价	销售数量	销售金额
0015	立白洗衣粉	日化	1 068 g	袋	5.4	47	253.8
0007	雕牌肥皂	日化	228 g	块	2.8	56	156.8
0002	香菇老抽酱油	食品	500 mL	瓶	6.6	65	429.0
0018	德芙巧克力	食品	252 g	盒	29.9	66	1973.4
0010	洁丽雅毛巾	日化	70×33	条	15.9	73	1160.7
0013	大宝SOD蜜	日化	100 mL	瓶	12.5	74	925.0
0020	娃哈哈莲子八宝粥	食品	360 g	听	3.2	76	243.2
0005	恰恰香瓜子	食品	200 g	袋	5.5	82	451.0
0001	可口可乐	饮料	600 mL	瓶	2.9	86	249.4
0016	思念水饺	食品	500 g	袋	10.5	86	903.0
0019	蓝月亮洗衣液	日化	2 kg	瓶	29.8	88	2622.4
0009	农夫果园	饮料	380 mL	瓶	3.5	89	311.5
0003	香飘飘奶茶	饮料	80 g	杯	3.5	90	315.0
0017	喜之郎水晶之恋果冻	食品	400 g	袋	6.5	94	611.0
0006	双汇火腿肠	食品	30 g×8	袋	7.5	95	712.5
0008	康师傅绿茶	饮料	500 g	瓶	2.8	96	268.8
0014	脉动运动维生素饮料	饮料	600 mL	瓶	4.5	98	441.0
0004	王老吉凉茶	饮料	250 mL	盒	2.5	105	262.5
0011	中华牙膏	日化	180 g	桶	7.2	124	892.8
0012	康师傅红烧牛肉面	食品	113 g	桶	3.8	136	516.8

图 10-2

对于多重排序，必须使用自定义排序。多重排序的操作步骤如下。

(1)单击数据清单中的任意一个单元格。

(2)单击“数据”选项卡的“排序和筛选”组中的“排序”按钮，弹出“排序”对话框。

(3)在“主要关键字”下拉列表框中选择“分类”，在“次序”下拉列表框中选择“降序”。

(4)单击“添加条件”按钮，在“次要关键字”下拉列表框中选择“销售数量”，在“次序”下拉列表框中选择“升序”，如图 10-3 所示。如果对排序还有其他要求，可以在“排序”对话框中单击“选项”按钮，在弹出的“排序选项”对话框中根据需要进行设置。如果不选中“数据包含标题”复选框，则字段名行也将参与排序。

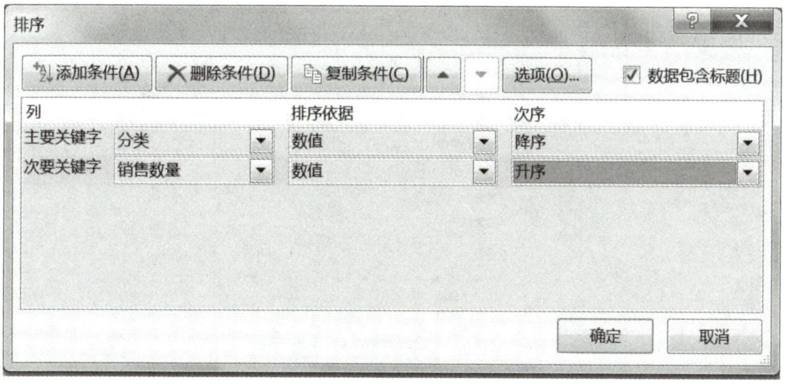

图 10-3

(5)单击“确定”按钮，效果如图 10-4 所示。

商品编号	商品名称	分类	规格	计价单位	单价	销售数量	销售金额
0001	可口可乐	饮料	600 mL	瓶	2.9	86	249.4
0009	农夫果园	饮料	380 mL	瓶	3.5	89	311.5
0003	香飘飘奶茶	饮料	80 g	杯	3.5	90	315.0
0008	康师傅绿茶	饮料	500 g	瓶	2.8	96	268.8
0014	脉动运动维生素饮料	饮料	600 mL	瓶	4.5	98	441.0
0004	王老吉凉茶	饮料	250 mL	盒	2.5	105	262.5
0002	香菇老抽酱油	食品	500 mL	瓶	6.6	65	429.0
0018	德芙巧克力	食品	252 g	盒	29.9	66	1973.4
0020	娃哈哈莲子八宝粥	食品	360 g	听	3.2	76	243.2
0005	恰恰香瓜子	食品	200 g	袋	5.5	82	451.0
0016	思念水饺	食品	500 g	袋	10.5	86	903.0
0017	喜之郎水晶之恋果冻	食品	400 g	袋	6.5	94	611.0
0006	双汇火腿肠	食品	30 g×8	袋	7.5	95	712.5
0012	康师傅红烧牛肉面	食品	113 g	桶	3.8	136	516.8
0015	立白洗衣粉	日化	1 068 g	袋	5.4	47	253.8
0007	雕牌肥皂	日化	228 g	块	2.8	56	156.8
0010	洁丽雅毛巾	日化	70×33	条	15.9	73	1160.7
0013	大宝SOD蜜	日化	100 mL	瓶	12.5	74	925.0
0019	蓝月亮洗衣液	日化	2 kg	瓶	29.8	88	2622.4
0011	中华牙膏	日化	180 g	桶	7.2	124	892.8

图 10-4

活动 2　筛选数据

要从繁杂的数据中挑选出符合某种条件的数据，就需要对数据清单中的数据进行筛选。筛选数据的结果是显示那些符合条件的记录，而将其他记录隐藏起来。Excel 2016 有较强的数据筛选功能，可对记录进行自动筛选，也可以通过高级筛选进行更复杂的数据处理。

1. 自动筛选

自动筛选是一种快速的筛选方法，可以快捷地访问大量的数据，并把满足条件的记录显示出来。具体操作步骤如下。

（1）单击数据清单中的任意一个单元格。

（2）单击“数据”选项卡的“排序和筛选”组中的“筛选”按钮，这时在每个字段名的右侧都会出现一个向下的箭头，从需要筛选的字段名下拉列表中选择需要的项目，如单击“分类”右侧的箭头，在下拉列表中先单击“（全选）”，后单击“饮料”（见图 10-5），最后单击“确定”按钮，自动筛选的结果如图 10-6 所示。

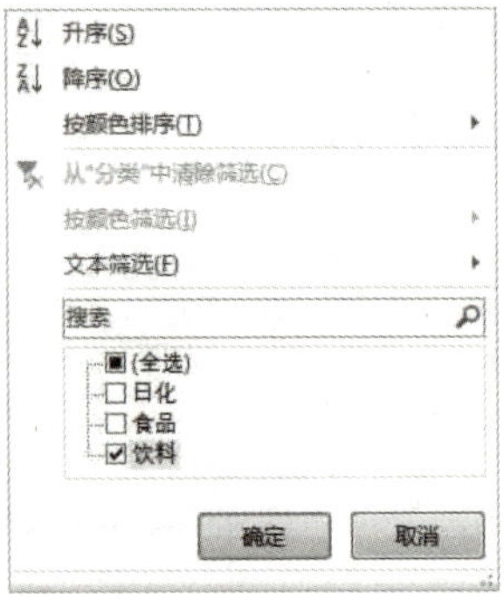

图 10-5

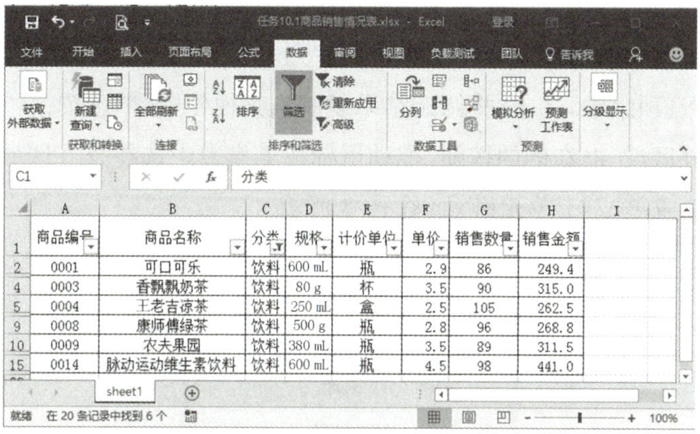

图 10-6

如果要取消自动筛选的显示结果，恢复到数据清单的初始状态，则只需要单击“筛选”按钮即可。

2. 高级筛选

在实际应用中，常常涉及更为复杂的筛选条件，利用自动筛选已无法完成，这时就需要使用高级筛选。下面以“商品销售统计表”工作簿中的 sheet1 工作表的数据清单为例，使用高级筛选的方法筛选出“销售数量”大于 90 或小于 60 的记录，并将筛选结果复制到从 H1 单元格开始的区域中。具体操作步骤如下。

(1)设置筛选条件。设置如图 10-7 所示的筛选条件，其中“销售数量”为字段名，条件在同一行表示“与”的关系，不在同一行表示“或”的关系。

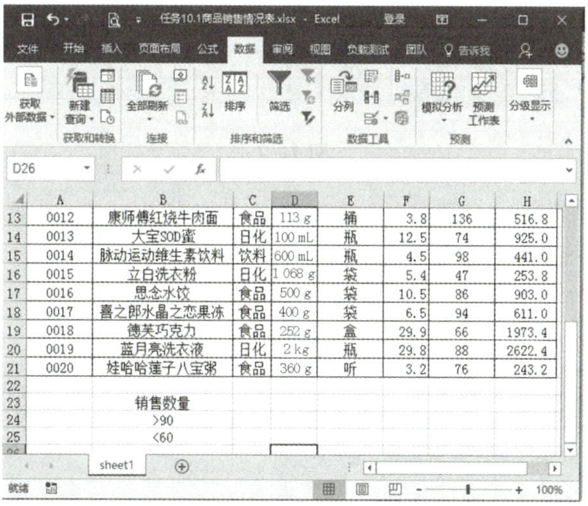

图 10-7

(2)单击数据清单中的任意一个单元格。

(3)单击“数据”选项卡的“排序和筛选”组中的“高级”按钮，弹出“高级筛选”对话框。因为单击了数据清单中的任意一个单元格，所以“列表区域”中的引用就是数据清单区域。

(4)在“方式”选项组中，选中“将筛选结果复制到其他位置”单选按钮。

(5)单击“条件区域”框右侧的按钮，拖动鼠标在工作表中选择条件区域 B23:B25，在“复制到”框中输入 J1 或单击 J1 单元格，如图 10-8 所示。

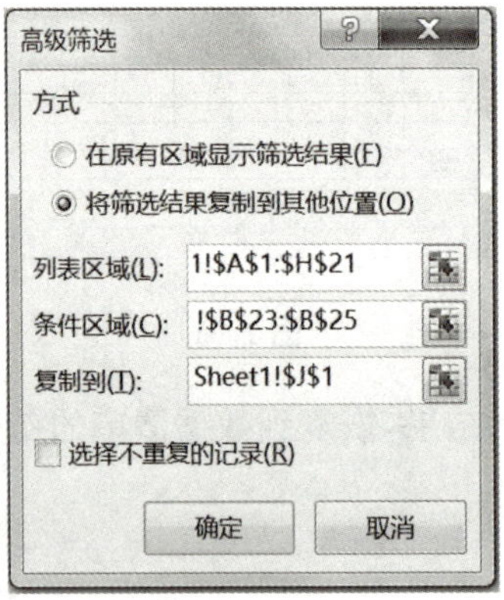

图 10-8

(6)单击“确定”按钮，结果如图 10-9 所示。

扫码测试

J	K	L	M	N	O	P	Q
商品编号	商品名称	分类	规格	计价单位	单价	销售数量	销售金额
0004	王老吉凉茶	饮料	250 mL	盒	2.5	105	262.5
0006	双汇火腿肠	食品	30 g×8	袋	7.5	95	712.5
0007	雕牌肥皂	日化	228 g	块	2.8	56	156.8
0008	康师傅绿茶	饮料	500 g	瓶	2.8	96	268.8
0011	中华牙膏	日化	180 g	桶	7.2	124	892.8
0012	康师傅红烧牛肉面	食品	113 g	桶	3.8	136	516.8
0014	脉动运动维生素饮料	饮料	600 mL	瓶	4.5	98	441.0
0015	立白洗衣粉	日化	1 068 g	袋	5.4	47	253.8
0017	喜之郎水晶之恋果冻	食品	400 g	袋	6.5	94	611.0

图 10-9

如果要取消高级筛选的显示结果，恢复到数据清单的初始状态，则单击“排序和筛选”组中的“清除”按钮即可。

技巧

应用高级筛选的关键在于筛选条件的编制。编制筛选条件的依据是：条件在同一行表示“与”的关系，不在同一行表示“或”的关系。

当在表中筛选数据时，可以使用 Excel 2016 新增的搜索框。例如，若要在包含 100 000 多个项目的目录中查找特定产品，则可先在搜索框中输入搜索词，随后相关项目就会显示在列表中。此外，用户还可以通过取消选择不希望显示的项目来进一步缩小结果范围。

活动 3 分类汇总

利用 Excel 2016 的筛选功能可以从大量的数据中筛选出需要的数据，但是筛选功能对相同数据的处理能力较弱，此时可使用分类汇总功能对工作表的相同数据进行求和、求平均值、求最大值和最小值等操作。

注意

在进行分类汇总之前，必须对关键字进行排序，否则汇总无意义；如果数据已经是排好序的，则可省去该步骤。进行分类汇总的数据不能套用表格格式，否则分类汇总无法进行。

分类汇总的具体步骤如下。

(1)将光标定位在要进行分类汇总的 sheet1 工作表数据区域的任意一个单元格中，在活动 2 中已经按“分类”进行了降序排序，所以在本活动中无须进行排序。

(2)切换到“数据”选项卡，单击“分级显示”组中的“分类汇总”按钮，打开“分类汇总”对话框。

(3)在“分类字段”下拉列表框中选择“分类”，在“汇总方式”下拉列表框中选择“求和”，在“选定汇总项”下拉列表框中选择“销售数量”，如图 10-10 所示。

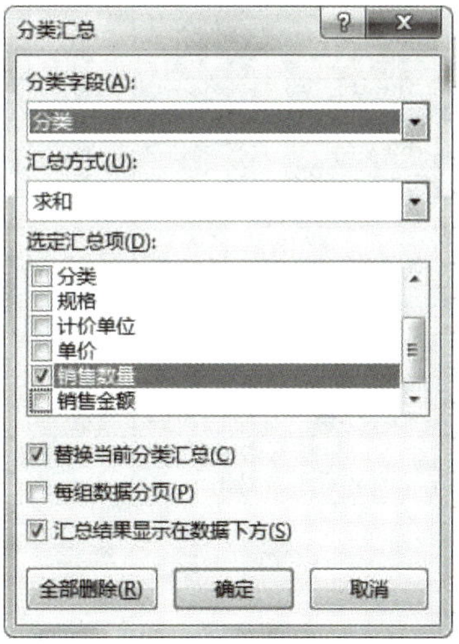

图 10-10

(4)单击“确定”按钮，完成对“分类”的分类汇总，结果如图 10-11 所示。

C4

	A	B	C	D	E	F	G	H
5	0008	康师傅绿茶	饮料	500 g	瓶	2.8	96	268.8
6	0009	农夫果园	饮料	380 mL	瓶	3.5	89	311.5
7	0014	脉动运动维生素饮料	饮料	600 mL	瓶	4.5	98	441.0
8			饮料 汇总				564	
9	0002	香菇老抽酱油	食品	500 mL	瓶	6.6	65	429.0
10	0005	恰恰香瓜子	食品	200 g	袋	5.5	82	451.0
11	0006	双汇火腿肠	食品	30 g×8	袋	7.5	95	712.5
12	0012	康师傅红烧牛肉面	食品	113 g	桶	3.8	136	516.8
13	0016	思念水饺	食品	500 g	袋	10.5	86	903.0
14	0017	喜之郎水晶之恋果冻	食品	400 g	袋	6.5	94	611.0
15	0018	德芙巧克力	食品	252 g	盒	29.9	66	1973.4
16	0020	娃哈哈莲子八宝粥	食品	360 g	听	3.2	76	243.2
17			食品 汇总				700	
18	0007	雕牌肥皂	日化	228 g	块	2.8	56	156.8
19	0010	洁丽雅毛巾	日化	70×33	条	15.9	73	1160.7
20	0011	中华牙膏	日化	180 g	桶	7.2	124	892.8
21	0013	大宝SOD蜜	日化	100 mL	瓶	12.5	74	925.0
22	0015	立白洗衣粉	日化	1 068 g	袋	5.4	47	253.8
23	0019	蓝月亮洗衣液	日化	2 kg	瓶	29.8	88	2622.4
24			日化 汇总				462	
25			总计				1726	

图 10-11

从汇总后的数据表中可以方便地查看每类商品的销售数量总和。

执行分类汇总后，工作表的左侧是“分级显示”按钮。当数据记录很多时，可通过单击“分级显示”按钮隐藏不需要的记录。例如，单击“食品”汇总行左侧的“分级显示”按钮中的“⊟”，即可隐藏“食品”的明细数据，如图 10-12 所示。

	A	B	C	D	E	F	G	H
1	商品编号	商品名称	分类	规格	计价单位	单价	销售数量	销售金额
2	0001	可口可乐	饮料	600 mL	瓶	2.9	86	249.4
3	0003	香飘飘奶茶	饮料	80 g	杯	3.5	90	315.0
4	0004	王老吉凉茶	饮料	250 mL	盒	2.5	105	262.5
5	0008	康师傅绿茶	饮料	500 g	瓶	2.8	96	268.8
6	0009	农夫果园	饮料	380 mL	瓶	3.5	89	311.5
7	0014	脉动运动维生素饮料	饮料	600 mL	瓶	4.5	98	441.0
8			饮料 汇总				564	
17			食品 汇总				700	
18	0007	雕牌肥皂	日化	228 g	块	2.8	56	156.8
19	0010	洁丽雅毛巾	日化	70×33	条	15.9	73	1160.7
20	0011	中华牙膏	日化	180 g	桶	7.2	124	892.8
21	0013	大宝SOD蜜	日化	100 mL	瓶	12.5	74	925.0
22	0015	立白洗衣粉	日化	1 068 g	袋	5.4	47	253.8
23	0019	蓝月亮洗衣液	日化	2 kg	瓶	29.8	88	2622.4
24			日化 汇总				462	
25			总计				1726	

图 10-12

单击“分级显示”按钮中的“⊞”，可重新显示销售记录明细数据。除此之外，在工作表的左上角有三个按钮，它们的功能与下方的分级显示按钮相近，单击标号为“1”的按钮，只显示销售数量总计，其他信息全部隐藏；单击标号为“2”的按钮，只显示销售数量总计和各类商品销售数量总和，其他信息全部隐藏，如图 10-13 所示；单击标号为“3”的按钮，显示全部记录。

C4

	A	B	C	D	E	F	G	H
1	商品编号	商品名称	分类	规格	计价单位	单价	销售数量	销售金额
8			饮料 汇总				564	
17			食品 汇总				700	
24			日化 汇总				462	
25			总计				1726	

图 10-13

活动 4　嵌套汇总

嵌套汇总是指首先对某项指标汇总，然后对汇总后的数据做进一步的细化。例如，在活动 3 的基础上，以“分类”为分类字段，对“销售数量”进行“平均值”分类汇总，就可以进一步了解同类商品中每种商品(不同商品名)的平均销售数量。

进行嵌套汇总的步骤如下。

(1)在活动 3 的基础上进行操作。

(2)单击“分级显示”组中的“分类汇总”按钮，打开“分类汇总”对话框。

(3)在“分类字段”下拉列表框中选择“分类”，在“汇总方式”下拉列表框中选择“平均值”，在“选定汇总项”下拉列表框中选择“销售数量”。

(4)取消选中“替换当前分类汇总”复选框。

(5)单击“确定”按钮，得到如图 10-14 所示的结果。

J15

	A	B	C	D	E	F	G	H
7	0014	脉动运动维生素饮料	饮料	600 mL	瓶	4.5	98	441.0
8			饮料 平均值				94	
9			饮料 汇总				564	
10	0002	香菇老抽酱油	食品	500 mL	瓶	6.6	65	429.0
11	0005	恰恰香瓜子	食品	200 g	袋	5.5	82	451.0
12	0006	双汇火腿肠	食品	30 g×8	袋	7.5	95	712.5
13	0012	康师傅红烧牛肉面	食品	113 g	桶	3.8	136	516.8
14	0016	思念水饺	食品	500 g	袋	10.5	86	903.0
15	0017	喜之郎水晶之恋果冻	食品	400 g	袋	6.5	94	611.0
16	0018	德芙巧克力	食品	252 g	盒	29.9	66	1973.4
17	0020	娃哈哈莲子八宝粥	食品	360 g	听	3.2	76	243.2
18			食品 平均值				87.5	
19			食品 汇总				700	
20	0007	雕牌肥皂	日化	228 g	块	2.8	56	156.8
21	0010	洁丽雅毛巾	日化	70×33	条	15.9	73	1160.7
22	0011	中华牙膏	日化	180 g	桶	7.2	124	892.8
23	0013	大宝SOD蜜	日化	100 mL	瓶	12.5	74	925.0
24	0015	立白洗衣粉	日化	1 068 g	袋	5.4	47	253.8
25	0019	蓝月亮洗衣液	日化	2 kg	瓶	29.8	88	2622.4
26			日化 平均值				77	
27			日化 汇总				462	
28			总计平均值				86.3	
29			总计				1726	

图 10-14

活动 5 删除分类汇总

如果要取消分类汇总的显示结果，恢复到数据清单的初始状态，则只要打开“分类汇总”对话框，单击“全部删除”按钮即可。

任务 10.2 分析“订单统计表”数据

任务描述

利用数据透视表功能能够完成筛选、排序和分类汇总等操作，并生成汇总表格。本任务将使用 Excel 2016 的数据透视表功能对订单统计表的数据进行分析。

任务分析

完成本任务的操作思路是：调出数据透视表，拖动字段到合适位置。

任务实施

活动 1 计算每个销售员的销售额

计算每个销售员的销售额的操作步骤如下。

（1）打开“订单统计表”，其中共有 392 行销售记录，所有的销售记录是按订单编号、销售员、订单日期、销售金额和地区排列的。

（2）单击数据中的任意位置，切换到“插入”选项卡，在“表格”组中单击“数据透视表”按钮，弹出“创建数据透视表”对话框。

（3）如图 10-15 所示，在“表/区域”框中选择要分析的数据区域（默认为现有工作表），选中“现有工作表”单选按钮，在“位置”框中选择数据透视表的放置位置（如放置在 H4 单元格处），单击“确定”按钮，显示字段列表。若不显示字段列表，则单击“分析”选项卡中的“字段列表”按钮，结果如图 10-16 所示。

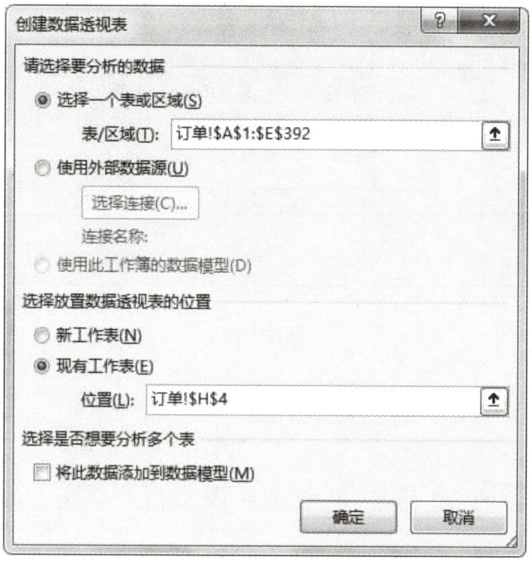

图 10-15

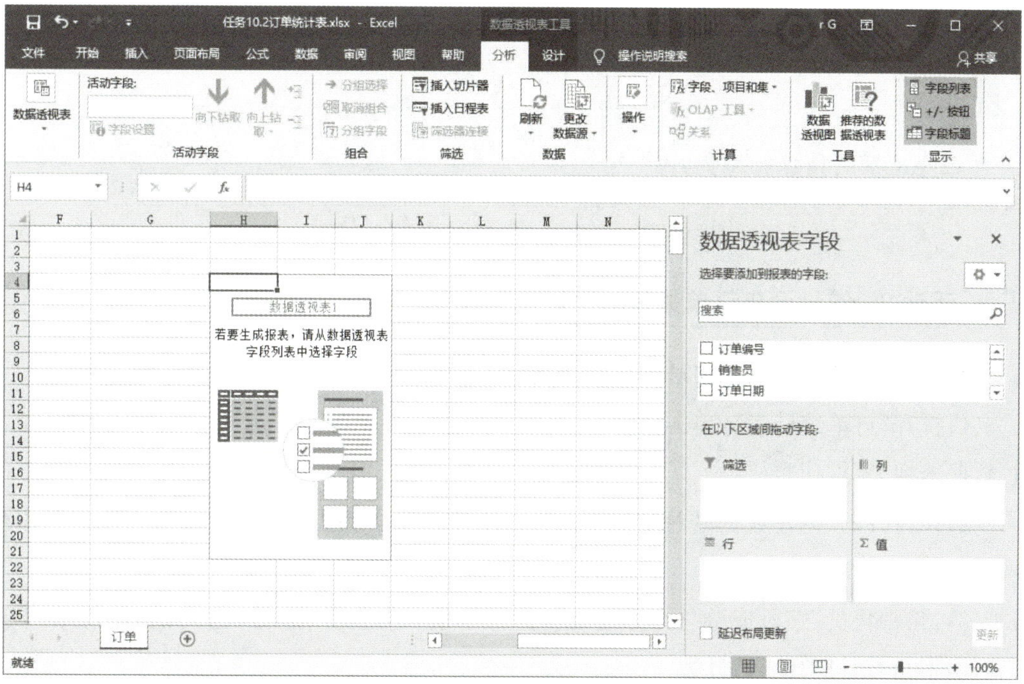

图 10-16

(4)将“销售员”字段拖至“行”标签或“列”标签处，将“销售金额”拖至“值”处，结果如图 10-17 所示。

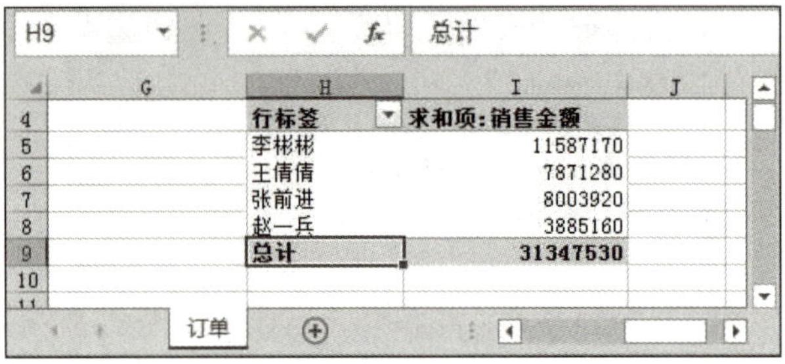

图 10-17

技巧

(1)双击某个销售员的汇总结果,将在另一张工作表中显示此销售员的所有记录,即筛选出该销售员的记录。

(2)调整字段在“行”标签和“列”标签处的位置,可以改变其显示效果。

(3)如果字段的放置位置不正确,只要将其拖出“行”标签和“列”标签区域即可。

思考

每个地区的销售额是多少?

活动 2　统计全年订单最多的销售员

统计全年订单最多的销售员的操作步骤如下。

(1)打开“订单统计表”,单击数据中的任意位置,切换到“插入”选项卡,单击“表格”组中的“数据透视表”按钮。

(2)在打开的“创建数据透视表”对话框中选择要放置数据透视表的位置,单击“确定”按钮。

(3)将“销售员”字段拖至“行”标签处,将“订单编号”拖至“值”处,这时是对“订单编号”求和,而不是对“订单编号”计数。

(4)切换到“分析”选项卡,在“活动字段”组中单击“字段设置”按钮,弹出“值字段设置”对话框。

(5)如图 10-18 所示,在“计算类型”下拉列表框中选择“计数”,单击“确定”按钮。对订单编号进行排序的结果如图 10-19 所示。

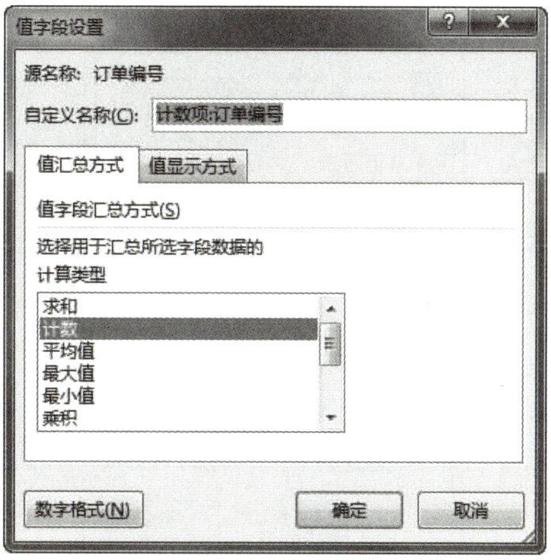

图 10-18

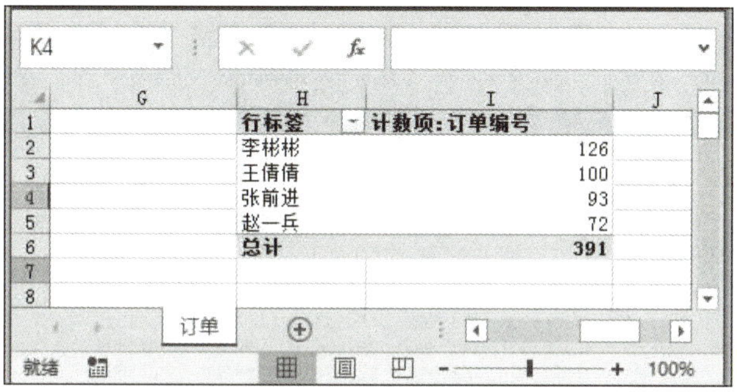

图 10-19

活动 3　计算每个销售员的季度销售额

计算每个销售员的季度销售额的操作步骤如下。

(1)打开“订单统计表”，单击数据中的任意位置，切换到“插入”选项卡，单击“表格”组中的“数据透视表”按钮。

(2)在打开的“创建数据透视表”对话框中选择要放置数据透视表的位置，单击“确定”按钮。

(3)将“订单日期”字段拖至“行”标签处，将“销售员”字段拖至“列”标签处，将“销售金额”拖至“值”处，这时是按天求和的，而不是按季度求和的。

(4)单击数据透视表中的任意一个日期，切换到“分析”选项卡，单击“分组”组中的“组字段”按钮，弹出“组合”对话框。

(5)如图 10-20 所示，在“步长”列表框中选择“季度”，单击“确定”按钮，结果如图 10-21 所示。

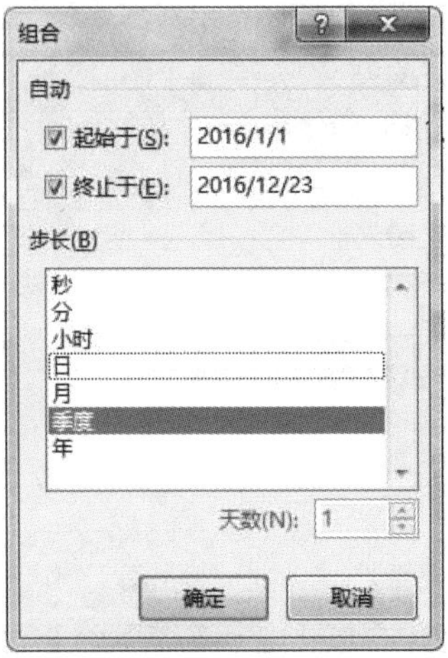

图 10-20

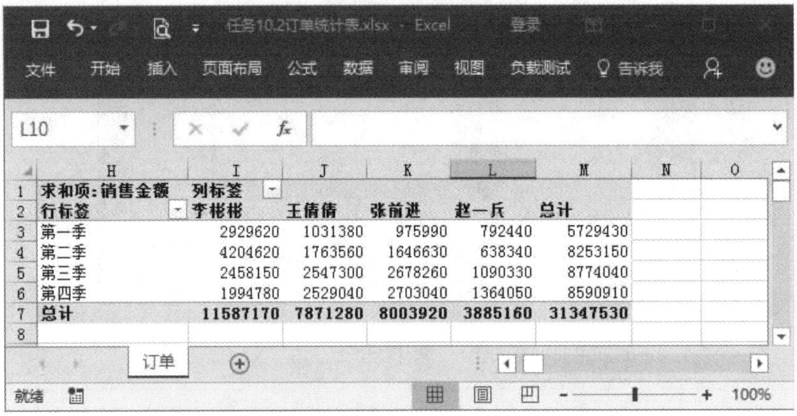

图 10-21

活动 4　计算每个销售员的销售额占总销售额的百分比

计算每个销售员的销售额占总销售额百分比的操作步骤如下。

(1)单击图 10-21 中的任意一个数值,切换到“分析”选项卡,单击“活动字段”组中的“字段设置”按钮,打开“字段设置”对话框,切换到“值显示方式”选项卡。

(2)选择“行汇总的百分比”,结果如图 10-22 所示。

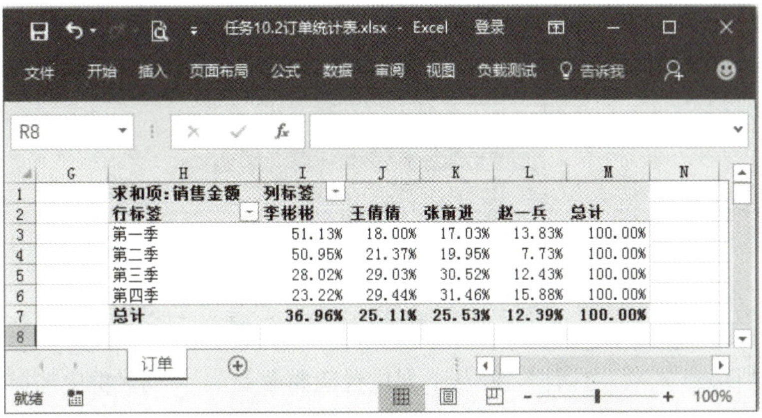

图 10-22

技巧

当工作表中的数据被改动时，数据透视表中的数据不会自动更新，需要切换到“分析”选项卡，单击“数据”组中的“刷新”按钮进行更新。

实训项目

实训 1 用记录单建立“图书销售情况表”

实训要求：依据项目 10\源文件\“图书销售情况表”工作簿中的数据，用记录单命令建立数据清单，并进行常用操作练习。

操作提示如下。

(1)利用常用方法新建“图书销售情况表”工作簿，只需输入前两行数据，数据可参看项目 10 源文件中的“图书销售情况表”工作簿。

(2)在快速访问工具栏中添加“记录单”命令。

(3)利用记录单对话框向“图书销售情况表”工作簿中的 sheet1 工作表添加记录。

(4)练习修改、删除和查找记录。

提示：使用记录单输入销售原始数据的方法如下。

1. 调出记录单命令

在 Excel 2016 中，记录单命令默认是隐藏的，所以首先将记录单命令调出来。调出记录单命令的操作步骤如下。

(1)在功能区的任意位置右击,在弹出的快捷菜单中选择“自定义快速访问工具栏”命令,如图 10-23 所示。

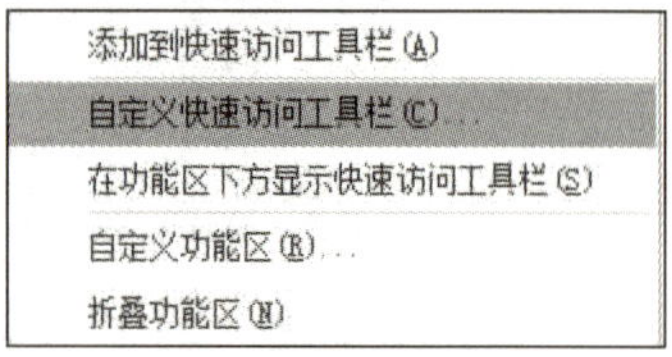

图 10-23

(2)弹出“Excel 选项”对话框,在“从下列位置选择命令”下拉列表框中选择“不在功能区中的命令”,在下方的下拉列表框中选择“记录单”(见图 10-24),依次单击“添加”按钮和“确定”按钮。

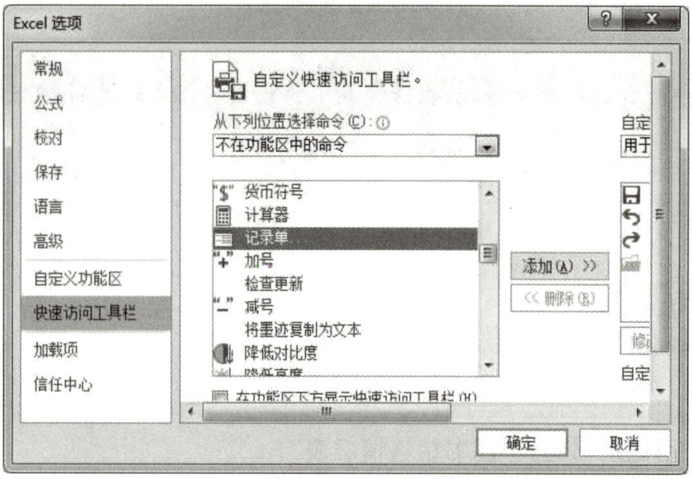

图 10-24

这样就在快速访问工具栏中添加了“记录单”按钮。其实,在 Excel 2016 中,其他隐藏的命令均可以通过该方法添加到快速访问工具栏中,方便使用。如果想删除快速访问工具栏中的按钮,只需右击该按钮,从弹出的快捷菜单中选择“从快速访问工具栏删除”命令即可,如图 10-25 所示。

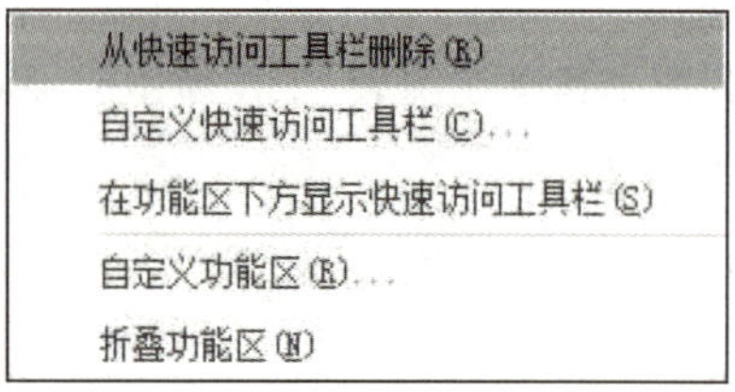

图 10-25

2. 使用记录单添加记录

使用记录单添加记录的操作步骤如下。

(1)单击“图书销售情况表”工作簿中的任意数据。

(2)单击快速访问工具栏中的“记录单”按钮，弹出 Sheet1 对话框，如图 10-26 所示。该对话框的标题栏中显示了当前工作表的名称。记录单的左边显示了各个字段的名称，其右边的文本框中显示了字段的值，右上角显示的是当前的总记录数和当前的记录号。

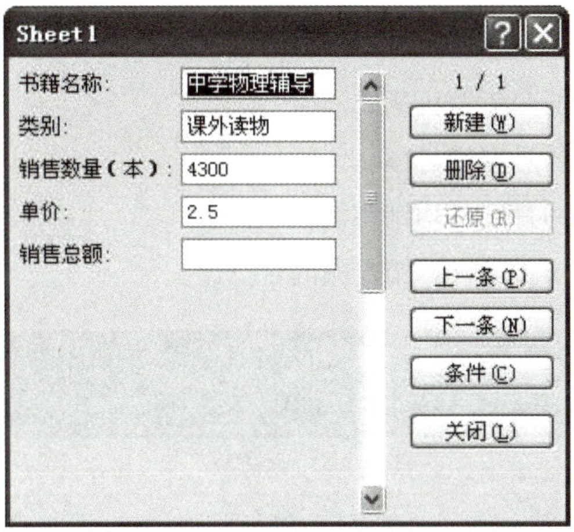

图 10-26

(3)单击“新建”按钮，会出现一个空白的记录单，用户可在其中输入数据。

3. 用记录单管理数据清单

用记录单可以添加记录，也可以修改记录、删除记录、查找记录。

(1)修改记录。如果要修改数据清单中的数据(不是公式产生的数据)，可使用记录单对话框中的滚动条，或单击“上一条”按钮或“下一条”按钮，显示出要修改的记录，然后在适当的文本框中进行修改。

(2)删除记录。如果要删除数据清单中的数据，可使用记录单对话框中的滚动条，或单击“上一条”按钮或“下一条”按钮，显示出要删除的记录，然后单击“删除”按钮。

(3)查找记录。如果要查找记录，可单击记录单对话框中的“条件”按钮，打开空白记录单，在适当的文本框中输入查询条件，然后单击“下一条”按钮，逐条显示满足条件的记录。

实训 2 对“图书销售情况表”进行数据分析

实训要求：对实训 1 中完成的数据清单进行数据分析。

操作提示如下。

(1)Sheet1 工作表中的数据以“折损数量”为主要关键字，以“进货数量”为次要关键字，降序排序。

(2)从 Sheet1 工作表的数据中筛选出“折损数量”为 0 的记录。

(3)以“设备名称”为分类字段,对 Sheet1 工作表中的“折损数量”进行“求和”分类汇总。

实训 3　对“销售清单统计表”进行数据分析

实训要求:使用数据透视表对“销售清单统计表”进行数据分析,数据可参看项目 10 源文件中的“销售清单统计表”工作簿,如图 10-27 所示。

操作要求如下。

(1)计算每个销售员的全年销售额。

(2)计算每个销售员的月度销售额。

(3)计算每个销售员的月度平均销售额。

(4)计算每种商品的销售额占总销售额的百分比。

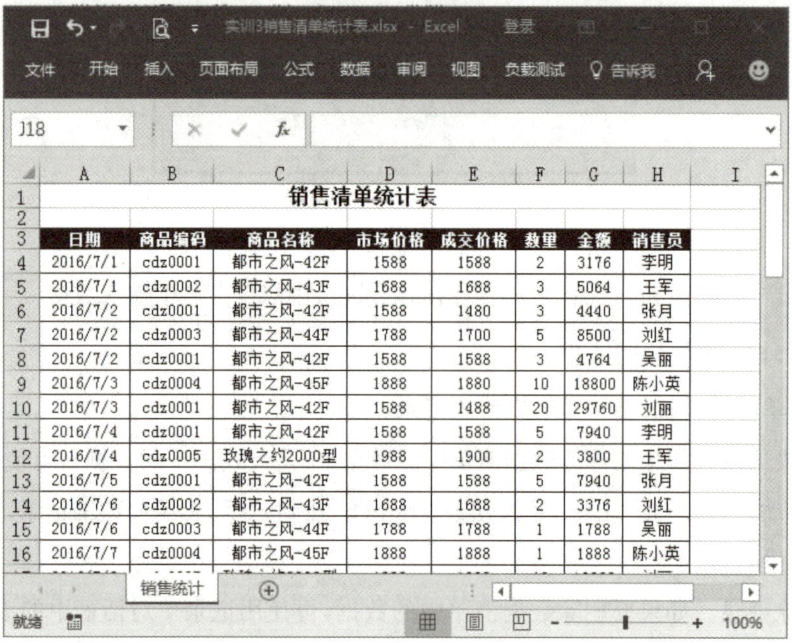

销售清单统计表							
日期	商品编码	商品名称	市场价格	成交价格	数量	金额	销售员
2016/7/1	cdz0001	都市之风-42F	1588	1588	2	3176	李明
2016/7/1	cdz0002	都市之风-43F	1688	1688	3	5064	王军
2016/7/2	cdz0001	都市之风-42F	1588	1480	3	4440	张月
2016/7/2	cdz0003	都市之风-44F	1788	1700	5	8500	刘红
2016/7/2	cdz0001	都市之风-42F	1588	1588	3	4764	吴丽
2016/7/3	cdz0004	都市之风-45F	1888	1880	10	18800	陈小英
2016/7/3	cdz0001	都市之风-42F	1588	1488	20	29760	刘丽
2016/7/4	cdz0001	都市之风-42F	1588	1588	5	7940	李明
2016/7/4	cdz0005	玫瑰之约2000型	1988	1900	2	3800	王军
2016/7/5	cdz0001	都市之风-42F	1588	1588	5	7940	张月
2016/7/6	cdz0002	都市之风-43F	1688	1688	2	3376	刘红
2016/7/6	cdz0003	都市之风-44F	1788	1788	1	1788	吴丽
2016/7/7	cdz0004	都市之风-45F	1888	1888	1	1888	陈小英

图 10-27

项目 11

创建销售业绩图表与打印销售清单统计表

知识目标

掌握创建图表的方法。

掌握编辑图表的技巧。

掌握工作表的页面设置方法、打印设置方法和打印预览方法。

技能目标

会创建图表。

能对创建好的图表进行编辑修饰。

能对工作表进行页面设置、打印设置和打印预览。

如果将工作表中的数据以图表的形式展现出来，可以使数据更加直观、生动、醒目，易于阅读和理解，也有利于分析和比较数据，更加直观地了解数据之间的关系和变化趋势。对于制作和修饰完成的工作表，常常需要将其打印出来，而在打印之前还需要对工作表进行设置和预览。

本项目通过创建商品销售业绩图表和打印销售清单统计表两项工作任务的完成，使用户掌握依据数据清单创建和编辑图表的方法，熟悉工作表的页面设置、打印预览和打印等操作。

任务 11.1　创建商品销售业绩图表

任务描述

本任务将使用 Excel 2016 制作完成商品销售业绩图表，效果如图 11-1 所示。

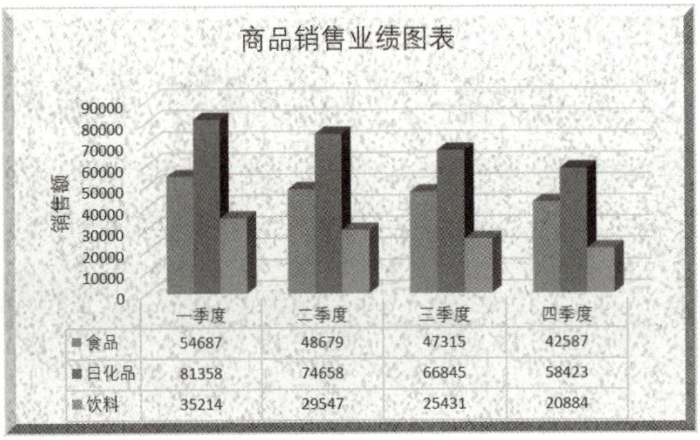

图 11-1

任务分析

完成本任务的操作思路是：新建“商品销售业绩”工作簿，依据“商品销售业绩”工作簿中的工作表数据创建图表，编辑所创建的图表，保存工作簿。

任务实施

活动 1　新建“商品销售业绩”工作簿

图表要依据工作表中的数据来创建，我们首先在项目 10 的“商品销售统计表”的基础上建立以“类别”为主要关键字的“商品销售业绩”工作簿，具体步骤如下。

(1)启动 Excel 2016，单击“保存”按钮，确定保存位置，将文件命名为“商品销售业绩”。

(2)向 Sheet1 工作表中输入商品销售信息，如图 11-2 所示。

(3)单击“保存”按钮，“商品销售业绩”工作簿创建完成。

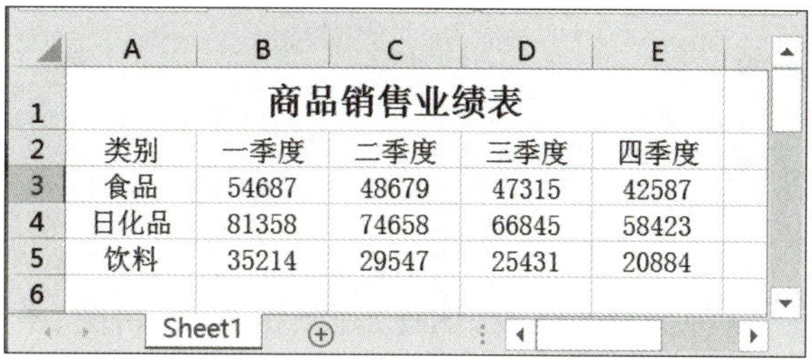

	A	B	C	D	E
1	商品销售业绩表				
2	类别	一季度	二季度	三季度	四季度
3	食品	54687	48679	47315	42587
4	日化品	81358	74658	66845	58423
5	饮料	35214	29547	25431	20884
6					

图 11-2

活动 2　创建图表

依据“商品销售业绩”工作簿创建图表的具体步骤如下。

(1)选择要包含在图表中的单元格区域 A2:E5。

(2)切换到“插入”选项卡,在“图表”组中单击“插入柱形图或条形图”按钮,在弹出的下拉列表中选择“三维簇状柱形图”,如图 11-3 所示。

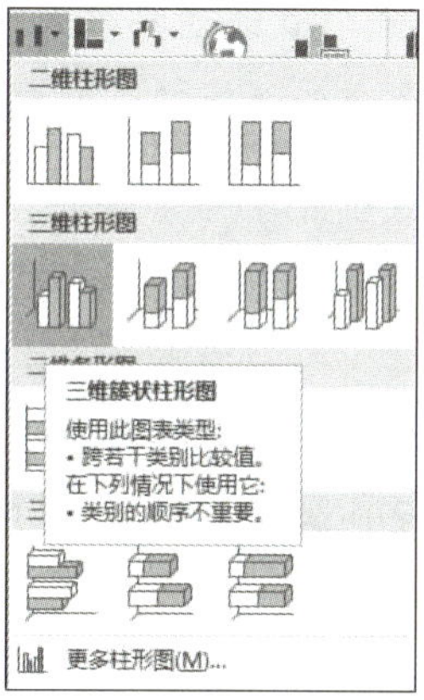

图 11-3

(3)创建的图表如图 11-4 所示。

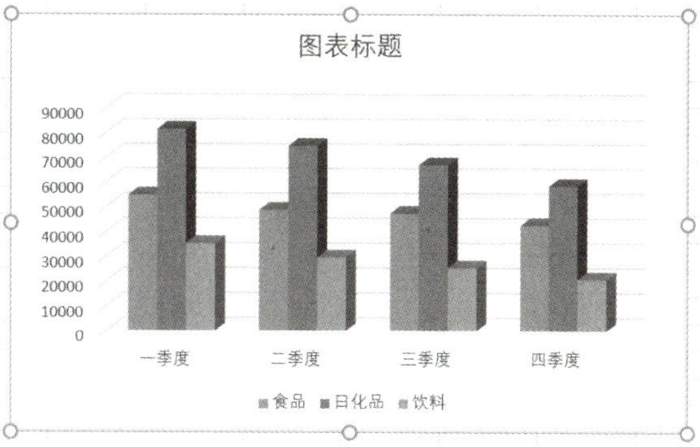

图 11-4

活动 3 编辑图表

图表创建完成后，可对其进行编辑修改。

1. 更改图表类型

Excel 2016 提供了 10 种类型的图表，如柱形图、折线图、饼图、条形图、面积图、散点图及其他图表等，在进行数据处理时可根据实际情况选择合适的图表类型。柱形图、折线图和饼图是较为常用的图表类型。

提示

虽然 Excel 2016 中有很多图表类型，但并非每种类型都适合表现工作表数据的内涵，因此，选择图表类型时应该清楚要对数据进行何种分析。

(1)柱形图主要用于表示一段时间内数据的变化或者描述各个项目之间数据的比较。

(2)折线图是将一系列的数据点用直线连接起来，以等间隔显示数据的变化趋势。

(3)饼图能够反映统计数据中各项所占的百分比，或者某个单项占总体的比例。使用该类图表便于查看整体与个体之间的关系。

(4)条形图可以显示出各个分类项目之间数据的差异。条形图主要强调在特定的时间点上进行水平轴与垂直轴的比较。

(5)面积图用于显示某个时间段总数与数据系列的关系。

(6)散点图用于显示两个变量之间的关系，可以利用散点图绘制函数曲线。

更改图表类型的操作步骤如下。

(1)单击商品销售业绩图表，此时选项卡增加了两个图表工具选项卡——“设计”选项卡和“格式”选项卡。

(2)切换至“设计”选项卡，在“类型”组中“更改图表类型”按钮。

(3)在打开的“更改图表类型”对话框中选择一种类型，如“折线图”中的“带数据标记的折线图”，如图 11-5 所示。单击“确定”按钮，生成的图表如图 11-6 所示。

从图 11-6 可以很明显地看出，各类商品的销售情况呈下降趋势。

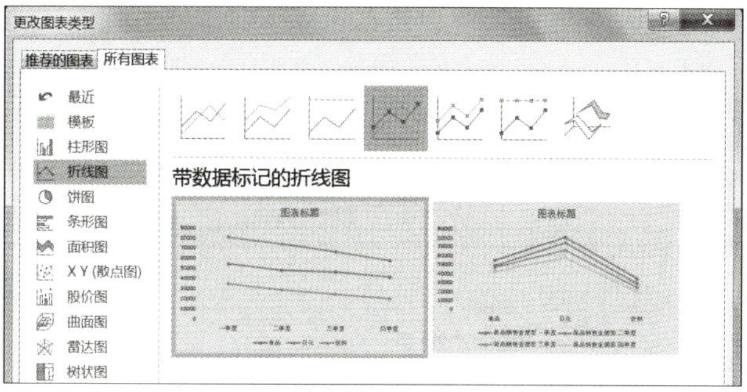

图 11-5

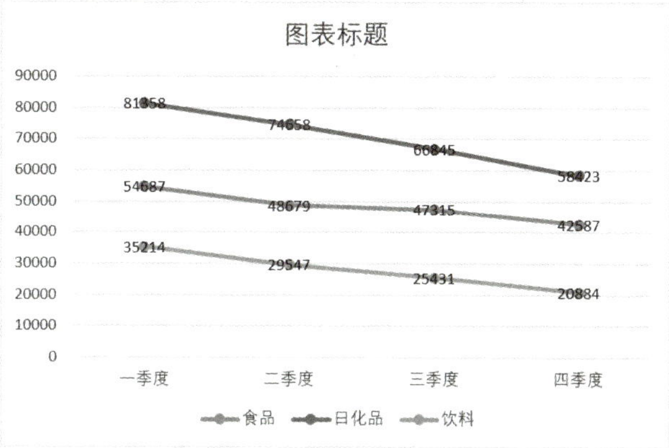

图 11-6

2. 修改图表数据源

如果想比较日化品和饮料的销售情况，只需修改图表数据源。操作步骤如下。

(1)切换至“设计”选项卡，在“数据”组中单击“选择数据”按钮，弹出“选择数据源”对话框。

(2)如图 11-7 所示，在“选择数据源”对话框中取消选中“食品”复选框，单击“删除”按钮。

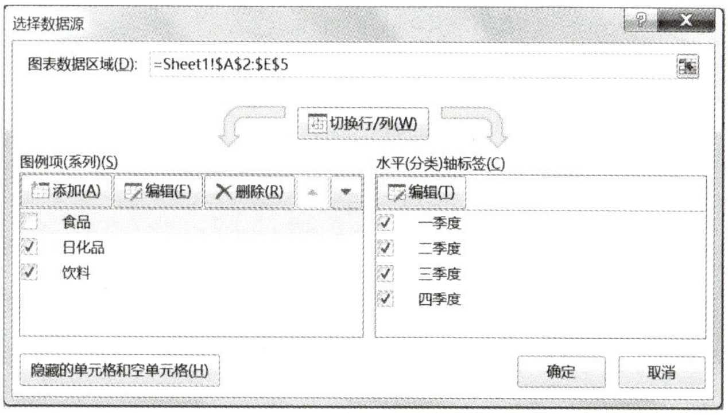

图 11-7

(3)单击“确定”按钮,结果如图 11-8 所示。

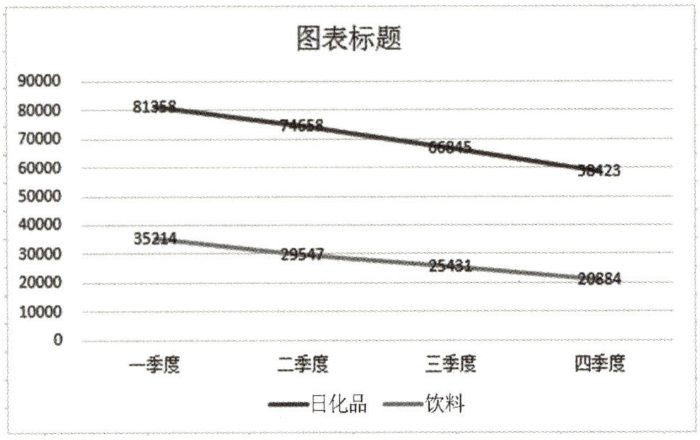

图 11-8

也可以单击“选择数据源”对话框中的“图表数据区域”右侧的按钮,重新选取数据源区域。

3. 插入图表

(1)图表的元素组成。图表是由图表区、绘图区、图表标题、图例、垂直轴、水平轴、数据系列等元素组成的,如图 11-9 所示。

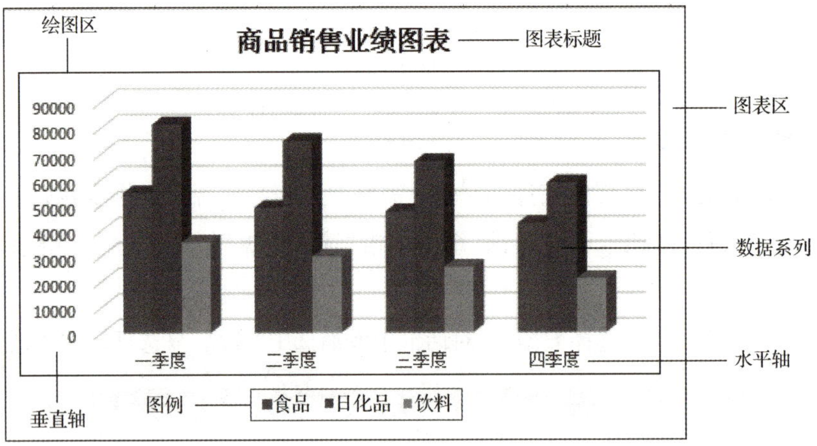

图 11-9

各元素的作用如下。

①图表区。图表区是图表最基本的组成部分,是整个图表的背景区域,图表的其他组成元素(如图表标题、绘图区、图例、垂直轴、水平轴、数据系列等)都汇集在图表区中。

②绘图区。绘图区是图表的重要组成部分,它主要包括数据系列和网格线等。

③图表标题。图表标题主要用于显示图表的名称。

④图例。图例是用于表示图表中的数据系列的名称或分类而指定的图案或颜色。

⑤垂直轴。垂直轴可以确定图表中垂直坐标轴的最小刻度值和最大刻度值。

⑥水平轴。水平轴主要用于显示文本标签。

⑦数据系列。数据系列是根据用户指定的图表类型，以系列的方式显示在图表中的可视化数据。

(2)插入图表的方法。新建的图表可以作为一个工作表插入工作簿中，也可以作为一个工作表的对象插入工作表中。将图表单独作为一个工作表插入工作簿中的操作步骤如下。

①单击图 11-6 所示的图表。

②切换至“设计”选项卡，单击“位置”组中“移动图表”按钮，弹出“移动图表”对话框。

③选中“新工作表”单选按钮(见图 11-10)，在其后面的文本框中输入新工作表名，单击“确定”按钮，结果如图 11-11 所示。

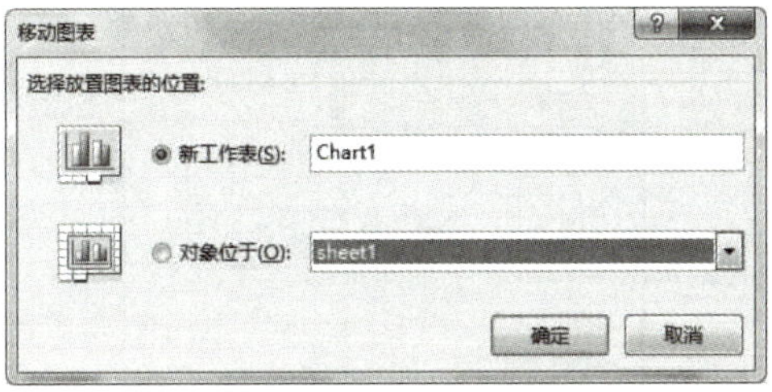

图 11-10

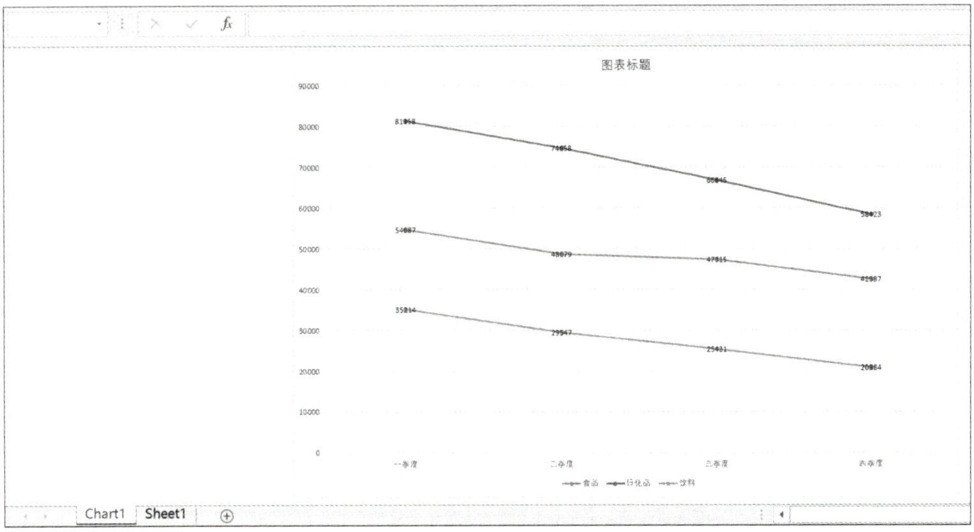

图 11-11

4. 更改图表布局和样式

图表布局是指图表中各元素在图表区的分布。创建图表后，用户可以更改其外观，快速向图表应用预定义布局和样式，而无须手动添加或更改图表元素或设置图表格式。

(1)图表应用预定义布局的操作步骤如下。

①单击图11-4所示的图表。

②切换至“设计”选项卡,单击“图表布局”组中的“快速布局”按钮。

③在弹出的下拉列表中选择“布局5”(见图11-12),结果如图11-13所示。如果要应用图表样式,可以单击“图表样式”组中的按钮进一步选择应用。

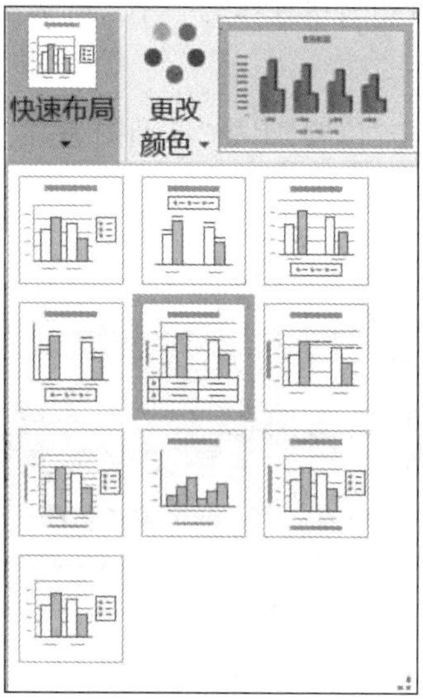

图 11-12

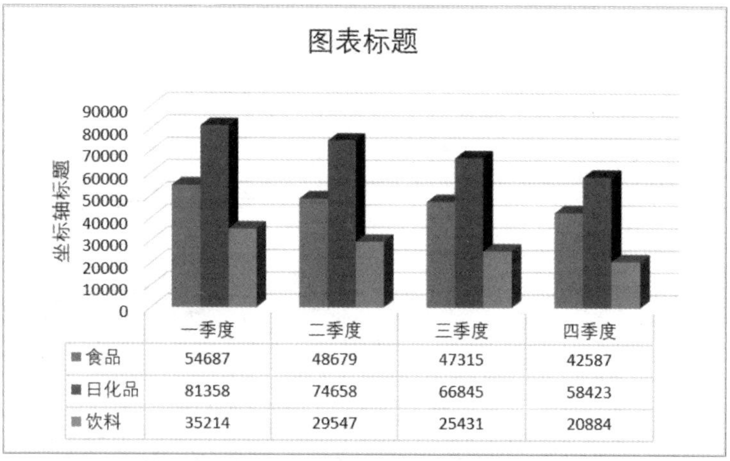

图 11-13

(2)手动更改图表元素布局的操作步骤如下。

①单击要更改布局的图表或图表元素。

②切换到“设计”选项卡,单击“图表布局”组中的“添加图表元素”按钮,在弹出的下拉菜单(见图11-14)中选择要更改的图表元素,然后单击所需的布局选项。

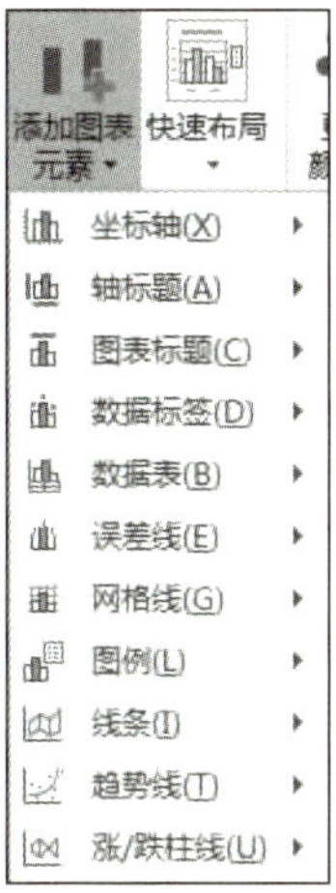

图 11-14

技巧

图表元素可以从“格式”选项卡的“当前所选内容”组中的“图表区”下拉列表框中选择。

例如，将图 11-4 所示图表变为图 11-13 所示图表的操作步骤是：单击图 11-4 所示的图表；切换到“设计”选项卡，单击“图表布局”组中的“添加图表元素”按钮，在弹出的下拉菜单中选择“数据表”下面的“显示图例项标示”命令，如图 11-15 所示；选择“轴标题”下面的“主要纵坐标轴”命令，如图 11-16 所示；选择“图例”下面的“无”命令，如图 11-17 所示。

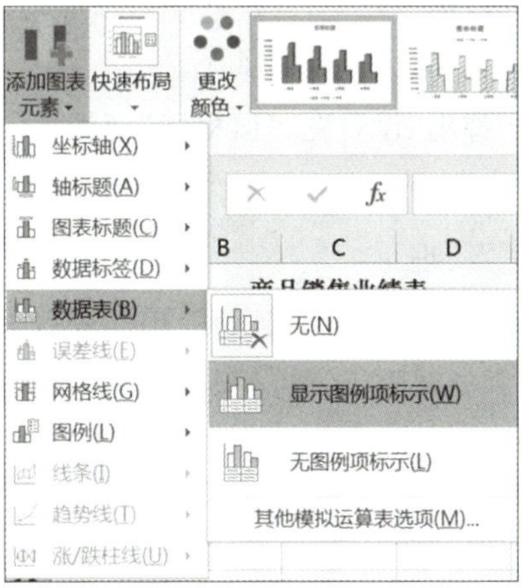

图 11-15

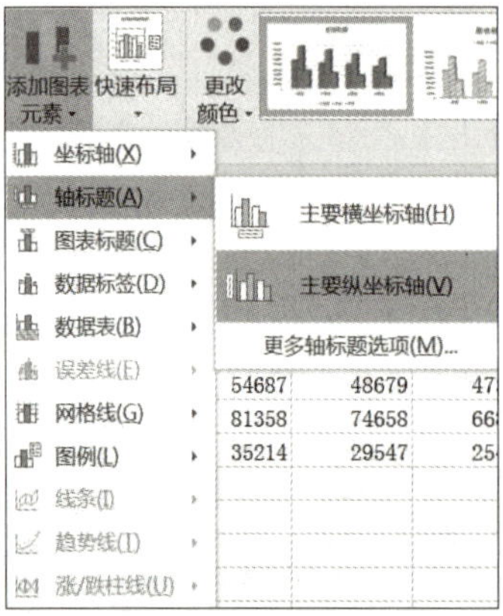

图 11-16

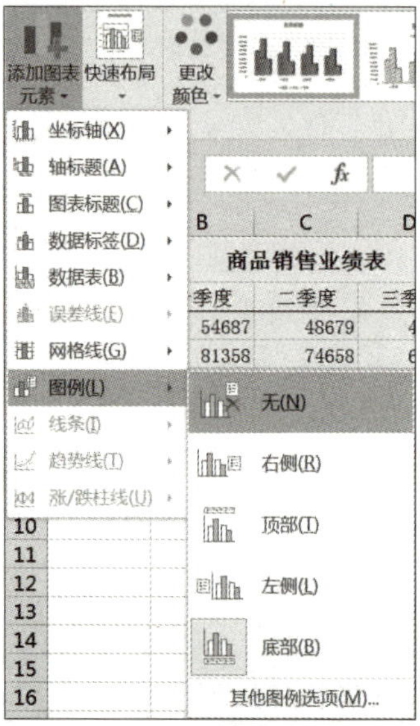

图 11-17

5. 设置图表元素的格式

元素格式的设置包括字体、字号、图案、颜色、数字样式等设置。

设置元素的格式有两种常用的方法：一是单击“格式”选项卡的“当前所选内容”组中的“图表区”下拉按钮，从下拉列表框中选择需设置格式的图表元素，然后单击“设置所选内容格式”按钮，在弹出的设置格式面板中进行设置；二是右击需要设置的元素，在弹出的快捷菜单中选择相应的格式设置命令，在弹出的格式设置对话框中进行设置。

我们更多的是采用第二种方法对图表元素的格式进行设置，这种方法比较快捷。下面以给图表区添加背景为例加以说明，操作步骤如下。

(1)双击图表区，窗口右侧弹出“设置图表区格式”面板。

(2)切换至“填充与线条”选项卡，选中“填充”项中的“图片或纹理填充”单选按钮，在“纹理”下拉列表框中选择“新闻纸”纹理。

(3)切换至“效果”选项卡，单击“三维格式”，在“顶部棱台”下拉列表框中选择“角度”；在“材料”下拉列表框中选择“塑料效果”。最终结果如图 11-18 所示。

如果再将图 11-18 中的“图表标题”改为“商品销售业绩图表”(双击标题进行修改)，将“坐标轴标题”改为“销售额”，那么就可以得到如图 11-1 所示的效果。

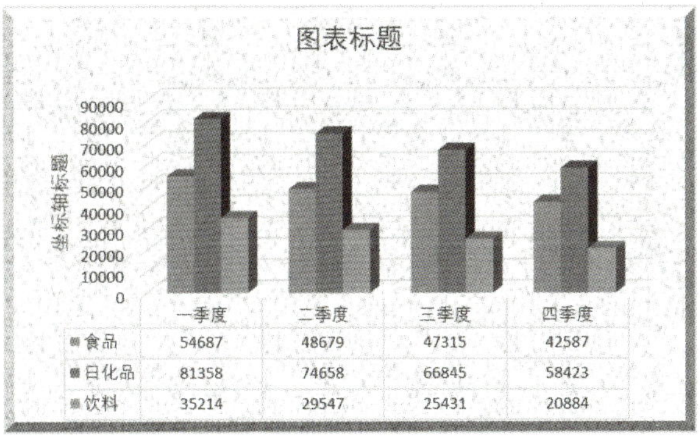

图 11-18

任务 11.2 打印销售清单统计表

任务描述

本任务是将销售清单统计表设置成如图 11-19 所示的待打印数据表。

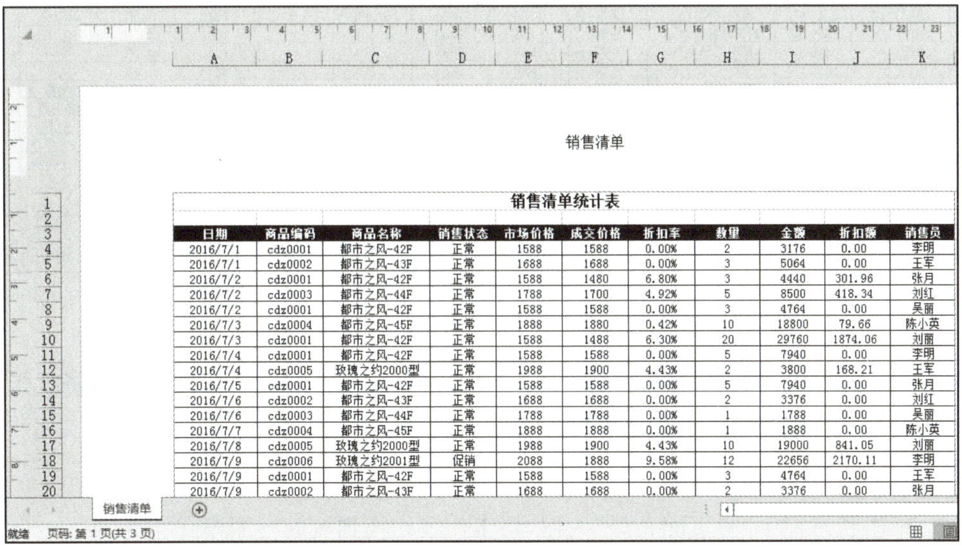

销售清单

销售清单统计表

日期	商品编码	商品名称	销售状态	市场价格	成交价格	折扣率	数量	金额	折扣额	销售员
2016/7/1	cdz0001	都市之风-42F	正常	1588	1588	0.00%	2	3176	0.00	李明
2016/7/1	cdz0002	都市之风-43F	正常	1688	1688	0.00%	3	5064	0.00	王军
2016/7/2	cdz0001	都市之风-42F	正常	1588	1480	6.80%	3	4440	301.96	张月
2016/7/2	cdz0003	都市之风-44F	正常	1788	1700	4.92%	5	8500	418.34	刘红
2016/7/2	cdz0001	都市之风-42F	正常	1588	1588	0.00%	3	4764	0.00	吴丽
2016/7/3	cdz0004	都市之风-45F	正常	1888	1880	0.42%	10	18800	79.66	陈小英
2016/7/3	cdz0001	都市之风-42F	正常	1588	1488	6.30%	20	29760	1874.06	刘丽
2016/7/4	cdz0001	都市之风-42F	正常	1588	1588	0.00%	5	7940	0.00	李明
2016/7/4	cdz0005	玫瑰之约2000型	正常	1988	1900	4.43%	2	3800	168.21	王军
2016/7/5	cdz0001	都市之风-42F	正常	1588	1588	0.00%	5	7940	0.00	张月
2016/7/6	cdz0002	都市之风-43F	正常	1688	1688	0.00%	2	3376	0.00	刘红
2016/7/6	cdz0003	都市之风-44F	正常	1788	1788	0.00%	1	1788	0.00	吴丽
2016/7/7	cdz0004	都市之风-45F	正常	1888	1888	0.00%	1	1888	0.00	陈小英
2016/7/8	cdz0005	玫瑰之约2000型	正常	1988	1900	4.43%	10	19000	841.05	刘丽
2016/7/9	cdz0006	玫瑰之约2001型	促销	2088	1888	9.58%	12	22656	2170.11	李明
2016/7/9	cdz0001	都市之风-42F	正常	1588	1588	0.00%	3	4764	0.00	王军
2016/7/9	cdz0002	都市之风-43F	正常	1688	1688	0.00%	2	3376	0.00	张月

销售清单

就绪 页码：第 1 页(共 3 页)

图 11-19

任务分析

完成本任务的操作思路是：对工作表进行页面设置，对设置好的工作表进行打印预览，打印工作表。

任务实施

活动 1　页面设置

电子表格的内容一般并不是按打印需求编排的，所以打印时需要专门设置。页面设置的主要目的是使打印出来的工作表符合用户的要求。

在 Excel 2016 中进行打印，就是将整个工作表分页打到某种类型的纸张上，打印方法与普通的 Word 文档的打印方法基本相同，但同时也有其特殊性。在 Excel 2016 中，页面设置包括设置纸张的大小和方向（横向打印、纵向打印）、打印内容在打印纸中的位置、页眉和页脚、打印标题行、打印区域等。

Excel 2016 中新增的“页面视图”功能可使工作表的打印效果比较直观。

本任务中的工作表原样式如图 11-20 所示。

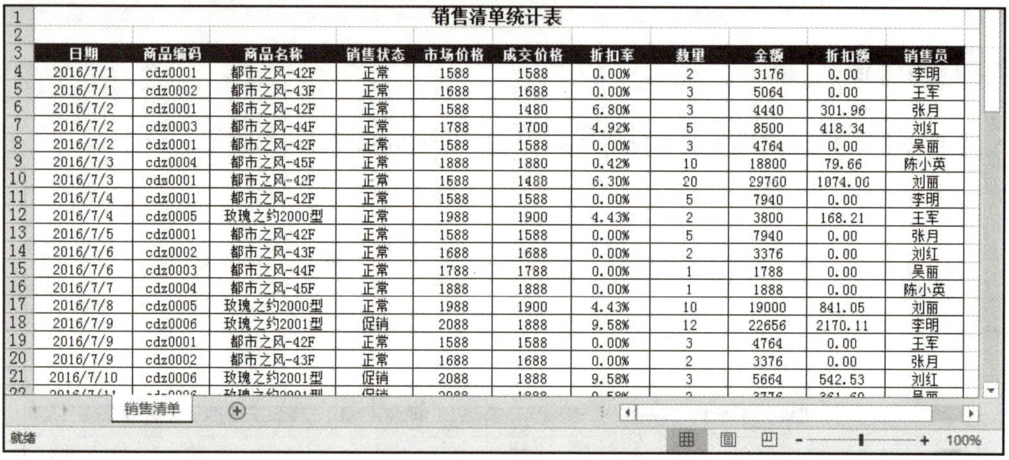

销售清单统计表

	日期	商品编码	商品名称	销售状态	市场价格	成交价格	折扣率	数量	金额	折扣额	销售员
4	2016/7/1	cdz0001	都市之风-42F	正常	1588	1588	0.00%	2	3176	0.00	李明
5	2016/7/1	cdz0002	都市之风-43F	正常	1688	1688	0.00%	3	5064	0.00	王军
6	2016/7/2	cdz0001	都市之风-42F	正常	1588	1480	6.80%	3	4440	301.96	张月
7	2016/7/2	cdz0003	都市之风-44F	正常	1788	1700	4.92%	5	8500	418.34	刘红
8	2016/7/2	cdz0001	都市之风-42F	正常	1588	1588	0.00%	3	4764	0.00	吴丽
9	2016/7/3	cdz0004	都市之风-45F	正常	1888	1880	0.42%	10	18800	79.66	陈小英
10	2016/7/3	cdz0001	都市之风-42F	正常	1588	1488	6.30%	20	29760	1074.06	刘丽
11	2016/7/4	cdz0001	都市之风-42F	正常	1588	1588	0.00%	5	7940	0.00	李明
12	2016/7/4	cdz0005	玫瑰之约2000型	正常	1988	1900	4.43%	2	3800	168.21	王军
13	2016/7/5	cdz0001	都市之风-42F	正常	1588	1588	0.00%	5	7940	0.00	张月
14	2016/7/6	cdz0002	都市之风-43F	正常	1688	1688	0.00%	2	3376	0.00	刘红
15	2016/7/6	cdz0003	都市之风-44F	正常	1788	1788	0.00%	1	1788	0.00	吴丽
16	2016/7/7	cdz0004	都市之风-45F	正常	1888	1888	0.00%	1	1888	0.00	陈小英
17	2016/7/8	cdz0005	玫瑰之约2000型	正常	1988	1900	4.43%	10	19000	841.05	刘丽
18	2016/7/9	cdz0006	玫瑰之约2001型	促销	2088	1888	9.58%	12	22656	2170.11	李明
19	2016/7/9	cdz0001	都市之风-42F	正常	1588	1588	0.00%	3	4764	0.00	王军
20	2016/7/9	cdz0002	都市之风-43F	正常	1688	1688	0.00%	2	3376	0.00	张月
21	2016/7/10	cdz0006	玫瑰之约2001型	促销	2088	1888	9.58%	3	5664	542.53	刘红

图 11-20

由于工作表的横向内容比较多，普通 A4 纸纵向设置是打不下的，因此需要将纸张设置为横向。此外，还需要进行页面边距等设置。

页面设置的步骤如下。

（1）单击状态栏中的“页面布局”按钮，将工作表切换到页面视图模式。

（2）切换至“页面布局”选项卡，单击“页面设置”组中的“纸张大小”按钮，在弹出的下拉列表框中选择 A4 或其他类型的打印纸（工作表默认的纸张大小是 A4）。如果采用纵向打印，可以看到工作表被分割到了 4 张 A4 纸上，纸张的宽度显然不够，如图 11-21 所示。

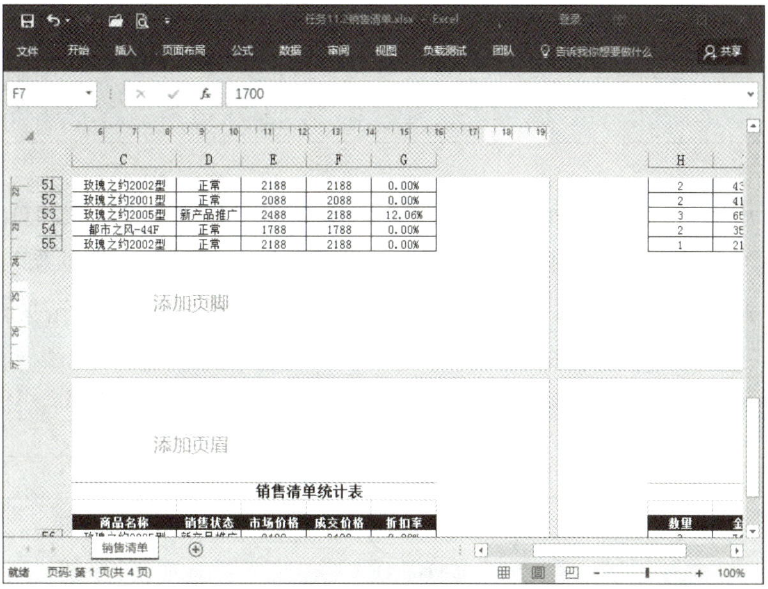

图 11-21

(3)单击“纸张方向”按钮，在弹出的下拉列表中选择“横向”，结果如图 11-22 所示。

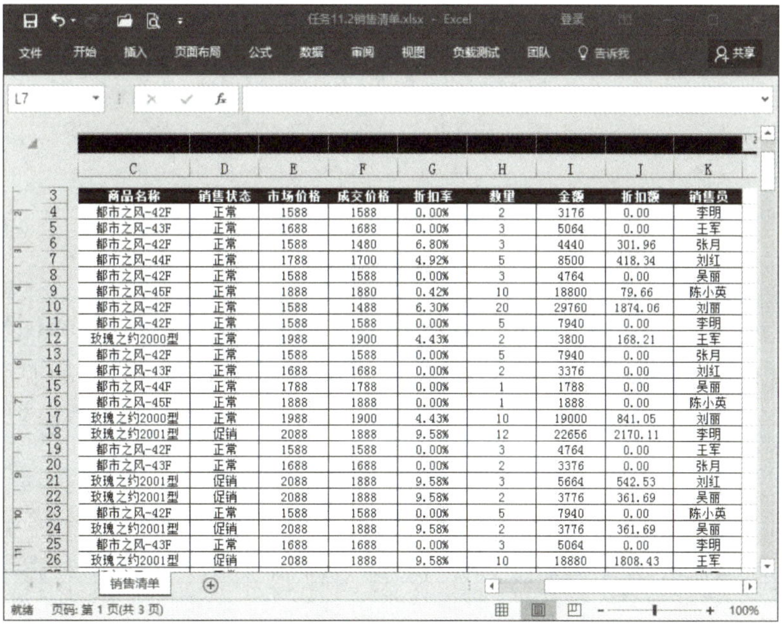

图 11-22

(4)通过上述几步的设置，观察工作表在页面中的位置是否合适，如果不合适可适当调整页边距，或者拖动列标签来调整列宽。

技巧

按住 Ctrl 键的同时滚动鼠标滚轮，可以对页面进行缩放，便于从整体上观察页面。

(5)设置页眉和页脚。切换至“插入”选项卡，单击“文本”组中的“页眉和页脚”按钮，在打开的文本框中设置页眉，如图 11-23 所示；在“设计”选项卡的“页眉和页脚”组中单击“页眉”按钮，在弹出的下拉列表中选择“销售清单”；在“导航”组中单击“转至页脚”按钮，在“页眉和页脚”组中单击“页脚”按钮，在弹出的下拉列表中选择“第 1 页，共 ? 页”。页眉和页脚的设置结果如图 11-24 所示。

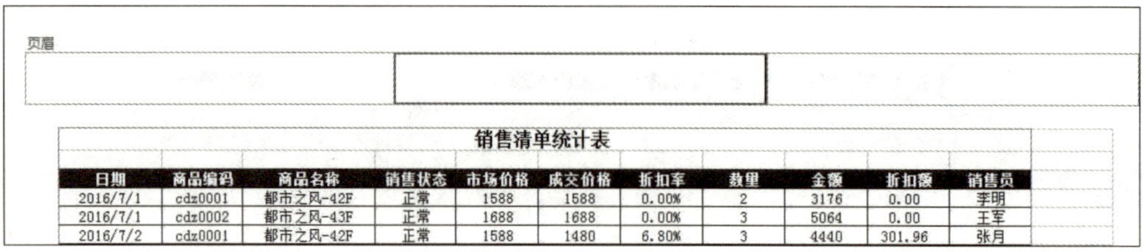

页眉

销售清单统计表

日期	商品编码	商品名称	销售状态	市场价格	成交价格	折扣率	数量	金额	折扣额	销售员
2016/7/1	cdz0001	都市之风-42F	正常	1588	1588	0.00%	2	3176	0.00	李明
2016/7/1	cdz0002	都市之风-43F	正常	1688	1688	0.00%	3	5064	0.00	王军
2016/7/2	cdz0001	都市之风-42F	正常	1588	1480	6.80%	3	4440	301.96	张月

图 11-23

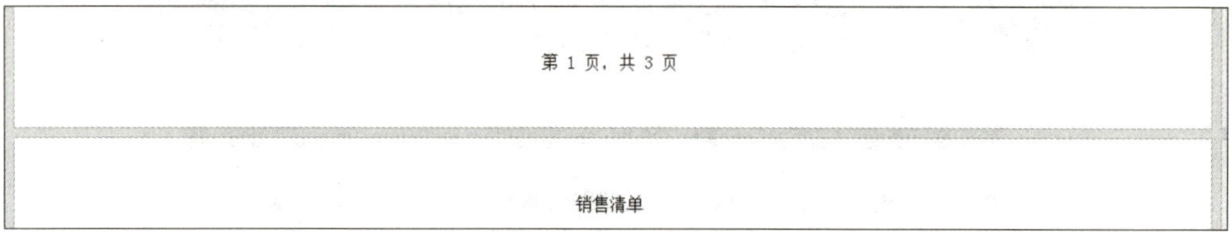

图 11-24

(6)设置打印标题行。由于表格行数较多，会被分为很多页，因此，如果不设置打印标题行，那么打印出来的表就只在第一页有标题行，其他各打印页均为“光头”表(见图 11-25)。

销售清单

36	cdz0002	都市之风-43F	正常	1688	1588	5.92%	5	7940	470.38	吴丽
37	cdz0008	玫瑰之约2003型	正常	2288	2288	0.00%	1	2288	0.00	陈小英
38	cdz0001	都市之风-42F	正常	1588	1588	0.00%	5	7940	0.00	刘丽
39	cdz0008	玫瑰之约2003型	正常	2288	2288	0.00%	3	6864	0.00	李明

图 11-25

切换至“页面布局”选项卡，在“页面设置”组中单击“打印标题”按钮，弹出“页面设置”对话框，单击“顶端标题行”按钮，选择 1～3 行作为标题，如图 11-26 所示。单击“确定”按钮，第 2 页表格上方的效果如图 11-27 所示。如果是单页工作表，则无须设置此项。

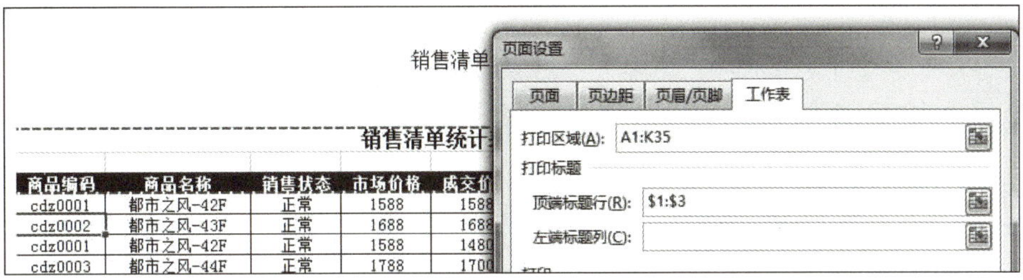

图 11-26

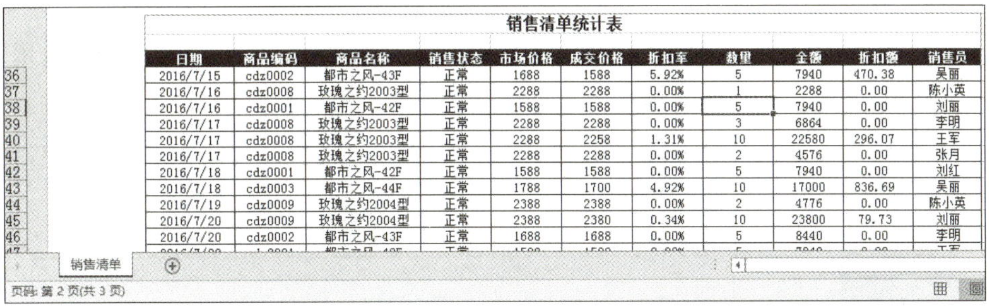

	日期	商品编码	商品名称	销售状态	市场价格	成交价格	折扣率	数量	金额	折扣额	销售员
36	2016/7/15	cdz0002	都市之风-43F	正常	1688	1588	5.92%	5	7940	470.38	吴丽
37	2016/7/16	cdz0008	玫瑰之约2003型	正常	2288	2288	0.00%	1	2288	0.00	陈小英
38	2016/7/16	cdz0001	都市之风-42F	正常	1588	1588	0.00%	5	7940	0.00	刘丽
39	2016/7/17	cdz0008	玫瑰之约2003型	正常	2288	2288	0.00%	3	6864	0.00	李明
40	2016/7/17	cdz0008	玫瑰之约2003型	正常	2288	2258	1.31%	10	22580	296.07	王军
41	2016/7/17	cdz0008	玫瑰之约2003型	正常	2288	2288	0.00%	2	4576	0.00	张月
42	2016/7/18	cdz0001	都市之风-42F	正常	1588	1588	0.00%	5	7940	0.00	刘红
43	2016/7/18	cdz0003	都市之风-44F	正常	1788	1700	4.92%	10	17000	836.69	吴丽
44	2016/7/19	cdz0009	玫瑰之约2004型	正常	2388	2388	0.00%	2	4776	0.00	陈小英
45	2016/7/20	cdz0009	玫瑰之约2004型	正常	2388	2380	0.34%	10	23800	79.73	刘丽
46	2016/7/20	cdz0002	都市之风-43F	正常	1688	1688	0.00%	5	8440	0.00	李明

图 11-27

(7)设置打印区域。如果只打印工作表的一部分,如打印 A1:K30 区域,则应先选定 A1:K30 区域,具体操作步骤是:单击“页面设置”组中的“打印区域”按钮,在弹出的下拉菜单中选择“设置打印区域”命令,如图 11-28 所示。打印完毕后,单击“打印区域”按钮,在弹出的下拉菜单中选择“取消打印区域”命令。

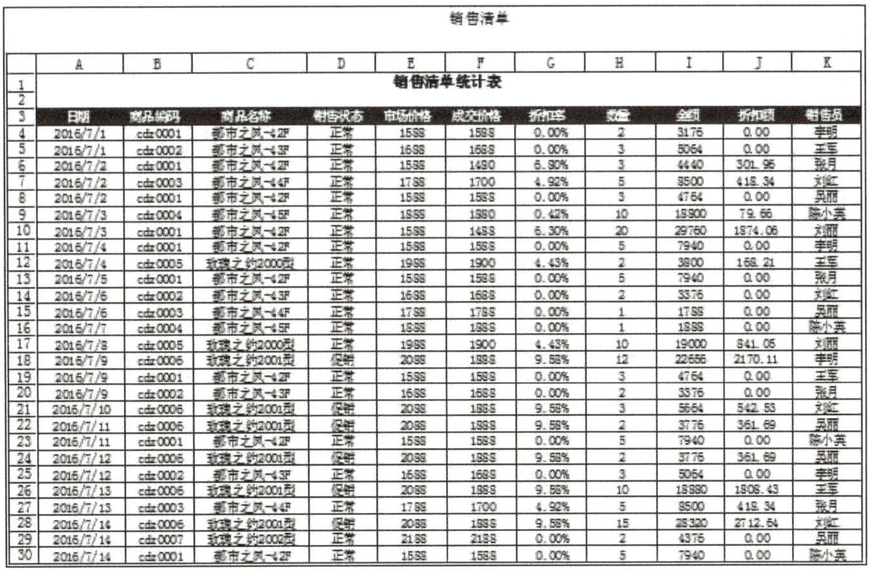

销售清单

	A	B	C	D	E	F	G	H	I	J	K
1	销售清单统计表										
2											
3	日期	商品编码	商品名称	销售状态	市场价格	成交价格	折扣率	数量	金额	折扣额	销售员
4	2016/7/1	cdz0001	都市之风-42F	正常	1588	1588	0.00%	2	3176	0.00	李明
5	2016/7/1	cdz0002	都市之风-43F	正常	1688	1688	0.00%	3	5064	0.00	王军
6	2016/7/2	cdz0001	都市之风-42F	正常	1588	1480	6.80%	3	4440	301.96	张月
7	2016/7/2	cdz0003	都市之风-44F	正常	1788	1700	4.92%	5	8500	418.34	刘红
8	2016/7/2	cdz0001	都市之风-42F	正常	1588	1588	0.00%	3	4764	0.00	吴丽
9	2016/7/3	cdz0004	都市之风-45F	正常	1888	1880	0.42%	10	18800	79.66	陈小英
10	2016/7/3	cdz0001	都市之风-42F	正常	1588	1488	6.30%	20	29760	1874.06	刘丽
11	2016/7/4	cdz0001	都市之风-42F	正常	1588	1588	0.00%	5	7940	0.00	李明
12	2016/7/4	cdz0005	玫瑰之约2000型	正常	1988	1900	4.43%	2	3800	168.21	王军
13	2016/7/5	cdz0001	都市之风-42F	正常	1588	1588	0.00%	5	7940	0.00	张月
14	2016/7/6	cdz0002	都市之风-43F	正常	1688	1688	0.00%	2	3376	0.00	刘红
15	2016/7/6	cdz0003	都市之风-44F	正常	1788	1788	0.00%	1	1788	0.00	吴丽
16	2016/7/7	cdz0004	都市之风-45F	正常	1888	1888	0.00%	1	1888	0.00	陈小英
17	2016/7/8	cdz0005	玫瑰之约2000型	正常	1988	1900	4.43%	10	19000	841.05	刘丽
18	2016/7/9	cdz0006	玫瑰之约2001型	促销	2088	1888	9.58%	12	22656	2170.11	李明
19	2016/7/9	cdz0001	都市之风-42F	正常	1588	1588	0.00%	3	4764	0.00	王军
20	2016/7/9	cdz0002	都市之风-43F	正常	1688	1688	0.00%	2	3376	0.00	张月
21	2016/7/10	cdz0006	玫瑰之约2001型	促销	2088	1888	9.58%	3	5664	542.53	刘红
22	2016/7/11	cdz0006	玫瑰之约2001型	促销	2088	1888	9.58%	2	3776	361.69	吴丽
23	2016/7/11	cdz0001	都市之风-42F	正常	1588	1588	0.00%	5	7940	0.00	陈小英
24	2016/7/12	cdz0006	玫瑰之约2001型	促销	2088	1888	9.58%	2	3776	361.69	吴丽
25	2016/7/12	cdz0002	都市之风-43F	正常	1688	1688	0.00%	3	5064	0.00	李明
26	2016/7/13	cdz0006	玫瑰之约2001型	促销	2088	1888	9.58%	10	18880	1808.43	王军
27	2016/7/13	cdz0003	都市之风-44F	正常	1788	1700	4.92%	5	8500	418.34	张月
28	2016/7/14	cdz0006	玫瑰之约2001型	促销	2088	1888	9.58%	15	28320	2712.64	刘红
29	2016/7/14	cdz0007	玫瑰之约2002型	正常	2188	2188	0.00%	2	4376	0.00	吴丽
30	2016/7/14	cdz0001	都市之风-42F	正常	1588	1588	0.00%	5	7940	0.00	陈小英

图 11-28

也可以在“页面布局”选项卡中单击“页面设置”组的对话框启动器，打开“页面设置”对话框，在“页面”选项卡、“页边距”选项卡、“页眉/页脚”选项卡和“工作表”选项卡中逐一进行设置，然后单击“确定”按钮，完成以上各个步骤的操作。

活动 2　打印预览

Excel 2016 提供了三种查看和调整工作表外观的方法：一是普通视图（为默认方式），适用于屏幕查看和处理；二是打印预览（显示页面），方便用户调整列宽、页边距、页眉、页脚；三是分页预览，显示每一页所包含的数据，以便快速调整打印区域和进行分页。

设置工作表的打印效果时，可以在不同视图间切换，以查看打印的模拟显示效果，并且可以节省纸张，所以在打印之前预览一下是很有必要的。打印预览窗口（见图 11-29）可以通过三种方法打开：一是按 Ctrl+F2 组合键；二是单击“自定义快速访问工具栏”按钮，在弹出的下拉菜单中选择“打印预览和打印”命令；三是选择“文件”→“打印”命令。

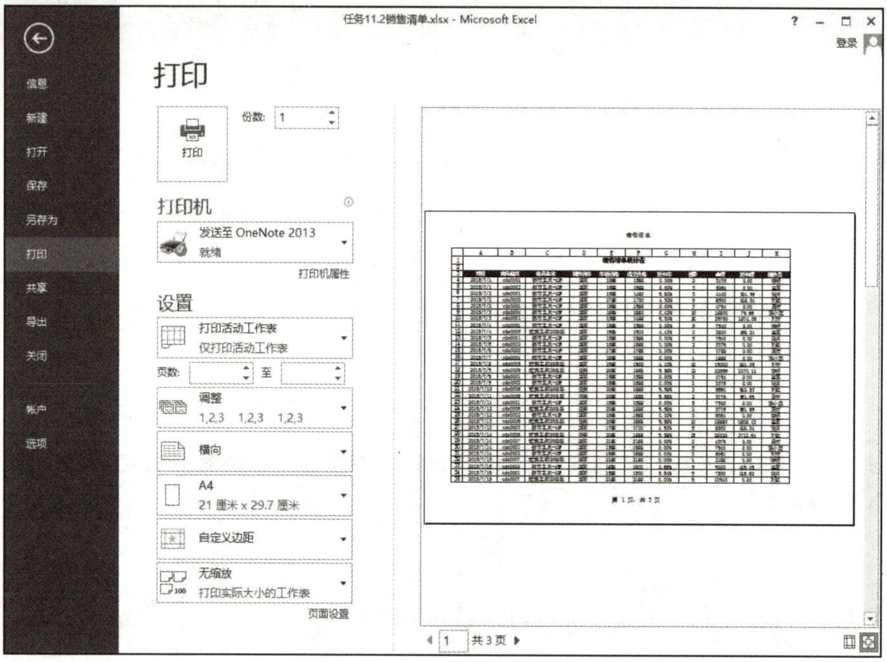

图 11-29

1. 预览工作表

预览窗口将以黑白模式显示（无论工作表是否有颜色），除非已配置使用彩色打印机进行打印。若要预览下一页或上一页，单击预览窗口底部的“下一页”按钮或“上一页”按钮。

2. 设置打印选项

若要更改打印机，可在“打印机”下拉列表框中选择所需的打印机。若要更改页面设置

(包括更改页面方向、纸张大小和页边距),可在“设置”下拉列表框中选择所需的选项。若要缩放整个工作表以适合单个打印页的大小,可在“设置”选项组的“缩放”下拉列表框中选择所需的选项。

3. 显示边距

“显示边距”按钮用来显示或隐藏调整页边距、页眉和页脚边距、列宽的控制柄。单击“显示边距”按钮,可以直接使用鼠标拖动控制柄来快速修改页边距和列宽等。

活动 3　执行打印操作

当一个工作表通过打印预览达到理想的打印效果时,就可将该工作表打印输出,操作方法如下。

(1)选择“文件”→“打印”命令。

(2)如果打印机的属性及工作簿均符合要求,则单击“打印”按钮。若要更改打印机的属性,则需单击该打印机名称下的“打印机属性”链接,在打开的属性对话框中进行设置。若要设置打印范围,则需在“设置”下拉列表框中选择“打印活动工作表”,如图 11-30 所示。

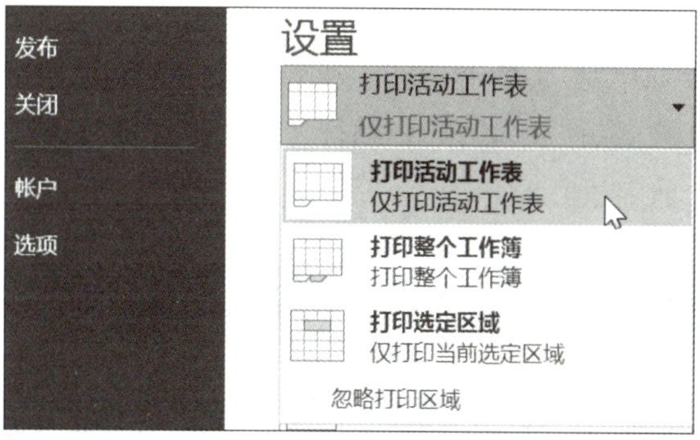

图 11-30

实训项目

实训 1　创建图书销售统计图表

实训要求:用 Excel 2016 制作完成“图书销售统计表”工作簿,相关内容可参看项目 11 的源文件“图书销售. xlsx”,如图 11-31 所示。插入工作表,图表类型为三维簇状柱形图,设置图表标题和纵坐标标题,设置绘图区的填充纹理为“再生纸”,三维格式的顶部棱台为“斜面”,材料效果为“塑料效果”。

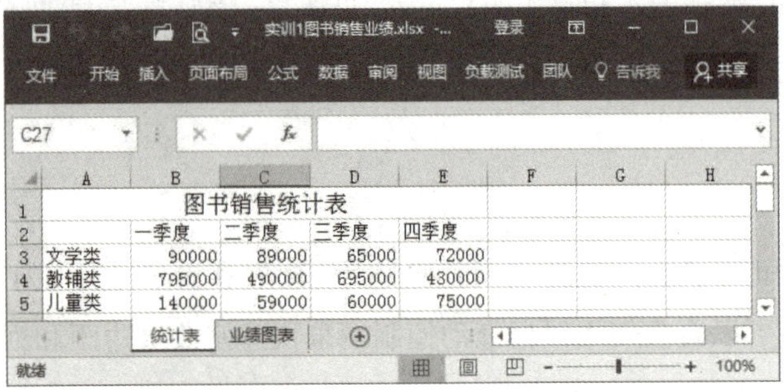

图 11-31

操作提示如下。

(1)新建“图书销售统计表”工作簿。

(2)依据“图书销售统计表”工作簿中的工作表数据创建图表。

(3)编辑图表。

(4)保存工作簿。

实训 2　打印通讯录

实训要求:将“工作通讯录”工作簿中的工作表设置为:A4 纸横向,水平居中方式,页眉为文件名,页脚为“第 1 页,共 ? 页”,打印标题行为前 3 行。相关内容可参看项目 11 的源文件“工作通讯录. xlsx”,如图 11-32 所示。

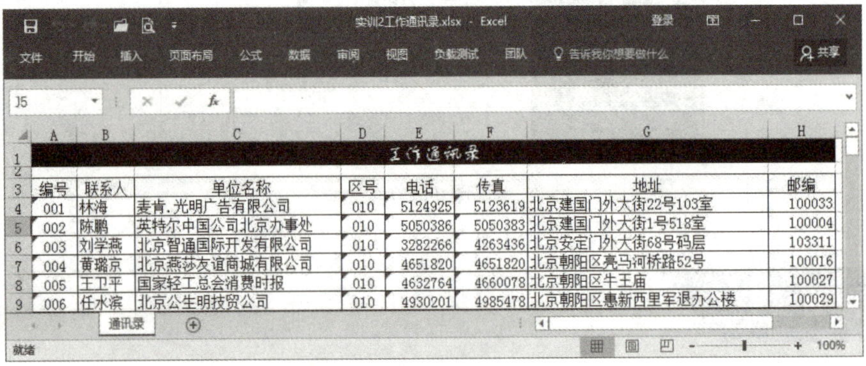

图 11-32

操作提示如下。

(1)页面设置。A4 纸横向,水平居中方式,页眉为文件名,页脚为“第 1 页,共 ? 页”,打印标题行为前 3 行。

(2)打印预览,察看打印的模拟显示效果。

(3)如果有打印条件,先进行打印内容的设置,再打印输出。

项目 12

制作“公司简介”演示文稿

知识目标

了解 PowerPoint 2016 的基本界面。

掌握创建和保存演示文稿的方法。

掌握编辑幻灯片的方法。

掌握美化演示文稿的方法。

掌握幻灯片中内容的添加和编辑方法。

掌握幻灯片中各元素的动画添加方法。

掌握幻灯片切换效果和放映方式的设置方法。

掌握幻灯片的输出方法。

技能目标

能熟练编辑演示文稿。

能熟练应用主题和母版。

能熟练添加、美化幻灯片中的内容。

能熟练设置动画、超链接和动作按钮。

能熟练设置幻灯片的切换效果和放映方式。

能熟练输出和打印演示文稿。

本项目从认识 PowerPoint 2016 开始，通过对项目案例——“公司简介”的制作，使用户掌握利用 PowerPoint 2016 快速制作出集文字、图形、图像、声音、视频和动画于一体且感染力极强的幻灯片的方法。

任务 12.1　初建“公司简介”演示文稿

任务描述

演示文稿是进行企业宣传时使用的最经济、最方便的一种手段，它广泛应用于商务活动、会议展示、员工培训等方面。本任务将通过“公司简介”演示文稿的制作来说明演示文稿的创建与保存方法。案例效果及素材保存在“项目 12\任务 12.1”文件夹中。

任务分析

完成本任务的操作思路是：新建 PowerPoint 演示文稿，插入、删除与选择幻灯片，保存演示文稿，打开并浏览演示文稿。

任务实施

活动 1　新建 PowerPoint 演示文稿

与 Office 2016 中的 Word 2016、Excel 2016 组件相同，启动 PowerPoint 2016 后，系统将默认选择“空白演示文稿”，按 Enter 键或双击“空白演示文稿”可创建一个名为“演示文稿 1”的演示文稿，如图 12-1 所示。另外，也可选择“文件”→“新建”命令创建演示文稿。

图 12-1

活动 2 选择新建演示文稿的方式

选择“文件”→“新建”命令，在打开的“新建”窗口中选择新建演示文稿的方式，不仅可以创建空白类型演示文稿，还可以根据模板或 Microsoft Office Online 官方网站上的模板新建带有样式和内容的演示文稿。

本活动选择“回顾”选项，如图 12-2 所示。

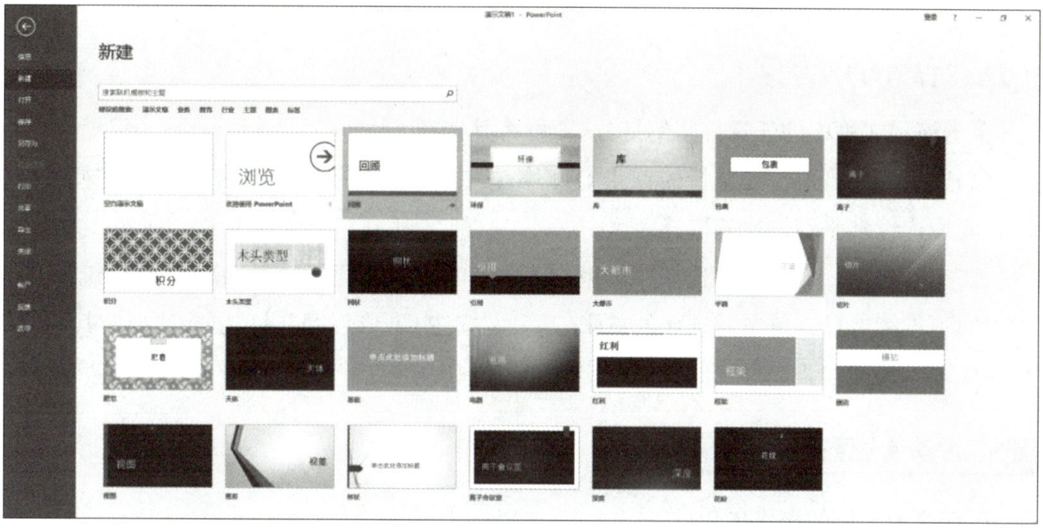

图 12-2

提示

新建 PowerPoint 2016 演示文稿时所使用的模板并没有真正下载到本机，如果还需要使用该模板，可以在“新建”窗口的“搜索联机模板和主题”搜索框中找到它。

活动 3 插入、删除与选择幻灯片

1. 插入、删除幻灯片

在 PowerPoint 2016 中，如果需要改变幻灯片的数量，可以使用插入或删除幻灯片的方式。

(1)插入幻灯片。在演示文稿中切换到插入位置的幻灯片后，完成以下任意一个操作都可插入一个新幻灯片。

①单击“开始”选项卡的“幻灯片”组中的“新建幻灯片”按钮，在弹出的下拉列表中选择所需版式的幻灯片。

②按 Ctrl+M 组合键。

(2)删除幻灯片。选中要删除的幻灯片,按 Delete 键即可将该幻灯片删除。

技巧

在"普通视图""大纲视图"的任务窗格或"幻灯片浏览"视图模式下右击,在打开的快捷菜单中选择"新建幻灯片"或"删除幻灯片"命令,同样也可插入或删除幻灯片。

2. 选择幻灯片

单击演示文稿中的任意一张幻灯片,即可将其选择。

(1)连续选择。单击需选择的首张幻灯片,按住 Shift 键的同时单击需选择的末张幻灯片,可实现连续多张幻灯片的选择。

(2)全部选择。实现全部选择除利用连续选择的方法外,还可按 Ctrl+A 组合键。

(3)不连续选择。单击需选择的首张幻灯片,按住 Ctrl 键的同时单击需选择的其他幻灯片,可实现不连续多张幻灯片的选择。

活动 4　保存演示文稿

保存演示文稿的操作步骤如下。

(1)单击"保存"按钮,打开"另存为"窗口,如图 12-3 所示。

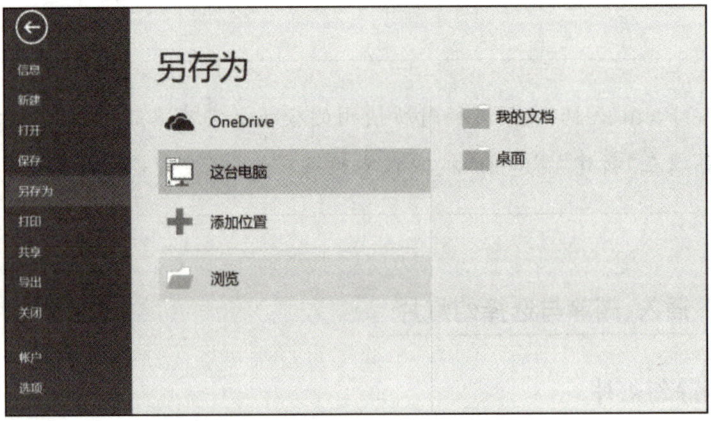

图 12-3

(2)单击"浏览"按钮,打开"另存为"对话框,如图 12-4 所示。在"保存位置"下拉列表框中选择"项目 12\任务 12.1";在"文件名"文本框中输入"公司简介",对已保存过的文件,可在下拉列表框中选择相应的文件名称;在"保存类型"下拉列表框中选择要保存的文件类型;单击"保存"按钮。

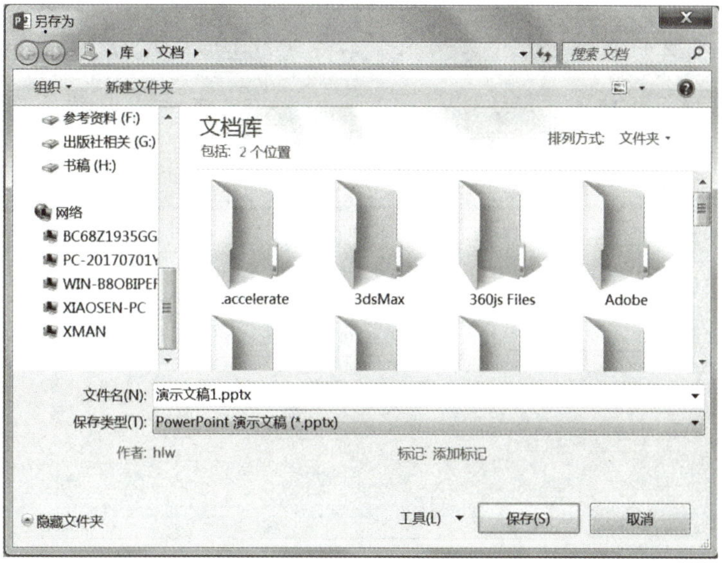

图 12-4

注意：在编辑过程中和完成编辑后，都要单击“保存”按钮进行保存。

技巧

PowerPoint 2016 演示文稿的默认扩展名是 pptx，如果需要在 PowerPoint 2010 以下版本的环境中对 pptx 格式的演示文稿进行编辑，则建议将文件保存为“PowerPoint 97-2003 演示文稿”；如果仅是为了播放，则可选择保存类型为“PowerPoint 放映”。

活动 5 打开并浏览演示文稿

双击已保存的演示文稿的名称，如“公司简介”，打开“公司简介”演示文稿，分别单击窗口下部的四个按钮，可以用四种不同的视图显示方式浏览演示文稿。

（1）普通视图。PowerPoint 2016 默认的视图显示方式为普通视图，在该视图中可以同时显示幻灯片、大纲及备注。如果要显示备注，只需单击状态栏中的“备注”按钮。

（2）幻灯片浏览。单击“幻灯片浏览”按钮，将显示电子相册的所有幻灯片的缩略图、完整的文本和图片，如图 12-5 所示。在该视图中可以重新调整幻灯片的顺序、添加幻灯片、切换和设置动画效果、设置幻灯片放映时间等。

图 12-5

（3）阅读视图。单击“阅读视图”按钮，将从当前选定的幻灯片开始非全屏放映演示文稿。在阅读视图模式下可以查看演示文稿的动画、声音及切换等效果。

（4）幻灯片放映。单击“幻灯片放映”按钮，将从当前选定的幻灯片开始全屏动态显示演示文稿。在幻灯片放映视图模式下可以查看演示文稿的动画、声音及切换等效果。

互动练习

PowerPoint 2016 不仅是一款优秀的演示文稿制作软件，还可以快速制作出精美的相册，让数码相片得以妥善保管和收藏。利用 PowerPoint 2016 制作的“景色相册”的效果如图 12-6 所示。案例素材及效果保存在“项目 12\任务 12.1\互动练习”文件夹中。

图 12-6

操作提示如下。

视频
操作演示

(1)新建 PowerPoint 2016 演示文稿。

(2)切换至“插入”选项卡,单击“图像”组中的“相册”按钮,打开“相册”对话框,如图 12-7 所示。

图 12-7

(3)单击“文件/磁盘”按钮,打开“插入新图片”对话框,如图 12-8 所示。在其中选择要插入的图片的位置和图片文件,单击“插入”按钮。

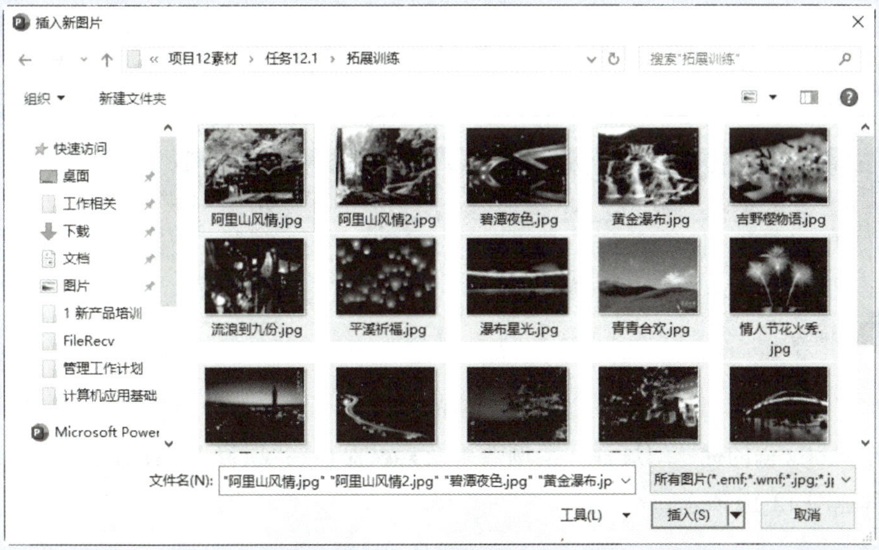

图 12-8

(4)返回到"相册"对话框,可以再单击"文件/磁盘"按钮,继续插入图片,图片全部插入完成后,单击"创建"按钮即可完成一个相册演示文稿的创建。保存文件。

提示

在"相册"对话框中还有许多的选项和按钮,使用它们可以制作出更加完美的相册,其功能如图 12-9 所示。

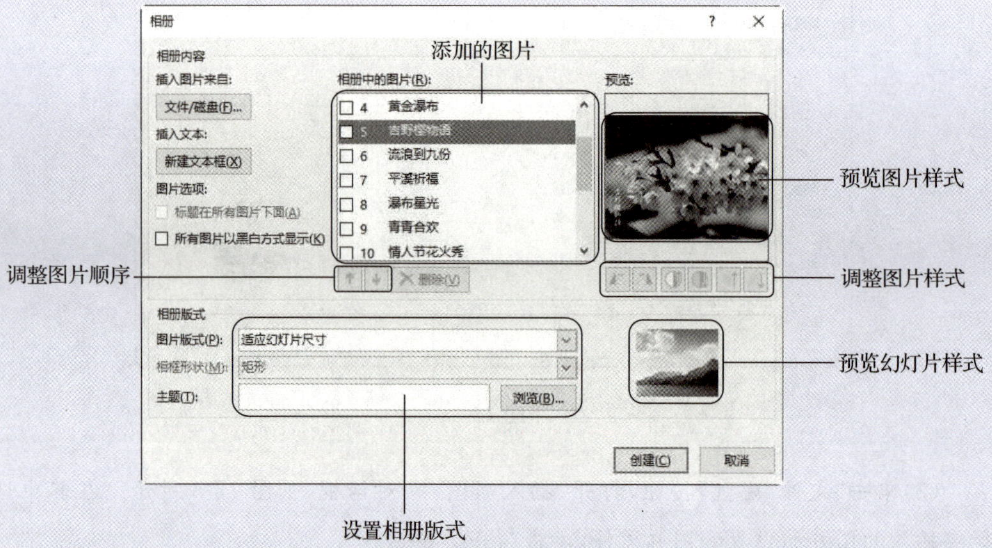

图 12-9

任务 12.2 为"公司简介"制作标题幻灯片

任务描述

演示文稿的标题幻灯片是吸引观众眼球的点睛之笔。本任务将使用 PowerPoint 2016 设计制作演示文稿的标题幻灯片。案例效果及素材保存在"项目 12\任务 12.2"文件夹中,效果截图如图 12-10 所示。

图 12-10

任务分析

完成本任务的操作思路是：添加、美化文字，添加、美化图片和形状，添加、编辑音乐。

任务实施

打开“公司简介”演示文稿，默认的第一张幻灯片就是标题幻灯片。

活动 1 添加、美化文字

1. 添加文本

在新建的演示文稿中包含诸如“单击此处添加标题”“单击此处添加备注”等字样的文本框，这些文字在放映时是不可见的。它们被称作占位符，只是提示如果需要文字，可以单击它们将插入点定位到占位符中进行输入。

如果对幻灯片中已有的文字（如“带有题注的图片版式”）不满意，可对其进行修改；如果幻灯片中的占位符不够或没有，可单击“插入”选项卡的“文本”组中的“文本框”下拉按钮，在弹出的下拉菜单中选择“横排文本框”或“竖排文本框”命令来添加文字。

本活动在“单击此处添加标题”处输入“公司简介”，在“单击此处添加副标题”处输入“林浩　全球销售高级副总裁”。

2. 美化文本

选中“公司简介”，利用“格式”选项卡的“艺术字样式”组（见图 12-11）中的工具对文字进行文本填充、文本轮廓及文本效果的设置。单击“艺术字样式”组的对话框启动器，弹出“设置形状格式”面板，如图 12-12 所示。设置后的效果如图 12-13 所示。

图 12-11

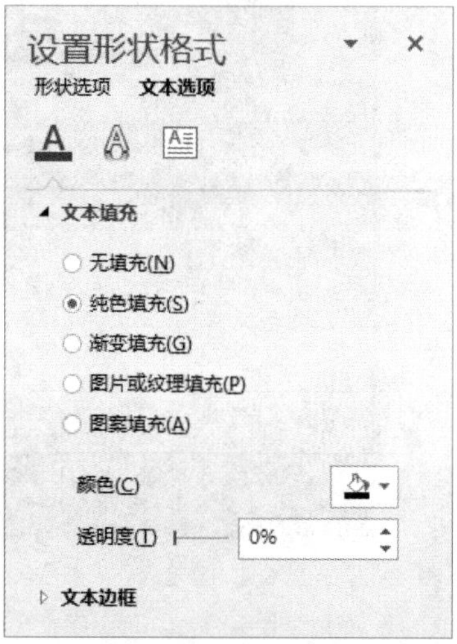

图 12-12

图 12-13

活动 2　添加、美化图片和形状

1. 添加图片和形状

(1)添加图片。选择标题幻灯片，切换至“插入”选项卡，单击“图像”组中的“图片”按钮，在标题幻灯片中插入名为 Beijing 的图片，并将图片下移一层，同时适当调整副标题的位置，如图 12-14 所示。

图 12-14

(2)添加形状。在标题幻灯片中,切换至“插入”选项卡,单击“插图”组中的“形状”按钮。在弹出的下拉列表框中选择“矩形”,单击幻灯片的下部,然后拖动鼠标绘制一个与下部空白区域大小相同的矩形,再复制一个矩形。将其中一个矩形移至“公司简介”上,选择该矩形并右击,在弹出的快捷菜单中选择“置于底层”→“下移一层”命令两次,然后将其调整到合适的位置。将另一个复制的矩形移至图片的下部,如图 12-15 所示。

图 12-15

技巧

要创建规范的正方形或圆形(或限制其他形状的尺寸),可在拖动鼠标的同时按住 Shift 键。

2. 美化图片和形状

(1)美化图片。双击插入的图片,利用“格式”选项卡的“调整”组和“大小”组(见图12-16)中的工具对图片的背景、颜色、艺术效果、大小等进行编辑,利用“图片样式”组(见图12-17)中的工具对图片边框、效果和版式进行设置。单击“图片样式”组的对话框启动器,在弹出的“设置图片格式”面板中更改图片的填充线条、效果和大小等属性。其中,“阴影”设置如图12-18(a)所示,“图片更正”设置如图12-18(b)所示。

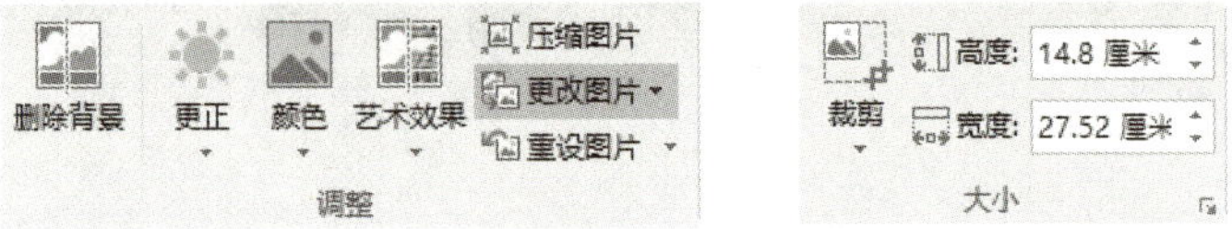

(a) (b)

图 12-16

图 12-17

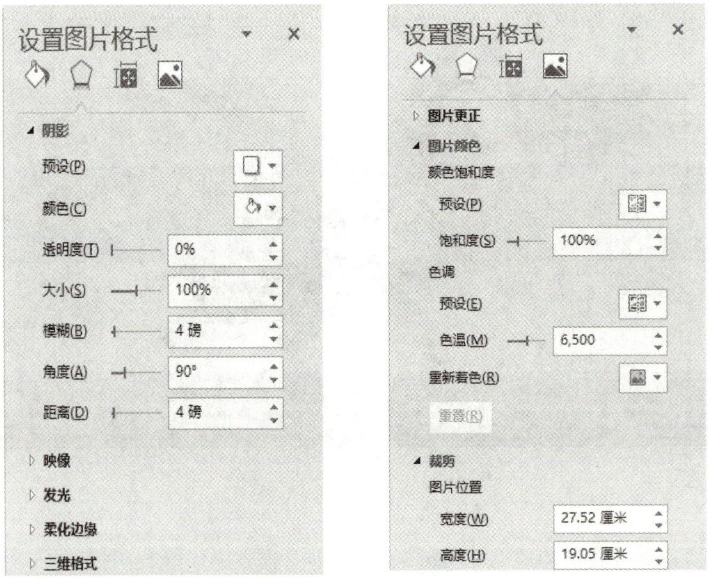

(a) (b)

图 12-18

(2)美化形状。双击插入的形状,利用“格式”选项卡的“形状样式”组(见图12-19)中的工具对形状进行填充、轮廓及效果的设置。单击“形状样式”组的对话框启动器,在弹出的“设置形状格式”面板中更改形状的大小、位置和填充等属性。其中,“大小”设置如图12-20(a)所示，“填充”设置如图 12-20(b)所示。形状美化后的效果如图 12-21 所示。

图 12-19

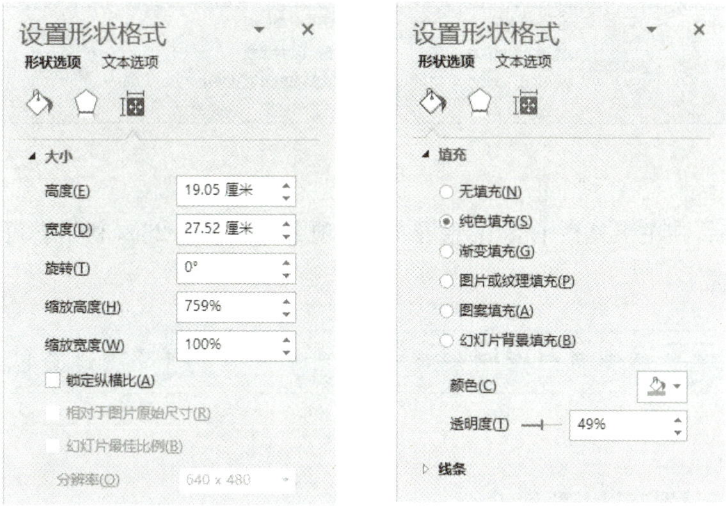

(a)　　　　(b)

图 12-20

图 12-21

活动 3　添加、编辑音乐

选择标题幻灯片，切换至“插入”选项卡，单击“媒体”组中的“音频”按钮下方的箭头，在弹出的下拉菜单中选择相应的命令。插入音频的方法与插入视频的方法类似。

插入音频后，在主工具栏中会出现“播放”选项卡（见图 12-22），利用它可以对音频进行编辑。

图 12-22

插入音频后，在主工具栏中会出现“格式”选项卡（见图 12-23），利用它可以对音频图标的格式进行设置。

图 12-23

常用的声音设置有以下两种。

（1）声音只出现在当前一张幻灯片中，切换到其他任意一张幻灯片时则停止。这项操作适用于出现在当前页的声音，无论声音是否播放完，都可进入下一个单元。在本活动中插入声音文件“再别康桥. mp3”后，默认此操作。

（2）循环播放声音直至幻灯片结束。此项操作适用于图片欣赏和作品欣赏等，往往是伴随着声音出现一张幻灯片。设置方法是选中“播放”选项卡的“音频选项”组中的“跨幻灯片播放”复选框；当需要循环播放时，可选中“循环播放，直到停止”复选框，声音将连续播放，直到转到下一张幻灯片为止。

在制作过程中注意保存“公司简介”演示文稿。

互动练习

PPT 的封面不仅要展现文稿的标题信息，更要给观众留下深刻的印象和愉悦的观感。利用 PowerPoint 2016 制作“蓝色港湾酒店”标题幻灯片，效果如图 12-24 所示。案例素材及效果保存在“项目 12\任务 12.2\互动练习”文件夹中。

图 12-24

扫码测试

操作提示如下。

(1)新建演示文稿,保存为“蓝色港湾酒店”。

(2)在标题幻灯片中添加矩形形状,铺满幻灯片并置于底层,设置填充色为绿色RGB(137,192,28)。

(3)选中标题幻灯片,插入“图片 1”和“图片 2”(见图 12-25),并调整到合适的位置。

(a) (b)

图 12-25

(4)单击标题幻灯片中的“单击此处添加标题”,输入文本“蓝色港湾酒店”,设置字体为“微软雅黑”,字号为“48”,字体颜色为“黑色”。

(5)选择标题幻灯片,切换至“插入”选项卡,单击“媒体”组中的“音频”按钮,在弹出的下拉菜单中选择“PC 上的音频”命令,在打开的“插入音频”对话框中选择“项目 12\任务 12.2\互动练习”文件夹中的音乐 Roy Orbison-Blue Bayou (Live).mp3。

注意:音乐文件要先保存在演示文稿所在的文件夹中,再进行插入。

(6)保存演示文稿。

任务 12.3 设计“公司简介”演示文稿

任务描述

幻灯片是否美观，主题和母版的设计十分重要。PowerPoint 2016 提供了多种主题和背景样式供用户快速应用；当然，用户也可以对这些主题和背景样式进行修改，再将其应用于幻灯片中。本任务将设计“公司简介”演示文稿，案例效果及素材保存在本书配套素材“项目 12\任务 12. 3”文件夹中。

任务分析

完成本任务的操作思路是：应用和设计背景，应用和设计主题，母版的应用与设计。

任务实施

活动 1 应用和设计背景

视频
操作演示

1. 应用背景

打开“项目 12\任务 12. 3\公司简介素材”演示文稿，按 Enter 键添加一张幻灯片。新建的演示文稿的默认背景色是白色的，但新建的幻灯片的背景色会沿用前一张幻灯片的背景色。

如果要改变背景色，可切换至“设计”选项卡，在“变体”下拉列表中选择“背景样式”组中的“样式 2”，该样式将应用于演示文稿中的所有幻灯片，如图 12-26 所示。

提示

通过对“主题”组中的 4 种背景色和 3 种主题的背景填充（细微、中等和强烈）进行组合，可以获得 12 种可能的背景样式。

2. 设计背景

由于 PowerPoint 提供的背景样式数量较少，因此可以通过自定义背景使画面更加丰富。

打开“公司简介素材”演示文稿，切换至“设计”选项卡，单击“自定义”组中的“设置背景格式”按钮，在弹出的“设置背景格式”面板中选中“渐变填充”单选按钮，颜色分别为“位置

0%,白色,背景 1”“位置 35%,白色,背景 1”“位置 70%,水绿色”“位置 100%,浅青绿”,单击“应用到全部”按钮,将该设置应用于演示文稿中的所有幻灯片,如图 12-27 所示。

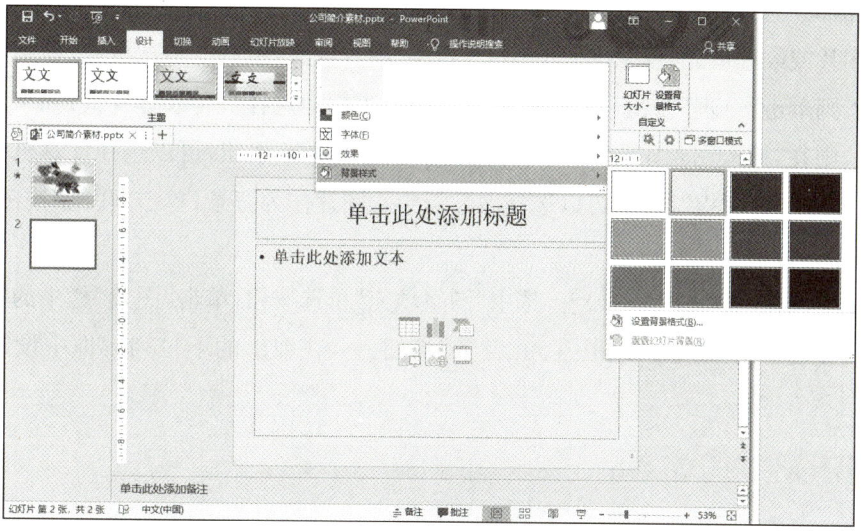

图 12-26

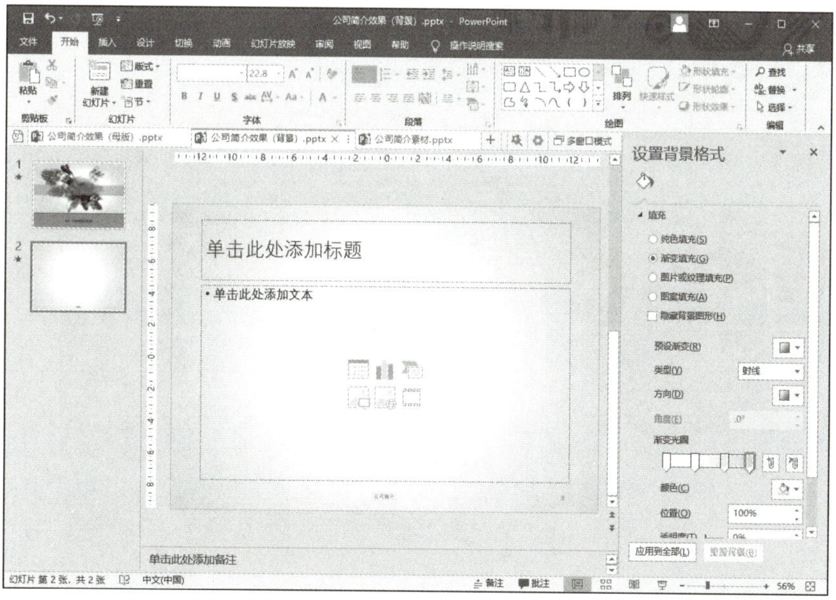

图 12-27

在“设置背景格式”面板中选中不同的单选按钮,可以得到不同的填充效果。

(1)纯色填充[见图 12-28(a)]。选中“纯色填充”单选按钮,单击“颜色”按钮,可在弹出的下拉列表中选择一种颜色;拖动“透明度”滑块,或在微调框中输入数值,可以增加颜色的质感。

(2)渐变填充。选中“渐变填充”单选按钮,单击“预设渐变”按钮,可在弹出的下拉列表框中选择一种颜色样式;在“类型”下拉列表框中可以选择渐变的方式;单击“方向”按钮,可在弹出的下拉列表框中选择颜色渐变的方向;在“渐变光圈”栏中可以设置渐变色的光圈数量和颜色。

(3)图片或纹理填充[见图 12-28(b)]。选中“图片或纹理填充”单选按钮,如果使用纹理作为背景,则单击“纹理”按钮,在弹出的下拉列表框中选择一种纹理样式;如果使用图片作为背景,则在“插入图片来自”栏中选择图片:单击“文件”按钮,可以选择计算机中的图片作为背景;单击“剪贴板”按钮,可以选择剪贴板中的图片作为背景;单击“联机”按钮,可以选择剪贴画作为背景。

(4)图案填充[见图 12-28(c)]。选中“图案填充”单选按钮,单击“图案”栏中的任意一个图案,然后分别单击“前景”按钮和“背景”按钮,在弹出的下拉列表框中设置所需的颜色。

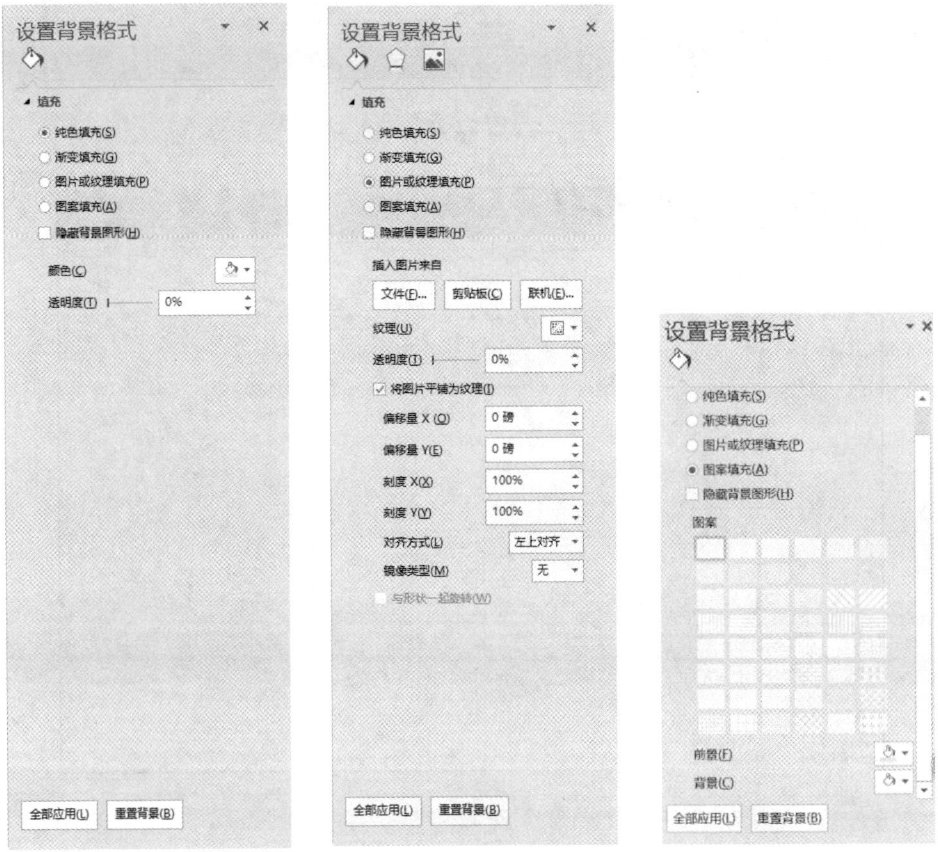

(a) (b) (c)

图 12-28

技巧

如果要取消背景格式设置，可以单击“背景样式”按钮，在弹出的下拉列表中选择“重置幻灯片背景”命令，也可以单击“设置背景格式”面板中的“重置背景”按钮。单击“设置背景格式”面板中的“全部应用”按钮，可以对全部幻灯片应用同一种背景。

活动 2　应用和设计主题

视频
操作演示

1. 应用主题

应用主题的操作步骤如下。

（1）打开“公司简介素材. pptx”演示文稿。

（2）单击“设计”选项卡中的“主题”组按钮，在弹出的下拉列表框中单击“画廊”主题样式（见图 12-29），当前演示文稿中的所有幻灯片都会使用该主题风格，效果如图 12-30 所示。

（3）主题样式除了从“主题”下拉列表框中获取外，还可以通过执行“启用来自 Office. com 的内容更新”和“浏览主题”命令来获取。

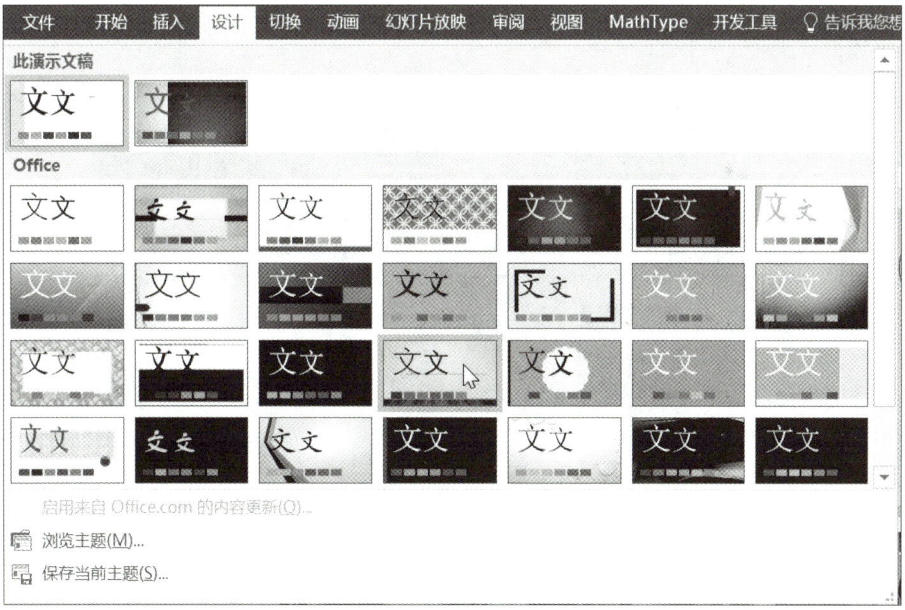

图 12-29

图 12-30

(4)默认所选的主题样式应用于所有幻灯片，如需更改，可在主题样式上右击，在弹出的快捷菜单(见图 12-31)中选择“应用于选定幻灯片”命令，还可以进行“设置为默认主题”“添加到快速访问工具栏”等设置。

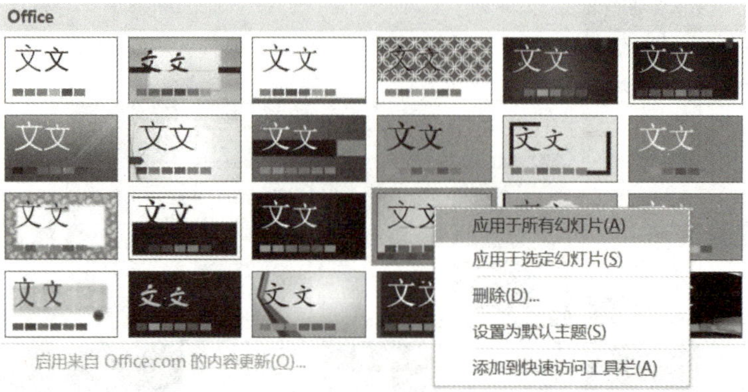

图 12-31

2. 设计主题

设计主题的操作步骤如下。

(1)切换至“设计”选项卡，单击“变体”组的“其他”按钮，在弹出的下拉列表中选择“颜色”组中的“自定义颜色”命令(见图 12-32)，打开“新建主题颜色”对话框，如图 12-33 所示。

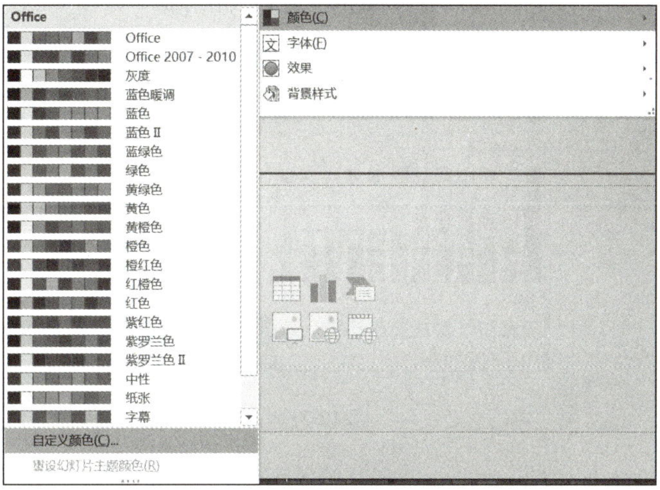

图 12-32

图 12-33

(2)设置幻灯片的背景颜色。单击“主题颜色”选项组中的“文字/背景-深色 1”按钮 ，在弹出的下拉列表框中选择“黑色，背景 1，淡色 25%”，如图 12-34 所示。

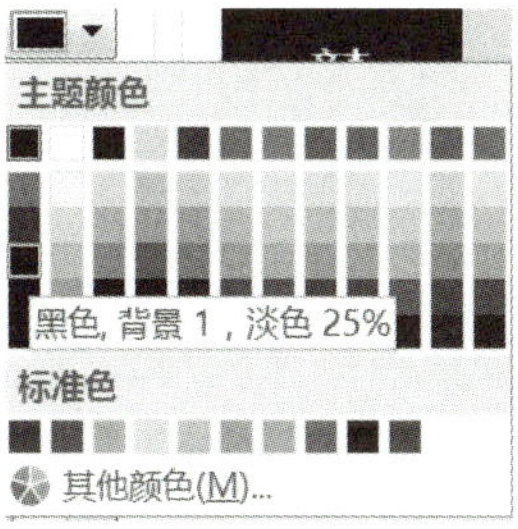

图 12-34

(3)设置幻灯片中定义超链接的文字颜色。单击“超链接”按钮，在弹出的下拉列表框中选择“红色，超链接，深色25%”，如图12-35所示。

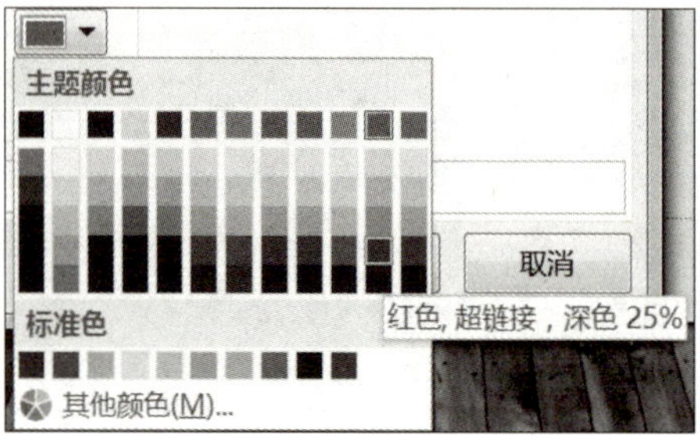

图 12-35

(4)在“名称”文本框中输入“我的主题”，单击“保存”按钮，即将上述设置应用到当前演示文稿中。

(5)切换至“设计”选项卡，单击“变体”组的“其他”按钮，在弹出的下拉列表中选择“字体”组中的一种字体类型，或选择“自定义字体”命令(见图12-36)，打开“新建主题字体”对话框。如图12-37所示，在“标题字体(中文)”下拉列表框中选择“微软雅黑”，在“正文字体(中文)”下拉列表框中选择“黑体”，在“名称”文本框中输入“我的字体”，单击“保存”按钮，即将该设置应用到当前演示文稿中。

图 12-36

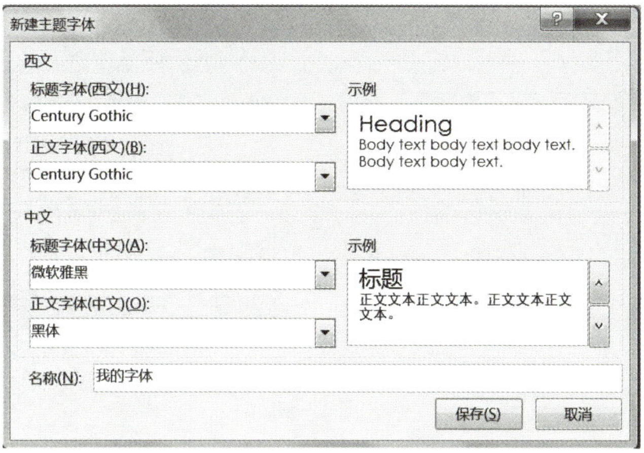

图 12-37

(6)主题效果是线条和填充效果的组合。在“变体”下拉列表中分别选择“效果”组中的“带状边缘”和“磨砂玻璃”(见图 12-38),可以在与“主题效果”名称一起显示的图形中看到用于每组主题效果的线条和填充效果。预览并保存设置后的效果,如图 12-39 所示。

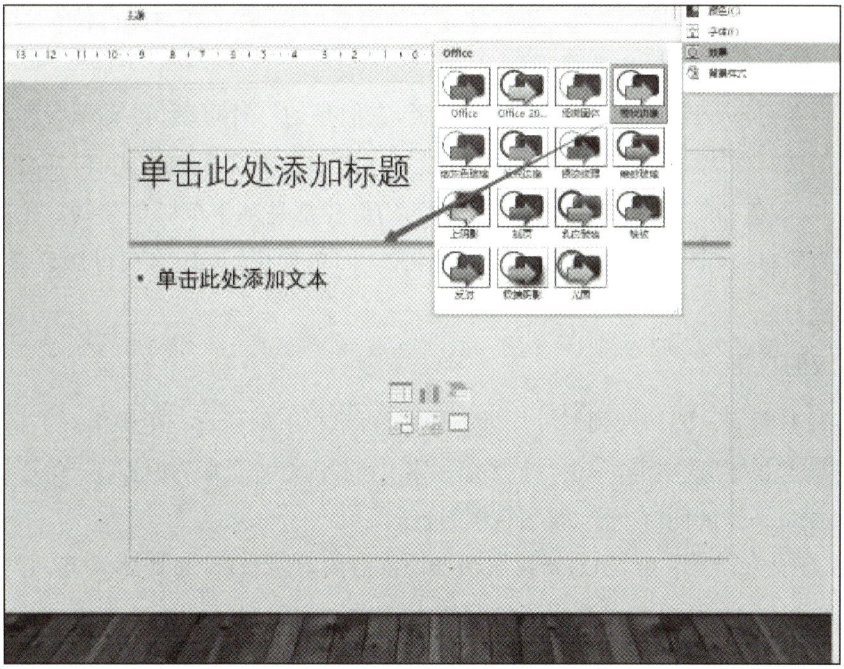

图 12-38

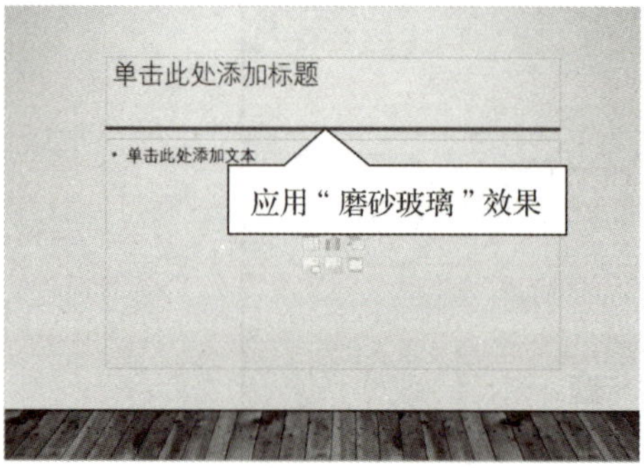

(a)

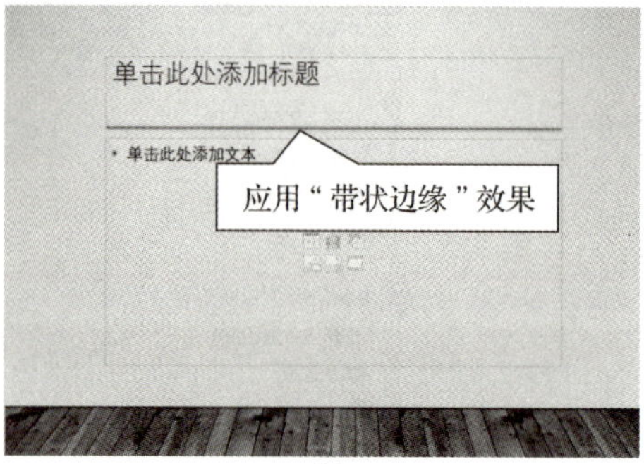

(b)

图 12-39

活动 3　母版的应用与设计

在 PowerPoint 2016 中，前台制作的幻灯片都有一个后台母版在支持；对于母版的任何修改，都会在应用该母版的幻灯片上体现出来。

母版是模板的一部分，是一种特殊的幻灯片，它存储的信息包括：文本和对象［页眉、页脚（如日期、时间和幻灯片编号）等］在幻灯片上的放置位置、文本和对象占位符的大小、文本样式、背景、颜色主题、效果和动画等。

视频
三种母版

在 PowerPoint 2016 中有三个母版，它们是幻灯片母版、讲义母版和备注母版，可用来制作统一标志和背景的内容，设置标题和主要文字的格式（包括文本的字体、字号、颜色和阴影等特殊效果）。所有的幻灯片都是基于母版创建的。也就是说，母版为所有幻灯片提供默认的版式和格式。简单地说，设计修改母版就是创建新的模板。

1. 母版的应用

（1）幻灯片母版。要切换到幻灯片母版视图，可执行下列任意一个操作。

①切换至“视图”选项卡，单击“母版视图”栏中的“幻灯片母版”按钮。

②按住 Shift 键的同时单击“普通视图”按钮。

在 PowerPoint 2016 中，幻灯片母版包括两部分内容：幻灯片母版本身和与幻灯片母版相关联的版式。幻灯片母版本身用于控制该演示文稿中所有幻灯片的格式，而与幻灯片母版相关联的版式可单独设置，如标题版式只用于控制标题幻灯片的设置。一个演示文稿的模板可以包含多个母版，如图 12-40 所示。

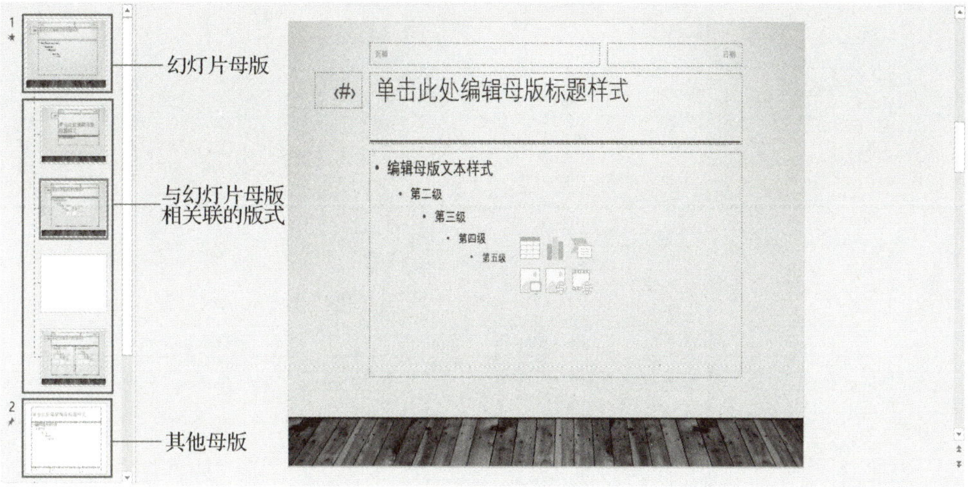

图 12-40

(2)讲义母版。当幻灯片需要作为讲义稿打印装订成册时,可将其打印成讲义。单击“母版视图”组中的“讲义母版”按钮,可切换到幻灯片母版视图,如图 12-41 所示。使用讲义母版可定义在一页纸中显示的幻灯片张数、页眉和页脚的位置及幻灯片的放置方向等。图 12-42 为在一页纸中放置三张幻灯片的讲义效果。

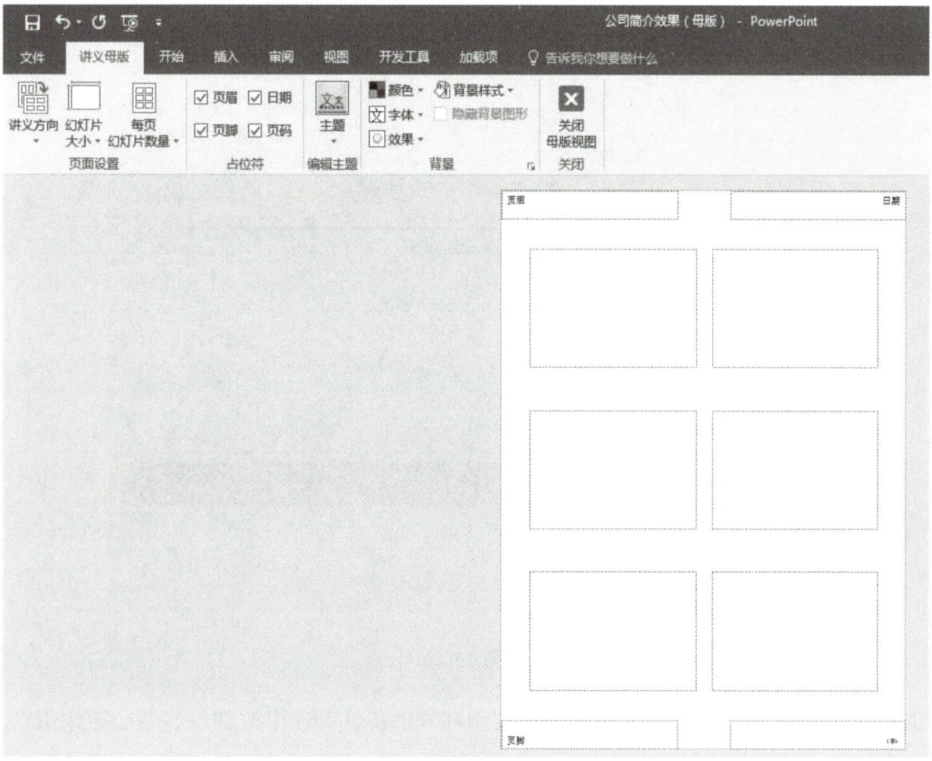

图 12-41

图 12-42

(3)备注母版。如果需要将备注和幻灯片内容显示在同一个页面中,可单击状态栏中的“备注”按钮切换到备注视图,如图 12-43 所示。备注母版就是定义备注显示方式的模板,在其中可以设置备注页的方向、幻灯片的方向等。

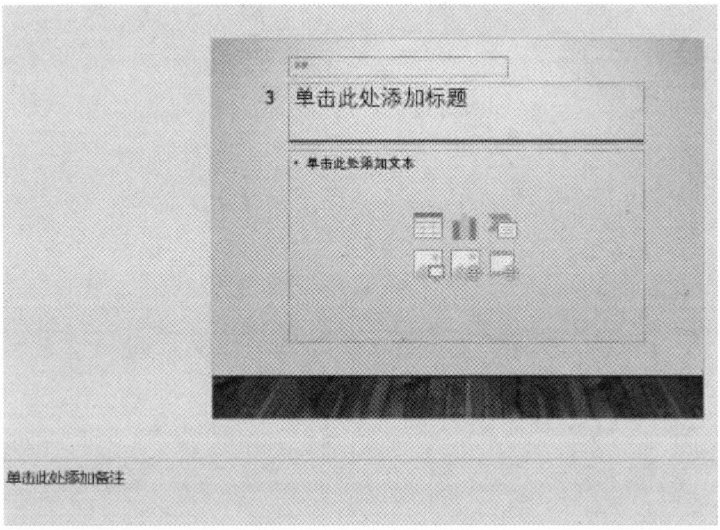

图 12-43

切换至“视图”选项卡,单击“母版视图”组中的“备注母版”按钮,进入备注母版视图,如图 12-44 所示。

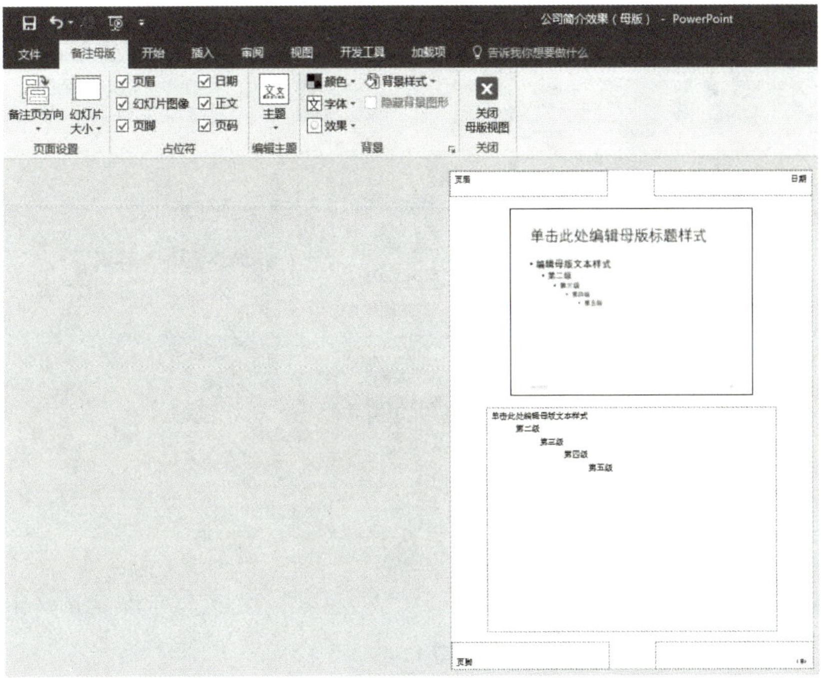

图 12-44

技巧

如果先创建幻灯片母版，后构建幻灯片，则添加到演示文稿中的所有幻灯片都会基于该幻灯片母版和与幻灯片母版相关联的版式。如果先构建各张幻灯片，再创建幻灯片母版，则幻灯片上的某些项目便不能遵循幻灯片母版的设计风格，而需要在幻灯片中单独设置。

2. 母版的设计

通过对母版的设计可以快速地制作风格一致且又与众不同的演示文稿。如果需要某些文本或图形（如公司的名称和徽标）在每张幻灯片上都出现，就可以将它们放在母版中，编辑一次就行了，具体操作如下。

(1)按住 Shift 键的同时，单击“普通视图”按钮，将“公司简介”演示文稿切换到“幻灯片母版”视图中。

(2)在幻灯片母版中选择首张幻灯片，右击，在弹出的快捷菜单中选择“设置背景格式”命令（见图 12-45），在打开的“设置背景格式”面板中将素材文件夹中的图片设置为背景图片。

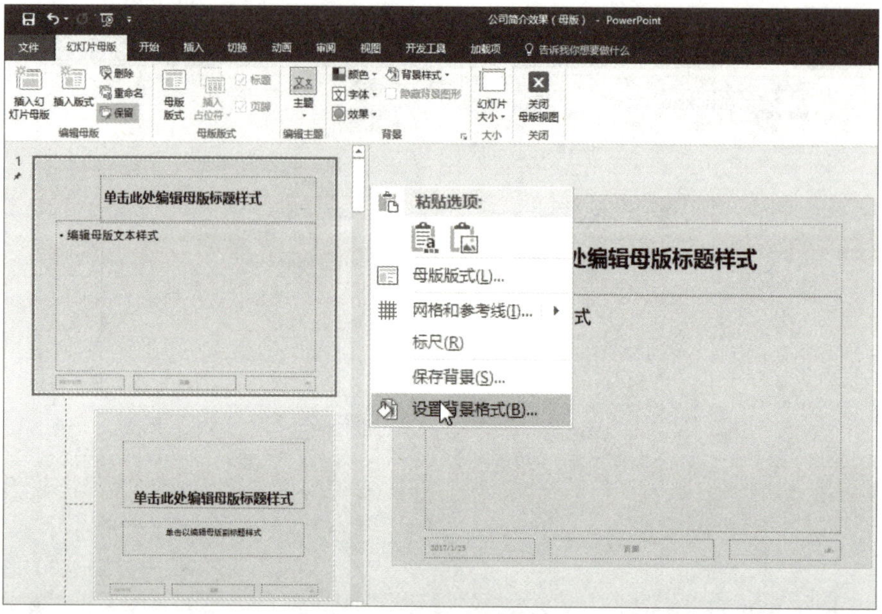

图 12-45

注意

插入的背景图片的内容和颜色要与主题和封面相统一，因为在母版上插入的除文本框外的对象都会在一组幻灯片中出现，这些对象被看作背景，如果选择不当，可能会与前景中的对象不协调。

(3)切换至“插入”选项卡，单击“图像”组中的“图片”按钮，在弹出的“插入图片”对话框中选择图片 huibiao，单击“插入”按钮，图片出现在幻灯片母版的中央，然后选择“图片样式”下拉列表框中的“柔化边缘椭圆”，对插入的徽标进行美化设计，并调整图片至合适的大小和位置。

(4)切换至“插入”选项卡，单击“插图”组中的“形状”按钮，在弹出的下拉列表框中选择“矩形”，在图片中插入两个矩形，然后分别对两个矩形进行设置。

(5)选择下面的矩形，右击，在弹出的快捷菜单中选择“设置形状格式”命令，在打开的“设置形状格式”面板中进行设置。选中“渐变填充”单选按钮，“类型”选择“线性”，设置“角度”为“0°”，“颜色”为“0%处，浅绿色”“30%处，白色”“60%处，白色”“100%处，浅灰色，背景1,25%”。同样，对上面的矩形进行设置：“类型”选择“线性”，“角度”为“90°”，“颜色”为“0%处，白色”“100%处，浅灰色，背景1,25%”。最后选中两个矩形，右击，在弹出的快捷菜单中选择“置于底层”→“置于底层”命令，将它们置于底层。

(6)选择标题文本框，设置字体为“微软雅黑”，字号为“32”，字形为“加粗”。选择内容文本框，设置字体为“黑体”，字号为“24”，行距为 1.5，并调整文本框的大小和位置。

提示

在对幻灯片添加内容时，不会对母版产生影响，这是因为每一张幻灯片就如两张透明的胶片叠放在一起，上面的一张是幻灯片本身，下面的一张是母版。放映幻灯片时，母版是固定的，更换的只是上面的一张。编辑时，可以修改幻灯片，也可以修改母版。

(7)设置完成后，单击“关闭母版视图”按钮☒，回到当前的幻灯片视图中，结果发现插入的每一张幻灯片都具有在母版上设置的元素，效果如图 12-46 所示。

图 12-46

3. 应用版式

PPT 版式是定义幻灯片上待显示内容的位置信息的幻灯片母版的组成部分，如标题和副标题文本、图片、表格、图表、自选图形和影片的排列。

母版设计完成后，会自动将版式关联到演示文稿中对应的幻灯片上，如需对幻灯片改变或应用新的版式，可以进行下列操作。

(1)切换至“开始”选项卡，单击“幻灯片”组中的“版式”按钮▤，在“版式”下拉列表中列出了所有母版中已设置的版式，这里选择“两栏内容”版式，如图 12-47 所示。

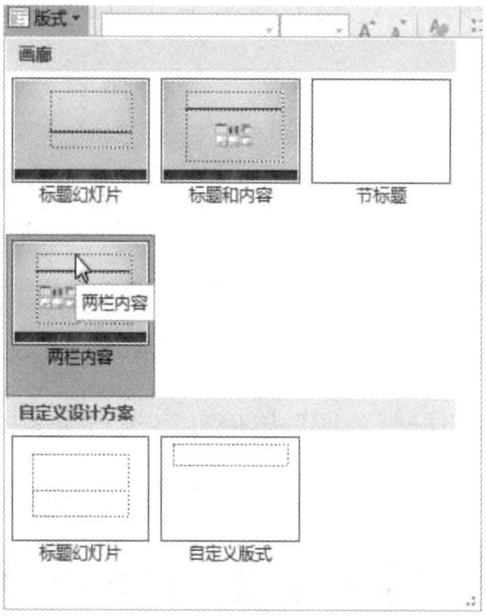

图 12-47

(2)切换至“视图”选项卡,单击“母版视图”组中的“幻灯片母版”按钮,打开幻灯片母版,右击“幻灯片母版缩略图”,从弹出的快捷菜单中选择“插入幻灯片母版”命令(见图 12-48),可选择插入一个或多个母版,以增加幻灯片的样式。

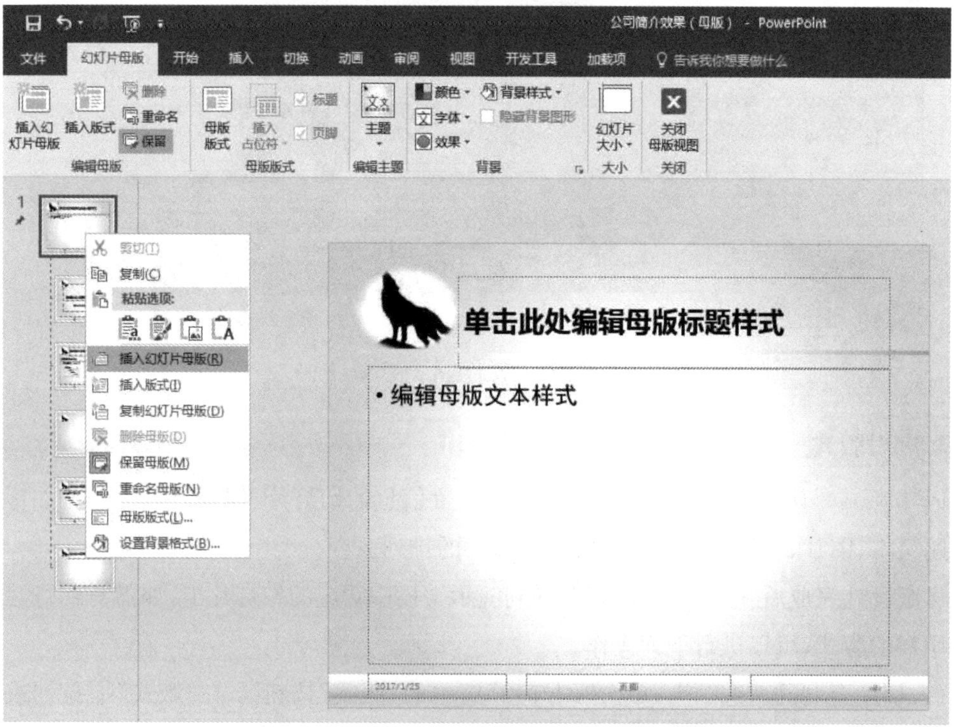

图 12-48

活动 4　应用模板

PPT 模板是指一个或多个文件，其所包含的结构和工具构成了已完成文件的样式和页面布局等元素。一套好的 PPT 模板可以让一篇 PPT 文稿的形象得到迅速提升，大大增加 PPT 文稿的可观赏性。同时，PPT 模板可以让 PPT 思路更清晰、逻辑更严谨，更方便处理图表、文字、图片等内容。

一个完整、专业的演示文稿中的很多地方需要进行统一设置，如幻灯片中的内容、背景、配色和文字格式等。这些统一可以使用演示文稿的母版、模板或主题进行设置。要想很好地利用母版、模板或主题来协调、有序地完成 PPT 的制作，就需要了解三者的关系。

母版是一类特殊幻灯片，它能控制基于它的所有幻灯片，对母版的任何修改会体现在幻灯片上，所以每张幻灯片中的相同内容可以用母版来做。模板是演示文稿中的特殊一类，其扩展名为 potx，用于提供样式文稿的格式、配色方案、母版样式及产生特效的字体样式等。应用设计模板可快速生成风格统一的演示文稿。在应用设计模板时，会在演示文稿上添加幻灯片母版。通常，模板也包含标题母版，用户可以在标题母版上进行更改，以应用于具有“标题幻灯片”版式的幻灯片。

模板是整个幻灯片的各个独立板块的样式，可以具有不同的样式；主题是整个幻灯片的整体样式，各个独立板块的主题可以是相同的。PPT 主题是一组统一的设计元素，包括背景颜色、字体格式和图形效果等内容。利用设计主题可以快速对演示文稿进行外观效果的设置。母版和设计模板都可以被当作一种主题。应用主题前后的母版变化如图 12-49 所示。

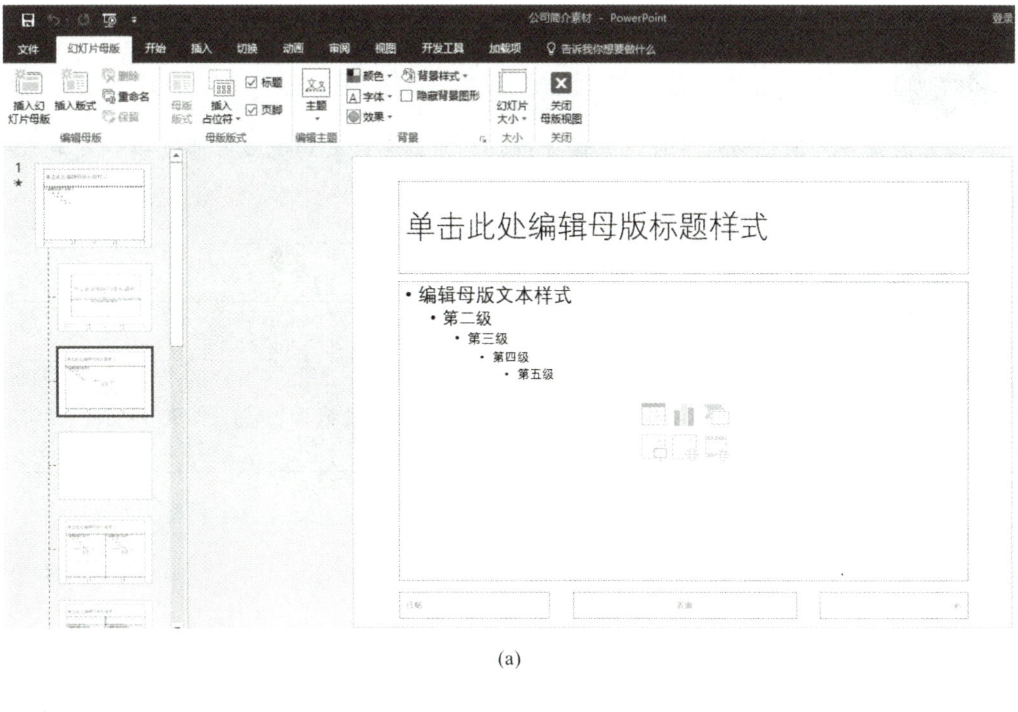

(a)

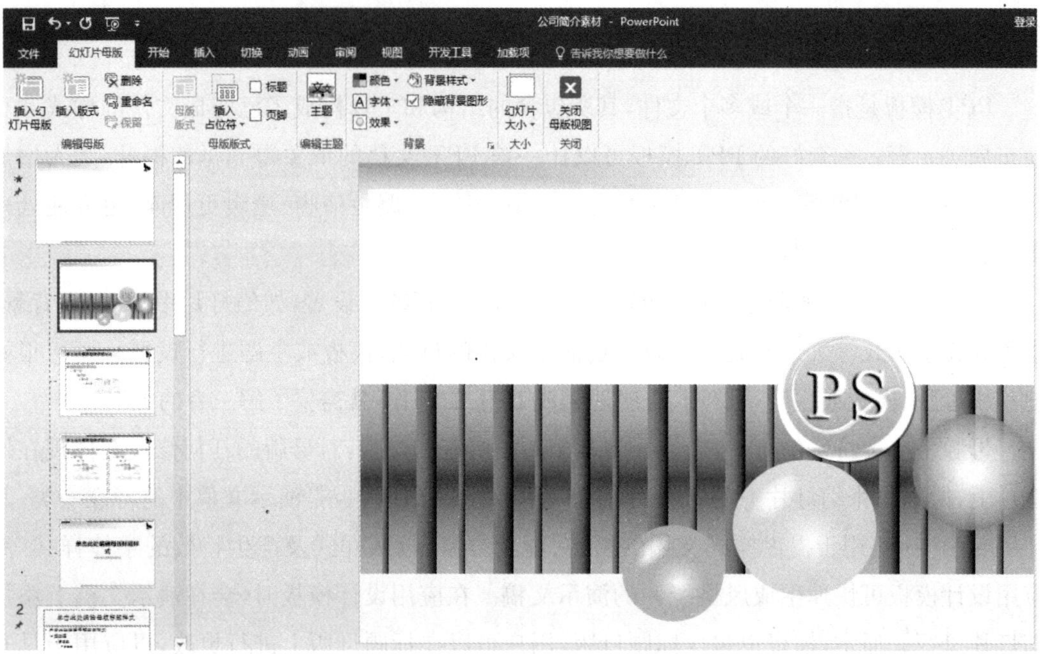

(b)

图 12-49

母版设置完成后如果想长期使用，可以把母版设置保存成演示文稿模板，即保存为“公司简介模板（*.pot）”。模板创建完成后，需要通过“主题”来应用。模板也可以选择现有的PPT演示文稿或下载的模板，直接在设定好的位置上输入相应的内容。如果需要对模板进行修改，可以参考母版、主题、版式和背景的设计、应用方法来进行。

技巧

内容的统一可通过幻灯片母版来设置；颜色、字体和效果的统一可通过模板或主题来设置；个性化设置可利用母版版式单独调整。

互动练习

利用 PowerPoint 2016 为“蓝色港湾酒店”演示文稿添加模板。案例素材及源文件保存在“项目 12\任务 12.3\互动练习”文件夹中，效果截图如图 12-50 所示。

扫码测试

图 12-50

操作提示如下。

(1)下载“港湾酒店模板.potx”文件,也可以新建演示文稿自行设计,修改母版后另存为模板文件。

(2)打开“蓝色港湾酒店”演示文稿。

(3)切换至“设计”选项卡,在“主题”组下拉列表框中选择“浏览主题”命令,在打开的“选择主题或主题文档”对话框中选择“项目 12\任务 12.3\互动练习”文件夹中的“蓝色港湾酒店模板”文件,单击“打开”按钮。

(4)切换到“幻灯片母版”,在母版首页上添加 LOGO.jpg 图片。

(5)单击“关闭母版视图”按钮,保存文件为“蓝色港湾酒店”演示文稿。

任务 12.4　制作“公司简介”演示文稿内容幻灯片

任务描述

设计 PPT 内容时要遵循“突出重点、多用图形和图表、巧妙排版、多元素结合与统一”的原则,目的是通过丰富多样的内容、巧妙设计的精致画面,增强作品的感染力,提高观众的兴趣。本任务将制作“公司简介”演示文稿内容幻灯片,效果如图 12-51 所示。案例效果及素材保存在“项目 12\任务 12.4”文件夹中。

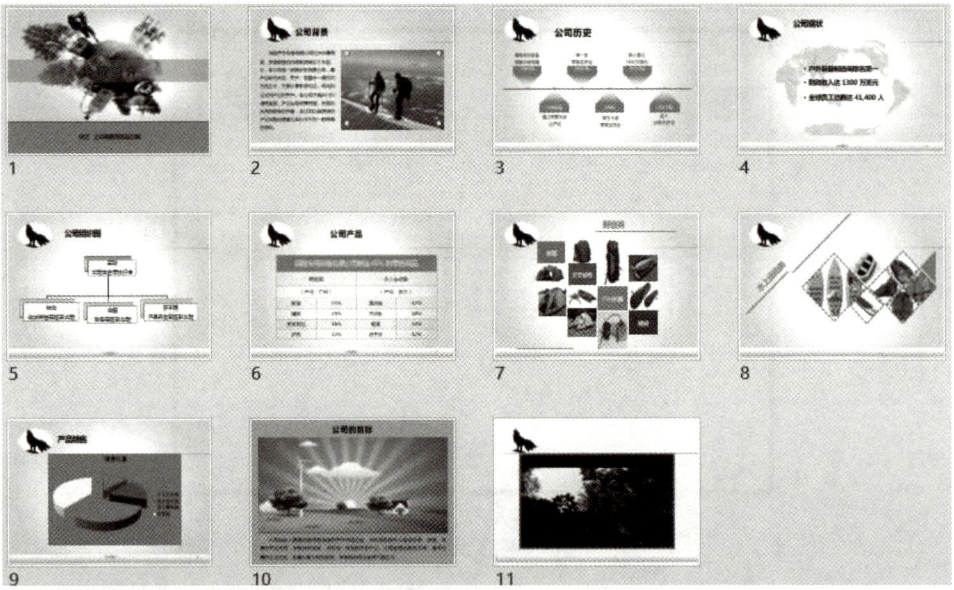

图 12-51

任务分析

完成本任务的操作思路是：制作图文混排幻灯片，插入和美化 SmartArt 图形，插入和编辑表格，插入图表，加载 Flash 动画，插入视频，添加页眉和页脚。

任务实施

启动 PowerPoint 2016 后，选择“文件”→“打开”命令，在“打开”窗口中选择名为“公司简介素材”的演示文稿，单击“打开”按钮。

活动 1　制作图文混排幻灯片

根据 “公司简介. docx”提供的信息，添加相应项目数量的幻灯片，并在每张幻灯片文本占位符位置上添加相应的文本内容。

1. 制作“公司背景”幻灯片

制作“公司背景”幻灯片的步骤如下。

(1)选择“公司背景”幻灯片，在右侧占位符中单击“图片”按钮（见图 12-52），打开“插入图片”对话框，在素材文件夹中选择“图片 1”（见图 12-53），单击“插入”按钮。

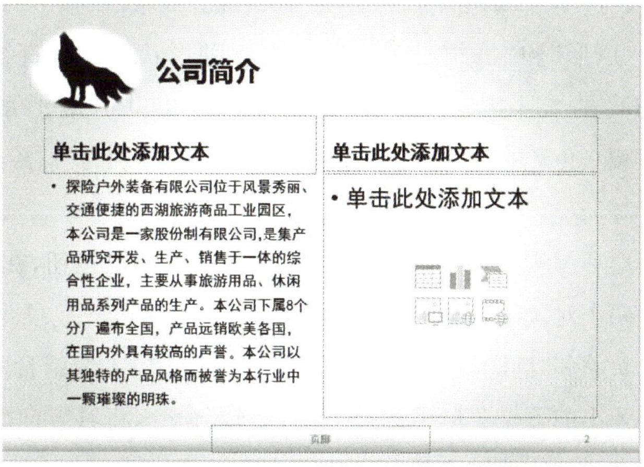

图 12-52

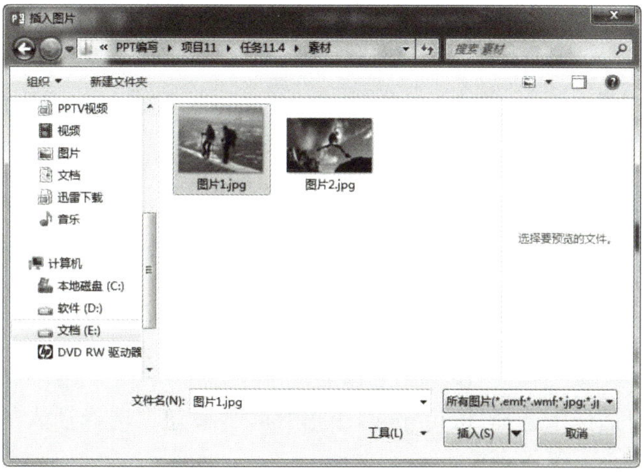

图 12-53

(2)选择插入的图片，在“图片样式”下拉列表框中设置图片的样式为“矩形投影”。

(3)切换至“插入”选项卡，单击“插图”组中的“形状”按钮，在弹出的下拉列表框中选择“椭圆”，按住 Shift 键的同时，在幻灯片中拖动鼠标画出一个圆形(设置高度和宽度为“0.55 厘米”)，利用“形状样式”组中的工具设置圆形的“形状填充”为 RGB(253，253，253)，“形状效果”为“棱台”下面的“斜面”。然后将编辑好的圆形复制 3 个，选中上面和下面 2 个圆形，单击“格式”选项卡的“排列”组中的“对齐”按钮，在弹出的下拉菜单中选择“顶端对齐”或“底端对齐”命令；再选中左面和右面 2 个圆形，单击“排列”组中的“对齐”按钮，在弹出的下拉菜单中选择“左对齐”或“右对齐”命令，调整好 4 个圆形的位置。

2. 制作“公司历史”幻灯片

制作“公司历史”幻灯片的步骤如下。

(1)切换至“插入”选项卡，单击“插图”组中的“形状”按钮，在弹出的下拉列表框中分别选择“直线”“椭圆”“矩形”和“等腰三角形”，插入 4 种形状。设置直线的“形状轮廓”为RGB(99,150,0)，椭圆的“形状填充”为 RGB(99, 150, 0)，矩形的“形状填充”为RGB(254,118,0)，等腰三角形的“形状填充”中的“渐变填充”分别为“13%，RGB(254,118 ,0)”和“100%，RGB(255,255 ,255)”。

(2)同时选择矩形和等腰三角形，单击“排列”组中的“组合”按钮，在弹出的下拉菜单中选择“组合”命令，将两个对象组合起来。

(3)分别将组合对象和“椭圆”形状复制 5 个。选择其中的 3 个组合对象，单击“排列”组中的“旋转”按钮，在弹出的下拉菜单中选择“垂直翻转”命令，将其方向翻转；再单击“排列”组中的“对齐”按钮，在弹出的下拉菜单中选择“顶端对齐”或“底端对齐”命令，最后将这 3 个组合对象两边的对象位置调整好，单击“排列”组中的“对齐”按钮，在弹出的下拉菜单中选择“横向分布”命令，完成位置的设置。用同样的“对齐”方法将剩余 3 个同方向的组合对象对齐。

(4)切换至“插入”选项卡，单击“文本”组中的“文本框”按钮，在弹出的下拉菜单中选择“横排文本框”命令，在幻灯片中单击并拖动鼠标绘制文本框，并设置文本框的“形状轮廓”为“无轮廓”，“形状填充”为“无填充颜色”；复制 5 个文本框，在 6 个文本框中输入相应的文本，设置字体为“等线”，字号为“16”，字体颜色为“黑色”，并调整到合适的位置。

3. 制作“公司现状”幻灯片

在幻灯片占位符中输入相应的文字，切换至“插入”选项卡，单击“图像”组中的“图片”按钮，在“插入图片”对话框中选择 diqiu. png，单击“插入”按钮。选择插入的图片并右击，在弹出的快捷菜单中选择“置于底层”→“置于底层”命令(见图 12-54)，并调整文本框和图片至合适位置。

图 12-54

4. 制作“水上运动类”幻灯片

以“水上运动类”幻灯片为例，对插入的形状进行布局设置，选择部分形状进行图片填充，设置前后的效果分别如图 12-55 和图 12-56 所示。

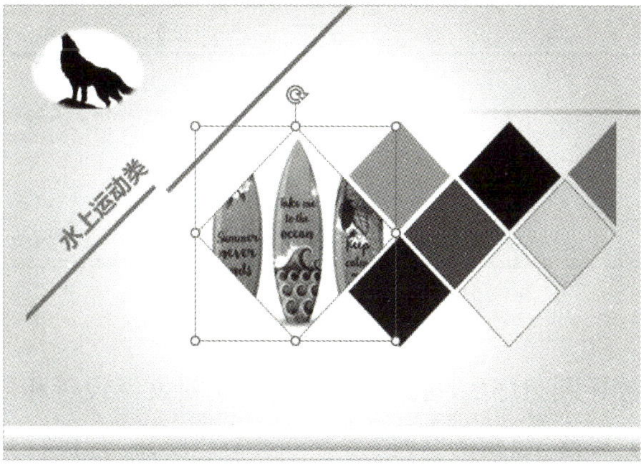

图 12-55

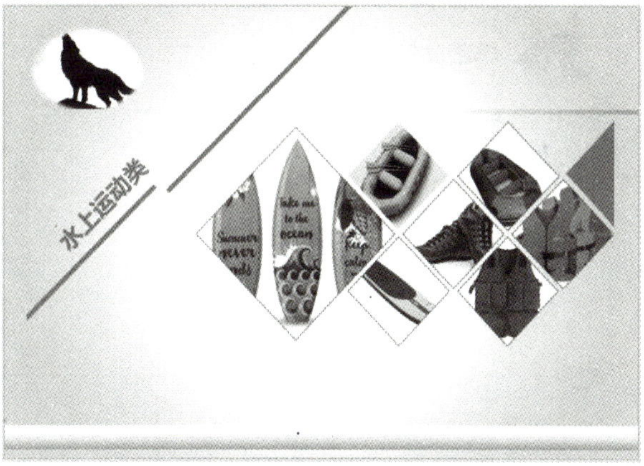

图 12-56

活动 2　插入和美化 SmartArt 图形

1. 插入 SmartArt 图形

在“公司组织图”幻灯片中插入 SmartArt 图形，具体操作方法如下。

(1) 切换至“插入”选项卡，单击“插图”组中的 SmartArt 按钮，在弹出的“选择 SmartArt 图形”对话框中选择所需的类型和布局（见图 12-57），单击“确定”按钮。

(2) 执行下列操作之一，以便输入文字。

①单击 SmartArt 图形中的一个形状，然后输入文本。

②单击“文本”窗格中的“[文本]”，然后输入或粘贴相应的文字。

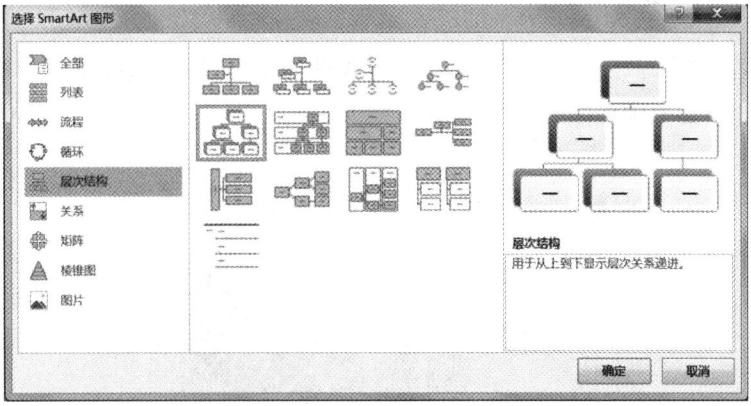

图 12-57

③如果文字已经被导入幻灯片，可以根据不同级别对文字设置相应的项目符号，再切换至“开始”选项卡，单击“段落”组中的“转换为 SmartArt”按钮，直接将其转换为 SmartArt 图形，转换前后的效果如图 12-58 所示。

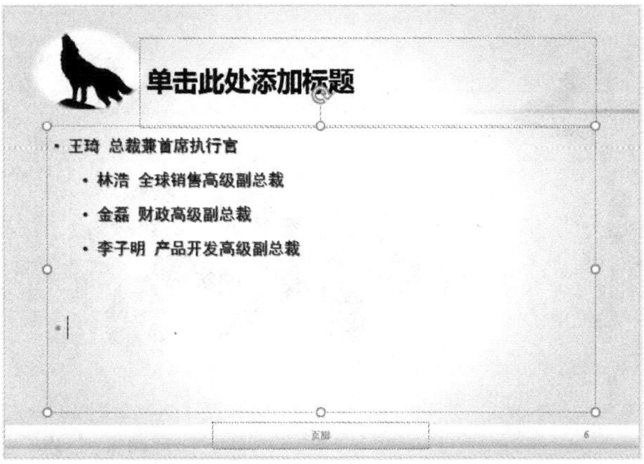

(a)

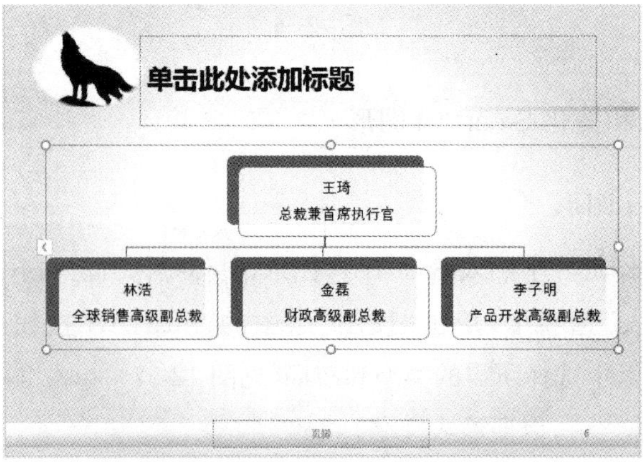

(b)

图 12-58

2. 美化 SmartArt 图形

如果需要在 SmartArt 图形中添加形状或更改 SmartArt 图形的颜色和样式，可以双击插入的 SmartArt 图形，利用“设计”选项卡(见图 12-59)和“格式”选项卡中的工具进行更改。切换至“格式”选项卡，设置第一级的形状轮廓为“无轮廓”；设置下层的“形状填充”为“渐变填充”，“位置”0%和 100%处的颜色均为 RGB(254，118，0)，50%处的颜色为 RGB(251，194，155)。设置第二级的形状轮廓为“无轮廓”；设置下层的“形状填充”为“渐变填充”，“位置”0%和 100%处的颜色均为 RGB(255，199，70)，50%处的颜色为 RGB(255，221，97)。设置文本字体为“黑体”，字号为“20”，设置文字阴影，字体颜色为 RGB(192，0，0)，并调整到合适的位置。

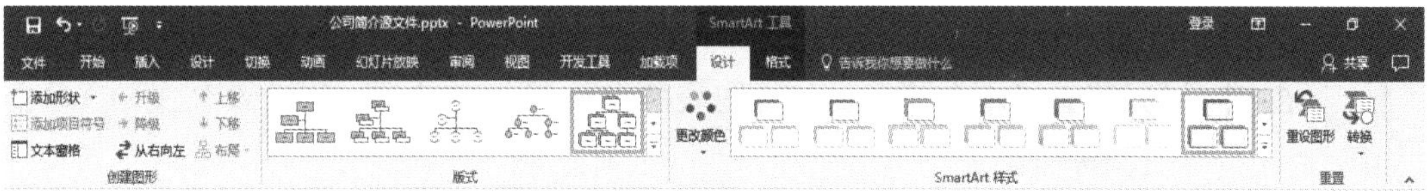

图 12-59

活动 3　插入和编辑表格

扫码测试

1. 插入表格

在“公司产品”幻灯片中插入表格的方法和在 Word、Excel 中类似。

(1)单击幻灯片中包含表格的占位符，插入表格。

(2)切换至“插入”选项卡，单击“表格”组中的“表格”按钮，在弹出的下拉列表中执行相应的命令来插入表格。

①移动鼠标指针选择所需的行数和列数后单击。

②选择“插入表格”命令，在弹出的“插入表格”对话框的“列数”和“行数”微调框中输入数字，单击“确定”按钮。

要向表格单元格中添加文字，只需单击某个单元格，在光标处进行输入即可。输入完成后，单击该表格外的任意位置。

Word 或 Excel 中的表格可以复制粘贴到幻灯片中进行编辑。

提示

如果要在表格的末尾添加行，可将光标定位于末行的最右侧单元格内，然后按 Tab 键即可。

2. 更改表格的外观

双击插入的表格，利用“设计”选项卡中的工具对表格进行美化。切换至“表格工具”下的“设计”选项卡，单击“表格样式”组的“其他”按钮，在弹出的下拉列表框中选择“浅色样式 3-强调 1”。如果将鼠标指针置于某个快速样式的缩略图上，可以看到该快速样式对表格的影响。

除了应用表格样式(或快速样式)外，其他操作和 Word、Excel 类似；还可以通过更改表格的轮廓或边框、向表格的单元格添加填充或效果，或者更改表格的背景色来更改表格的外观。例如，本案例效果图中表格第一行的“底纹”和“边框”颜色设置为 RGB(254,118,0)。第二、四、六行的“底纹”颜色设置为 RGB(251,194,155)，其他行的颜色设置为“无填充颜色”。

活动 4　插入图表

在“产品销售”幻灯片中插入图表的操作方法和在 Word、Excel 中类似，具体步骤如下。

(1)在“产品销售”幻灯片中单击要包含图表的占位符，或者切换至“插入”选项卡，单击“插图”组中的“图表”按钮。

(2)在弹出的“插入图表”对话框中选择“饼图”下的“三维饼图”类型，然后单击“确定”按钮。

(3)在弹出的 Excel 表格中输入图 12-60 所示的数据。

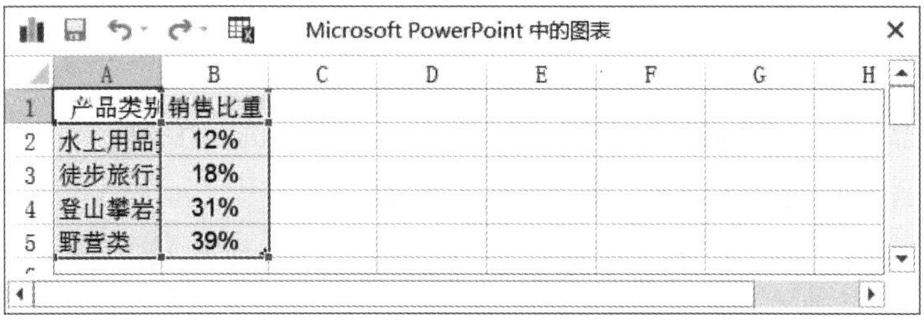

图 12-60

(4)美化图表的方法与 Word、Excel 中的操作类似。双击插入的图表，在弹出的“设置图表区格式”面板中进行设置。

活动 5　加载 SWF 文件

为“公司的目标”幻灯片加载 SWF 文件的方法如下。

(1)切换至“开发工具”选项卡，单击“控件”组中的“其他控件”按钮，在弹出的“其他控件”对话框(见图 12-61)中选择 Shockwave Flash Object，单击“确定”按钮，鼠标指针变为“十”形，在需要加载 Flash 的幻灯片中按住鼠标左键拖放一个区域后释放，此时会出现一个带八个控制点的矩形，通过这八个控制点可调整其大小。

(2)选择插入的矩形，切换至“开发工具”选项卡，单击“控件”组中的“属性”按钮，在弹出的“属性”对话框的 Movie 文本框中输入“旭日东升 flash 动画. swf”(见图 12-62)，播放幻灯片即可观看 Flash 运行效果。

图 12-61

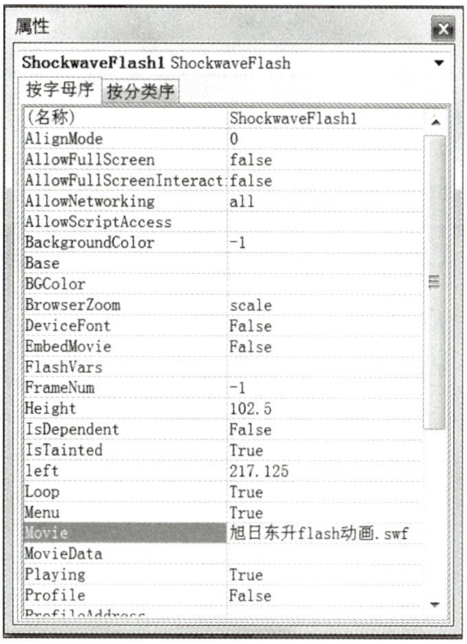

图 12-62

技巧

媒体文件在插入前要保存在演示文稿所在的文件夹中，如果插入后被移动或重命名，则无法在幻灯片中正常播放。

活动 6　插入视频

1. 插入 PC 上的视频

为追求更完美的效果，在 PowerPoint 演示文档中需要视频作为辅助。在 PowerPoint 演示文档中直接插入视频的方法和插入图片十分类似，在演示界面中仅显示视频画面，是一种无缝插入。插入视频的操作步骤如下。

(1)为防止可能出现的链接问题，向演示文稿中添加影片之前，一定要先将影片复制到演示文稿所在的文件夹中。

(2)在“公司的目标”幻灯片中单击要包含视频的占位符，或者切换至“插入”选项卡，单击“媒体”组中的“视频”按钮，在弹出的下拉菜单中选择“PC 上的视频”命令。

(3)在打开的“插入视频文件”对话框中找到要添加的文件“户外探险视频. mp4”(见图 12-63)，单击“插入”按钮。视频越大，导入时间越长。拖动视频边角的控制按钮，可以调整视频播放框的大小。

图 12-63

2. 视频的编辑与播放

编辑和播放视频的操作步骤如下。

(1)选中插入的“户外探险视频.mp4”视频，利用“视频工具”下的“格式”选项卡中的工具对视频进行格式设置，效果如图 12-64 所示。

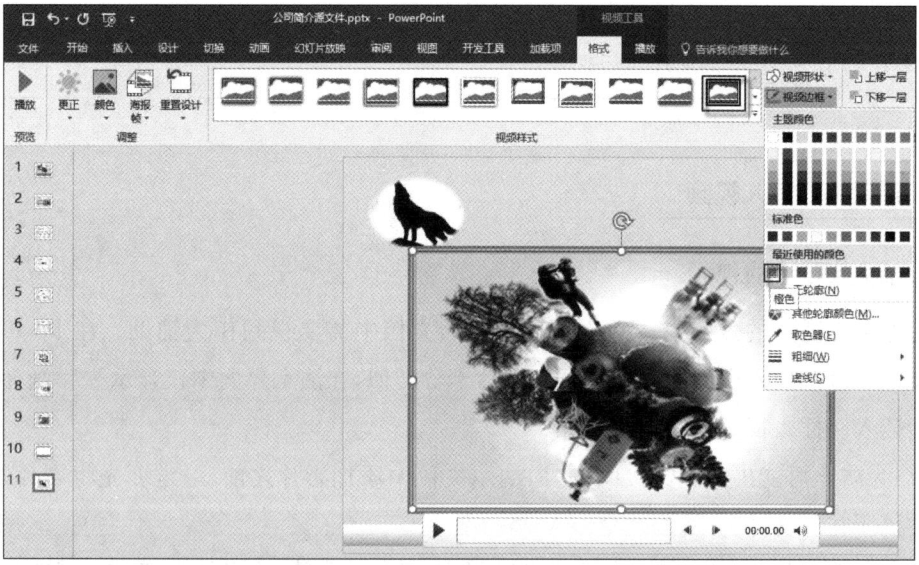

图 12-64

(2)单击“调整”组中的“标牌框架”按钮，在弹出的下拉菜单中选择“文件中的图像”命令，在弹出的“插入图片”对话框中选择素材文件夹中的图片 1，单击“打开”按钮。在“视频样式”下拉列表框中选择“复杂框架，黑色”，在“视频边框”下拉列表中选择颜色为 RGB(254,118,0)。

(3)切换至“视频工具”下的“播放”选项卡，利用选项卡中的工具对视频进行播放设置，如图 12-65 所示。单击“编辑”组中的“剪辑视频”按钮，弹出“剪辑视频”对话框，滑动进度条上的绿色滑块和红色滑块，两个滑块中间的部分就是实际播放的内容，注意预览窗口，开始时间和结束时间的精确调整可以通过在微调框中输入具体的时间来实现。

图 12-65

(4)如果视频是在单独的页面或是片头，则可以设置成自动播放，即选择“视频选项”组中的“开始”下拉列表中的“自动”和“播完返回开头”复选框。

(5)根据需要也可以选中“全屏播放”复选框和“未播放时隐藏”复选框，以改善视频的播放效果。

3. 插入屏幕录制

很多时候，需要将屏幕上的操作录制为视频，然后将录制的视频分享给朋友，或者将录制的视频插入 PPT 中。使用 PowerPoint 2016 自带的功能就可以将屏幕上的操作录制成视频加以保存，操作方法如下。

(1)切换至“插入”选项卡，单击“媒体”组中的“屏幕录制”按钮。

(2)在弹出的面板中单击“选择区域”按钮，然后拖动鼠标选择录制区域，如图 12-66 所示。

图 12-66

(3)如果想在录制视频的同时录制声音,可以单击"音频"按钮。这里"音频"显示灰色,说明是选中的状态,用麦克风连接计算机,再单击"录制"按钮● 开始录制。

(4)录制开始前,会有一个倒计时画面(见图 12-67),其中提示"按 Windows 徽标键+Shift+Q 停止录制"。如果想暂停录制视频,可以单击面板中的"暂停"按钮或者按 Windows 徽标键+Shift+R 组合键。

图 12-67

(5)视频录制完成后,可以观看视频或调整视频的大小;也可以单击"视频工具"下的"播放"选项卡中的"剪辑视频"按钮,在弹出的"剪裁视频"对话框中对录制的视频进行裁剪。

(6)如果要保存视频,在视频上右击,在弹出的快捷菜单中选择"将媒体另存为"命令(见图 12-68),在打开的"将媒体另存为"对话框中选择保存位置,在"文件名"文本框中输入"录制的视频","保存类型"选择"媒体文件(＊.mp4)",单击"保存"按钮。

图 12-68

提示

“屏幕录制”功能是 PowerPoint 2016 的新增功能，它仍然保留着 PowerPoint 2016 的“屏幕截图”功能，使用时可以根据情况进行合理选择。

4. 插入联机视频

切换至“插入”选项卡，单击“媒体”组中的“视频”按钮，在弹出的下拉菜单中选择“联机视频”命令，在弹出的“插入视频”对话框(见图 12-69)中的“在此处粘贴嵌入代码”处，粘贴从网站获取的代码，单击右边的“插入”按钮 ➧，在幻灯片编辑页面上出现一个黑色视频框，其大小可以通过八个控点来调整。选择“视频工具”下的“播放”选项卡，单击“预览”组中的“播放”按钮进行播放测试，播放效果如图 12-70 所示。

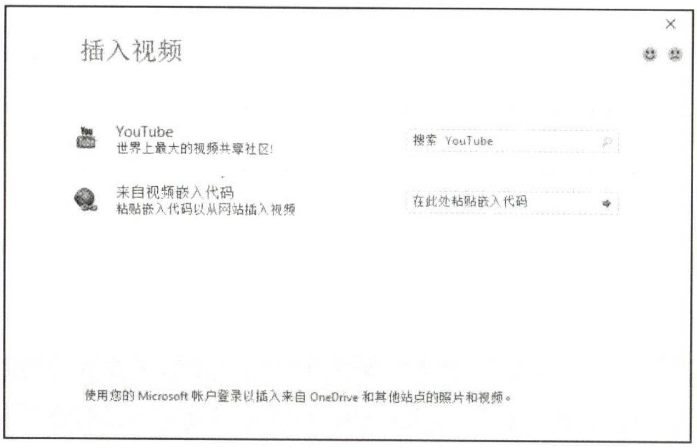

图 12-69

图 12-70

提示

如何找到网络视频的地址？大部分视频网站都提供视频的地址。例如，打开搜狐视频，将鼠标移至视频下面的“分享”链接上，在展开的窗口（见图 12-71）中单击“复制 Html代码”，将右侧框中的代码粘贴到图 12-69 中的“在此处粘贴嵌入代码”处。

图 12-71

活动 7　添加页眉和页脚

添加页眉和页脚的方法如下。

（1）切换至“插入”选项卡，单击“文本”组中的“页眉和页脚”按钮，弹出“页眉和页脚”对话框，切换至“幻灯片”选项卡，选中“页脚”复选框，在下面的文本框中输入要在幻灯片底部居中显示的文本（如公司简介），单击“全部应用”按钮，如图 12-72 所示。

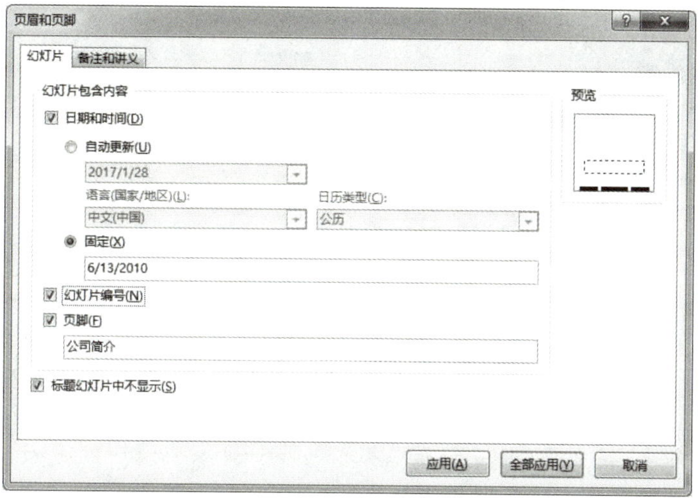

图 12-72

(2)如果只希望所选幻灯片上显示页脚信息,则单击“应用”按钮。

(3)如果需要对幻灯片进行备注或讲义的设置,则可以在“备注和讲义”选项卡中进行设置,选中“页码”复选框,单击“全部应用”按钮,如图 12-73 所示。

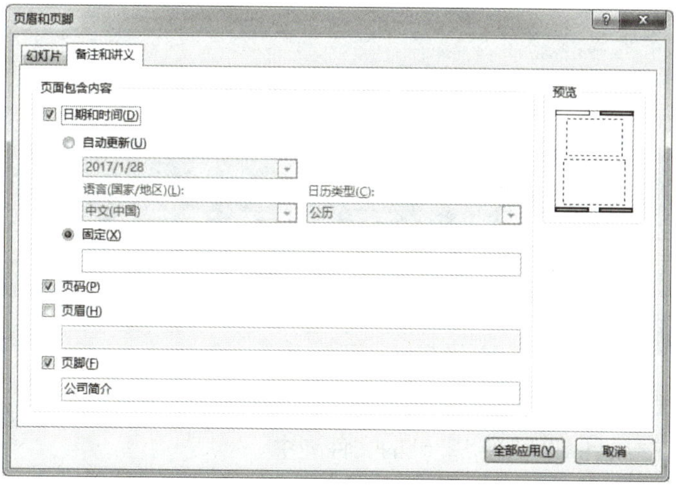

图 12-73

互动练习

制作“蓝色港湾酒店”演示文稿内容幻灯片。素材及源文件保存在“项目 12\任务 12.4\互动练习”文件夹中。“蓝色港湾酒店”演示文稿效果截图如图 12-74 所示。

图 12-74

操作提示如下。

(1)打开"蓝色港湾酒店"Word 素材和"蓝色港湾酒店"素材演示文稿。

(2)切换"蓝色港湾酒店"素材演示文稿为大纲视图,将"蓝色港湾酒店"Word 素材中的内容复制到幻灯片大纲的左侧窗格中,在分段位置处按 Enter 键,增加幻灯片数量,并设置其中的文字类型、大小、位置及段落格式。

(3)将"蓝色港湾酒店.xlsx"中的表格复制到"客房预定"幻灯片中,并进行美化。

(4)利用"蓝色港湾酒店.xlsx"制作"酒店入住率"图表幻灯片,并进行适当美化。

(5)保存演示文稿。

任务 12.5 制作"公司简介"演示文稿目录

任务描述

本任务主要是制作"公司简介"演示文稿的目录,为目录插入超链接和动作按钮。案例效果及素材保存在"项目 12\任务 12.5"的文件夹中。

任务分析

完成本任务的操作思路是:制作幻灯片目录,插入超链接,插入动作按钮。

任务实施

活动 1 制作幻灯片目录

幻灯片的目录形式有很多种,可以是文字式、图片式、图形式、图标式、图文混排式、

SmartArt 图形式等，也可以根据演示文稿的特点选择制作独具特色的目录，如图 12-75 所示。下面以“公司简介”演示文稿目录的制作为例，对幻灯片目录的制作步骤进行介绍。

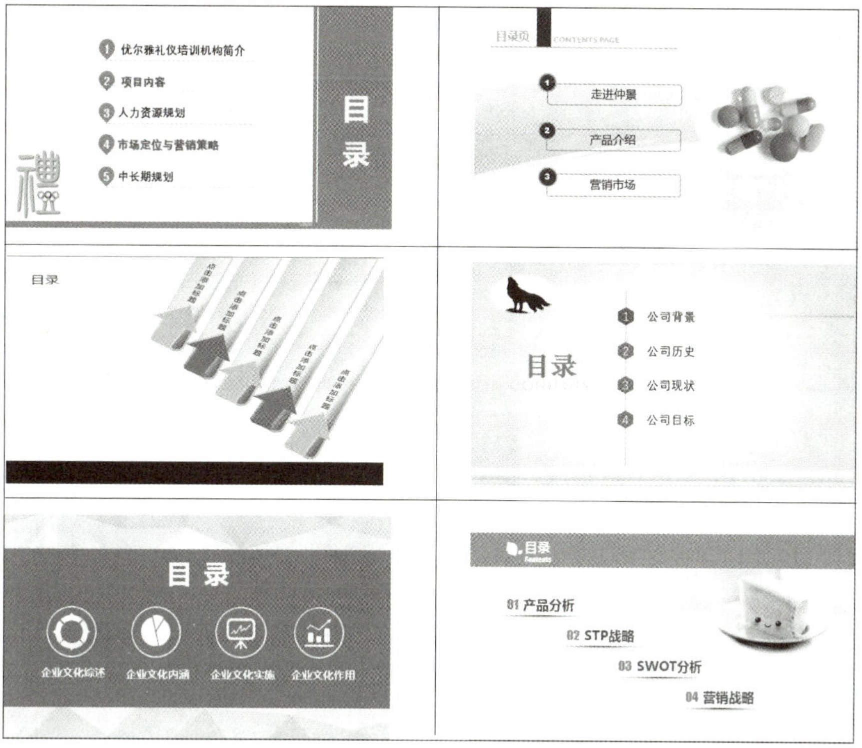

图 12-75

(1)下载并安装 PPT 美化大师，安装完成后根据提示启动 PowerPoint 2016，在窗口主工具栏和右侧会出现“美化大师”工具栏，如图 12-76 所示。

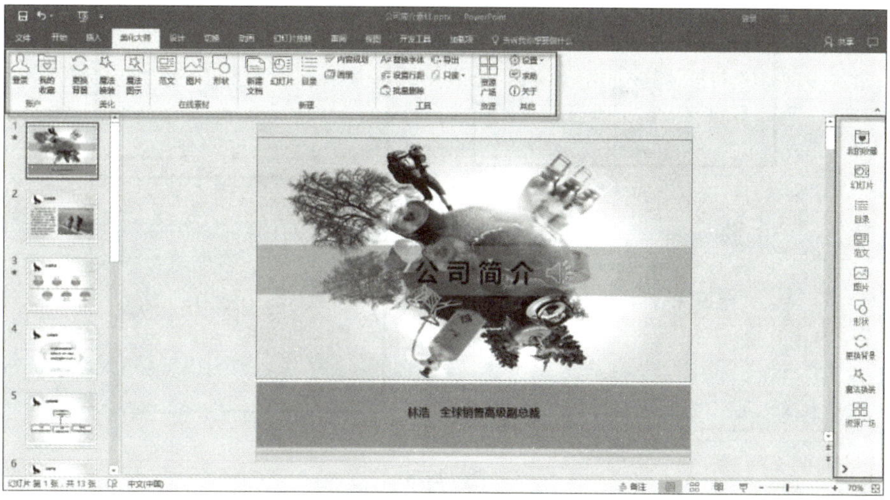

图 12-76

(2)打开“公司简介素材”演示文稿，把光标定位在标题幻灯片后面。

(3)单击窗口右侧“美化大师”工具栏中的“目录”按钮，在打开的“目录”对话框中选择合适的目录样式，再单击右侧的“取所有页标题”选项，调整目录内容后，单击“完成”按钮，如图 12-77 所示。

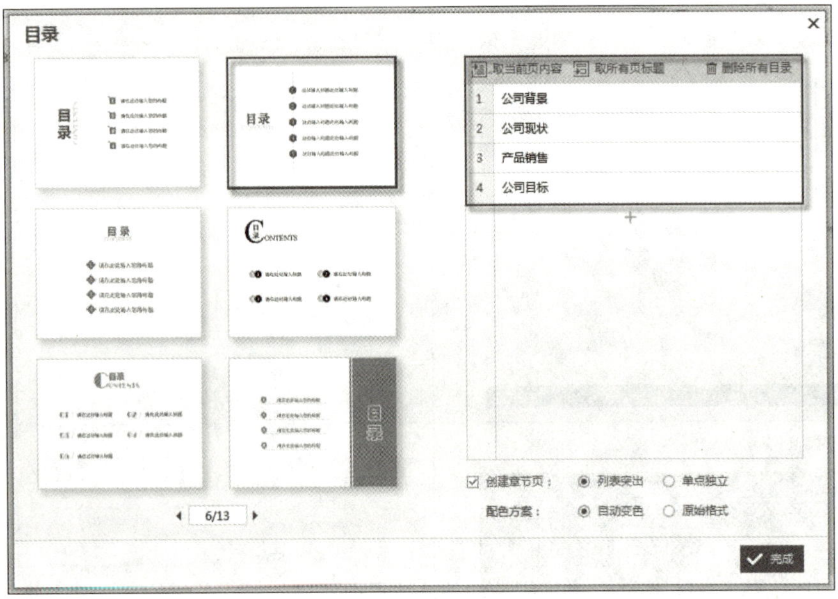

图 12-77

(4)调整已生成的目录幻灯片中的文字、图形的大小和颜色，如需调整位置，则可使用对齐工具，美化后的目录幻灯片效果如图 12-78 所示。

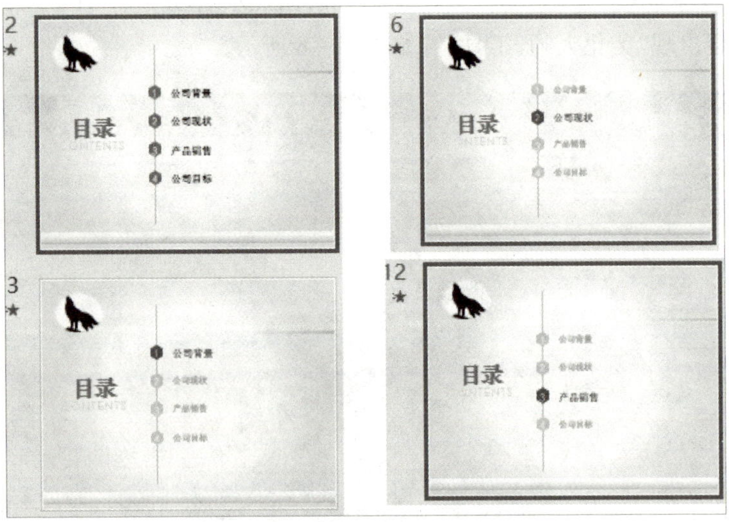

图 12-78

(5)保存“公司简介”演示文稿。

技巧

PPT 美化大师与微软 Office 软件的完美整合优化与提升了现有 Office 软件的功能及体验，并在线提供海量精美的图片、图示、模板等资源，一键智能化美化 PPT 文档，使总结、报告、汇报、方案等更加精美和专业。

活动 2 插入超链接

超链接是从一张幻灯片到另一张幻灯片、自定义放映、网页或文件的连接。它可以是文本或对象(如图片、图形、形状或艺术字)间的链接。打开“公司简介 2”演示文稿，对“公司产品”幻灯片建立对应分类幻灯片的链接(见图 12-79)，超链接设置后的效果可以在播放状态下查看。

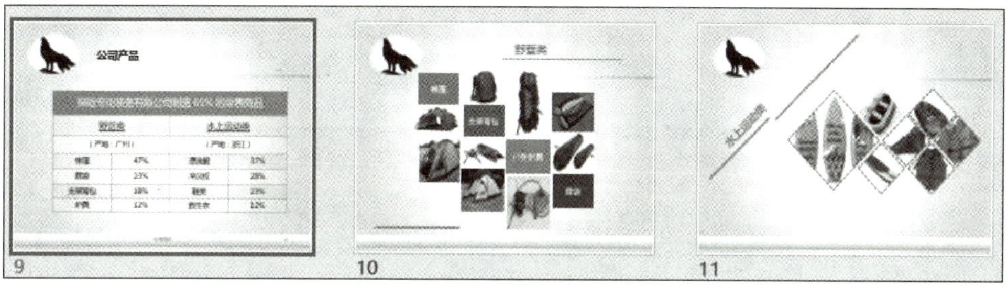

图 12-79

插入超链接的操作步骤如下。

(1)选择“公司产品”幻灯片，选择文本“野营类”，切换至“插入”选项卡，单击“链接”组中的“超链接”按钮，弹出“插入超链接”对话框，在“链接到”栏中选择“本文档中的位置”，在“请选择文档中的位置”下拉列表框中选择要链接的幻灯片(见图 12-80)，单击“确定”按钮。

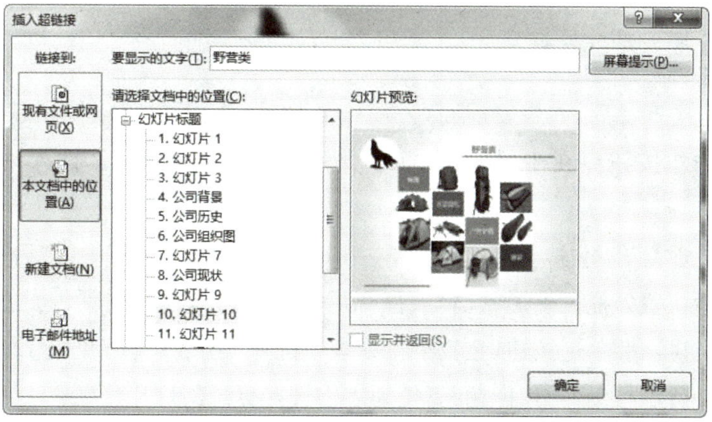

图 12-80

(2)重复上述操作，为幻灯片中的文本“水上运动类”设置对应的超链接。

(3)保存“公司简介 2”演示文稿。

提示

在“插入超链接”对话框中，单击“现有文件或网页”，可以链接到其他文档、应用程序或由网站地址决定的网页；单击“新建文档”，可以链接到一个新文档中；单击“电子邮件地址”，可以链接到一个电子邮件地址。

注意

如果对文字设置超链接，则在文字下方会出现横线并改变文字的颜色，如图 12-81(a)所示。如果要改变超链接文字的颜色，可参见任务 12.3 中的活动 2，效果如图 12-81(b)所示。

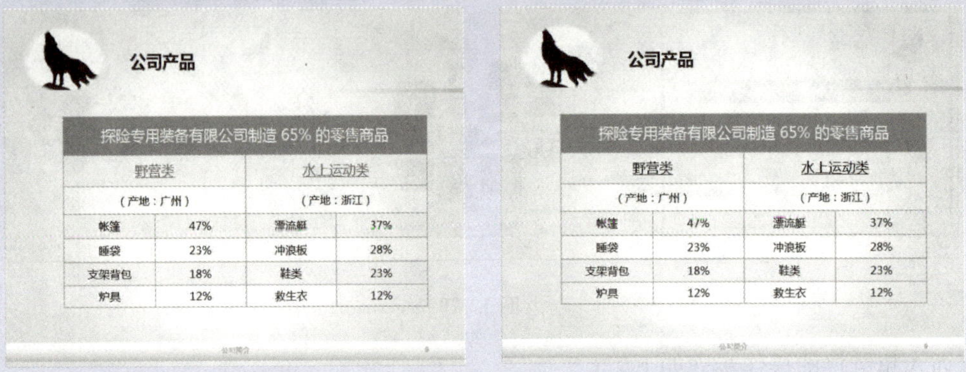

(a) (b)

图 12-81

活动 3　插入动作按钮

在介绍完分类产品后，如果要返回“公司产品”幻灯片，不仅可以使用超链接，还可以使用动作按钮。动作按钮存在于“插图”组的“形状”下拉列表框中。插入动作按钮的步骤如下。

(1)选择“野营类”幻灯片，选择“形状”下拉列表框的“动作按钮”中的“后退或前一项”◁，在幻灯片的合适位置处拖拉出形状，释放鼠标后弹出“操作设置”对话框。在“单击鼠标”选项卡下选中“超链接到”单选按钮，在其下拉列表中选择“幻灯片…”(见图 12-82)，弹出“超链接到幻灯片”对话框，在“幻灯片标题”下拉列表中选择目录幻灯片(见图 12-83)，单击“确定”按钮。

图 12-82

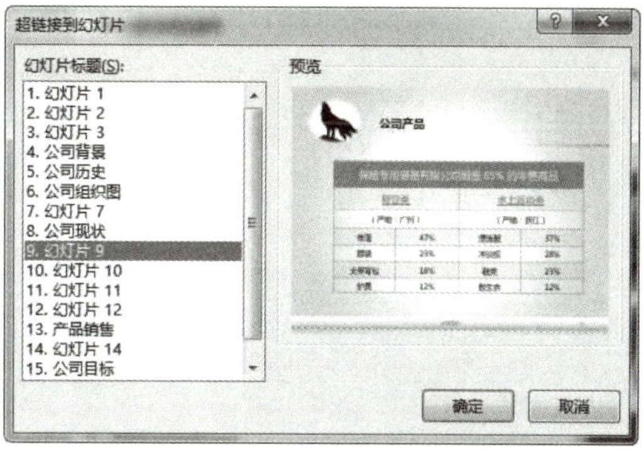

图 12-83

(2)选择“水上运动类”幻灯片，重复上述操作或者采用复制的方式将“野营类”幻灯片的动作按钮粘贴过来。

(3)选择“公司产品”幻灯片，选择“形状”下拉列表框中的“右箭头”，在幻灯片中的合适位置拖拉出形状后释放鼠标；切换至“插入”选项卡，单击“链接”组中的“超链接”按钮，在弹出的“插入超链接”对话框中选择“本文档中的位置”，在“请选择文档中的位置”栏中选择“12. 幻灯片 12”。

(4)参照形状设置的方法美化动作按钮，将动作按钮的“形状填充”设置为 RGB(254，118，0)，“形状轮廓”设置为“无轮廓颜色”。

(5)保存“公司简介 2”演示文稿。

技巧

如果在“操作设置”对话框中选中“运行程序”单选按钮，则可以在单击超链接时启动设置的程序。

互动练习

为演示文稿添加目录，不仅可使演示文稿内容的条理性增强，而且可以加深观看的印象。利用 PowerPoint 2016 为“蓝色港湾酒店”演示文稿制作目录。案例效果及素材保存在“项目 12\任务 12.5\互动练习”文件夹中。效果如图 12-84 所示。

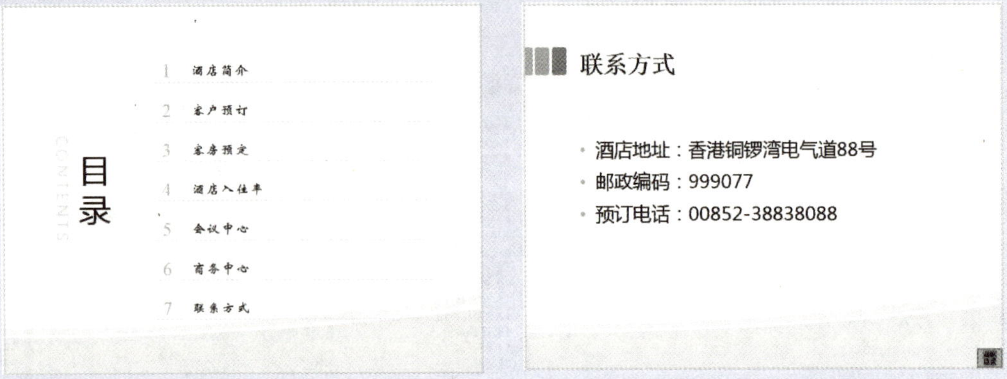

图 12-84

操作提示如下。

(1)为“蓝色港湾酒店素材”演示文稿制作目录。

(2)调整目录中的各项内容,并进行美化操作。

(3)在“联系方式”幻灯片中,单击“插图”组中的“形状”按钮,在弹出的下拉列表框中单击“动作按钮”中的“第一张”▣,超链接到目录幻灯片,并在动作按钮中输入“返回目录”。

(4)保存“蓝色港湾酒店”演示文稿。

提示

选择已添加的动作按钮,右击,在弹出的快捷菜单中选择“编辑文字”命令,即可在动作按钮中输入文字。

任务 12.6 让“公司简介”演示文稿动起来

任务描述

本任务将适当地为幻灯片中的文字、图片、形状或其他对象添加动画效果,以突出演示文稿的重点,控制信息的流程,提高幻灯片的观赏性和趣味性。案例效果及素材保存在“项目 12\任务 12.6”文件夹中。

任务分析

完成本任务的操作思路是：认识“动画”选项卡，添加幻灯片对象的动画效果，幻灯片动态换页。

任务实施

活动 1 认识“动画”选项卡

利用“动画”选项卡(见图 12-85)中各工具组的功能及相应的一系列操作，可以使幻灯片在演示时产生一系列逼真的动画效果，如文字从幻灯片中淡出，图形或图片逐渐进入幻灯片，等等。

图 12-85

(1)“预览”组。对幻灯片设置动画之后，“预览”组中的“预览”按钮被激活，单击该按钮可查看幻灯片播放时的动画效果。

(2)“动画”组。“动画”组用于为幻灯片中的各对象添加动画效果。

(3)“高级动画”组。“高级动画”组用来为幻灯片中的单个对象快速添加多个动画效果。

(4)“计时”组。“计时”组对幻灯片中各对象的动画效果进行时间控制。

活动 2 添加幻灯片对象的动画效果

要将一段简单的动画应用于形状、图片或文本框内容，首先要切换到“动画”选项卡。

以文本框为例，选择文本框后，切换至“动画”选项卡，单击“动画”组中的“其他”按钮，在弹出的下拉列表框中选择“进入”组的“擦除”选项，如图 12-86 所示。单击“效果选项”按钮，在弹出的下拉菜单中可以设置“擦除”的方向，如图 12-87 所示。

如果要查看所设置的动画效果，单击“高级动画”组中的“动画窗格”按钮，在打开的“动画窗格”面板中查看，如图 12-88 所示。

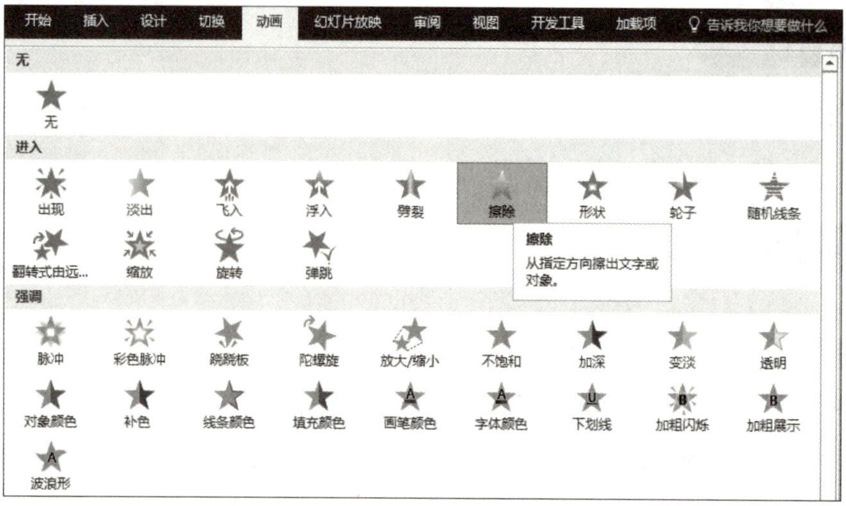

图 12-86

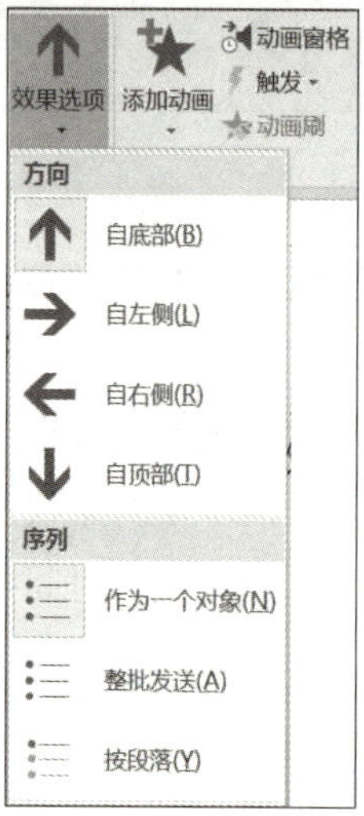

图 12-87

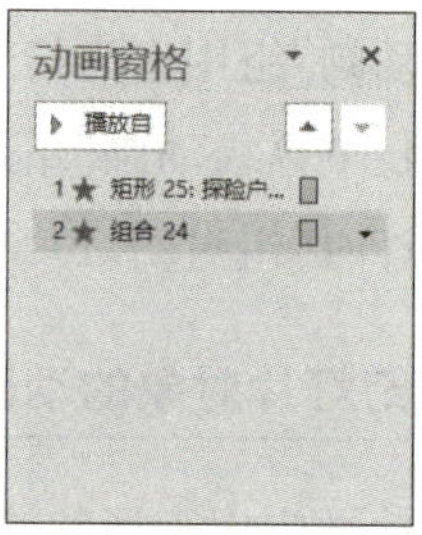

图 12-88

对单个对象应用多个动画效果的步骤是：选择要添加多个动画效果的文本或对象；切换至“动画”选项卡，单击“高级动画”组中的“添加动画”按钮，如果有多个对象需要设置相同的动画效果，单击“动画刷”按钮即可。

下面为“公司简介素材”演示文稿添加动画效果，具体操作方法如下。

1. 选择动画效果

选择动画效果的步骤如下。

(1)打开“公司简介素材”演示文稿。

(2)选择标题占位符，单击“动画”组的“动画”下拉列表框中的“擦除”。

(3)选择“公司背景”幻灯片中的文字，单击“高级动画”组中的“添加动画”按钮，在弹出的下拉列表框中选择“飞入”和“形状”，单击“效果选项”按钮，在弹出的下拉菜单中选择“切出”命令和“菱形”命令。

(4)重复第(2)步或第(3)步的操作，为其他幻灯片中的对象添加动画效果。

2. 设置动画效果

设置动画效果的步骤如下。

(1)单击“动画窗格”按钮，在打开的“动画窗格”面板中选择已为“公司背景”设置的“擦除”动画；在“动画”组的“效果选项”下拉菜单中选择“自左侧”命令；在“计时”组的“开始”下拉列表中选择“与上一动画同时”，在“延迟”微调框中调整时间为“00.50”。

(2)在“效果选项”下拉列表中选择“菱形”，采用步骤(1)的方法设置动画“开始”为“上一动画之后”，“延迟”为“00.50”。

(3)单击“菱形”动画的下拉按钮，在弹出的快捷菜单中选择“效果选项”命令，在弹出的“菱形”对话框(见图 12-89)中进行“效果”“计时”“正文文本动画”等具体设置。

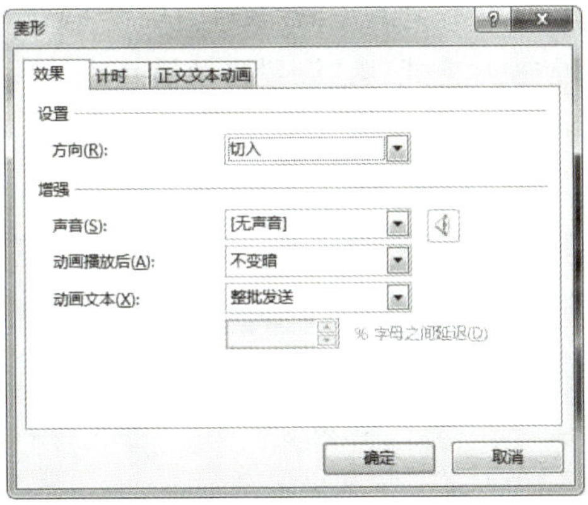

图 12-89

3. 查看动画效果

查看动画效果的步骤如下。

(1)单击“预览”栏中的“预览”按钮，查看动画效果。

(2)在“动画窗格”面板中单击“播放自”按钮，查看动画效果。

提示

删除动画效果的方法是：单击包含要删除的动画的文本或对象。切换至“动画”选项卡，在“动画”下拉列表中选择“无”；也可在“动画窗格”面板中选择对象，单击所选择对象后面的下拉按钮，在弹出的快捷菜单中选择“删除”命令。

活动3　幻灯片动态换页

幻灯片之间的动态换页可以让演示文稿播放起来动感十足，增加演讲的生动性。PowerPoint 2016内置的切换动画效果可以实现这个要求。利用“切换”选项卡的“切换到此幻灯片”组可以设置切换效果、切换声音、切换速度及换片方式等。

幻灯片动态换页的操作步骤如下。

(1)在“公司简介素材”演示文稿中选择“标题幻灯片”，设置切换效果为“分割”，如图12-90所示。

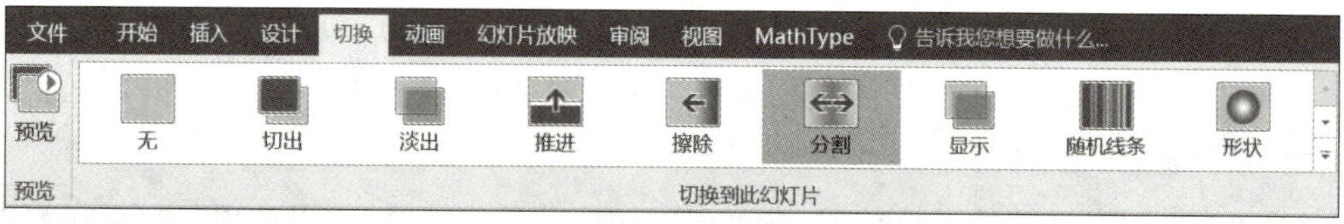

图 12-90

(2)选择“计时”组的“声音”下拉列表中的“鼓掌”，设置“持续时间”为“00.75”。

(3)在“计时”组中，设置“换片方式”为“设置自动换片时间”，在其后面的微调框中输入“00:00.08”。

提示

PowerPoint 2016切换效果分为三大类：细微型、华丽型、动态内容。其中，在“华丽型”中增加了多个炫丽的三维切换效果。

(4)单击“全部应用”按钮可将上述设置应用于演示文稿中的所有幻灯片；如果希望切换效果有变换，可以在步骤(3)完成后继续选择其他幻灯片进行“切换效果”设置。

(5)预览幻灯片的切换效果，保存“公司简介”演示文稿。

技巧

在“声音”下拉列表中除了可以选择已提供的声音文件外，还可以选择计算机中的所有WAV文件。

注意：幻灯片切换声音和幻灯片对象动画效果中的增强声音不要重叠。

扫码测试

互动练习

利用 PowerPoint 2016 为“蓝色港湾酒店”演示文稿添加必要的动画效果和切换效果。案例效果及素材保存在“项目 12\任务 12.6\互动练习”文件夹中。

操作提示如下。

(1)打开“蓝色港湾酒店素材”演示文稿。

(2)设置标题幻灯片中文本的动画效果为“缩放”，设置“开始”为“与上一动画同时”，时间默认，重复 3 次。其他幻灯片中各元素的动画效果自行设置。

(3)设置幻灯片标题的切换效果为“闪耀”，“声音”为“风铃”，“持续时间”为“03.90”。其他幻灯片的切换效果自行设置。

(4)设置幻灯片切换为自动换片方式。

(5)保存“蓝色港湾酒店”演示文稿。

实训项目

实训 1　制作“那些年我们曾一起走过”演示文稿

实训要求：用 PowerPoint 2016 制作完成“那些年我们曾一起走过”演示文稿，素材及效果保存在“项目 12\实训 1”文件夹中，效果如图 12-91 所示。主要操作包括在幻灯片中插入图片和文字，设置图片和文字的格式，设置图片和文字的动画，设置幻灯片切换效果和播放方式等。

图 12-91

操作提示如下。

(1)将幻灯片版式切换为空白版式。

(2)插入素材“图片 3”到“图片 11”。图片尺寸统一设置：“高度”为“15 厘米”，“宽度”为“10 厘米”；动画设置为：缓慢进入、自左侧、非常慢，设置“延迟”分别为“00.00”“00.02”

“00.04”“00.06”“00.08”“00.10”“00.12”“00.14”“00.16”，图片顺序不限。插入“图片 12”，设置其进入动画的方式为“淡出”“缩放”“中速”。

(3)新增幻灯片，背景格式设置为素材中的“图片 2”，再次插入“图片 3”到“图片 11”，依照背景图调整图片大小，设置“图片样式”为“复杂框架，黑色”，所有图片进入动画的方式均设置为“展开”“快速”；调整图片顺序，使得后进入的图片始终处于上层。

(4)插入文本框并添加文字：“那些年我们曾一起走过”，设置字体为“华文彩云”，字号为“40”，字形为“加粗”，字体颜色为“白色，背景 1，深色 35%”，文本效果为“阴影”中的“右上斜偏移”，进入动画的设置为“淡出”“回旋”“中速”。

(5)调整动画播放顺序，设置幻灯片的换片方式为“时钟”，并在“切换到此幻灯片”组中单击“效果选项”，在弹出的下拉列表中选择“楔入”，并且设置全部幻灯片自动循环播放。

(6)保存“那些年我们曾一起走过”演示文稿。

实训 2　制作“优而雅礼仪培训”演示文稿

实训要求：用 PowerPoint 2016 制作完成“优而雅礼仪培训”演示文稿，素材及效果保存在“项目 12\实训 2”文件夹中，效果如图 12-92 所示。主要操作包括制作幻灯片母版，在幻灯片中插入图片和文字，设置图片和文字的格式，为幻灯片添加目录，设置图片和文字的动画，设置幻灯片切换效果和播放方式，等等。

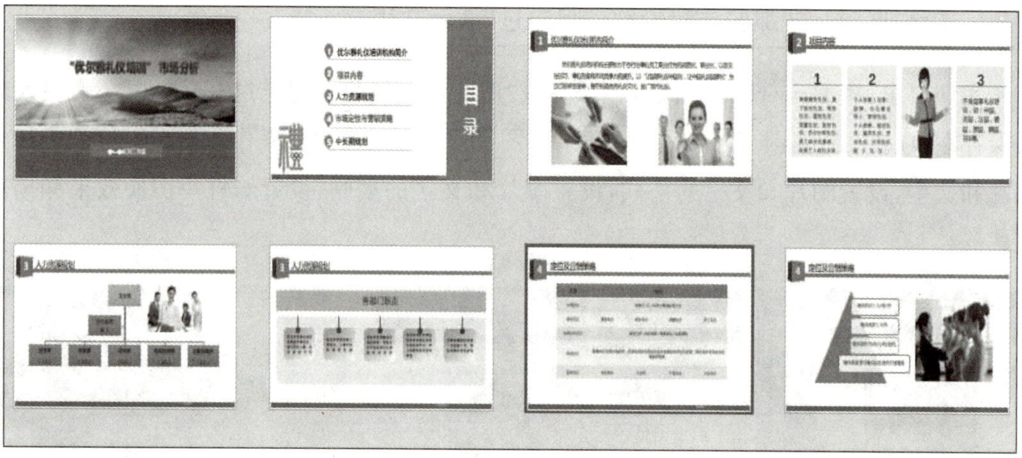

图 12-92

操作提示如下。

(1)新建演示文稿，并切换到幻灯片母版视图。

(2)切换至“插入”选项卡，单击“插图”组中的“形状”按钮，在弹出的下拉列表框中选择“基本形状”组中的“梯形”，拖动鼠标画出一个梯形，复制后得到两个，再插入两个矩形，并调整好四个形状的位置。

(3)设置四个形状的“形状轮廓”为“无轮廓”；对于“形状填充”，两个梯形分别为 RGB

(0,0,0)和 RGB(254,118,0)，两个矩形分别为 RGB(254,118,0)和 RGB(127,127,127)。

(4)关闭幻灯片母版，在标题幻灯片中插入图片和形状，“形状填充”为 RGB(127,127,127)。

(5)根据提供的素材，在其他各张幻灯片中分别添加文字和图片，并进行美化。

(6)利用“美化大师”添加目录幻灯片。

(7)为幻灯片中的各元素添加合适的动画效果。

(8)为幻灯片添加切换效果，“换片方式”为“单击鼠标时”。

(9)保存“优而雅礼仪培训”演示文稿。

实训 3　制作“企业宣传”演示文稿

实训要求：用 PowerPoint 2016 制作完成“企业宣传”演示文稿，素材及效果保存在“项目 12\实训 3”文件夹中，效果如图 12-93 所示。主要操作如何应用模板，修改幻灯片母版，为幻灯片添加目录，在幻灯片中插入图片和文字，设置图片和文字的格式，设置图片和文字的动画，设置幻灯片切换效果和输出方式，等等。

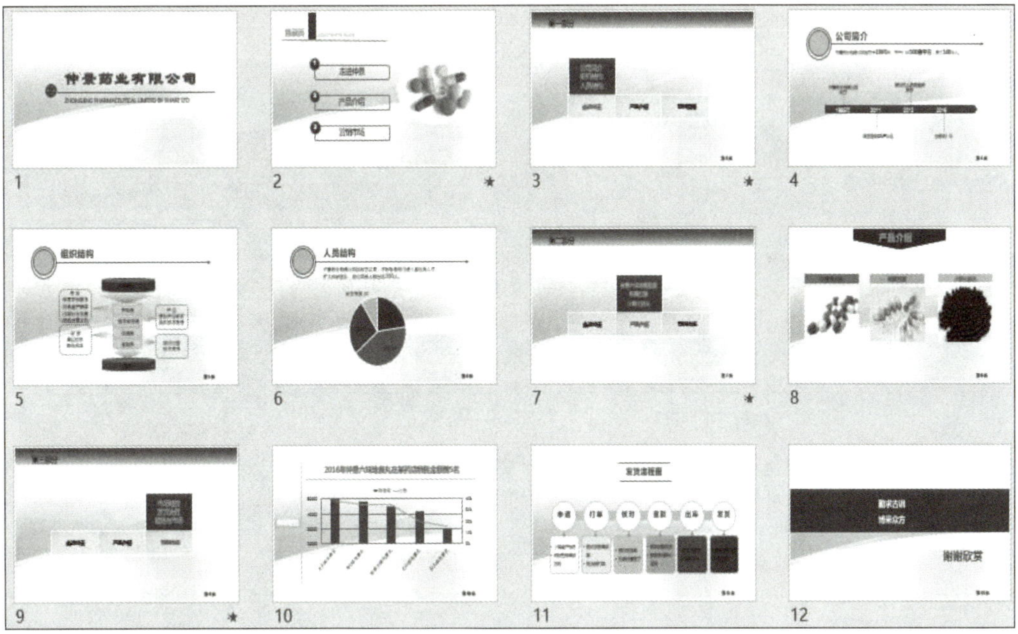

图 12-93

操作提示如下。

(1)打开“项目 12\实训 3”中“企业宣传素材”演示文稿。

(2)对演示文稿应用“灰色背景模板”。

(3)修改母版应用，美化幻灯片。

(4)为演示文稿添加两级目录。

(5)为幻灯片中的各元素添加合适的动画效果。

(6)为幻灯片添加自动播放的切换效果。

(7)保存“企业宣传”演示文稿为视频格式。